我国近海海洋综合调查与评价专项 成果

海南省潜在海水增养殖区研究

周永灿 张 本 谢珍玉 等编著

海洋出版社

2013 年 · 北京

图书在版编目（CIP）数据

海南省潜在海水增养殖区研究/周永灿等编著 . —北京：海洋出版社，2013. 11

ISBN 978 - 7 -5027 - 8692 - 2

Ⅰ. ①海…　Ⅱ. ①周…　Ⅲ. ①海水养殖 - 养殖工程 - 研究 - 海南省　Ⅳ. ①S968

中国版本图书馆 CIP 数据核字（2013）第 248074 号

责任编辑：朱　瑾

责任印制：赵麟苏

海洋出版社　出版发行

http://www.oceanpress.com.cn

北京市海淀区大慧寺路 8 号　邮编：100081

北京旺都印务有限公司印刷　新华书店北京发行所经销

2013 年 11 月第 1 版　2013 年 11 月第 1 次印刷

开本：889mm×1194mm　1/16　印张：22

字数：563 千字　定价：128. 00 元

发行部：62132549　邮购部：68038093　总编室：62114335

海洋版图书印、装错误可随时退换

《海南省潜在海水增养殖区研究》
编写人员名单

主　编　周永灿

副主编　张　本　谢珍玉

编　委　（按姓氏笔画为序）

王世锋　王同行　方再光　史健康　冯永勤

李福德　张　本　张秋艳　陈　刚　周永灿

郭伟良　曾水香　谢珍玉　蔡　岩

前　言

海南省位于我国最南部，是我国唯一的热带岛屿省份，地处 $13°20' \sim 20°18'$N，$107°50' \sim 119°10'$E，是我国拥有陆地面积最小的省份，也是我国拥有海洋面积最大的省份。行政区域包括海南岛、西沙群岛、南沙群岛、中沙群岛的岛礁及其海域，所辖海域面积约 2×10^8 hm²，为我国管辖海域面积的 2/3。全省包括西沙群岛、中沙群岛和南沙群岛在内的海岸线总长 2 139 km，其中，海南本岛海岸线长 1 829 km，沿岸地质和生态类型多样，鱼、虾、贝、藻等热带海洋生物资源十分丰富，为当地海水养殖业的发展提供了广阔空间。海南省委省政府早在 1998年就提出"以海洋渔业为突破口，加快构筑海岸经济带，努力实现海洋经济强省"的建设目标。目前，海洋经济已成为海南经济最重要的组成部分，2008 年海南海洋生产总值 429.6 亿元，较上年增长 13.5%，占全省 GDP 的 29.4%，其中，海洋渔业产值达 145.2 亿元，占海洋产值的33.8%。近 5 年来，海南水产品出口一直位居各行业出口之首，为海南出口创汇的最主要领域。依托得天独厚的气候优势，海南已成为我国南方海水动物苗种繁育中心。

本书编写以"近海海洋综合调查与评价专项（908 专项）"海南省专题"海南省潜在海水增养殖区评价与选划"（编号 HN908 - 02 - 02）的研究资料和成果为主要依据，同时利用了部分其他"908 专项"课题成果和有关海南海水增养殖研究方面的资料，共选划潜在海水养殖区面积 8.022 449 × 10⁴ hm²，其中，浅海底播增殖 3.409 115 × 10⁴ hm²，滩涂养殖 2.313 92 × 10⁵ hm²，深水网箱养殖 1.773 311 × 10⁴ hm²，低位池养殖 1.120 337 × 10⁴ hm²，高位池塘养殖 1.034 938 × 10⁴ hm²，筏式养殖586.05 hm²，海湾网箱养殖 2.399 95 × 10⁵ hm²，工厂化养殖 1.547 56 × 10⁴ hm²。本书所引用资料以及海水增养殖现状与潜在海水增养殖区选划依据的时间截点为海南省"908 专项""海南省潜在海水增养殖区评价与选划"的结题时间，即 2009 年 12 月底。潜在海水增养殖区的选划是在遵守《海南省海洋功能区划》（国务院，2004）的前提下，根据国家海洋局"908 专项"办公室编制的《潜在海水增养殖区评价与选划技术规程》的要求，从适合海南海水养殖产业可持续发展的角度，本着"突出海南省海洋渔业生产结构调整，为发展高效、绿色渔业服务"的原则，选划一批有比较丰富的生态资源和较大开发潜力的近海和近岸海水增养殖区，为海南海洋经济可持续发展开拓新领域。因此，本书的主要目的是从海水增养殖的专业角度为海南各沿海地区海水增养殖区挖掘和更新改造提供参考，若本书所选划的潜在海水增养殖区与2009年底以后的相关规划、区划和产业政策等相抵触，所在区域的使用功能以其最新的规划或区划定位为准。

本书主要内容包括绪论、海南省海水养殖水域自然资源条件、海南省海水增养殖现状、海南省海水增养殖现状评价、海南省海水增养殖区选划和海南海水增养殖业可持续发展对策措施，共6章。其中，第1章由周永灿、张本编写，第2章由谢珍玉、方再光、郭伟良编写，第3章由周永灿、冯永勤、王世锋、郭伟良编写，第4章由冯永勤、王世锋、谢珍玉、蔡岩编写，第5章由张本、周永灿、谢珍玉、王世锋、曾水香编写，第6章由张本、周永灿、方再光编写，成果图编制由史健康、方再光、周永灿和曾水香完成，全书由周永灿统稿。

本书出版得到海南省"908"集成项目"海南省潜在海水增养殖区研究"（编号HN908-04-07）的经费支持；在资料收集整理及编写过程中，得到了国家"908"专项办、海南省海洋与渔业厅"908"专项办、海南省各沿海市县海洋与渔业局、项目集成负责单位国家海洋局第三海洋研究所以及各兄弟省份"潜在海水增养殖区评价与选划"项目组的大力支持与协助，还得到海南省其他"908专项"项目承担单位提供的资料和技术支持，在此一并表示感谢。

由于作者水平有限，本书的不妥和错误在所难免，敬请读者批评指正。

编　者

2011年12月10日于海口

CONTENTS 目 次

海南省潜在海水增养殖区研究

第1章 绪论

1.1 海南海水增养殖概况

海南地处热带，是我国唯一的热带岛屿省份，也是我国最大的海洋省份，所辖海域面积约 2×10^8 hm²，拥有海岸线总长 2 139 km，其中，海南本岛海岸线长 1 829 km，沿岸地质和生态类型多样，港湾达 84 处，鱼、虾、贝、藻等热带海洋生物资源十分丰富，已记录有鱼类807 种、虾蟹类 434 种、软体动物 739 种、棘皮动物 511 种，依次分别占全国对应物种总数的67%、80%、75% 和 76%。南海丰富的海洋生物资源和多样的生态环境类型为当地海水养殖业的发展提供了广阔空间。一直以来，各级政府对海洋经济发展十分重视，省委省政府早在1998 年就提出"以海洋渔业为突破口，加快构筑海岸经济带，努力实现海洋经济强省"的建设目标；原海南省委书记杜青林也明确指出："海南的最大优势在海洋，最大的希望也在海洋……要实现海南开发建设的跨世纪发展目标，必须把建设海洋经济强省作为一项长期的战略任务。"目前，海洋经济已成为海南经济最重要的组成部分，2008 年海南海洋生产总值429.6 亿元，较上年增长 13.5%，占全省 GDP 的 29.4%。其中，海洋渔业产值达 145.2 亿元，占海洋产值的 33.8%。近 5 年来，海南水产品出口一直位居各行业出口之首，为海南出口创汇的最主要领域。

2008 年，海南省海水养殖面积 1.30×10^4 hm²，养殖产量 19.2×10^4 t；生产水产苗种305.822 亿尾（粒），其中，海水虾苗 304.43 亿尾、海水鱼苗 1.37 亿尾、海水贝苗 224 万粒。海南海水养殖模式主要有网箱养殖、池塘养殖、工厂化养殖（含工厂化苗种场）、筏式养殖（含吊笼养殖）、底播养殖、插桩养殖、联桩养殖和平台养殖等多种。海水养殖对象主要以热带和亚热带的暖水性种类为主，其中，海水养殖鱼类主要有点带石斑鱼、斜带石斑鱼、棕点石斑鱼、鞍带石斑鱼、卵形鲳鲹、布氏鲳鲹、眼斑拟石首鱼、紫红笛鲷、红鳍笛鲷、千年笛鲷、尖吻鲈、褐篮子鱼、豹纹鳃棘鲈和军曹鱼等；海水养殖虾蟹类主要有凡纳滨对虾、斑节对虾、日本对虾和锯缘青蟹等；海水养殖贝类主要有杂色鲍、近江牡蛎、华贵栉孔扇贝、文蛤、泥蚶、菲律宾蛤仔、翡翠贻贝、方斑东风螺、泥东风螺、大珠母贝、马氏珠母贝、珠母贝和企鹅珍珠贝等；海水养殖藻类主要有江蓠和麒麟菜等。

在海水增殖方面，主要的方式有人工鱼礁和增殖放流，但海南这两种增殖方式的起步较晚，从 21 世纪初才逐步开始，并且迄今的发展比较缓慢。增殖放流方面，2002—2009 年 8 年间只投入资金 676 万元，放流海水鱼苗 499.5 万尾，斑节对虾苗 2 451 万尾，贝类苗种 136.5万粒，放流种类主要有黑鲷、红鳍笛鲷、紫红笛鲷、卵形鲳鲹、花鲈、斑节对虾、杂色鲍、华贵栉孔扇、方斑东风螺和大珠母贝等。在放置人工鱼礁方面，2009 年之前放置礁体尚不足1 000 m³，其中 2002 年，在三亚西岛附近海域放置水泥钢筋混凝土人工鱼礁 416 m³，2003 年在三亚市双扉石海域放置水泥钢筋混凝土人工鱼礁 520 m³。不过,随着近年来海南国际旅游岛的建设,休闲渔业快速发展,海域环境保护和生物多样性恢复也越来越得到重视,有力推动了海南人工鱼礁和增殖放流等海水增殖方面的工作开展,预计在今后 5~10 年内,在海南周边海域人工鱼礁和增殖放流的数量将会大幅度增加,对近岸海洋渔业资源的恢复和发展将发挥十分重要的作用。

1.2 海南发展海水增养殖的主要优势

1.2.1 海域辽阔,水域环境和渔业生态环境丰富

海南省陆域国土面积仅 350×10^4 hm²,而管辖的海域面积高达 2×10^8 hm²,约占我国海洋总面积的 2/3,是名符其实的海洋大省。按人均面积计算,海南省人均拥有海洋面积 0.27 km²,是全国平均值的 110 倍。海南岛拥有海岸线 1 829 km,每平方千米陆域所拥有的海岸线长度 0.053 km,为全国之冠,因此,海南最大的资源优势在海洋。海南岛海岸依其特征和成因,可分为珊瑚礁海岸、红树林海岸、沙砾质平原海岸、三角洲平原海岸、淤泥质平原海岸、台地溺谷基岩海岸、山地溺谷基岩海岸、沙坝潟湖海岸等类型,全国沿海各省市区海岸的基本类型在海南都有。海南岛的滩涂类型也丰富多样,全国沿海所具有的主要类型的滩涂,如岩礁、珊瑚礁、卵石砾石滩涂、砂质滩涂、粉砂淤泥质滩涂、泥质滩涂、泥砂及砂泥质滩涂、红树林滩涂等在海南都有。由于海南的海岸、滩涂类型较复杂,海域多样,适合发展多种作业方式的渔业生产。不过,由于海南岛海岸较陡,大陆架坡度较大,滩涂和 10 m 水深以内的浅海很窄,与全国沿海各省市区相比,海南岛每千米海岸线所拥有的滩涂和浅海(水深 10 m 以内)面积处于最低水平,说明其可利用的面积十分有限,因此,海南在合理开发利用滩涂和浅海的同时,还必须积极地向近海和中深海开拓。南海平均水深 1.212 km,海底地貌似呈环状分布。中央为海盆,盆底水深 4 km 左右,最深处 5.559 km,海盆外围是台阶状或陡峭的大陆坡,大陆坡外围则是大陆架。总之,海南海域环境多种多样,从而形成了海南海洋渔业自然资源的生态系统多样性和物种多样性。

渔业生态系统是指特定海域中各种渔业资源生物与它们生存环境的相互作用而形成了一个统一体,其间的物质、能源和信息等的流动而导致一定结构的营养链、生物多样性和物质循环。南海海域环境条件的复杂性,存在着多种多样的渔业生态系统。在海南海域,至少存在着河口生态系统、港湾生态系统、海岸生态系统、海岛生态系统、深海生态系统、上升流生态系统、珊瑚礁生态系统和红树林生态系统等多种自然生态系统。这种生态系统的多样性导致了多种渔业资源类型,大大丰富了渔业资源。不过,由于渔业生态系统比较脆弱,容易因人工的干扰而受到破坏,因此,在科学养殖和合理开发海南热带海洋生物资源的同时,必须努力保护海域环境和海域生态系统的稳定性,通过维护渔业生态系统的良性循环,有效地保护渔业资源,保证渔业经济的可持续发展。

1.2.2 渔业生物资源物种多样性明显

与我国其他海区渔业生物资源的物种多样性相比,南海和海南海域渔业生物资源物种呈现更明显的多样性。南海和海南海域渔业生物资源的物种多样性的原因,除了由于海域辽阔

（占全国的 67%）之外，还与海域环境的多样性、热带海域和生态系统的多样性有关。丰富多彩的海洋生物种类，不仅是品种多样的捕捞水产品，而且为海水增养殖提供了十分多样的驯化对象。

1.2.2.1　海洋鱼类资源

鱼类是南海最重要的渔业资源，也是南海渔业的主要捕捞对象，根据其栖息环境的不同，南海鱼类分为陆架海域的底层和近底层鱼类、中上层鱼类以及珊瑚礁鱼类等。据报道，南海北部大陆架海域记录有鱼类 1 064 种，海南岛沿岸海域已记录的鱼类也有 807 种，且南海北部大陆架海域的鱼类绝大多数为广泛分布于印度—西太平洋海域的暖水性鱼类，只有少数沿岸分布的鱼类为适温范围较广的亚热带暖温性种类。海南岛周边海域鱼类分布不均匀，主要表现为东南部海域的生物量与生物密度均比东北、西北海域为高；从季节上看，春、夏季平均生物量要高于秋、冬季。其中，主要的经济种类包括：鲻、黄鳍鲷、平鲷、真鲷、黑鲷、二长棘鲷、短尾大眼鲷、灰鳍鲷、红鳍笛鲷、花尾胡椒鲷、鲈鱼、尖吻鲈、云纹石斑鱼、赤点石斑鱼、青石斑鱼、鲑点石斑鱼、篮子鱼、金线鱼、金枪鱼、卵形鲳鲹、大弹涂鱼、三斑海马、小沙丁鱼、大䲔、海鲶、海鳗、蛇鲻、竹荚鱼、蓝圆鲹、鲱鲤、马六甲鲱鲤、带鱼、银鲈、马面鲀、马鲅、扁舵鲣、中国鲳、黑鲳、康氏马鲛等。2006—2007 年厦门大学对北部湾进行的 4 个航次调查中，中上层经济鱼类平均底拖网渔获率为 15.15 kg/h，其中竹荚鱼占绝对优势，达 11.05 kg/h，另外占 0.5% 以上的中上层经济鱼类还有蓝圆鲹（1.59 kg/h）和康氏马鲛（0.5 kg/h）；底层经济鱼类平均渔获率为 29.6 kg/h，其中，占 1% 以上的有二长棘鲷（7.18 kg/h）、大头白姑鱼（3.74 kg/h）、皮氏叫姑鱼（3.22 kg/h）和带鱼（2.29 kg/h）；占 0.5% 以上的有单角革鲀（0.98 kg/h）、鯻（0.90 kg/h）、黄带绯鲤（0.89 kg/h）、花斑蛇鲻（0.86 kg/h）、多齿蛇鲻（0.68 kg/h）、纵带裸颊鲷（0.63 kg/h）、条尾绯鲤（0.58 kg/h）和印度无齿鲳（0.54 kg/h）等。目前，海南近海渔业资源中的渔获量较高的主要经济品种包括蓝圆鲹、带鱼、金线鱼、红鳍笛鲷、二长棘鲷、短尾大眼鲷、康氏马鲛和扁舵鲣等。

1.2.2.2　海洋虾蟹类资源

南海地处热带和亚热带，气候温和，沿岸江河密布，海岸线曲折而多港湾，特别适合于虾类和蟹类等甲壳类的生长和繁殖，因此，南海区的甲壳类资源十分丰富、种类繁多。据刘瑞玉和钟振如等的统计，南海北部的虾类有 350 种以上，其中对虾类 100 种以上，常见的经济种类有 35 种。在蟹类中，海南沿岸海域还记录有蟹类 348 种，近梭子蟹科的种类就有约 40 种。根据分布水深的不同，南海的虾类可分为近岸虾类、浅海虾类和深海虾类 3 大类群。其中，近岸虾类是指分布于沿岸、河口等水深 40 m 以内海域的虾类，该海域是虾类重要的自然分布场所，大多数的经济虾类均分布于其中，主要包括：斑节对虾、日本对虾、长毛对虾、墨吉对虾、短沟对虾、宽沟对虾、刀额新对虾、近缘新对虾、布氏新对虾、黄新对虾、中型新对虾、哈氏仿对虾、亨氏仿对虾、角突仿对虾和须赤虾等；浅海虾类是指分布于水深 40～200 m 大陆架海域的虾类，主要为底拖网捕获的种类，常见的主要有：鹰爪虾、长足鹰爪虾、凹管鞭虾、高脊管鞭虾、短足管鞭虾、栉管鞭虾、拟栉管鞭虾、对突管鞭虾、长足拟对虾、硬壳赤虾、披针单肢虾和假长缝拟对虾等；深海虾类是指分布于大陆斜坡水深 200～1 000 m

海域的虾类。1981 年中国水产科学研究院南海水产研究所在北部大陆斜坡海域调查时共捕获 90 种虾类，常见种类包括：拟须虾、刀额拟海虾、绿须虾、短足假须虾、长肢近对虾、短肢近对虾、尖直似对虾、长足红虾、六突拟对虾、印度红虾、圆板赤虾、东方深对虾、亚菲海虾、弯角膜对虾、圆突膜对虾、叉突膜对虾和尖管鞭虾等。海南沿海的蟹类资源也十分丰富，具有较高经济价值的经济种类主要有梭子蟹科的锯缘青蟹、三疣梭子蟹和远海梭子蟹等，其中，锯缘青蟹主要分布于近岸和河口地区，是南海区经济价值最高的蟹类；三疣梭子蟹和远海梭子蟹主要分布于近海，是底拖网的常见渔获物。2006—2007 年厦门大学对北部湾进行的 4 个航次调查中，甲壳类平均渔获率为 2.78 kg/h，数量较低，主要种类包括哈氏仿对虾（0.16 kg/h）、吐露赤虾（0.16 kg/h）、中华管鞭虾（0.15 kg/h）、长足鹰爪虾（0.13 kg/h）、宽突赤虾（0.11 kg/h）、猛虾蛄（0.11 kg/h）、口虾蛄（0.10 kg/h）、武士蟳（0.29 kg/h）和锈斑蟳（0.12 kg/h）等。

1.2.2.3　海洋软体动物资源

南海的软体动物主要包括两大类型：一类为营游泳生活的头足类，另外一类为营底栖生活的底栖贝类。头足类广泛分布于南海水深 0 ~ 1 000 m 的广阔海域，据历史调查资料，南海北部有记录的头足类有 73 种，占全国海域已记录的 92 种头足类数的 79%，其中常见的经济种类包括：太平洋柔鱼、夏威夷柔鱼、火枪乌贼、中国枪乌贼、杜氏枪乌贼、剑尖枪乌贼、田乡枪乌贼、莱氏拟乌贼、椭乌贼、金乌贼、神户乌贼、罗氏乌贼、拟目乌贼、虎斑乌贼、曼氏无针乌贼、双蟹耳乌贼、图氏后乌贼、柏氏四盘耳乌贼、克氏后耳乌贼、环蛸、纺锤蛸、短蛸、卵蛸、长蛸和真蛸等。根据 2006—2007 年厦门大学对北部湾进行 4 个航次调查的结果，该海域头足类的平均渔获率为 5.58 kg/h，主要种类包括剑尖枪乌贼（2.58 kg/h）、杜氏枪乌贼（1.30 kg/h）、中国枪乌贼（0.67 kg/h）、白斑乌贼（0.19 kg/h）、莱氏拟乌贼（0.18 kg/h）、虎斑乌贼（0.16 kg/h）、拟目乌贼（0.13 kg/h）和短蛸（0.12 kg/h）等。海南周边海域底栖贝类的分布范围十分广泛，包括潮间带、浅海和深海都有底栖贝类分布，是渔业生产的重要捕捞对象。海南近岸常见的海洋经济底栖贝类中，分布于潮间带的种类主要有：近江牡蛎、褶牡蛎、泥蚶、杂色蛤仔、菲律宾蛤仔、寻氏肌蛤、麦氏偏顶蛤、渤海鸭嘴蛤、中国绿螂、红肉河蓝蛤、中华鸟蛤、黄边糙鸟蛤、日本镜蛤、加夫蛤、文蛤、大蛤蜊、四角蛤蜊、缢蛏和海月等。分布于近海海域的底栖贝类主要有：马氏珠母贝、企鹅珍珠贝、大珠母贝、珠母贝、华贵栉孔扇贝、毛蚶、翡翠贻贝、栉江珧、紫色裂江珧、波纹巴非蛤、杂色鲍、密鳞牡蛎、日本日月贝、草莓海菊蛤、缀锦蛤、西施舌、布纹蚶、大砗磲、蝾螺、大马蹄螺、虎斑宝贝和管角螺等。

1.2.2.4　其他海洋生物资源

南海海域的海洋生物资源除以上介绍的种类外，还有其他一些种类，如：藻类和棘皮动物等，这些海洋资源也是沿海居民重要的采集或捕捞对象，其中有些可以直接食用，有些种类则是重要的工业原料，也有的可以作为医药、观赏和工艺等用途。海南周边海域的藻类资源比较丰富，其中有的栖息于潮间带，有的分布于浅海。栖息于潮间带的藻类主要有：细基江蓠、红江蓠、真江蓠、脆江蓠、芋根江蓠、长紫菜、广东紫菜、越南紫菜、礁膜、浒苔、蛎菜、细毛石花菜、小石花菜和海萝等；分布于浅海的藻类主要有：琼枝麒麟菜、鹿角沙菜、冻沙菜、马尾藻、蜈蚣菜、凝花菜和凤尾菜等。棘皮动物主要分布于浅海海域，海南周边海域的主要种类有：紫海胆、糙海参、玉足海参、棕环海参、米氏参、黑怪参、黑乳参、白底腹肛参、花刺参、糙刺参和绿刺参等。

1.2.3　温度高、生长快、繁殖力强

按中国气候区划，从台湾省恒春到海南省三亚一线以北的海南省区域属于边缘热带，此线以南的西沙群岛和中沙群岛的南海中部海域为中热带，南沙群岛到曾母暗沙的南海南部海域属赤道热带。这里的海洋环境还受到南海暖流的影响，周年水温和盐度较高。海口海区年平均水温24.9℃，莺歌海海区27.2℃，西沙海区27.5℃，南沙海区27.9℃。年平均盐度分别为29.5、33.4、33.7、34.0。有关资源显示，海南省海域绝大多数的渔业生物种类属于印度—太平洋热带区系性质的暖水性生物，少数属于亚热带或温带海域广布性的暖温性生物，而广布性的冷温水性或冷水性种类几乎没有。如，海南岛周围海域的鱼类90.7%属于暖水性种类，9.3%属于暖温水性种类；西沙海区的鱼类98.9%属于暖水性种类，1.1%属于暖温水性种类；南沙海区的鱼类97.8%属于暖水性种类，2.2%属于暖温水性种类。因此，海南及其周边海域的渔业资源具有鲜明的热带海洋特色。海南海域由于温度较高，多数经济海洋生物种类生长快，许多种类当年就可达到性成熟，有些种类年增重可达5 kg以上，如军曹、鞍带石斑鱼等。南海鱼类中，各鱼种个体的平均繁殖力差别很大，怀卵量为2万~160万粒不等，常见经济鱼种怀卵量为10万~20万粒，且产卵期长，一般产卵期为3~6个月，有些经济鱼种的产卵期长达8个月，有的甚至终年产卵。除少数鱼种有相对集中地产卵场外，多数鱼种分散产卵，鱼卵、仔鱼、稚鱼广泛分布于整个陆架区，有利于通过控制捕捞量快速恢复自然资源。

1.2.4　水质清洁，水产品质量高

据近年来海南省海洋监测中心在海口湾、洋浦湾、三亚湾、清澜湾和八所港等重点港湾对海域水质全年监测分析，海南重点港湾的水质都在国家二类水质标准以上，达到渔业用水质量标准。对海南岛周边海区以及西、南、中沙群岛海区海水污染物质的监测结果表明，除个别海区海水中油类含量已超过国家海水水质标准所规定的最高允许浓度外，其他指标如汞、铜、锌、铅、锅等重金属含量均符合一类水质标准或二类水质标准，说明海南海域海水水质总体良好，污染较轻，因此，在海南沿海开展水产养殖，养殖产品中各种有毒有害物质的残留量也较低，有效保障了养殖水产品的质量。据调查，除了个别种类外，海南海域海洋生物中各种重金属含量均符合国家发布的海洋生物残毒标准。

第2章 海南省海水养殖水域 自然资源条件

海南省位于我国最南部，是以我国第二大岛——海南岛为依托的海岛省份，地处 $13°20' \sim 20°18'N$，$107°50' \sim 119°10'E$，辖域范围（含海域）东西最宽达 1 100 km，南北长 1 800 km，行政区域包括海南岛、西沙群岛、南沙群岛、中沙群岛的岛礁及其海域。

按《联合国海洋法公约》的规定和我国政府的主张，海南省所辖海域面积约 2×10^8 km^2，约占整个南海海域面积的 57%，为我国管辖海域面积的 2/3。

2.1 海洋地质与地貌

2.1.1 海岸线

海南省的陆地面积以海南岛为主，海南岛地处 $18°10' \sim 20°10'N$，$108°37' \sim 111°03'E$。岛屿的轮廓似雪梨，长轴作东北—西南向，长约 300 km；西北—东南宽约 180 km，面积为 3.43×10^4 km^2。环岛海岸线长 1 829 km，其中，自然岸线长 1 228 km，人工岸线长 601 km，包括西沙群岛、中沙群岛和南沙群岛（下称"三沙群岛"）在内的全省海岸线总长 2 139 km。海南省共有 19 个行政市县，其中，13 个为沿海市县。这些沿海市县的海岸线长度见表 2.1。

表 2.1 海南省沿海各市县的海岸线长度

市县	自然岸线长度/km	人工岸线长度/km	合计/km
海口	113	45	158
文昌	194	91	285
琼海	53	24	77
万宁	97	87	184
陵水	82	32	114
三亚	177	73	250
乐东	64	20	84
东方	97	25	122
昌江	47	17	64
儋州	171	90	261
临高	65	49	114
澄迈	68	48	116
三沙	310	0	310
全省总计	1 538	601	2 139

资料来源：海南省沿海市县海岸线修测报告（2008）。

目前，海南省的海水养殖产业主要集中在海南岛周边沿海地区。根据中国海岸带和滩涂资源综合调查规定：以海岸线为基准，海岸带的宽度为海岸线向陆地延伸 10 km，向海延伸至 15 m 水深线。海南省辽阔的海域、蜿蜒曲折而漫长的海岸线以及优良的水质孕育了丰富多样的海洋生物，为海水养殖产业的发展提供了得天独厚的优越自然资源条件。

海南全省的海岸线大体可划分为砂质岸线、粉砂淤泥质岸线、基岩岸线和人工岸线共 4 个类型。

2.1.1.1　砂质岸线

砂质岸线是海南最常见的海岸线，广泛分布于全省沿海，其中主要包括两种类型：一种是以硅酸盐细砂为主要基质型海岸，主要分布于海南岛沿海（图 2.1）；另一种是以珊瑚和贝类等生物沙砾组成的白色或灰白色砂质型海岸，主要分布于"三沙群岛"沿岸。砂质岸线地势平缓，岸线基本平直，近岸水下砂质浅滩较窄，多潟湖和岛屿（图 2.1）。

图 2.1　砂质岸线（谢珍玉　拍摄）

2.1.1.2　粉砂淤泥质岸线

这类岸线的底质泥沙主要由细颗粒泥沙组成，泥沙粒径范围一般为 0.03 ~ 0.125 mm；该类岸线坡度平缓，泥质潮滩广泛发育，滩涂宽度 0.1 ~ 4 km，主要分布于重要水产养殖区和河口区域（图 2.2）。

2.1.1.3　基岩岸线

该岸线的底质多以玄武岩为主，其坡度较大，地势陡峭，岸线曲折，岬、湾相间，湾宽水深。海南岛的基岩岸线主要分布于澄迈至临高一带，在海口、文昌、琼海、陵水至三亚一带和"三沙群岛"也有散在分布（图 2.3）。

2.1.1.4　人工岸线

该类岸线是由人工围海造地等人为操作而新产生的人为海岸线，至 2008 年海南的人工岸

图 2.2　粉砂淤泥质型海岸（谢珍玉　拍摄）

图 2.3　基岩岸线（谢珍玉　拍摄）

线长度为 601 km，在沿海各市县均有分布，其中以文昌最高，达 91 km。

2.1.2　海湾与潟湖

海南岛有大小海湾与潟湖 84 个，其中，小海为海南岛最大的潟湖。海南主要的内湾与潟湖介绍如下。

2.1.2.1　铺前湾及东寨港

位于海口市北部与文昌市北部之间的海湾，其中包括哥村港、新埠港、铺前港、东营港及东寨港等。海湾面积约 148.5 km²，海岸线受第四纪初、中期断裂凹陷和明朝万历三十三年（公元 1605 年）琼州大地震影响，曲折而深入陆地，1980 年已将其中的 5.2 km² 建成海南东寨港国家级自然保护区（包括海上红树林面积 1.73 km²）。

2.1.2.2　清澜港及八门湾

位于文昌市东南部海港的葫芦状海湾，面积约 6.7 km²，有海滩红树林面积在 53 km²以上。

2.1.2.3　小海

位于万宁市港北镇、和乐镇、后安镇和北坡镇境内（图 2.4）。这是一个发育良好的沙坝—潟湖体系，可分为以下 4 个地形单元。

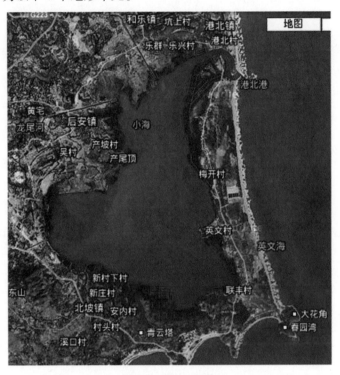

图 2.4　小海鸟瞰图（资料来源：Google earth）

1）沙坝

指将潟湖与外海分隔的、呈 NNW—SSE 走向的沿海狭长的砂质沉积体，主要由海滩砂和风成砂构成。沙坝分南、北两部分：南沙坝长约 12 km，宽 1.5～2.0 km，最高处高程 15～24 m；北沙坝较短、较窄，约长 4 km，宽度小于 1 km。沙坝是整个沙坝—潟湖体系的基干，整个体系依沙坝的存在而存在，同样亦依沙坝的消失而消失。

2）潟湖

指被沙坝（半）封闭的坝后水域，即小海，面积达 49 km²，湖水较浅，多在 1 m 左右。湖岸周围有泥质潮滩 12.5 km²，这些潮滩随潮水涨落时而被潮水淹没时而露出水面。

3）潮汐通道

简称通道，为潟湖穿越沙坝的出海口，它主要由涨、落潮流往返运动所形成的潮汐动力来维持，故称为"潮汐通道"，由最狭窄的咽喉部位——通道口门及口门内、外的涨、落潮三角洲堆积砂体组成，其中还包括发育在口门砂体上的潮流冲刷槽，如口门内的北槽、南槽（当地群众称之为"后海"）和口门外的北汊、南汊。

　　4）入湖河流三角洲

　　注入小海的河系很多，主要有经北坡镇入湖的太阳河、经后安镇入湖的龙尾河与经和乐镇入湖的龙首河 3 大河系。据统计，入湖河系的年径流量达 $1.62 \times 10^{10} \ m^3$，3 大河系都在入湖处形成了明显的、突伸于湖中的河流三角洲。

2.1.2.4　老爷海

　　位于万宁市东澳镇中南部，为长 10 km 的条状天然潟湖，面积 4.5 km²，与大海接通的地段的宽度只有 30 m。

2.1.2.5　黎安港

　　位于陵水县东南沿海，面积 10.1 km²，是一个海草分布密度较大的潟湖。

2.1.2.6　陵水湾

　　位于陵水县南部至三亚市东部。湾口东北端为陵水角，西南端为牙笼角，西部为蜈支洲，湾顶有藤桥河注入，海湾面积约 3.55 km²。包括新村港、铁炉港等海港，其中，新村港面积较大，达 13.1 km²。

2.1.2.7　亚龙湾

　　位于三亚市东南部。湾口东起牙笼角，西止锦母角，海湾面积约 46.4 km²。砂岸 15.2 km²，红树林海岸面积 2.2 km²，珊瑚礁海岸面积 9.7 km²，其余为基岩海岸。湾顶平直，沙滩广阔，湾中有野猪岛、东排、西排、东洲和西洲等岛，是优良的海滨泳场。

2.1.2.8　榆林港

　　位于三亚市东南部。湾口西起鹿回头角，东止锦母角，面积约 38.4 km²。榆林湾的大小东海有沙滩 5 km²，其他部位多为基岩海岸，内湾中还有红树林。

2.1.2.9　昌化港

　　位于昌江县四更镇与昌化镇境内，总面积 35.6 km²。昌华港是昌江县主要的通商港口。昌化渔场是天然渔场，为华南四大渔场之一，目前，该港沙化现象较为严重，港中有若干大小不等的沙泥滩或沙洲。

2.1.2.10　海头港

　　位于儋州市海头镇西南与昌江县海尾镇东北之间，盛产鱿鱼等。

2.1.2.11　洋浦湾

位于儋州市西部，包括内海儋州湾，面积超过 220 km²。有白马井港、新英港、排浦港和干冲港等。

2.1.2.12　后水湾及头咀港

别名后水港，儋州北部与临高县西北部之间的海湾，面积约 156 km²，底质主要为沙泥质，平缓而深，为临高县近海抗风浪网箱的主要分布区。湾顶临高县一侧为头咀港，分布有近 667 hm² 的红树林。

2.1.2.13　金牌港

位于临高县马袅乡境内，东起金牌咀，西至临高角，海岸线长 26.4 km。东侧海岸为基岩海岸，西侧为砂质海岸，湾总面积 32.5 km²，其中，0 m 等深线以浅水域面积 6.5 km²。海湾口门向北，宽约 11.24 km。

2.1.2.14　马袅港

位于临高县马袅乡境内，与澄迈湾相连，该海湾口门东西两端分界点分别是建仑角（澄迈），金牌咀，全湾海岸线长 22.5 km，其中，东西两侧为基岩海岸，长约 15.5 km；南部湾底为砂质海岸，长约 7 km。总面积 26.2 km²，其中，0 m 等深线以浅水域面积 6 km²，鸟礁面积 0.2 km²。海湾口门向北，宽为 6.3 km，建有马袅渔港。此外海湾周边生长有不连续分布的红树林，湾底部面积较大。

2.1.2.15　澄迈湾

位于澄迈县桥头镇与马村镇之间，湾口西起澄迈县的玉包港，东至海口市的天尾角，包括马村港及英浪港，平均水深约为 10 m，海域面积约为 16 km²。

2.1.2.16　东水港

位于澄迈县老城区北部，面积约为 7.4 km²。

2.1.3　海岛

海南省为岛屿省份，除海南岛外，还包括位于海南岛东南部的西沙群岛、中沙群岛，以及南海南部的南沙群岛等 270 多个岛、洲、礁、沙、滩，如永兴岛、七连屿、黄岩岛等。其中，面积大于 0.1 km² 的有 56 个，有居民居住的海岛 13 个。这些海岛是海陆兼备的重要海上疆土，也是海洋生态系统的主要组成部分。海南岛周边的海岛主要分布在东南沿海，主要海岛如下。

2.1.3.1　蜈支洲岛

位于三亚市北部的海棠湾内（图 2.5），北与南湾猴岛遥遥相对，南邻亚龙湾。全岛呈不规则蝴蝶状，东西长 1.5 km，南北宽 1.1 km，面积 1.48 km^2，海岸线长 5.7 km，最高海拔79.9 m。该岛是海南岛周围为数不多的有淡水资源和丰富植被的小岛，也是世界上鲜有的由礁石或者鹅卵石混杂的海岛。岛东、南、西 3 面分布有 85 科 2 700 多种植物。周边海域水质清澈，分布有夜光螺、海参、龙虾、海胆、珊瑚、热带鱼类等热带海洋生物。

图 2.5　蜈支洲岛（资料来源：人民网）

2.1.3.2　西瑁洲

又名西岛，位于鹿回头西面、天涯海角东南、南山东面的三亚湾内。全岛南北长2.35 km，东西宽 0.9 km，面积 2.80 km^2，有林地、草地、山体、珊瑚礁、沙滩及村庄等。山地约占全岛陆地面积的 60%，岛上植物生长茂密，最高海拔 123.3 m，是三亚海拔最高的岛屿。周边海域年平均水温 26.0℃，透明度 10 m 以上，有珊瑚等丰富的热带海洋生物资源，属三亚国家珊瑚自然保护区的一部分。

2.1.3.3　南湾猴岛

位于陵水县南湾的一个潟屿型半岛，长 14 km，最宽处 1 km，面积约 1 000 hm^2，平均海拔 0.15 km，是我国也是世界上唯一的岛屿型猕猴自然保护区，现有猕猴 21 群共 2 500 多只，有国家级和省级保护动物 28 种，海湾盛产 200 多种海产品。

2.1.3.4　分界洲岛

原称分界岭，又称生存岛或马鞍岭。位于陵水东北部海面，总面积为 4.53×10^4 m^2，海拔最高点为 99 m。

2.1.3.5　七洲列岛

又称七洲峙，位于文昌市翁田镇、龙马镇东面，长 13.2 km，由南峙、双帆、赤峙、狗卵脬、灯峙、北峙、平峙共 7 个岛组成，分布成南北两大部分，前 3 个岛位于南部，后 4 个岛位于北部。北峙离陆地约 30 km，南峙离陆地约 21 km。

2.1.3.6 大洲岛

又名燕窝岛（图 2.6），位于海南省万宁市东南部，距乌场港约 11.1 km，面积 4.2 km²，是海南岛近海岸最大的海岛，有 2 岛 3 峰，最高峰 289 m，是唐宋以来沿用的航海标志。该岛是目前金丝燕在我国唯一常年栖息的海洋岛屿，建有大洲岛国家级海洋生态自然保护区。大洲岛具有特殊的海底地貌，有着与近海不同的海洋生态特征，其周围海域水深达 100 m，10 m 等深线离岛不到 200 m，大岭东南侧 30 m 等深线距岛不到 200 m，适宜不同水深的海洋生物生存和栖息，海洋生物种类非常丰富，生物量高，形成著名的大洲渔场，产有墨鱼、乌贼、马鲛鱼、金枪鱼、旗鱼、鲳鱼、鲥鱼、带鱼、龙虾、鲍、海胆和紫菜等。

图 2.6 大洲岛（资料来源：人民网）

2.1.3.7 椰子洲

位于三亚海棠湾镇藤桥东西两河交汇处，由 17 个小岛屿自然形成，总面积 3.3 km²。

2.1.3.8 西沙群岛

又名宝石岛，位于海南岛东南约 333.4 km 处大陆架边缘，古称"七洲洋"，与东沙、中沙、南沙群岛构成中国最南端的疆土。它从东北向西南伸展，由 45 座岛、洲、礁、沙滩组成。东北部是宣德群岛，包括永兴、和五、石岛、南岛、北岛等；西南部是永乐群岛，包括珊瑚、甘泉、金银、琛航、中建等岛屿。其中，宣德群岛的永兴岛为西沙诸岛中最大的岛屿（图 2.7），面积约 2 km²。西沙群岛主要由珊瑚礁组成，周边海域珊瑚等海洋生物资源丰富，有珊瑚鱼类和大洋性经济海洋生物 400 余种，是我国主要的热带渔场。

2.1.3.9 中沙群岛

位于南海海盆的中心，距西沙群岛的永兴岛约 200 km，是南中国海上的四大群岛之一。主要由隐没在水中的 30 座暗沙、滩、礁、岛组成。长约 140 km（不包括黄岩岛），宽约

图2.7 永兴岛（谢珍玉 拍摄）

60 km。中沙大环礁是南海诸岛中最大的环礁，水深9~26 m。大环礁南部与南沙群岛的双子群礁间海域，是南海最深处（约5.559 km）。黄岩岛是中沙群岛中唯一露出水面的环礁，距滩礁约300 km，位于中沙东侧，状似三角形，长约19 km，边缘陡峭，最高者称为"南岩"，其高出海面约1.8 m。中沙群岛附近海域营养盐分丰富，是南海重要渔场，盛产旗鱼、箭鱼、金枪鱼等多种名贵水产品。

2.1.3.10 南沙群岛

南沙群岛我国南疆的最南端，是南海诸岛中岛礁最多，散布范围最广的一椭圆形珊瑚礁群。位于3°40′~11°55′N，109°33′~117°50′E。南北长约920 km，东西宽约740 km，由200多个岛、洲、礁、沙、滩组成，但露出海面的只占其中的1/5。常年露出的岛、礁、沙洲以及在低潮时露出礁坪或礁石的低潮高地共54个，主要岛屿有太平岛、中业岛、南威岛、弹丸礁、郑和群礁、万安滩等。沙岛礁中的水面环礁的礁体面积约为3×10^3 km^2。南沙群岛属热带海洋性季风气候，月平均温度25.0~29.0℃，所在海域海洋生物种类繁多，是我国最大的热带渔场。

2.1.4 沿海滩涂

沿海滩涂主要分布于沿海较大的海湾及潟湖，如小海、新村港、黎安港、红沙港、新英湾、后水湾、金牌港、马袅港、东寨港等沿岸，可供养殖的沿海滩涂面积为2.57×10^4 hm^2。各市县的具体情况稍有不同，各沿海市县的沿海滩涂情况如下。

2.1.4.1 海口

分布有海口湾、铺前湾、金沙湾和东寨港等"三湾一港"，海域宽阔、水清浪平、水深适宜、滩涂平缓、生物资源丰富，已成为全省海水增养殖的重点区域。东寨港浅海和滩涂宽广、水温适宜、营养盐丰富、涂质细腻肥沃、湾内风浪小，适于鱼、虾、贝、藻类的增养殖。

全市沿海有潮间带滩涂面积 680×10^4 hm²，$0 \sim 5$ m 浅海面积 7 733 hm²，$0 \sim 10$ m 浅海面积 1.867×10^4 hm²。其中，东寨港国家级自然保护区面积 3 338 hm²（核心区 1 635 hm²、缓冲区和实验区 1 703 hm²）。

2.1.4.2　文昌

现有滩涂面积 1.034×10^4 hm²，主要分布在铺前湾、东寨港、海南湾、清澜港和八门湾等海湾。海岸滩涂类型有岩礁、珊瑚礁、泥质滩涂、泥沙或泥砂质滩涂、沙质滩涂、红树林滩涂，其中，红树林滩涂面积为全省之最。

2.1.4.3　琼海

现有滩涂面积 2 411 hm²，主要分布在冯家湾、潭门港、及万泉河入海口等地。海岸滩涂类型主要是砂质，也有部分岩礁、珊瑚礁、泥质滩涂或红树林滩涂。

2.1.4.4　万宁

现有滩涂面积 4 214 hm²，主要分布在龙滚河入海口、乌场湾、小海、老爷海等海湾。海岸滩涂类型有岩礁、珊瑚礁、泥质滩涂、泥沙或泥砂质滩涂、砂质滩涂、红树林滩涂等。

2.1.4.5　陵水

现有滩涂面积 3 124 hm²，主要分布在陵水河下游出海口、黎安湾、新村港等海湾。海岸滩涂类型有岩礁、珊瑚礁、泥质滩涂、泥沙或泥砂质滩涂、砂质滩涂、红树林滩涂，具有发展多方式、多品种海水增养殖的良好自然条件。

2.1.4.6　三亚

所管辖的海域面积约 35×10^4 hm²，其中，$0 \sim 10$ m 浅海面积 1 913 hm²，沿海滩涂 2 510 hm²，主要分布在宁远河、藤桥河、三亚河等河流出海口以及铁炉港湾等地区。

2.1.4.7　乐东

乐东 $0 \sim 20$ m 浅海面积 3.9×10^4 hm²，其中 $0 \sim 10$ m 浅海面积 9 000 hm²。浅海区域地势平缓，可养殖滩涂面积 600 hm²。

2.1.4.8　东方

$0 \sim 10$ m 浅海面积 3.44×10^4 hm²，港湾滩涂面积 1 126 hm²，可利用滩涂面积 401.67 hm²。

2.1.4.9　昌江

沿海属滨海平原沙滩地带，海岸类型多样。底质多为固定沙土和半固定沙土，其次为泥砂质，珊瑚礁质、水域广阔，浅海滩涂面积 4 893 hm²，可养殖滩涂面积 236.67 hm²。

2.1.4.10　儋州

有新英湾、白马井港等 8 个港湾。$0 \sim 15$ m 浅海面积 2×10^4 hm^2，其中，$0 \sim 5$ m 浅海 5 993 hm^2、$0 \sim 10$ m 浅海 1.515×10^4 hm^2；滩涂面积 1.493×10^4 hm^2，可养殖浅海面积 4 000 hm^2、滩涂 3 333 hm^2、潮上带 1 200 hm^2。浅海海底地形变化不大，坡度平缓，有珊瑚礁分布，底质为泥、沙泥、沙和岩礁。滩涂底质以泥沙和沙为主。

2.1.4.11　临高

有金牌港、新盈港、调楼港、黄龙港等 11 处港湾，浅海滩涂面积 5 333 hm^2，可养殖浅海滩涂 2 667 hm^2。

2.1.4.12　澄迈

所辖海域面积约 11×10^4 hm^2，其中，可养殖海滩涂面积 1 462 hm^2，$0 \sim 10$ m 浅海面积 416 hm^2。拥有大小港湾 13 处，总面积约 2 500 hm^2，其中，东水港面积为 740 hm^2，花场湾为 580 hm^2。

2.1.5　地质与地貌

海南岛的地貌呈中间高四周低的穹窿状，地势从中部山体向外，按山地、丘陵、台地、阶地、平原的顺序逐级递降，构成层状垂直分布和环状水平分布。海南岛海水养殖区地貌可分为 5 个类型，即：山地丘陵、台地阶地、平原、潮间带及海底地貌。

2.1.5.1　山地丘陵地貌

山地是指海拔在 500 m 以上的高地，起伏很大，坡度陡峻，沟谷幽深，一般多呈脉状分布。高出海平面 500 m 以下的山地，或比高在 300 m 以内的山地，称为丘陵。

海南省沿海的山地丘陵地貌主要分布于文昌至三亚的东南海岸，由花岗岩、变质岩或沉积岩构成。山地数量较少，均为低山，丘陵分布比较普遍，一般位于山地外围，其高程逐步向海滨降低。

2.1.5.2　台地阶地地貌

台地是指四周有陡崖的、直立于邻近低地、顶面基本平坦似台状的地貌，海拔 $100 \sim 700$ m 的广大平面地形。阶地指由于地壳上升，河流下切形成的阶梯状地貌，由阶地面和阶地斜坡 2 个形态要素组成。

台地和阶地在海南岛沿海分布极为常见，高度一般在 100 m 以下，自山地丘陵边缘向海滨逐渐降低。其中侵蚀—剥蚀台地由不同时代的花岗岩、变质岩或沉积岩构成。海南岛的侵蚀—剥蚀台地有 100 m、70 m、60 m、50 m 四级，其风化壳较厚。

海南岛北部海岸的堆积—侵蚀台地分布普遍，其高程一般为 $25 \sim 80$ m。海蚀和海积阶地分布于海滨山丘边缘，前者由基岩构成，后者由沙砾或黏土层构成，在海南岛有 $15 \sim 30$ m 和 $3 \sim 5$ m 两级。

2.1.5.3　平原地貌

　　平原是指陆地上海拔一般在 200 m 以下的平坦地域。根据其成因，海南省的平原包括 3 个业类，分别为三角洲平原、冲积平原和滨海平原。三角洲平原是由于河流注入海洋时，因坡度变缓，流速渐小，导致淤积物逐渐增多，最后露出水面并形成顶尖朝向陆地的三角形平原（图 2.8）。冲积平原指河流挟带的泥沙进入低地沉积而成的平原。滨海平原是指由浪蚀台地、水下浅滩升出海面或由波浪、沿岸流直接堆积而成的海岸平原或沿海平原。海南岛沿岸的三角洲平原和冲积平原主要分布于入海河流的下游和海滨，如南渡江和万泉河在河口区形成的三角洲平原和冲积平原；滨海平原分布在潟湖海湾沿岸，以清澜港东侧平原最为典型。

图 2.8　三角洲平原（谢珍玉　拍摄）

2.1.5.4　潮间带地貌

　　潮间带是指大潮期的最高潮位和大潮期的最低潮位间的海岸。根据组成物质的不同，海南省的潮间带地貌可划分为 8 个亚类，分别为砂滩、潮滩、基岩砾石滩、红树林滩、淤泥滩、潟湖、珊瑚礁坪和灰砂岛。其中，砂滩、基岩砾石滩、红树林滩、淤泥滩、珊瑚礁坪和灰砂岛分别由砂、砾石、红树林、淤泥、珊瑚礁和生物砂屑灰岩等特征性成分组成，而潮滩和潟湖的定义相对复杂。潮滩是指主要受潮流影响的潮间带露出的沙泥滩，由粒径小于 0.06 mm 粉砂和黏土组成的长数十千米的平缓地带，属于海岸堆积地貌类型。按地貌特性和出露部位的不同，潮滩分为 3 种类型：① 潮上带，指平均大潮高潮线以上至特大潮汛或风暴潮作用上界之间的地带。该带常作为沿岸高位池建设用地。② 潮间带，指平均大潮低潮线至平均大潮高潮线之间的地带，此带是海南发展贝类等底播养殖业的重要场所。③ 潮下带，指平均大潮低潮线以下的潮滩及其向海的延伸部分。

　　海南岛沿岸广布沙滩（图 2.9）。沿岸潮差大而波浪作用较弱的地区，一般沙滩宽度大、坡度缓，如海南岛西北岸；沿岸潮差小或波浪作用较强的地区，沙滩宽度小，坡度较陡，如海南岛东岸。潮滩仅分布于海南岛局部岸段，大多在近河口区或湾顶部位，如海口湾等地。

(a) 沙　　　　　　　　　　　　　　　　　(b) 受侵蚀沙

图 2.9　沙滩（谢珍玉 拍摄）

　　基岩砾石滩多分布于沿海山丘或台地构成的岬角部位，如琼北玄武岩台地基岩海岸等地。红树林滩和淤泥滩主要分布在海南岛沿海的红树林或沼泽地，如东寨港内以红树林滩和淤泥质潮滩为主，清澜港边缘为红树林滩和淤泥滩，长圮港则形成小面积的红树林滩。潟湖在海南岛的东南岸、西沙群岛、中沙群岛和南沙群岛多有分布，如港北小海是海南岛最大的潟湖，西沙群岛的赵述岛一带也是一个多珊瑚礁分布的大潟湖。珊瑚礁坪在海南岛沿岸、西沙群岛、中沙群岛和南沙群岛断续分布，最大宽可达 20 km。灰沙岛主要分布于西沙群岛、中沙群岛和南沙群岛，如西沙群岛绝大多数岛屿都是生物沙砾在珊瑚礁盘上堆积起来的灰沙岛，这些现代灰沙岛的面积多在 1 km² 左右，海拔高度一般为 5 ~ 8 m。

2.1.5.5　海底地貌

　　海南的海底地貌也可分为 5 个亚类，分别为水下滩槽、水下三角洲、潮流三角洲、水下深槽和水下坡。

　　因海南岛东岸波浪作用较强，水下滩槽更深。水下三角洲主要分布于大河口门之外的外海，如南渡江口门之外。潮流三角洲主要见于琼州海峡东西口和沿海各潮汐通道的口门内外。水下深槽水深大多在 5 m 以上，最深者可达 30 m 以上，主要存在于洋浦湾。

2.2　气候与气象

　　海南岛海岸带年平均气温 23.8℃。其中，西南部海岸带气温高于东北部，如东方境内全年年均气温 23.0 ~ 25.0℃（最高气温 35.4 ~ 39℃），莺歌海年平均气温可达 25.2℃，为我国海岸气温最高的岸段。

　　全岛日照年辐射量达 615 kJ/cm²，年均日照为 2 590 h，均为全国最高的地区。

　　年降雨量在 1 000 ~ 2 500 mm，由于地形和季风的影响，海南的降雨具有东多西少、夏多冬少、暴雨集中等特点，6—10 月的降雨量占全年雨量的 80% 以上。

　　海南岛夏季以南风和西南风为主，冬季以东北风为主。东部沿海冬半年最多风向为西北—北—东北偏东，夏半年最多风向为西南—北风；西部沿海冬半年最多风向为东北偏东风，夏半年最多风向为东南偏南—西南偏西风。沿海各海区的季节性风速变化十分复杂，年平均风速总的趋势是由海岸线向外风速逐渐加大，北部玉苞一带和西部东方一带海区分别为两个风速高值中心。大风日数的地理分布为：玉苞一带的西北部沿海，年平均大风日数55 d左右，西部八所一带为23 d左右，北部海口一带为14 d左右，其他地区在3～7 d之间。

海南岛多台风，一般出现在5—11月。据统计，直接登陆海南岛的台风年均2.7次，在附近登陆对海南岛造成影响的台风年均5.8次。直接登陆的台风，发生在琼东的频率最大，其次是琼南、琼北，琼西鲜有台风直接登陆，但2009年在琼西登陆的"天鹅"台风对整个西部沿海的水产养殖业造成了毁灭性的影响。

海南岛沿海区域范围内总体上无雾或少雾，年平均有雾日数东方—三亚—万宁一带在10 d以下，其他沿海区域为18～37 d。

2.3　海洋水文

根据海南岛的地理位置，可将全岛分为4个海域：① 北部海域：包括临高东部、澄迈和海口海域，位于琼州海峡的南侧；② 东部海域：包括文昌、琼海与万宁海域，为直接面向东沙群岛与菲律宾之间的太平洋海域；③ 南部海域：包括陵水、三亚和乐东南部海域，为面向三沙群岛的太平洋海域；④ 西部海域：包括乐东北部、东方、昌江、儋州和临高西部海域，为面向北部湾海域。另外，海南省还包括"三沙海域"。

2.3.1　海浪

海南岛沿海波浪以风浪为主（占75%以上），间有涌浪（小于25%），全岛的最大波高主要发生在7—11月台风期。与台风来袭方向对应，东部、南部沿岸波浪较强，西部、北部沿岸波浪相对较小。东、西两侧近岸的波浪主要受一年一度的季风影响。东方八所一带明显地集中于偏西南、偏北2个主浪向，尤其在每年的6—8月，西部海域的西南风浪极为明显。东北部的铜鼓岭近岸，波浪分布十分明显地受地形、岸线走向的限制，多为东南向浪。南、北两端近岸海区波浪的分布不但受风影响显著，而且受地理位置和自然环境的影响。

2008年，海南岛近岸海域的实测年平均波高为0.8 m（1/10大波波高，下同），西沙群岛附近海域为1.5 m，南沙群岛附近海域为1.2 m。海南岛近岸海域的实测年最大波高为4.4 m，西沙群岛附近海域为6.5 m，南沙群岛附近海域为3.7 m。与2007年相比，海南岛近岸海域的年最大波高有所增大，西沙群岛附近海域和南沙群岛附近海域的年最大波高有所减小，海南岛近岸海域和南沙群岛附近海域的年平均波高有所减小，西沙群岛附近海域的年平均波高有所增大。

2.3.2　潮汐

海南岛沿海的潮流主要受巴士海峡和巴林塘海峡传入的太平洋潮波的影响，其性质、大小、方向及流动方式因时因地而异，强弱流区相间。整个岸段包括不正规半日潮、不正规全日潮和正规全日潮3种潮流性质，且兼有往复流和旋转流等各种运动形式，涨落潮流历时不等现象也很明显。从海口市铺前湾东营向东，环岛到文昌市铜鼓嘴海区为不正规半日潮区；从东方市感恩角向北环岛至澄迈县后海为正规全日潮区；其他沿海海区均为不正规全日潮区。

海南岛沿岸东部和南部潮差比较小，西部较大，西北部最大。从海口市以东环岛到莺歌海的西南角附近，几乎占全岛2/3岸线的海岸，其平均潮差在1.0 m以下；莺歌海向北至八所及玉苞港以东至海口秀英港的平均潮差在1.0~1.3 m；从八所至玉苞港以西的平均潮差在1.5~2.0 m左右。

台风风暴潮在海南岛北部出现次数最多，其次是东部和南部，西部最少。

2008年，海南岛近岸海域的年平均潮位15 cm（榆林76基面，下同），年最高潮位203 cm，年平均潮差115 cm。与2007年相比，海南岛近岸海域的年平均潮位上升1 cm。最近20年，海南岛近岸海域年平均潮位呈波动上升趋势。各海域的情况如下。

2.3.2.1　北部海域

为不正规全日潮和正规全日潮共存海区。其中，海口湾潮汐属于不正规全日潮。海口湾站平均高潮0.21 m（榆林高程），平均低潮 −0.61 m，平均潮差0.82；历史最高潮位为2.48 m（1948年9月27日），最低潮位 −1.73 m（1983年1月20日），最大潮差3.31 m。临高海域主要属正规全日潮海区，但当月球赤纬趋近零时，临高西部和东部海域分别有1~2 d和4 d出现半日潮，年平均最大潮差283~347 cm，最大潮差394 cm，最小潮差252 cm。澄迈海域的潮位系数为7.3，属于比较典型的正规全日潮区，当月球赤纬接近零度时约有4 d产生半日潮周期，其余时间均为全日潮。

2.3.2.2　东部海域

属于不正规半日潮和不正规日潮为主的混合潮区。其中，铜鼓角以北的北岸段海域以不规则半日潮为主，历史最高潮位3.17 m，最低潮位1.1 m。铜鼓角以南的东岸段海域以不正规日为主，平均潮差0.75~0.87 m，最高为2.5 m。清澜港的潮型为不正规半日潮混合潮型，潮差较小，其潮位特征值（潮位基准面为当地理论度基准面，为榆林基准面以下1.23 m）：历年最高潮位2.17 m，历年最低潮位0.18 m，平均高潮位1.51 m，平均低潮位0.78 m，平均潮位1.15 m，最大潮差1.90 m，平均潮差0.69 m，平均涨潮历时7 h 4 min，平均潮历时5 h 59min。

2.3.2.3　南部海域

属不正规全日潮区，一般一日有2次高潮，月球赤纬最大的少数日期，低高潮和高低潮消失，呈一日一次潮的现象。三亚湾平均高潮位1.53 m（榆林高程），平均低潮位0.66 m，平均潮差0.85 m；历史最高潮位2.88 m，最低潮位 −0.19 m，最大潮差2.14 m。

2.3.2.4　西部海域

受琼州海峡和南海潮波的影响，属于不正规半日潮和不正规全日潮为主的混合潮区。其中，感恩角近岸属正规全日潮，一般每天只出现一次高低潮。多年平均潮差为1.47 m，最大潮差为3.40 m，平均潮位1.90 m，最高潮位3.90 m，最低潮位0.23 m，平均高潮间隙为170 min。东方的近岸潮流属不正规则全日潮流，流向基本与海岸线平行。涨潮时自北向南，流速1.5~2 kn，退潮时自南向北，流速2~3 kn，形成南北方向的往复流。昌江海域属不正规全日潮，以全日潮为主。每月约有14 d为日潮，其余时间为不正规半日混合潮，每月有

5 ~ 14 d半日潮，平均为11 d。海尾和新港港的最低潮位为0 m，最高潮位为3.00 ~ 3.30 m，涨潮时流自西北外海流向港内，退潮与此相反；昌化港最低潮位为0.5 m，最高潮位3.3 m。儋州海域主要为不正规半日潮和不正规全日潮，从英豪理论深度基准面算起，最高潮位为3.76 m，平均高潮位3.00 m，平均低潮位1.33 m，最低潮位0.40 m，平均潮位2.10 m，平均潮差1.67 m，最大潮差3.94 m。

2.3.3　水温

近20年来，海南岛近岸海域年平均表层海水温度略呈上升趋势，目前，年平均水温25.0℃以上，局部地区的最低水温可达16.0℃，最高水温出现在7月份，最低水温出现在1月份。近海水温具有南高北低和冬季沿岸低而外海高、夏季沿岸高而外海低的特征。据《2008年海南省海洋环境公报》报道，海南岛近岸海域的年平均表层海水温度为25.8℃，西沙群岛附近海域的年平均表层海水温度为27.5℃，南沙群岛附近海域的年平均表层海水温度为28.8℃。与2007年相比，海南岛近岸海域的年平均表层海水温度下降0.7℃，西沙群岛附近海域下降0.3℃，南沙群岛附近海域上升0.2℃。春季是海南岛东部海区上升流发生发展的季节，表层近岸水向外海运移，而外海水经底层向岸边输送，在近岸受阻上升，造成近岸表层温度低于外海的现象。各海域海水温度情况如下。

2.3.3.1　北部海域

年平均水温为25.2℃，最高水温达33.7℃（1993年5月4日），最低水温0℃（1967年1月17日）。

2.3.3.2　东部海域

近海月平均水温20.3 ~ 30.3℃，年最高水温33.5℃，年最低水温17.1℃。潭门海域的表层水温26.7 ~ 27.6℃；博鳌海域表层水温21.8 ~ 25.4℃。

2.3.3.3　南部海域

近海月平均水温20.5 ~ 30.6℃，年平均水温为26.3℃，冬春二季水温一般为20.0 ~ 27.0℃，夏秋二季一般为26.5 ~ 32.5℃，最高水温33.5℃，最低水温17.3℃。亚龙湾年平均水温25.8℃；铁炉港水域，年均表层水温23.0℃，常年最低水温可至16.0℃，最高可达30.0℃；红沙港年均表层水温26.7℃，最高水温29.8℃，最低水温22.6℃。

2.3.3.4　西部海域

年平均水温27.0℃左右。春季表层日变差0.5 ~ 1.0℃；底层日变差为0.4 ~ 1.0℃。秋季表层日变差0.6 ~ 0.9℃，底层日变差为0.3 ~ 0.8℃。最高水温为32.7℃，最低水温为13.7℃。

2.3.4　盐度

海南岛近岸海域海水盐度较低，常年在21.6 ~ 33.3，各月平均为13.5 ~ 32.4；西沙群岛近岸海域海水盐度最高，年平均为33.4，月平均最低盐度为32.9；南沙群岛附近海域海水盐度较高,年平均为33.2,月平均最低盐度为32.7。环岛沿岸海域表层海水的盐度,呈现由沿岸向外海递增和时空分布差异较大的特点。沿海年均盐度32.6,每年3—5月盐度为31.6～34.5;9—10月盐度偏低为18.6～32.1。

2.3.5 水团

北部湾水团主要有沿岸水团、北部湾冷水团、混合水团和湾外水团。沿岸水团主要出现在湾西、湾北沿岸,是有江河冲淡水和海水混合而成。特别是盐度低(32.0),水平梯度大,盐度的区域变化和年变化均较大。

湾外南海水团指南海水终年由南部湾口中央及东侧侵入北部湾的海水,是北部湾盐度最高的水团。混合水团的水文特征介于沿岸水团和湾外南海水团之间,具有过渡水团的性质,分布在北部湾中部的广大海域,它的北界是沿岸水团,南岭湾外南海水,其边界随湾外南海水、沿岸冲淡水的消长而变动,终年具有次高盐的性质。

在北部湾的湾北中部和琼西沿岸,存在着明显的上升流。琼西的上升流区,宽约37 km,为一经向的狭窄带状。在冷水团周围,特别是东侧,有强的温度迎面而来。

2.4 海洋化学

2.4.1 盐度

因海南省的陆地以岛屿为主,近海海水盐度相对稳定,一般维持在33～35;近岸海水盐度变化较大,在5.5～34.2之间。受琼州海峡的影响,海南岛西南部海域盐度高于东北部。由于海南岛上有南渡江、万泉河、昌化江等中小型河流,致使河口区域的盐度相对较低,通常因每年11月至翌年2月或3月的降水量减少,为增盐期,4—10月为海南的主要降雨季节,为降盐期。在台风季节,沿岸盐度变化较大,如2009年的"天鹅"号台风和2006年的"达维"号台风,分别使西部沿海和东部沿海的盐度下降到20.0以下,个别地方的盐度趋近0。

2.4.2 pH值

近海海水pH值相对稳定,为8.11～8.38;近岸海水pH值变化较大,一般为7.54～8.51,平均值为8.06。海南岛西南部海区的pH高于东北部,三亚海区最高,文昌一带最低。2008年主要养殖场、产卵场、索饵场和渔业资料保护区的监测结果见表2.2～表2.9。

表2.2 2008年花场湾(增养殖区)水质监测结果

项目	最小值	最大值	平均值	超标率/%
pH值	7.98	8.03	8.00	0
溶解氧/(mg·L^{-1})	6.14	6.67	6.41	0
化学耗氧量/(mg·L^{-1})	0.08	0.30	0.18	0
无机氮/(mg·L^{-1})	0.053	0.067	0.059	0

续表 2.2

项目	最小值	最大值	均值	超标率/%
无机磷氧/（mg·L^{-1}）	0.002	0.005	0.004	0
油类/（mg·L^{-1}）	0.011	0.019	0.013	0

注：超标率根据《海洋监测规范》（GB 17378.4—2007）确定，下同。

资料来源：2008 年海南省渔业生态环境监测技术报告书。

表 2.3 清澜湾（增养殖区）水质监测结果统计

项目	最小值	最大值	平均值	超标率/%
pH 值	7.75	8.39	8.11	0
溶解氧/（mg·L^{-1}）	6.25	8.92	7.72	0
化学耗氧量/（mg·L^{-1}）	0.77	5.06	3.47	50
无机氮/（mg·L^{-1}）	0.021	0.360	0.178	33
无机磷/（mg·L^{-1}）	0.000	0.029	0.010	0
油类/（mg·L^{-1}）	0.019	0.047	0.035	0

资料来源：2008 年海南省渔业生态环境监测技术报告书。

表 2.4 2008 年万泉河口附近海域（增养殖区）水质监测结果

项目	最小值	最大值	平均值	超标率/%
pH 值	8.01	8.06	8.03	0
溶解氧/（mg·L^{-1}）	6.53	6.76	6.68	0
化学耗氧量/（mg·L^{-1}）	0.04	0.29	0.14	0
无机氮/（mg·L^{-1}）	0.019	0.027	0.023	0
无机磷/（mg·L^{-1}）	0.000	0.001	0.001	0
油类/（mg·L^{-1}）	0.019	0.047	0.035	0

资料来源：2008 年海南省渔业生态环境监测技术报告书。

表 2.5 2008 年陵水新村港（增养殖区）水质监测结果

项目	最小值	最大值	平均值	超标率/%
pH 值	8.01	8.14	8.08	0
溶解氧/（mg·L^{-1}）	5.62	7.38	6.40	0
化学耗氧量/（mg·L^{-1}）	0.32	0.78	0.51	0
无机氮/（mg·L^{-1}）	0.018	0.074	0.039	0
无机磷/（mg·L^{-1}）	0.000	0.007	0.002	0
油类/（mg·L^{-1}）	0.006	0.015	0.011	0

资料来源：2008 年海南省渔业生态环境监测技术报告书。

表 2.6　2008 年东寨港（增养殖区）水质监测结果

项目	最小值	最大值	平均值	超标率/%
pH 值	7.54	7.75	7.65	100
溶解氧/（mg·L^{-1}）	5.81	6.75	6.46	0
化学耗氧量/（mg·L^{-1}）	2.34	3.20	2.85	0
无机氮/（mg·L^{-1}）	0.549	0.643	0.586	0
无机磷/（mg·L^{-1}）	0.038	0.076	0.052	0
油类/（mg·L^{-1}）				

资料来源：2008 年海南省渔业生态环境监测技术报告书。

表 2.7　2008 年昌化渔场（产卵场、索饵场）近岸海域水质监测结果

项目	最小值	最大值	平均值	超标率/%
pH 值	7.92	8.05	8.00	0
溶解氧/（mg·L^{-1}）	6.43	6.98	6.71	0
化学耗氧量/（mg·L^{-1}）	0.52	2.40	1.33	0
无机氮/（mg·L^{-1}）	0.232	0.461	0.347	50
无机磷/（mg·L^{-1}）	0.004	0.009	0.007	0
油类/（mg·L^{-1}）	0.009	0.014	0.010	0

资料来源：2008 年海南省渔业生态环境监测技术报告书。

表 2.8　2008 年洋浦湾（产卵场、索饵场）水质监测结果

项目	最小值	最大值	平均值	超标率/%
pH 值	8.02	8.07	8.05	0
溶解氧/（mg·L^{-1}）	5.63	6.01	5.81	0
化学耗氧量/（mg·L^{-1}）	0.47	1.29	0.54	0
无机氮/（mg·L^{-1}）	0.018	0.229	0.065	17
无机磷/（mg·L^{-1}）	0.000	0.003	0.002	0
油类/（mg·L^{-1}）	0.010	0.027	0.017	0

资料来源：2008 年海南省渔业生态环境监测技术报告书。

表 2.9　2008 年后水湾（渔业资源保护区）水质监测结果

项目	最小值	最大值	平均值	超标率/%
pH 值	8.02	8.08	8.04	0
溶解氧/（mg·L^{-1}）	6.52	6.72	6.65	0
化学耗氧量/（mg·L^{-1}）	0.22	0.42	0.34	0

续表2.9

项目	最小值	最大值	平均值	超标率/%
无机氮/（mg·L^{-1}）	0.045	0.131	0.095	0
无机磷/（mg·L^{-1}）	0.001	0.004	0.003	0
油类/（mg·L^{-1}）	0.006	0.033	0.014	0

资料来源：2008年海南省渔业生态环境监测技术报告书。

2.4.3　溶解氧（DO）

海南近海DO含量为5.43～8.92 mg/L，平均值为6.21 mg/L。整体上呈近岸高外海低的分布趋势。表层、10 m层和30 m层DO分布特征趋于相近，表明各层因垂直混合作用而趋于一致。2008年主要养殖场、产卵场、索饵场和渔业资料保护区的监测结果见表2.2～表2.9。

2.4.4　化学耗氧量（COD）

化学耗氧量及其变化与水体受有机污染的程度密切相关，是评价水体质量的重要指标。已有调查资料表明，海南岛近岸COD为含量0.04～5.06 mg/L，平均值为0.68 mg/L。从总体上看，东部沿海COD值高于西部沿海，除2009年8月洋浦新英湾COD达3.31 mg/L外，西部沿海海水COD的其他检测数据都小于1 mg/L。然而，东部文昌清澜湾同期的COD平均值为2.63 mg/L。另外，河流入海口、排污口附近潮间带及内湾的水体COD含量较高。2008年主要养殖场、产卵场、索饵场和渔业资料保护区的监测结果见表2.2～表2.9。

2.4.5　营养盐

海南近海海水无机氮含量为0.009～0.643 mg/L，活性磷酸盐含量0.000～0.076 mg/L，总的分布趋势皆为东北部高于西南部，并以海口（特别是东寨港）为最高，三亚和乐东一带最低。2009年全省无机氮平均含量为0.043 mg/L，活性磷酸盐平均含量为0.005 mg/L，其中，海口无机氮平均含量为0.291 mg/L，已超过一类水质标准，活性磷酸盐平均含量为0.012 mg/L，也超过全省平均值2倍以上。2008年主要养殖场、产卵场、索饵场和渔业资料保护区的监测结果见表2.2～表2.9。

2.4.6　重金属

海南省近海水体重金属的调查资料较少。2008年本课题组对洋浦港30个站点（表2.10）调查结果表明，铜、锌、镉、铅、铬均有检出。其中，部分站点的铜、锌、铅含量较高，已超二类海水水质标准。海水中镉和铬也已检出，但均未超标。具体如下。

表2.10　2008年洋浦港水质调查取样点的经纬度

序号	代码	纬度/N	经度/E	序号	代码	纬度/N	经度/E
1	A1	19°44′55.05″	109°07′33.50″	16	C4	19°42′30.05″	109°09′52.70″

序号	代码	纬度/N	经度/E	序号	代码	纬度/N	经度/E
2	A2	19°44′51.86″	109°08′38.20″	17	C5	19°42′05.89″	109°10′09.08″
3	A3	19°44′51.25″	109°09′44.0″	18	C6	19°42′38.73″	109°12′04.1″
4	A4	19°45′49.01″	109°09′05.2″	19	C7	19°43′26.08″	109°12′46.7″
5	A5	19°45′50.1″	109°07′51.4″	20	C8	19°43′00.76″	109°13′25.7″
6	A6	19°44′38.58″	109°13′40.01″	21	D1	19°41′31.27″	109°07′24.8″
7	B1	19°43′40.83″	109°07′28.10″	22	D2	19°41′32.50″	109°08′33.8″
8	B2	19°43′41.22″	109°08′35.2″	23	D3	19°41′29.91″	109°09′46.8″
9	B3	19°43′45.24″	109°09′44.3″	24	D4	19°41′32.56″	109°10′42.0″
10	B4	19°43′06.08″	101°10′53.0″	25	D5	19°41′33.81″	109°12′02.50″
11	B5	19°43′38.68″	109°11′56.1″	26	E1	19°40′19.81″	109°07′25.3″
12	B6	19°43′54.72″	109°13′25″	27	E2	19°40′28.23″	109°08′42.8″
13	C1	19°42′37.98″	109°06′7.6″	28	E3	19°40′33.12″	109°09′46.0″
14	C2	19°42′36.72″	109°07′25.9″	29	E4	19°40′20.16″	109°10′49.50″
15	C3	19°42′37.80″	109°8′26.90″	30	E5	19°40′41.98″	109°11′47.0″

铜：铜的含量范围为未检出~34.91 μg/L，有 3 个样品超过二类水质评价标准，最高出现在 10 月 B4 的表层。

锌：锌的含量范围为未检出~152 μg/L，有 5 个样品超过二类水质评价标准，最高出现在 10 月 B4 的表层。

镉：镉的含量范围为未检出~3.50 μg/L，所有站位均未超过二类水质评价标准，最高出现在 10 月 D2 的表层。

铅：铅的含量范围为未检出~6.73 μg/L，有 6 个样品超过二类水质评价标准，最高出现在 10 月 B2 的下层。

铬：铬含量范围为未检出~9.62 μg/L，所有站位均未超过二类水质评价标准，最高出现在 6 月 A5 的下层。

2.4.7 石油类

全省各地除港湾及港湾河流出口外的海域海水石油类含量 0.006~0.049 mg/L，平均 0.011 mg/L。总的分布趋势为北部高于南部，并以海口和澄迈海区最高、三亚海区最低，但均符合一类海水水质标准。不过，在部分较封闭或受船舶污染较大的港湾海域，如临高的新盈港等，石油类的含量已超过三类以上海水水质标准，成为不可忽视的重要污染源。2008 年海南主要养殖场、产卵场、索饵场和渔业资料保护区水体石油类的监测结果见表 2.2~表 2.9。

2.5　海洋生物

2.5.1　浮游植物

海南岛周围海区共发现浮游植物 289 种，分别隶属于 5 门 71 属，其中，硅藻 50 属 191 种，占 66.1%；甲藻 16 属 89 种，占 30.8%；蓝藻 3 属 5 种；绿藻 1 属 3 种；金藻 1 属 1 种。主要浮游植物种类有角毛藻属、根管藻属、辐杆藻属、圆筛藻属、菱形藻属和多甲藻属等。优势种有菱形海线藻、佛氏海毛藻、奇异棍形藻、高盒形藻、钟状中鼓藻、角毛藻、骨条藻、根管藻等。春秋两季浮游植物总平均数量为 8 580 ind./L，其中以后水湾、铺前湾、七洲列岛、清澜港海区和大铲礁周围较为密集，为密集区；三亚东部亚龙湾和陵水湾南部海区数量最低，为稀疏区。海南海域秋季浮游植物含量为 $(7.0 \sim 1.90) \times 10^4$ ind./L，平均值为 1.54×10^4 ind./L，其中以琼西的儋州西部至东方北部海区和琼东南的万宁南部至三亚东部的牙龙湾海区浮游植物较为密集，为密集区；七洲列岛海区为稀疏区。

2.5.1.1　海口区

海口区主要包括海口湾和铺前湾。

海口湾：浮游植物年平均密度为 5 280 ind./L，丰富度为中等，经初步鉴定，共有 34 属 87 种。其中硅藻类有 26 属 79 种，占总种类数的 90.8%。优势种为角刺藻、圆筛藻、根管藻、盒形藻、菱形藻和海莲藻（表 2.11）；甲藻类 6 属 10 种，占 11.5%；蓝藻类 1 属 4 种，占 4.6%；绿藻类 1 属 1 种，占 1.1%。其中，夏季平均密度最高，为 1.12×10^4 ind./L；冬季次之，平均值为 6 490 ind./L；秋季最少，仅为 45 ind./L。

铺前湾：以东寨港为代表的铺前湾共浮游植物 44 种。其中，硅藻类 29 种，占 65.90%；甲藻类有 8 种，占 18.18%；蓝藻类有 3 种，占 6.82%；其他的有 4 种，占 9.09%。优势种为兰隐藻、定鞭金藻和赤潮异弯藻，这些藻类在局部区域最高密度分别达 50.4×10^4 ind./L、35.3×10^4 ind./L 和 22.1×10^4 ind./L。

表 2.11　海口湾浮游植物主要种类、数量和季节变化

属类	不同季节密度/ (ind. · L^{-1})			
	春季	夏季	秋季	冬季
盒形藻属	6.7	1 436.6	2.2	8.1
角刺藻属	2 708	7 409.1	6.6	114.9
圆筛藻属	61.3	153.4	2.3	23.2
菱形藻属	46.6	993.2	5.4	26.7
根管藻属	112.3	45	1.6	129
海莲藻属	122.6	433.2	7.1	3 847.2
其　他	301.5	735.5	19.8	2 338.9
合　计	3 359	11 206	45	6 488

2.5.1.2 文昌区

该海区的浮游植物数量从琼州海峡向东至七洲列岛数量渐减，而由七洲列岛向南至清澜港数量又稍有上升。清澜港共有浮游植物36种，其中，硅藻类25种，占69.44%；甲藻类有7种，占19.44%；蓝藻类有颤藻1种，占2.78%；其他藻类3种，占8.33%。优势种为隐秘小环藻、单鞭金藻和兰隐藻，局部区域最高密度分别达22.3×10^4 ind./L、14.6×10^4 ind./L和13.1×10^4 ind./L。

2.5.1.3 琼海区

没有明显的内湾，该海区浮游植物的分布情况与文昌南部海区的类似，种类和数量相对较少。

2.5.1.4 万宁区

外湾的浮游植物的分布情况与三亚一带类似，最主要的内湾则有小海和老爷海，其浮游植物的分布情况有别于外湾。小海检测到浮游植物15种，其中，硅藻类13种，占86.67%；甲藻类2种，占13.33%。优势种为单鞭金藻、兰隐藻和具槽直链藻，局部区域最高密度分别达19.2×10^4 ind./L、11.9×10^4 ind./L和10.1×10^4 ind./L。

2.5.1.5 陵水区

开放性港湾浮游植物的分布与三亚一带类似，新村湾和黎安港这2个内湾的浮游植物的分布较丰富，新村湾浮游植物53种，其中，硅藻类28种，占52.83%；甲藻类有19种，占35.85%；蓝藻类有2种，占3.77%；其他藻类4种，占7.55%。优势种为隐秘小环藻、圆海链藻和兰隐藻，局部区域最高密度分别达14.0×10^4 ind./L、55.7×10^4 ind./L和15.4×10^4 ind./L。

2.5.1.6 三亚区

三亚海域浮游植物的生物量秋季为4 960 ind./L，春季为830 ind./L，其中，亚龙湾、海棠湾为春季浮游植物数量稀疏区，密度为100~500 ind./L；秋季为密集区，生物量可达1.20×10^4 ind./L。硅藻类的角毛藻科、根管藻科和圆筛藻科的种类最多；其次为甲藻类的角藻科和多甲藻科中的种类（表2.12）。

表2.12 三亚湾浮游植物主要属、种的季节变化

属	密度/（10 ind.·L^{-1}）				种	密度/（10 ind.·L^{-1}）			
	夏	秋	冬	春		夏	秋	冬	春
角刺藻	37.0	20.8	90.0	20.0	洛氏角刺藻	6.7	8.3	43.3	2.0
菱形藻	147.4	38.7	13.4	4.4	奇异菱形藻	2.2	37.9	7.8	4.0
					尖刺菱形藻	144.4	0.0	0.0	0.0
根管藻	4.5	3.8	9.4	50.6	距端根管藻	0.2	0.0	4.4	32

属	密度/（10 ind.·L^{-1}）				种	密度/（10 ind.·L^{-1}）			
	夏	秋	冬	春		夏	秋	冬	春
海链藻	8.2	6.9	8.3	30.0	菱形海链藻	0.0	1.3	8.3	12.0
					细弱海链藻	2.4	0.8	0.0	14.0

2.5.1.7　乐东区

该海区浮游植物有 182 种，分隶 5 门 71 属，春季平均生物量 2 720 ind./L，秋季平均生物量 3.42×10^4 ind./L，优势种类为根管藻属、角毛藻属、幅杆藻属和菱形藻属等的种类。

2.5.1.8　东方区

沿海海区浮游植物种类与乐东类似，其中硅藻类最多，占 60.2%。浮游植物年均密度为 1 670 ind./L，夏季和冬季分别为 1 710 ind./L、1 550 ind./L。沿岸海水初级生产力高于远岸海域，其中尤以河溪入海口处较高。

2.5.1.9　昌江区

初步鉴定昌江县海域浮游植物有 233 种，其中，硅藻类 44 属 171 种，占 73.4%；甲藻类 11 属 55 种，占 23.6%；其他包括蓝藻类 4 种、绿藻类 2 种、金藻类 1 种，共占 3%。在硅藻类中，角刺藻属的种类最多（46 种），占 19.7%；其次是根管藻 22 种，占 9.4%，圆筛藻属 16 种，占 6.9%。甲藻类中角藻属红类最多（31 种），占 13.3%。浮游植物种类和数量随季节不同而变化。

2.5.1.10　儋州区

浮游植物 107 种，隶属 4 门 41 属，种类最多的硅藻门有 95 种，分布密度为（510～1 650）×10^2 ind./L。其中，洋浦湾的浮游植物 89 种（属），同样以硅藻种类最多，共 64 种（属），占 71.9%；其次是甲藻类 23 种（属），占 25.8%；蓝藻类只有 1 种，占 1.1%。硅藻种类中的优势种类为南海直链藻，出现率达到 100%，最高密度为 2.30 ind./L；巨圆筛藻出现率 88%，最高密度 180 ind./L；星脐圆筛藻出现率达到 88%，最高密度 220 ind./L；具翼圆筛藻出现率 88%，最高密度 280 ind./L；曲舟藻出现率 71%，最高密度 160 ind./L。甲藻中的优势种为叉形多甲藻，出现率达到 47%，最高密度为 290 ind./L。

2.5.1.11　临高区

临高东部海域浮游植物种类组成以硅藻占绝对优势，夏季 50 种，秋季 26 种，冬季 19 种，春季 33 种。其次为甲藻、蓝藻和绿藻。硅藻中以角刺藻的种类最多，其中，密鲁角刺藻为优势种，春季密度可达 5 070 ind./L；其次是齿角刺藻，密度为 1 030 ind./L。此外，窄隙角刺藻和洛氏角刺藻等种类的密度亦较高。海链藻在冬季的密度可达 1.13×10^4 ind./L，在春季的数量亦较多。临高西部海域浮游植物种类组成亦以硅藻类占绝对优势，夏季 50 种，秋季 52 种，冬季 38 种，春季 36 种。其次是甲藻类，夏季有 7 种，秋季 10 种，冬季 5 种，春季 6

种。硅藻中仍以角刺藻属的种类和数量为最多，夏季优势种为旋链角刺藻，密度为
3 980 ind./L，冬季优势种为洛氏角刺藻，密度为 1 380 ind./L。细弱海链藻在一年四季均有
出现，春季的密度最高，为 5 260 ind./L，其次是冬、秋季，夏季最低。

2.5.1.12 澄迈区

以角刺藻种类最多，四季均有分布，以春、夏两季最高，如秘鲁角刺藻、窄隙角刺藻、
洛氏角刺藻等。其次是四连藻，四季均有出现，冬、春两季密度高。斜纹藻和布纹藻仅在冬
季旺发。

2.5.2 浮游动物

海南岛周围海域浮游动物的种类较为多样，绝大多数的种类属于热带、亚热带的沿岸性
种类，已鉴定的种类有 200 种，其中，桡足类和水母类占的比例较大。浮游动物的年均生物
量为 300 μg/L，其中，春季 38 ~ 1 000 μg/L，平均值为 295 μg/L；秋季平均值为 305 μg/L。
夏季浮游动物的种类最多，占总种数的 55%；其次是秋季和春季，各约占总种数的 30%；冬
季出现种数最少，占总数的 15% 以内。各市县的具体情况如下。

2.5.2.1 海口区

经初步鉴定，海口湾共有浮游动物 47 种，其中，桡足类 19 种，占 40.4%；毛颚类 12
种，占 25.5%；水母类 5 种，占 10.6%；浮游幼体 3 种，占 6.4%；介形类、莹虾、磷虾各 2
种，分别占 4.3%；多毛类和端足类各 1 种，占 2.1%。浮游动物生物量年均 114.6 μg/L，季
节变化明显，最高为夏季，达 307 μg/L；春、秋和冬季依次为 74.2 μg/L、54.3 μg/L 和 23.2
μg/L（表 2.13）

表 2.13　海口湾主要浮游动物数量季节变化　　　　　　　单位（10^{-3}ind.·L^{-1}）

季节	桡足类		毛颚类		幼体		水母类		其他		总数量
	数量	百分比/%	数量	百分比/%	数量	百分比/%	数量	百分比/%	数量	百分比/%	
春季	43.7	63.4	15.2	22.1	5.0	7.3	1.0	1.4	4.0	5.8	68.9
夏季	52.8	46.2	39.6	34.6	9.2	8.0	2.7	2.4	10.1	8.8	114.4
秋季	47.6	37.8	56.4	44.8	4.8	3.8	4.6	3.7	12.2	9.7	125.8
冬季	21.4	85.9	0.7	2.8	0.8	3.2	1.4	5.6	0.6	2.4	24.9
年均	41.4	49.6	27.9	33.4	4.9	5.9	2.4	2.9	6.7	8.0	83.5

资料来源：《中国海湾志》（第十一分册）

2.5.2.2 文昌区

已鉴定 35 科 87 属 157 种，其中，桡足类最多，占总数的 37.5%，年生物量为 38 ~
999 μg/L，平均值为 326 μg/L。其中，春季生物量为 38 ~ 437 μg/L，平均值为 253 μg/L，七
洲列岛一带生物量高，清澜湾区生物量低；秋季生物量为 125 ~ 998 μg/L，平均值为
403 μg/L，高生物区在铺前和七洲列岛，分别为 875 μg/L 和 855 μg/L，其余地区的生物量为
125 ~ 563 μg/L。

2.5.2.3　琼海区

已鉴定 24 科 50 属 123 种，以桡足类最多，有 14 科 27 属 75 种，占 37.5%。年总生物量为 97～492 μg/L，平均值为 326 μg/L。

2.5.2.4　万宁区

种类组成与琼海类似，优势种为球砂壳虫、桡足无节幼体和小拟哲水蚤，最高密度分别为 288 ind./L、128 ind./L、16.8 ind./L。

2.5.2.5　陵水区

该海域的浮游动物种类丰富，主要种类为桡足类，优势类型有桡足无节幼体、坚长腹剑水蚤、小拟哲水蚤，其最高密度分别为 396 ind./L、30.8 ind./L、9.68 ind./L。

2.5.2.6　三亚区

该海域年均浮游动物年平均密度为 0.107 00 ind./L，春季为 0.123 48 ind./L，秋季为 0.090 45 ind./L，为海南岛周围最低的海区。主要种类为桡足类，优势种有微刺哲水蚤、奥氏刺胸蚤、异尾宽水蚤等，密集区在三亚港外和崖洲湾海域，微刺哲水蚤、亚强真哲水蚤和叉胸刺水蚤也有一定数量。

2.5.2.7　乐东区

乐东海域不仅有较多种类的浮游动物，还有大量的水生生物幼体和卵。其中以桡足类最多，还有浮游介形类、浮游端足类、枝角类、莹虾类、磷虾类、毛颚类、浮游被囊类、有尾类、海樽类、水母类等。本海区年总生物量为 130～1 000 μg/L，平均值为 290 μg/L，其中，春季为 200～1 000 μg/L，平均值为 378 μg/L；秋季为 130～930 μg/L，平均值为 266 μg/L（表 2.14）。

表 2.14　浮游动物种类组成与分布　　　　　　　　　单位：种数

	水母类	枝角类	桡足类	端足类	磷虾、莹虾类	被囊类	共计
春季	11	0	6	0	1	6	24
秋季	15	0	8	2	5	9	39

2.5.2.8　东方区

浮游动物的栖息密度为 0.001 12～0.001 967 ind./L（12.2～265.1 μg/L）。分布均匀，有 77 种，其中，桡足类 18 种，毛颚类 4 种，水母类 5 种，糠虾类 6 种；此外还有多毛类 1 种，介形类 2 种，磷虾类 1 种，莹虾类 2 种，樱虾 1 种，其他虾类 1 种，软体动物 1 种，其他动物 3 种，浮游幼虫 14 个类群。

2.5.2.9　昌江区

有 15 个类群约 111 种，其中，桡足类 60 种，占 45.5%；毛颚类 18 种，占 13.6%；浮游介形类 10 种，占 7.6%；水母类 16 种，占 12.1%；被囊类 7 种，占 5.3%；幼体 9 类，占 6.8%；莹虾类、糠虾类、端足类、涟虫类、翼足类与异足类、浮游多毛类和栉水母类等各 1 种，分别占 0.8%。

2.5.2.10 儋州区

记录有 102 种，其中，桡足类 25 种，分布密度为 0.037 4 ~ 0.563 1 ind./L。以洋浦湾为例，共有 58 种，其中，桡足类最多，为 36 种，占 62%；其次是原生动物 10 种，占 17%；浮荧类 9 种，约占 16%；被囊类 2 种，占 3%；轮虫只有 1 种，占 2%。桡足类中的优势种为坚长腹剑水蚤，出现率达到 100%，最高密度为 80 ind./L；其他依次为：挪威小毛猛水蚤出现率 82%，最高密度为 6.4 ind./L；驼背隆哲水蚤出现率 76%，最高密度 3.1 ind./L。原生动物中的优势种为根状似铃虫，出现率 59%，最高密度为 20 ind./L；细口纤毛虫出现率达到 59%，最高密度为 0.420 ind./L；似铃壳虫，出现率达到 59%，最高密度为 20 ind./L。浮荧类优势种为尖额齿浮荧，出现率 52%，最高密度为 0.400 ind./L。

2.5.2.11 临高区

临高东部及其邻近海域浮游动物以桡足类（21 种）和毛颚类（11 种）为主。还有水母类 3 种、莹虾类 1 种、端足类、枝角类、有尾类等，及浮游幼体 3 种。桡足类出现种类数量季节变化明显，春季出现 7 种，其中以中华哲水蚤的密度最高，最高达 0.018 6 ind./L；秋季出现 14 种，桡足类幼体密度高达 0.044 3 ind./L，其次为厚真哲水蚤和微刺哲水蚤，分别为 0.024 3 ind./L 和 0.018 1 ind./L；冬季出现有 9 种，中华哲水蚤的密度最高，达 0.05 ind./L。浮毛颚类，春季仅有 3 种，秋季出现 11 种，冬季仅有 3 种。

2.5.2.12 澄迈区

初步鉴定有浮游动物 45 科 117 属 227 种，其中，桡足类最多，占总数的 37.5%，年总生物量为 0.038 ~ 0.999 mg/L，平均值为 0.226 mg/L。其中，春季平均生物量为 0.038 ~ 0.437 mg/L，平均值为 0.253 mg/L；秋季平均生物量为 0.125 ~ 0.998 mg/L，平均值为 0.403 mg/L。在种类组成方面，桡足类最多，其次为毛颚类、水母类、莹虾类、磷虾类级浮游幼体等。

2.5.3 底栖生物

海南岛调查的底栖生物经鉴定有 568 种，隶属于 12 大类群 197 科 388 属。种类最多的是甲壳类，177 种，其他类群依次为：软体类 128 种；鱼类 110 种；多毛类 48 种；棘皮类 43 种；腔肠类 29 种，藻类 18 种；海绵类 5 种；其他小类群共 10 种。全海区平均生物量为 10.53 g/m²。其分布呈现出西面大于东面，远岸大于近岸的趋势。各海区以琼西生物量平均值最高，其他依次为琼南、琼北、琼东南。以上 4 个海区的种类组成有明显不同，东南部海区以甲壳类和软体类为主；南部海区以甲壳类和鱼类为主；西部海区以棘皮动物的海胆类为主；而北部海区底质变化大，生物组成较为复杂，总体以软体动物为多，多毛类次之。底栖生物平均栖息密度为 16 ind./m²，属于栖息密度较低的海区。各海区中，北部海区栖息密度最高，西部海区次之，东南部海区和南部海区最低。

2.5.3.1　海口区

海口湾潮下带底栖生物有 54 种，其中，甲壳短尾类 15 种，占 27.8%；软体动物 11 种，占 20.4%；甲壳长尾类和虾蛄类各 9 种，各占 16.7%；棘皮动物 5 种，占 9.2%；海藻 4 种，占 7.4%；软珊瑚 1 种，占 1.8%。种类组成季节变化明显，春季主要为虾蛄类、甲壳短尾类、棘皮动物和海藻，夏季主要为虾蛄类、甲壳长尾类和甲壳短尾类，秋、冬季出现种类较少，主要甲壳短尾类、甲壳长尾类和虾蛄类。底栖生物的年均生物量为 9.05 g/m^2，夏季较高，达 14.8 g/m^2；秋季最低，仅 1.9 g/m^2。从种类来分析，甲壳动物的年平均生物量最高，为 6.03 g/m^2。

2.5.3.2　文昌区

文昌沿海浅海的平均底栖生物量为 6.04 g/m^2。七洲列岛的平士岛一带平均生物量最高，为 8.05 g/m^2，南士岛至双帆岛海区为 7.80 g/m^2，其他水域在 5.0 mg/L 以下。底栖生物的组成较为均匀，软体生物占 28.8%，多毛类占 24.7%，棘皮类占 18.27%，甲壳类占 14.7%，鱼类占 11.1%。

2.5.3.3　琼海区

平均底栖生物量为 0.77 g/m^2。底栖生物的组成以甲壳类为主，占 49.4%；棘皮类和多毛类各占 6.3%，其他种类极少。

2.5.3.4　万宁区

万宁小海的底栖生物有 19 种，其中，软体动物 9 种，占 47.37%；甲壳类 6 种，占 31.58%；其他生物 4 种，占 21.05%。从生物量来看，优势种为西格织纹螺、长扁顶蛤和杜父鱼，依次分别为 694.76 g/m^2、674.20 g/m^2、582.00 g/m^2。从密度来看，优势种为西格织纹螺、饼干镜蛤和紫血蛤，依次分别为 3 160 ind./m^2、2 480 ind./m^2、1 080 ind./m^2。

2.5.3.5　陵水区

陵水新村港底栖生物有 37 种，其中，软体动物 20 种，占 54.54%；甲壳类 6 种，占 16.22%；其他生物 11 种（含藻类 3 种），占 29.73%。从生物量来看，优势种为刻肋海胆、昌螺和团聚牡蛎，分别为 3.75×10^4 g/m^2、720.00 g/m^2、344.39 g/m^2。从密度来看，优势种为昌螺、刻肋海胆和菲律宾偏顶蛤，分别为 3.6×10^4 ind./m^2、2 355 ind./m^2、252 ind./m^2。

2.5.3.6　三亚区

三亚沿海底栖生物呈现西部高东部低的趋势。在海棠湾的沙质海岸，生物量几乎趋于零。亚龙湾的生物量为 0.8~2.0 g/m^2，东锣岛、西鼓岛附近海域分别为 9.53 g/m^2 和 4.88 g/m^2，而崖洲湾西侧生物量最高值达 27.4 g/m^2。其种类组成是甲壳类最多，占生物总量的 58.1%，鱼类占 40.8%，多毛类占 0.5%。

2.5.3.7 乐东区

乐东海域底栖生物主要有甲壳动物、棘皮动物、鱼类、软体动物、多毛类等，生物量达 21.75 g/m^2，生物量组成以棘皮动物为主，占 83.5%。春季 27.60 g/m^2，秋季 21.15 g/m^2。底栖生物的栖息密度平均值为 23.0 $ind./m^2$。

2.5.3.8 东方区

东方海域底栖动物的栖息密度为 1.11~88.5 $ind./m^2$，生物量变化为 0.11~464.4 g/m^2。调查共获底栖动物 75 种，其中，软体动物 41 种，甲壳类 15 种，多毛类 7 种，鱼类 3 种，其他动物 9 种。

2.5.3.9 昌江区

底栖生物分布情况与儋州近岸相似，主要有多毛类、软体动物、鱼类、棘皮动物等。

2.5.3.10 儋州区

已记录有底栖生物 172 种，密度为 50~500 $ind./m^2$，生物量为 0.5~56 mg/L，其中，贝类 64 种，甲壳类 38 种。根据 2000 年 5 月对后水湾浅海区和潮间带的调查结果，在浅海区有底栖生物 18 科 29 种，平均生物量为 207.5 g/m^2；在潮间带有底栖生物 25 科 34 种，平均生物量为 232.2 g/m^2，资源量中等偏低。

2.5.3.11 临高区

临高东部及其基邻近海域底栖生物种类组成以软体动物、甲壳动物、多毛类和腔肠动物为主。软体动物优势种为浅缝合骨螺、麦氏偏顶蛤、波纹巴非蛤等。其中，麦氏偏顶蛤，波纹巴非贻常见于夏季，浅逢合骨螺常见于夏、冬季。甲壳类、长尾类优势种为细巧仿对虾、须赤虾、中华管鞭虾、马来鹰爪虾等，主要见于夏季。甲壳短尾类主要有矛形梭子蟹、双角互敬蟹、中华角蟹等，以夏季最多。棘皮动物优势种有细雕刻肋海胆，以夏、冬两季种类最多。腔肠动物以软珊瑚为主。

临高西部及后水湾底栖生物种类组成以软体动物、棘皮动物、多毛类和甲壳类为主。软体动物中主要有波纹巴非蛤、皱发扇贝、花鹊、孔扇贝、叶片牡蛎及美女蛤等。前者主要集中出现于湾顶区；棘皮动物主要有细雕刻肋海胆和芮氏刻肋海胆；甲壳类主要有吉墨对虾、脊赤虾、赤须虾等，前两者主要出现在夏季，后者为春季的主要种属；甲壳短尾类生物以夏季最高，秋季次之，主要种类有矛形梭子蟹、环形隐足蟹、强菱蟹及背足关公蟹，前者四季均有出现，以夏季最高。

临高东部海域底栖生物总生物量在冬季最高，夏季次之，冬季最低。各类底栖生物中除海绵、腔肠动物以冬季的生物量最高外，其他类群都是夏季最高，腔肠动物在春、夏季都未发现。临高东部海域底栖生物的生物量与季节变化见表 2.15。

表 2.15　临高东部海区底栖生物的生物量和季节变化　　单位：g/m²

项目	总生物量	软体动物	棘皮动物	甲壳类	多毛类	腔肠动物	海绵动物	蠕虫	鱼类	其他
夏	54.6	2.8	1.6	8.6	0.8	—	—	25.7	7.5	7.7
秋	20.7	0.9	—	1.4	0.6	0.3	—	0.7	0.2	16.7
冬	68.7	2.7	0.2	4.6	0.2	4.7	53.2	—	0.4	—
春	6.4	2.2	0.8	3.2	0.5	—	—	—	—	—

　　临高西部海域、后水湾平均底栖生物生物量与季节变化见表 2.16。后水湾底栖生物年均生物量为 430.42 g/m²，夏季最高达 313.75 g/m²，秋季次之，冬季最低，仅 2.66 g/m²。后水湾东部夏季生物量高达 584.6 g/m²，为全年之首。后水湾底栖生物以软体动物为主，尤其是夏季更明显，年平均达 377.27 g/m²，季平均达 94.32 g/m²。夏季平均为 282.5 g/m²，湾东部夏季高达 523.2 g/m²，占总生物量的 89.7%。秋季生物量为 80.8 g/m²，湾顶高达 161.6 g/m²，占总生物量的 9.88%，春季软体动物占首位，生物量为 13.97 g/m²。冬季均未见软体动物。软体动物含量高的主要原因与采到个体较大的双壳类（波纹巴非蛤、麦氏偏顶蛤）有关。后水湾底栖生物中的棘皮动物和多毛类动物四季均有出现。甲壳类见于冬、夏两季。

表 2.16　临高西部海区底栖生物平均生物量与季节变化　　单位：g/m²

生物种类	夏（8 月）	秋（11 月）	冬（1 月）	春（5 月）	年平均	季平均
软体动物	282.50	80.80	0.00	13.97	377.27	94.32
棘皮动物	15.30	3.70	0.33	4.27	23.60	5.90
多毛类	1.20	0.90	1.23	1.37	4.70	1.80
甲壳类	6.30	0.00	0.77	0.00	6.47	1.62
蠕虫	0.00	0.00	0.93	5.10	6.03	1.51
鱼类	8.40	3.70	0.00	0.00	12.10	3.02
其他	0.05	0.20	0.00	0.00	0.25	0.06
合计	313.75	89.30	2.66	24.7	430.42	108.23

2.5.3.12　澄迈区

　　澄迈沿海的底栖生物年均生物量为 6.04 g/m²，生物量分布均匀且不多，基本在 5.0 g/m² 以下，软体生物占 28.8%，多毛类占 24.7%，棘皮类占 18.27%，甲壳类占 14.7%，鱼类占 11.1%。底栖生物种类以软体动物最多，次为甲壳类、多毛类、腔肠类。

　　软体动物的优势种为缝合骨螺、麦氏偏顶蛤、波纹巴非蛤等，甲壳长尾类优势种为巧仿对虾、须赤虾、马来鹰爪虾等；短尾类主要是矛形梭子蟹、双角互敬蟹、中华角蟹等。棘皮动物优势种为细雕刻肋海胆等。

　　此外，对南沙群岛渚碧礁的大型底栖动物群落的调查结果表明，共获得大型底栖动物 314 种，平均栖息密度为 357.94 ind./m²，平均生物量为 64.85 g/m²；群落中主要的优势种为粗糙毛壳蟹和鼓虾。

2.5.4 潮间带生物

海南岛潮间带生物经鉴定共有 6 类 100 科 340 种。其中，软体动物 55 科 200 种，藻类 18 科 54 种，鱼类 12 科 63 种，甲壳动物 9 科 20 种，棘皮动物 2 科 3 种。海南岛沿海潮间带生物总平均生物量为 1982.66 g/m^2，总平均栖息密度为 290.98 ind./m^2。从其生物种类分布上来看，东南、西南海域软体动物单壳类占绝对优势，浅海海域热带观赏鱼比其他海域多，藻类中马尾藻和紫菜占优势。该区域的生物量、栖息密度均比其他区域高。

高潮区：种类较少，优势种为多颗粒股窗蟹、痕掌沙蟹、清白招蟹、平额石扇蟹、绿色蛤、珠带拟蟹守螺和方格星虫等。

中潮区：底质类型交错地带，有砂、沙砾、珊瑚碎块等，分布有固着、附着、底内穴居的等多种生态类型的生物，软体动物为优势种，主要种类有奥莱螺、珠带拟螺蟹守螺、纵带滩洒螺、鳞杓拿哈、樱哈、牡蛎，漆氏在蛏、豆莱蚶蛤、奥莱河彩螺、肉桂石蛏、纵带滩栖螺、双带桑椹螺等，中潮区下部，以藻类为主，藻类有匍枝马尾藻、马尾藻，多尾类主要有涠洲圆沙蚕等。

低潮区：泥沙底质区主要以软体动物居多，优势种有珠带滩洒螺、奥莱彩螺、胆形织纹螺、习见织纹螺、江户樱哈、樱哈、杂色牙螺、漆氏蟢蛏。基岩区主要以珊瑚为主，有小鹿角珊瑚、中表鹿角珊瑚、美丽角珊瑚、横条蔷薇珊瑚等。同时，珊瑚礁区的藻类生长茂盛，有匍枝马尾藻、马尾藻、宽扁叉节藻、喇叭藻等。

以万宁海区为例，低潮区底栖生物的生物量以软体动物为主，达 13.59 g/m^2，其次为多毛类和甲壳动物，分别为 7.95 g/m^2 和 7.14 g/m^2；密度以多毛类为主，达 213 ind./m^2，其次甲壳动物为 159 ind./m^2，软体动物的密度为 72 ind./m^2。中潮区的底栖生物生物量明显少于低潮区，也以软体动物为主，生物量为 1.86 g/m^2，其次为多毛类和甲壳动物，分别为 0.65 g/m^2 和 0.32 g/m^2；密度以多毛类为主，达 45 ind./m^2，其次为甲壳动物 15 ind./m^2，软体动物的密度为 30 ind./m^2。高潮区未见底栖生物。

总之，潮间带生物的种类组成与潮间带底质有关。以泥沙为主的潮滩，坡度平缓，生物群落的种类组成比泥质或砂质的滩涂为多。且低潮区的生物量和分布密度都大于高潮区。

潮下带区域水浅、阳光足、波浪作用频繁、溶氧量高，从陆地及大陆架带来丰富的饵料，海洋底栖生物种类丰富，有大量鱼类、虾及蟹、珊瑚、苔藓动物、棘皮动物、海绵类、腕足类及软体动物等，还有大量进行光合作用的钙藻。

2.5.5 游泳生物

已有资料表明，海南近海共采获鉴定鱼类 345 种，甲壳类 47 种，头足类 15 种。游泳生物种类组成多样，绝大多数种类属于暖水性，而广泛分布于印度—西太平洋区域的热带性种类，仅有少数种类为适温范围较广的亚热带暖温性种类。年平均生物量为 20.176 kg/hm^2，年平均生物密度为 1 606 ind/hm^2。游泳生物数量分布不均，表现为东南部海区海岛游泳生物的生物量与生物密度均比东北、西北海区为高。从季节上看，春、夏季平均生物量要高于秋、冬季。其中，主要经济游泳种类有：鲻、黄鳍鲷、平鲷、真鲷、黑鲷、灰鳍鲷、紫红笛鲷、花尾胡椒鲷、鲈鱼、尖吻鲈、云纹石斑鱼、赤点石斑鱼、青石斑鱼、鲑点石斑鱼、篮子鱼、卵形鲳鲹、大弹涂鱼、中华乌塘鳢、三斑海马、墨吉对虾、日本对虾、长毛对虾、斑节对虾、中国对虾、近缘新对虾、刀额新对虾、凡纳滨对虾（南美白对虾）、锯缘青蟹、三疣梭子蟹、红星梭子蟹、大鮃、海鲶、海鳗、宝刀、蛇鲻、蓝圆鱼参、鲱鲤、马六甲鲱鲤、鱼或鱼、牙带鱼、公鱼、康氏马友、中国鲳、乌鲳、大甲鲹、墨鱼、鱿鱼、日本对虾、明虾、龙虾、河虾、白蝶贝、马代珍珠贝、近海牡蛎、翡翠贻贝、泥蚶、田螺、福寿螺、河蚌、海参、海龟、远洋梭子蟹、巨缘亲蟹、锈斑蟳等。

2.6　海南热带典型海洋生态系

2.6.1　珊瑚礁

珊瑚礁生态系统是热带海洋最突出、最具代表性的生态系统，也是世界上公认的四大高生产力、高生物多样性的典型生态系统之一，享有"蓝色沙漠中的绿洲"、"海洋中的热带雨林"等美誉。它在防海护岸、减轻海洋灾害、提供工农业原材料、促进旅游资源、增进水产资源、净化大气和海洋环境、减轻大气温室效应等方面，均发挥着重要的作用。其中，最关键的生物类群为造礁石珊瑚，它们不仅以自身丰富的种类成为珊瑚礁生态系生物多样性的重要成分，同时还是多达数万种喜礁生物栖息生境的主要构造者，是珊瑚礁生态系统的"框架"群落。

海南省地处热带、亚热带，存在北部沿岸流和南海暖流两大流系，产生了多种含有丰富生物类群的珊瑚礁生态系统，构成了海南省独特的海洋生态系统。据资料统计，海南现有珊瑚礁分布面积 273.13 km²，岸礁长度 717.5 km，无论是品种、分布面积或生态条件均居全国之冠。根据《中国自然资源丛书 海南卷》介绍，海南省珊瑚礁种类繁多，共计 110 种和 5 个亚种，分别属于 11 科、34 属和 2 亚属。仅海南岛周边海域就有 13 科 35 属 95 种。主要种类有滨珊瑚、蜂巢珊瑚、角状蜂巢珊瑚、扁脑珊瑚等巨大珊瑚礁块体，还有成片生长的鹿角状珊瑚、牡丹珊瑚、陀螺珊瑚、杯形珊瑚等。全省现有珊瑚礁面积占全国珊瑚礁总面积的 98% 以上，以西沙、中沙和南沙海域中分布最多。西沙珊瑚礁生态系统发育完好，拥有丰富的生物多样性和极高的初级生产力。海南岛沿岸也有较多珊瑚分布，其中尤以三亚沿岸为多，珊瑚生长发育较为完好，种类繁多。东部琼海的龙湾到潭门沿岸，文昌铜鼓岭沿岸，木栏头沿岸，以及西北部澄迈至东方八所沿岸均有珊瑚礁及活珊瑚分布。

海南独特的地理区位和自然条件，形成了全国分布最广、品种最全、发育最好的珊瑚礁。遗憾的是，近年来，海南省珊瑚礁一直遭受人为的或生物的严重破坏，现有分布面积及长度分别比 20 世纪 60 年代减少了 55.57%、59.1%，加强海南珊瑚礁保护已迫在眉睫。根据 2008 年海南省海洋环境公报的报道，海南岛东部大部分沿岸海域和岛屿的珊瑚礁生态环境良好，珊瑚礁生态系统健康，但个别沿岸海域的珊瑚礁生态环境压力较大，珊瑚生长受到一定影响。2008 年的珊瑚种类比 2007 年有一定的减少，但总体上珊瑚礁生态系统保持其自然属性，生物多样性及生态系统结构相对稳定，珊瑚礁生态系统仍处于健康状态。具体情况如下。

2.6.1.1　铜鼓岭海域

石珊瑚共 6 科 8 属 18 种，主要优势种为澄黄滨珊瑚、丛生盔形珊瑚和浪花鹿角珊瑚，但显著性不高；造礁石活珊瑚平均覆盖度为 23.25%，死珊瑚平均覆盖度低，仅为 0.86%，硬珊瑚补充量为 0.42 ind./m²，珊瑚平均发病率为 0（调查过程没有发现）；软珊瑚平均覆盖度为 16.45%。珊瑚礁生态系统状况良好。

2.6.1.2 长圮港海域

石珊瑚有 7 科 9 属 20 种，主要优势种为叶状蔷薇珊瑚、丛生盔形珊瑚。造礁石活珊瑚平均覆盖度为 38.75%，死珊瑚平均覆盖度为 0，硬珊瑚补充量为 0.70 ind./m²，珊瑚平均发病率为 0。长圮港外缘珊瑚礁覆盖度高，珊瑚礁生物丰富；礁坪内缘珊瑚及其珊瑚礁生物较少。

2.6.1.3 龙湾港海域

石珊瑚共 6 科 8 属 17 种，主要优势种为叶状蔷薇珊瑚、丛生盔形珊瑚等；软珊瑚分布极少。造礁石活珊瑚平均覆盖度为 26.85%，死珊瑚平均覆盖度为 1.46%，硬珊瑚补充量为 0.15 ind./m²，珊瑚平均发病率为 0；软珊瑚平均覆盖度为 1.76%。

2.6.1.4 蜈支洲海域

石珊瑚 9 科 15 属 28 种，主要优势种为伞房鹿角珊瑚、多孔鹿角珊瑚和美丽鹿角珊瑚。造礁石活珊瑚平均覆盖度为 72.45%，死珊瑚平均覆盖度为 0，硬珊瑚补充量为 0.45 ind./m²，珊瑚平均发病率为 0。该岛周边海域珊瑚礁生物多样性丰富，各种规格鱼类、砗磲、海参等随处可见，是区珊瑚礁生态系统保持较为完好的区域之一。

2.6.1.5 亚龙湾海域

造礁石珊瑚 5 科 6 属 9 种。亚龙湾调查区主要优势属为鹿角珊瑚属，东排岛主要优势种为疣状杯形珊瑚、多孔鹿角珊瑚；西排岛主要优势种为壮实鹿角珊瑚、丛生盔形珊瑚、美丽鹿角珊瑚等。造礁石活珊瑚平均覆盖度高为 35.38%，死珊瑚平均覆盖度为 3.61%，硬珊瑚补充量为 0.40 ind./m²。在调查过程未发现珊瑚常见病害情况，但部分区域死亡珊瑚较多，少量珊瑚出现白化现象，主要原因应与数年前的工程建设项目有关，近期也可能受长棘海星侵害所致。该区域珊瑚覆盖度高、种类多，各种鱼类、贝类、海参、海胆等珊瑚礁生物丰富，是海南三亚国家级珊瑚礁自然保护区中珊瑚生长分布最好的片区，其珊瑚覆盖度高，珊瑚礁生物多样性丰富。

2.6.1.6 大东海海域

造礁石珊瑚 6 科 8 属 15 种，主要优势种为丛生盔形珊瑚、多孔鹿角珊瑚等。造礁石活珊瑚平均覆盖度为 21.63%，死珊瑚平均覆盖度为 0，硬珊瑚补充量为 0.10 ind./m²，珊瑚平均发病率为 0。该海域珊瑚总体生长状况良好，珊瑚礁生物多样性丰富，但局部区域珊瑚生长受到一定影响。

2.6.1.7 小东海海域

造礁石珊瑚 9 科 12 属 23 种，主要优势种为丛生盔形珊瑚、多孔鹿角珊瑚。造礁石活珊瑚平均覆盖度为 43.38%，死珊瑚平均覆盖度为 0，硬珊瑚补充量为 0.85 ind./m²，珊瑚平均发病率为 0。该海域珊瑚礁生态系统健康。

2.6.1.8　鹿回头海域

造礁石珊瑚 8 科 11 属 20 种，主要优势种为澄黄滨珊瑚。造礁石活珊瑚平均覆盖度为 20.90%，死珊瑚平均覆盖度为 0，硬珊瑚补充量为 0.65 ind./m^2，珊瑚平均发病率为 0。该海域生态环境不稳定，珊瑚礁次生演替相继发生。

2.6.1.9　西岛海域

造礁石珊瑚有 6 科 9 属 15 种，浅海水域珊瑚主要优势种为多孔鹿角、伞房鹿角，深水区域则为丛生盔形珊瑚。造礁石活珊瑚平均覆盖度为 35.35%，死珊瑚平均覆盖度为 0，硬珊瑚补充量为 0.40 ind./m^2，珊瑚平均发病率为 0。该海域珊瑚礁生态状况良好，活珊瑚覆盖度高，死珊瑚覆盖度低，但周边渔业活动给西岛珊瑚礁生态系统带来一定压力。

2.6.1.10　西沙群岛

西沙珊瑚礁为世界珊瑚礁的大洋典型分布区之一，具有较适宜的珊瑚礁生长条件，近年来，由于炸鱼、毒鱼等破坏性非法渔业活动以及长棘海星等敌害生物数量剧增，直接导致珊瑚生长环境的恶化，珊瑚礁生态系统遭到较严重的破坏，珊瑚死亡率较高。

1）永兴岛海域

造礁石珊瑚有 9 科 17 属 39 种，优势种为多孔鹿角珊瑚、美丽鹿角珊瑚、叶状蔷薇珊瑚；永兴岛东部活造礁石珊瑚覆盖度为 51.40%，死造礁石珊瑚覆盖度为 44.60%，藻覆盖度为 0.80%，礁石覆盖度为 0.60%，砂覆盖度为 2.60%。石珊瑚补充量为 0.12 ind./m^2，珊瑚礁鱼类密度约 1.46 ind./m^2。永兴岛北部水深 2～20 m 的局部区域有个别叶状蔷薇珊瑚出现黑斑病；西部水深 2～20 m 区域大部分造礁石珊瑚均死亡，呈现发黑现象，少部分鹿角珊瑚发生白化现象。永兴岛的东部和东南部活体珊瑚虽然生长相对较好，但该岛局部长棘海星分布数量正在剧增。

2）石岛海域

造礁石珊瑚有 5 科 9 属 17 种，珊瑚主要优势种为叶状蔷薇珊瑚、多孔鹿角珊瑚等；石岛西北部活造礁石珊瑚覆盖度为 26.17%，死造礁石珊瑚覆盖度为 60.83%，软珊瑚覆盖度为 4.00%，礁石覆盖度为 9.00%，砂覆盖度为 0。石珊瑚补充量为 0.18 ind./m^2，珊瑚礁鱼类密度约 1.83 ind./m^2。石岛西北部邻近永兴岛的部分叶状蔷薇珊瑚发黑，呈斑块或镶嵌状。该海域中，长棘海星种群数量的暴发导致部分活体造礁石珊瑚发生死亡，珊瑚礁生态系统呈现退化趋势。

3）西沙洲海域

造礁石珊瑚有 9 科 20 属 51 种，主要优势种为多孔鹿角珊瑚、伞房鹿角珊瑚、美丽鹿角珊瑚；西沙洲活造礁石珊瑚覆盖度为 1.80%，死造礁石珊瑚覆盖度为 66.00%，软珊瑚覆盖度为 1%，礁石覆盖度为 30.40%，砂覆盖度为 0.80%。石珊瑚补充量为 0，珊瑚礁鱼类密度约 1.40 ind./m²。其中，西沙洲南部海域活珊瑚仅剩零星分布。2008 年，该海域珊瑚大量死亡，珊瑚礁生物减少，珊瑚礁生态系统进一步恶化。

4）赵述岛海域

造礁石珊瑚种类有 9 科 21 属 46 种，主要优势种为美丽鹿角珊瑚、多孔鹿角珊瑚、伞房鹿角珊瑚；赵述岛活造礁石珊瑚覆盖度为 2.50%，死造礁石珊瑚覆盖度为 77.33%，软珊瑚覆盖度为 0.20%，礁石覆盖度为 15.33%，砂覆盖度为 4.67%。石珊瑚补充量为 0.05 ind./m²，珊瑚礁鱼类密度约 1.24 ind./m²。该海域珊瑚大量死亡，局部区域仍出现珊瑚白化现象，存活造礁石珊瑚数量较少，珊瑚礁生态系统岌岌可危。

5）北岛海域

造礁石珊瑚有 8 科 17 属 23 种，优势种主要为美丽鹿角珊瑚、扁枝滨珊瑚、栅列鹿角珊瑚，但显著性不高；北岛活造礁石珊瑚覆盖度为 2.33%，死造礁石珊瑚覆盖度为 76.00%，礁石覆盖度为 15.33%，砂覆盖度为 6.33%。石珊瑚补充量为 0，珊瑚礁鱼类密度约 1.94 ind./m²。该海域死珊瑚大量存在，大部分死亡时间为 1～12 个月，其中少量珊瑚存在白化现象，少量为 2 年以上的早期死亡珊瑚体及辨认不出珊瑚体的基质。

2.6.2 红树林

红树林是热带海岸的重要标志之一，能防浪护岸，又是鱼虾繁衍栖息的理想场所，具有重要经济价值和药用价值、观赏价值。红树林是热带、亚热带滨海泥滩上特有的常绿灌木或乔木植物群落，大部分树种属于红树科，生态学上通称为红树林，是能生长于海水上的绿色植物。全世界红树有 23 科 81 种，根据莫燕妮等的报道，海南 1998 年有红树 17 科 31 种（表 2.17～表 2.19），总面积为 4 772 hm²，主要分布于海口、文昌、澄迈、临高、儋州、琼海、万宁、陵水、三亚、东方、昌江 11 个市县的沿海一带的河口港湾滩涂。仅海口、文昌一带的东寨港和清澜港就有红树林 3 900 hm²，占现有红树林总面积的 81.7%，其次，主要分布在花场港、新盈港和新英港，昌江以南分布较少。2009 年的调查结果表明，海南现有真红树林植物 24 种，半红树林植物 11 种，其中 28 种红树植物在海南岛沿海分布情况见表 2.19。已有调查结果表明，海南东海岸红树林种类多于西海岸，所有分布在西海岸的种类也都在东海岸有分布。

2.6.3 海草床

海草是一类生活在热带或温带海区沿岸浅水中的单子叶草本植物，其根系发达，可抵御风浪对近岸底质的侵蚀，对海洋底栖生物具有良好保护作用。海草通过光合作用吸收二氧化碳，释放氧气，可补充水体中的溶解氧。大面积连片的海草被称为海草床，它与红树林和珊瑚礁一样，是生物圈中最具生产力的海洋生态系统之一，也是海洋生物的主要栖息地。据统计，全球海草共有 5 科 13 属 60 种海草，分别是波喜荡草科的波喜荡草属；大叶藻科的大叶藻属、异叶藻属、虾海藻属；水鳖科的海菖蒲属、喜盐草属、泰来藻属；丝粉藻科的根枝草属、丝粉藻属、二药藻属、针叶藻属、全楔草属。目前，中国共发现 9 属 15 种 2 亚种海草，如海菖蒲属、喜盐草属、二药藻属等。我国海草主要分布在广东、广西、海南和香港等省区的近岸海域。其中，海南的海草主要分布于黎安港、新村港、龙湾港、高隆湾和长圮港，目前共有海菖蒲、泰来藻、海神草、齿叶海神草、二药藻、羽叶二药藻、针叶藻、喜盐草、贝克喜盐草、小喜盐草共 10 种海草，分属于 2 科 3 亚科 6 属。

表 2.17　海南省各市县红树林面积

市（县）	地点	红树林面积/hm²	滩涂面积/hm²
三亚市	铁炉港	10	384
	青梅港	66.7	241
	公昌园村	3.3	—
	三亚河	14	13.3
陵水平面县	大墩村	3.3	133.3
	岭仔	1	—
万宁市	新华村	0.3	—
	青皮林保护区	2.7	—
琼海市	排港	1.3	–
文昌市	清澜港保护区	1 844	1 104
琼山市	东寨港保护区	2 065	1 272.6
	东寨港	—	5 400
澄迈县	五村	100	100
	花场港	166.7	200
	道僚村	3.3	100
临高县	马袅港	2	—
	彩桥村	49.7	20
儋州市	新龙村	66.7	—
	新英港	133.3	266.7
	排浦港	—	100
	东场村	33.3	—
	光村	100	233.3
东方市	墩头村	0.7	—
	罗带河	4.7	3.3
合计/hm²		4 772	9 571.5

说明："—"表示不存在或未测定。

资料来源：莫燕妮，庚志忠，苏文拔。1999，海南岛红树林调查报告。热带农业。

表 2.18　各地红树林种类（1998 年 8 月调查结果）

科名	序号	种 名	海口	文昌	琼海	万宁	陵水	三亚	乐东	东方	昌江	儋州	临高	澄迈
红树科	1	木榄	+	+	+	+	+	+	－	－	－	+	－	－
	2	海莲	+	+	－	+	+	－	－	－	－	+	+	+
	3	尖瓣海莲	+	+	－	－	－	－	－	－	－	－	－	－
	4	角果木	+	+	+	－	－	+	－	－	－	+	+	+
	5	秋茄	+	+	－	－	－	－	－	－	－	－	－	+
	6	红树	+	+	+	+	－	+	－	－	－	－	－	－
	7	红海榄	+	+	+	－	－	－	－	+	+	－	+	+
大戟科	8	海漆	+	+	+	+	－	－	－	－	－	+	+	+
马鞭草科	9	白骨壤	+	+	+	+	－	+	－	+	+	+	+	+
	10	许树	－	+	－	－	－	－	－	－	－	－	－	－
紫金牛科	11	桐花树	+	+	+	+	+	+	－	－	－	+	+	+
茜草科	12	瓶花木	+	+	－	－	+	+	－	－	－	－	－	－
爵床科	13	老鼠勒	+	+	－	－	+	－	－	－	－	－	+	+
	14	小花老鼠勒	+	+	－	－	－	－	－	－	－	－	－	－
使君子科	15	榄李	+	+	－	－	+	+	－	－	－	+	+	+
	16	红榄李	+	+	－	－	+	+	－	－	－	－	－	－
棕榈科	17	水椰	+	+	－	+	－	－	－	－	－	－	－	－
海桑科	18	海桑	+	+	+	+	－	－	－	－	－	－	－	－
	19	杯萼海桑	+	+	+	+	－	－	－	－	－	－	－	－
	20	海南海桑	+	+	－	－	－	－	－	－	－	－	－	－
	21	孵叶海桑	+	+	－	－	－	－	－	－	－	－	－	－
	22	无名氏海桑	+	+	－	－	－	－	－	－	－	－	－	－
	23	拟海桑	+	－	－	－	－	－	－	－	－	－	－	－
楝科	24	水果楝	+	－	－	－	－	+	－	－	－	－	－	－
梧桐科	25	银叶树	+	－	－	+	－	－	－	－	－	+	－	－
卤蕨科	26	卤蕨	+	+	－	－	－	－	－	－	－	－	+	+
	27	尖叶卤蕨	+	+	－	－	－	－	－	－	－	－	－	－
玉蕊科	28	玉蕊	+	+	－	+	－	－	－	－	－	－	－	－
夹竹桃科	29	海芒果	+	+	+	+	－	+	－	－	－	－	－	+
锦葵科	30	杨叶肖槿	+	－	－	－	－	－	－	－	－	－	－	－
	31	黄槿	+	+	+	+	+	+	－	－	－	+	+	+
露兜树科	32	露兜树	+	－	－	－	－	－	－	－	－	－	－	－
千屈菜科	33	水芫花	－	+	－	－	－	－	－	－	－	－	－	－
总计		科数	16	13	9	11	7	9		2	2	7	8	9
		种数	31	28	13	14	9	12		2	2	10	11	13

说明：＋：有分布；－：无分布。下同。（资料来源：同表 2.17）

表 2.19　海南红树植物分布（2009 年调查结果）

名称	儋州	临高	澄迈	海口	文昌	三亚
木榄	稀	稀	稀	+	+	+
海莲	稀	-	-	+	+	少
尖瓣海莲	-	-	-	+	+	稀
角果木	稀	少	+	+	+	+
秋茄	+	灭	+	+	稀	-
正红树	灭	-	-	-	+	+
红海榄	+	+	+	+	+	+
海漆	+	+	稀	+	+	+
白骨壤	+	+	+	+	+	+
桐花树	+	稀	+	+	+	+
瓶花木	-	-	-	-	+	+
老鼠簕	灭	灭	灭	+	+	灭
小花老鼠簕	稀	灭	灭	+	+	稀
榄李	稀	+	+	+	+	+
红榄李	-	-	-	-	-	稀
水椰	-	-	-	+	+	-
水芫花	-	-	-	-	稀	-
海桑	-	-	-	-	-	+
杯萼海桑	-	-	-	-	+	+
海南海桑	-	-	-	-	稀	-
木果楝	-	-	-	-	+	+
银叶树	灭	稀	-	稀	-	稀
卤蕨	+	+	+	-	+	+
尖叶卤蕨	-	-	-	灭	+	-
玉蕊	-	-	-	稀	+	灭
海芒果	-	-	-	-	-	-
杨叶肖槿	稀	-	-	+	+	稀
黄槿	+	+	+	+	+	+

说明："稀"表示稀少；"灭"表示原来有分布，现已灭绝。

海南岛海草分布面积约 5 491.32 hm²，其中，文昌的海草面积 3 117 hm²，琼海 1 596 hm²、陵水 574 hm²、三亚 164 hm²、澄迈 40 hm²，万宁 0.32 hm²。

2009 年 8 月对海南主要海草床的调查结果见表 2.20 和表 2.21，几个重点区域的结果如下（表 2.20、表 2.21）。

表 2.20 新村港、黎安港等调查点海草种类及其分布状况

地点	站号	纬度/N	经度/E	优势种	分布状况
陵水—新村	1	18°24′47″	109°58′14″	海菖蒲	大面积连片分布
陵水—新村	2	18°24′27″	109°58′35″	海菖蒲	大面积连片分布
陵水—新村	3	18°24′26″	109°58′34″	泰来藻	小面积成片分布
陵水—新村	4	18°24′27″	109°58′32″	海神草	小面积成片分布
陵水—新村	5	18°24′38″	109°58′35″	海菖蒲	较大面积成片分布
陵水—新村	6	18°24′29″	109°58′34″	泰来藻	成片分布
陵水—新村	7	18°24′27″	109°58′36″	海神草	与泰来藻小面积混杂分布
陵水—新村	8	18°24′30″	109°58′38″	海菖蒲	与泰来藻小面积混杂分布
陵水—新村	9	18°24′27″	109°58′42″	海神草	小面积成片分布
陵水—新村	10	18°24′26″	109°58′43″	泰来藻	零星分布
陵水—黎安	11	18°25′8″	110°3′40″	海菖蒲	零星点状分布
陵水—黎安	12	18°25′11″	110°3′42″	海神草	零星点状分布
陵水—黎安	13	18°25′11″	110°3′41″	海菖蒲	零星点状分布
陵水—黎安	14	18°25′13″	110°3′34″	泰来藻	零星点状分布
陵水—黎安	15	18°25′12″	110°3′34″	泰来藻	零星分布
文昌—南海	16	19°30′20″	110°48′38″	海菖蒲	退化非常厉害，偶见零星分布

表 2.21 新村港海草不同生长类型及其在潮带的垂直分布

生长型	属名	分布潮带			
		中潮带	低潮带	潮下带上部	潮下带下部
阔叶大叶藻型	泰莱草属	-	+	+	-
/	海神草属	-	+	+	-
海菖蒲型	海菖蒲属	-	-	+	-
狭叶大叶藻型	二药藻属	+	+	+	+
喜盐草型	喜盐草属	+	+	+	+

2.6.3.1 黎安港海域

黎安港海草床是海南陵水黎族自治县新村港与黎安港海草特别保护区的一个片区，港内避风条件好，是一个完全受潮汐控制的近封闭天然潟湖湾，适宜于海草生长。该海域的生物资源丰富，海草面积约有 207 hm^2，主要分布在黎安港西面、南面以及口门以东的中部沿岸，海草基本以大面积镶嵌状连续分布形成海草床，也有斑块状或点状稀疏分布。该海域沉积物以细砂为主，并分布有少量的贝壳、中沙、泥。海草种类有泰来藻、海菖蒲和海神草。调查发现：优势种海菖蒲的密度为 50~100 株/m^2，泰来藻和海神草等数量较少散乱分布在海菖蒲

间。调查时正值海菖蒲的开花结果季节，果实呈圆锥状，随水流迁移至水底泥沙地面生根发芽。

2.6.3.2　新村港海域

新村港位于海南省陵水县新村镇的东南部，港内南北长 4 km，东西宽 6 km，面积 2 400 hm²。新村港海草床也是海南陵水黎族自治县新村港与黎安港海草特别保护区的一个片区，是海南海草资源种类最丰富的区域之一，海草面积 304 hm²，主要分布于新村港的东面和南面，潮间带至潮下带约 1 m 以内浅海区域。海草生长的底质类型以中细砂为主，兼有少量的贝壳和泥。海草以泰来藻、海菖蒲和海神草为主要优势种，三种海草以单独分布为主，存在少量的二药藻、喜盐草。调查发现：新村港海草主要分布在靠近著名旅游景点南湾猴岛的一个湾内，且靠近渔民的水面生活区，受污染较严重，优势种海菖蒲的密度为 80 ~ 120 株/m²；二药藻和喜盐草等则以 200 ~ 1 000 株的数量形成一小片，再以片为单位散布在海菖蒲间。

2.6.3.3　龙湾港海域

琼海龙湾港是海南东部唯一天然深水良港，该海域从珊瑚礁坪内侧到潮间带均有海草分布，主要分布在潮间带的低潮区至朝下带水深 1 m 以浅海域，面积约 106 hm²。海底沉积物以细砂为主，掺杂中沙、贝壳屑、泥。调查发现，该区域海草优势种为海菖蒲，由于该地方汇集了众多育苗基地，海水污染较严重，海草主要生长在离海岸线较远的地带，而且海草生长稀疏，叶面上有沉积污物，颜色发暗，部分叶出现腐烂。优势种海菖蒲的密度为 50 株/m² 左右，鲜有其他海草存在。

2.6.3.4　高隆湾海域

文昌高隆湾是海南一个著名的旅游景点，素有"天然泳场"之称。此处的海草主要分布于潮间带，面积约 3 057 hm²。近岸海草以点状、斑块状结合分布；离岸约 300 ~ 500 m 区域，海草呈镶嵌状或片状分布；离岸 500 m 以外，海草呈连续分布，形成大片的海草床。从潮间带上限至潮下带下限，宽度约 2 km。海草海底沉积物以细砂为主。海草优势种为泰来藻，其次为海菖蒲；海神草、喜盐藻和羽叶二药藻。据 2008 年《海南省海洋环境状况公报》数据显示，该海域海草平均密度为 346 株/m²，平均覆盖度为 29%。

2.6.3.5　长圮港海域

长圮港海草主要分布在珊瑚礁坪内侧，长圮港口门和宝峙村、边海村沿岸海域为主要分布区域。海草优势种为泰来藻和海菖蒲，据 2008 年《海南省海洋环境状况公报》数据显示，该海域海草平均密度 600 株/m²，海草平均覆盖度为 34%。

2.7　自然灾害

2.7.1　地震

海南属华南地震区 - 东南沿海地震带（外带）西南部，是东南沿海地震带的重要组成部分，也是华南强震区之一。本区地震活动具有震级大、频度低、继承性和新生性的特点。

根据海南岛地震烈度区划图（海南省地震局 1993 年），海南岛西部和南部的昌江、东方、乐东、三亚、陵水和万宁部分区域的地震烈度小于Ⅵ；儋州部分区域和琼海大部为Ⅵ，儋州洋浦地区和文昌清澜以北区域大于或等于Ⅵ。总体上由南向北地震烈度呈递增态势，强震区主要分布于东北地区。

2.7.2 热带风暴和风暴潮

多台风是海南岛的气候特征之一，一般出现在 5—11 月，尤以 8 月、9 月最多。据 1951—1997 年的资料统计，在海南岛登陆的热带气旋有 120 个，平均每年 2.6 个，影响本岛的热带气旋有 349 个，平均每年 7.4 个。直接登陆的台风，发生在琼东的频率最大，约为 70%，文昌—琼海—万宁的海岸带素有"台风走廊"之称。台风时出现的极大风速可超过 40 m/s。台风酿成风灾、洪灾、风暴潮灾害具有巨大的破坏性，吹毁林木、农作物、建筑物、渔船及水产养殖设施，严重地威胁沿岸人民生命财产安全。

海南岛地形是中部高四周低，受台风影响，风暴潮顶托，使河流水位暴涨，在沿海河口低洼地区形成潮泛区，造成沿海近岸农田、村庄灾害。这些潮泛区分布在各沿海市县的靠海低洼地区，风暴潮水位为 1.5 ~ 2.5 m（榆林标高），最高在海口市。受风暴潮侵袭的农田和村庄海岸线长 261.75 km。

2.7.3 灾害性海浪

海南岛沿岸波浪较大，夏、秋季产生巨浪的因素主要为热带气旋，春、冬季产生巨浪的因素主要为冷空气。年平均波高以东北岸段文昌市为最高区，特别是铜鼓岭海域，年平均波高为 1 m，为全岛最高。最大波高乃台风所致，莺歌海的台风波高达 9 m。东南沿岸台风暴潮的巨浪对海岸有破坏作用。

2.7.4 海岸侵蚀

海南岛海线 80% 是砂质海岸，在砂质海岸中约有一半以上的岸段因侵蚀而后退，主要集中在东北部和西北部。近年来，海岸侵蚀现象有所加剧。

近 30 余年来，南渡江现代三角洲前缘 0 ~ 10 m 等深之间的水下岸段年平均蚀退 9 ~ 13 m；文昌市邦塘附近海岸侵蚀后退速率约为 2 m/a；万宁县石梅湾沙坝海岸侵蚀后退速率约为 0.7 m/a；洋浦湾南岸 2.5 km 长的侵蚀岸段，平均蚀退速率为 0.5 m/a；三亚湾和亚龙湾海岸侵蚀速度为 1 ~ 2 m/a。

除海平面上升和风暴潮等自然因素外，滥挖乱炸珊瑚礁、人工构筑物的修建和取砂等人为因素是海岸侵蚀速度增加的主要原因。

2.7.5 干旱灾害

由于地形影响和季风之故，海南岛海岸降雨量具有东多西少，夏多冬少，暴雨集中的特点。西海岸冬春少雨常酿成干旱灾害，如东方县曾出现了连续 104 d 滴雨不下（1973 年 11 月 27 日—1974 年 3 月 10 日），旱灾严重，造成沿海盐度持续升高，影响海洋生物的生长和生存。

2.7.6　赤潮

赤潮是在特定的环境条件下，海水中某些浮游植物、原生动物或细菌爆发性增殖，或高度聚集而引起水体变色的一种有害生态现象。赤潮发生的原因、种类和数量的不同，水体会呈现不同的颜色，有红色或砖红色、绿色、黄色、棕色，或不呈现特别的颜色。有的赤潮生物会分泌出液体，附在鱼、虾、贝等生物的鳃上，妨碍呼吸，导致鱼虾窒息死亡；还有的赤潮生物含有毒素（贝毒），当它们被其他海洋生物摄食后能引起中毒死亡，人类食用含有毒素的海产品，也会造成类似的后果。

赤潮虽然自古就有，但随着工农业生产的迅速发展，水体污染日益加重，赤潮也日趋严重。2005 年我国海域共发现赤潮 82 次，累计面积约 2.707×10^4 km²。我国的赤潮主要集中在辽东湾、大连湾、胶州湾、杭州湾、深圳湾及黄河口、长江口、珠江口、厦门港等海域。近年来，海南省的赤潮也偶有发生。如 2006 年 4 月 25 日，海口市西海岸一带（东营至盈滨半岛近岸海域）发生褐色赤潮，延续长约 50 km、距岸约 50 m，受影响海域面积约 2.5 km²，其中，澄迈县盈滨半岛海滩赤潮污染严重；26 日上午，秀英油码头至西秀海滩公园一带海域的赤潮污染带已不明显，而热带海洋世界附近赤潮带宽度明显增大，受影响宽度由 200 m 扩大到 1 km 左右，荣山也出现赤潮污染带，水中存在大量浮游生物；26 日傍晚，海口近岸赤潮发展态势有所减缓，但赤潮带逐步向澄迈县盈滨半岛扩散。经取样分析确定引起该赤潮的藻类为球形棕囊藻和三角褐藻。虽然这些藻本身不含毒素，但大量赤潮藻类死亡后，分解消耗水中的溶解氧，造成该海域严重缺氧，或产生硫化氢等有害物质杀死海洋生物，同时使微生物大量繁殖，进而对人体健康构成直接或间接威胁。

海南省最近的一次大面积赤潮发生在 2009 年 11 月 28 日—12 月 2 日，集中暴发在昌江县新港至儋州市海头一带约 20 km 海域，引起该赤潮的藻类为一种无毒硅藻（图 2.10）。

(a) 赤潮　　　　　　　　　　　　　　　　(b) 赤潮藻类

图 2.10　新港至海头海域的赤潮及赤潮藻类（资料来源：昌江县海洋与渔业局）

2.8　海域环境质量

海南岛四面环海，近岸海域具大洋水特性，水体交换良好、自净能力强，环境容量大，同时沿海工业污染源较少，因此近岸海域海洋环境质量保持良好，除东寨港、老爷海等几个水体交换较差的封闭型或半封闭型内湾外，绝大多数海域的海水都达到国家一类水质标准。

海南近岸海水水质总体状况良好，但局部出现轻度富营养化和重金属超标现象，其中重金属主要是铜、锌、铅超标，污染海域主要分布在人口密集、船只活动频繁的港口区、江河入海口邻近海域和入海排污口等局部近岸海域。就总体而言，西部海域水质优于东部海域，南部海域水质优于北部海域。三沙海域海水的各项水质指标都优于国家一类海水标准。海南近岸海域海洋沉积物环境质量，除个别海域存在滴滴涕含量超标外，总体状况良好。海洋生物质量状况总体良好，虽然重金属镉、砷、铅和滴滴涕有个别超标，但超标程度不高，其余各因子含量均低于无公害水产品质量安全要求，总体保持健康水平。海洋生态监控区的环境水质优良，珊瑚礁、红树林和海草床等典型海洋生态系统相对稳定。

影响海南岛近岸海域海洋环境质量主要来自陆源排污，局部海域的污染有加重的趋势，近年来赤潮频度增加，呈扩展之势，说明海洋环境质量有下降的趋向。三沙目前尚未作大量开发，也未见明显的人为污染，但由于非法渔业活动和珊瑚敌害生物的影响，珊瑚等重要海洋资源也在急剧减少，应在加强保护的同时进行合理规划，通过人工增殖等方法促进当地海洋资源的恢复和增长。

第3章　海南省海水增养殖现状

3.1　海水养殖现状

2008 年，海南省海水养殖面积 1.298 42 × 10⁴ hm²，养殖产量 19.194 1 × 10⁴ t。其中，海湾网箱养殖水体 104.423 7 × 10⁴ m²，产量 1.226 9 × 10⁴ t；深水网箱养殖水体 3.058 × 10⁸ L，产量 1.071 7 × 10⁴ t；高位池养殖面积 2 548.3 hm²，产量 4.300 2 × 10⁴ t；低位池养殖面积 5 283.6 hm²，产量 6.943 8 × 10⁴ t；工厂化养殖水体 3.314 × 10⁸ L，产量 2 133 t；海水育苗场 2.869 × 10⁸ L，海水鱼苗产量 1.371 8 亿尾、虾苗产量 304.43 亿尾、贝苗产量 223.75 × 10⁴ 粒；筏式养殖面积 599 hm²，产量 3 864 t；底播养殖面积 717 hm²，产量 8 456 t（图 3.1，图 3.2）。

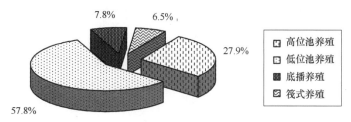

图 3.1　全省主要养殖模式面积示意图
（未包含工厂化养殖和网箱养殖）

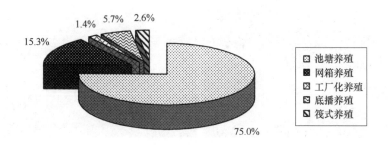

图 3.2　全省不同养殖模式产量示意图

3.1.1　海水养殖模式

海南四面环海，具有非常丰富的海域类型，为发展不同方式的海水养殖提供了广阔空间。目前，海南海水养殖模式主要有：网箱养殖［包括近岸（海湾）网箱和近海（深水）网箱］、池塘养殖（包括高位池和低位池）、工厂化养殖（含工厂化苗种场）、筏式养殖（含吊笼养殖）、底播养殖（包括滩涂养殖和浅海底播养殖）和其他养殖方式等。

49

3.1.1.1　网箱养殖

目前，海南常见的网箱养殖主要有两种类型：海湾网箱养殖和深水网箱养殖。其中，海湾网箱养殖是指在近岸海域或天然港湾中利用框架装配各种形状的网箱养殖海洋生物的养殖方式，该养殖方式在全国渔业统计指标体系中也称普通网箱，系指网箱一般由合成纤维如尼龙、聚氯乙烯等网线编织而成，装置在网箱架上。海南常见的近岸（海湾）网箱为（3~5）m×（3~5）m 的矩形网箱，网箱面积为数平方米到数十平方米。深水网箱养殖是指在海水深度 10 m 以上的近海水域设置各种类型的抗风浪性能强的网箱养殖海洋生物的养殖方式，该网箱在全国渔业统计指标体系中也称深水网箱，目前国内主要有重力式聚乙烯网箱、浮绳式网箱和碟形网箱 3 种类型，是一种大型海水网箱，海南的深水网箱主要为重力式聚乙烯网箱，常见的形状有圆形或矩形，水体通常为数百立方米到数千立方米。

2008 年，海南海湾网箱养殖水体 104.4×10^4 m^2，产量 1.23×10^4 t，主要分布于海口市、儋州市（含洋浦）、万宁市和文昌市的港湾区域，2008 年以前，三亚也是海南主要的海湾网箱地区，但至 2009 年年底，三亚市红沙港及其周边地区的所有网箱均已撤出，铁炉港的网箱也大幅减少，使三亚目前海湾网箱养殖数量也大幅减少。2008 年海南深水网箱养殖水体 3.058×10^8 L，产量 1.072×10^4 t，主要分布于临高后水湾和陵水新村港出口附近的海域。港湾网箱养殖的主要品种为鱼类，包括点带石斑鱼、斜带石斑鱼、棕点石斑鱼、鞍带石斑鱼、卵形鲳鲹、布氏鲳鲹、眼斑拟石首鱼（美国红姑鱼）、紫红笛鲷、红鳍笛鲷、千年笛鲷、尖吻鲈、褐篮子鱼、豹纹鳃棘鲈（东星斑）和军曹鱼等；深水网箱养殖的主要品种有卵形鲳鲹、布氏鲳鲹、军曹鱼、红鳍笛鲷、千年笛鲷、点带石斑鱼和斜带石斑鱼等（图 3.3，图 3.4）。

(a) 海湾网箱　　　　　　　　　　　　　　(b) 万宁小海网箱

图 3.3　近岸（海湾）网箱养殖（周永灿 拍摄）

3.1.1.2　池塘养殖

池塘养殖是指在沿海潮间带或潮上带围塘（围堰）或筑堤利用海水进行人工培育和饲养经济生物的养殖方式。海南目前常见的池塘养殖方式有两种类型：低位池养殖和高位池养殖。低位池养殖是指在潮间带或潮上带筑堤或围堰进行开发培育、饲养海洋水产经济生物的养殖

(a) 深水网箱　　　　　　　　　　　　　　　　(b) 深水网箱养殖军曹鱼

图 3.4　近海（深水）网箱养殖（周永灿 拍摄）

方式。传统的低位池通常指位于潮间带通过自然纳、排水进行养殖的方式，但现在许多新建的低位池或对传统低位池改造后的低位池也位于潮上带，需要通过人工提水进行养殖，其与高位池的主要区别为池塘四周未铺设水泥护坡或各种类型的薄膜。它与传统的鱼塭养殖不同，属于一种集约化的养殖方式，采用合理放养密度、人工苗种和投喂饲料等的方式，属于精养或半精养，而鱼塭养殖主要依靠天然纳苗，不投饲养成的粗放型养殖方式。高位池养殖是与低位池养殖相对应而言的一种养殖方式，是指在潮上带以人工提水和人工增氧等方式进行较高密度培育、饲养海洋水产经济生物的敞开式大水池养殖方式。高位池在专业用语应称为"潮上带提水式海水高密度精养池塘"，其池底高程都在高潮线之上，不能自然纳潮取水，而只能采用抽水机提灌方式给水，所以称之为"高位池"，并且，通常所指的高位池往往都是用水泥、塑料薄膜或其他类型的薄膜护坡和铺设在池底，以防治池塘渗漏和底泥中含有的有害物质渗入水体，从而保持水质的相对稳定的一种养殖方式（图 3.5，图 3.6）。

2008 年，海南池塘养殖的总面积为 7 831.9 hm^2，养殖总产量 11.244 0 × 10^4 t。其中，高位池养殖面积 2 548.3 hm^2，产量 4.300 2 × 10^4 t；低位池养殖面积 5 283.6 hm^2，产量 6 943.8 t。但从 2008 年开始，海南各地相继实施"退塘还林"政策，以前建设在离高潮线 200 m 的养殖池相继被填埋，再加上海南国际旅游岛建设而将原先沿海的养殖用地征为旅游用地，池塘养殖的面积在近几年快速萎缩，因此当前的池塘养殖面积肯定比 2008 年要减少。目前，池塘养殖总面积较大的地区主要为海口市、儋州市（含洋浦）、万宁市、文昌市、乐东县、东方市和琼海市。养殖的主要品种包括：鱼类中的点带石斑鱼、斜带石斑鱼、鞍带石斑鱼、卵形鲳鲹、布氏鲳鲹、尖吻鲈、鲻鱼等，虾蟹类中的凡纳滨对虾和锯缘青蟹（和乐蟹）等，藻类中的江蓠等。近年来，池塘还常用于鱼类苗种繁育以及石斑鱼标粗等。

3.1.1.3　工厂化养殖

工厂化养殖指在潮上带以人工提水和人工增氧等方式，在水泥池或者高分子材料容器中进行集约化高密度培育、饲养海洋水产经济生物的封闭式养殖方式。在全国渔业统计指标体系中，工厂化养殖系指按工艺过程的连续性和流水性的原则，通过机械或自动化设备，对养殖水体进行水质和水温的控制，保持最适宜于鱼类生长和发育的生态条件，使鱼类的繁殖、

(a) 地膜池   (b) 水泥护坡

(c) 地膜池建造   (d) 地膜池填埋

图 3.5 高位池养殖（周永灿 拍摄）

苗种培育、商品鱼的养殖等各个环节能相互衔接，形成一个独自的生产体系，以进行无季节性的连续生产，达到高效率、高速度的养殖目的。工厂化养殖一般有循环过滤式、温排水式、普通流水式及温静水式几种主要类型，各种类型均具有各自的特点。与高位池养殖相比，工厂化养殖池的面积较小，一般每池的面积为数平方米至数十平方米，养殖池一般位于室内或室外有遮阴等设施的封闭或半封闭环境中。工厂化养殖设施主要由水净化系统、增氧系统、环境控制调节系统、养殖系统、病害防治系统、饲料供给系统、污水处理系统、监测管理系统等部分组成，可对主要环境因子进行人工或自动控制，达到国家允许的水质控制标准。

由于工厂化养殖对水质的可控性强，可实现高密度饲养，从而大幅度缩短生产周期，提高养殖效益。同时，可以根据需要，控制鱼类的繁殖时间和苗种规格，使整个养鱼生产程序流水作业化。工厂化海水养殖具有工业化、集约化程度高，节约劳动力，环境自动化控制程度高，单位体积水体产量高，养殖污水排放量少，成本高，效益也较高的特点，是海水养殖生产现代化的必然趋势，已成为一些养殖企业的重点投资方向。

工厂化育苗由于对场地设施的要求与工厂化养殖相当，在本书中将其与工厂化养殖合在一起介绍，作为工厂化养殖的另一种主要形式。

2008 年海南全省工厂化养殖总水体 3.314×10^8 L，产量 2 133 t，其中工厂化养鲍水体 135.1×10^4 L，产量 282 t；工厂化养东风螺水体 0.805×10^8 L，产量 1 606 t；其他工厂化养

(a) 低位池

(b) 围堰池

(c) 池塘养殖石斑鱼

(d) 低位池养殖江蓠

图 3.6　低位池养殖（周永灿 拍摄）

殖水体 1.158×10^8 L，产量 245 t。工厂化育苗水体 2.869×10^8 L，其中，鱼苗产量 1.372 亿尾、虾苗产量 304.43 亿尾、贝苗产量 2.2375 亿粒。目前工厂化养殖比较集中的地区为海口、文昌、临高、琼海、东方和三亚等。工厂化养成的主要养殖品种为：鱼类中的点带石斑鱼、斜带石斑鱼和鞍带石斑鱼等，贝类中的方斑东风螺和杂色鲍等（图 3.7）。

3.1.1.4　筏式养殖

筏式养殖是指在低潮线以下的近海水域设置浮动的筏架，筏上挂吊海洋经济生物进行养殖的方式。筏式养殖既可设置于港湾内，也可设置于开放型海域。养殖方式有的为直接捆绑于筏架连绳上进行养殖（如麒麟菜养殖），也有的是利用吊笼吊养于筏架连绳上（如扇贝和珍珠贝养殖等）。筏式养殖时养殖生物一般是直接利用水体的营养，不再人为投放饵料的一种养殖方式。

2008 年海南省筏式养殖面积为 599 hm²，产量 3 864 t。主要分布丁海口、陵水、儋州等市县，养殖对象主要包括贝类中的华贵栉孔扇贝、大珠母贝（白蝶贝）、珠母贝（黑蝶贝）、马氏珠母贝、企鹅珍珠贝以及藻类中的麒麟菜等（图 3.8）。

(a) 工厂化石斑鱼养殖　　　　　　　　(b) 工厂化石斑鱼标粗

(c) 工厂化东风螺养殖　　　　　　　　(d) 工厂化鲍鱼养殖

(e) 工厂化虾苗车间　　　　　　　　　(f) 工厂化苗种车间

(g) 工厂化鲍鱼苗养殖　　　　　　　　(h) 长坡-烟墩虾苗产业带

图 3.7　工厂化养殖（周永灿 拍摄）

| (a) 麒麟菜养殖 | (b) 珍珠贝养殖 |

图 3.8　筏式养殖（周永灿 拍摄）

3.1.1.5　底播养殖

底播养殖是指在沿海潮间带和潮下带利用海域底面人工看护培育和饲养海洋经济生物的增养殖方式。海南目前常见的类型包括滩涂养殖和浅海底播养殖。其中，滩涂养殖是指在沿海潮间带和潮上带低洼盐碱地进行开发培育和饲养海洋经济生物的增殖方式；浅海底播养殖是指在低潮线以下底播或饲养底栖海洋水产经济生物的养殖方式。一般情况下，底播养殖时养殖生物一般是直接利用养殖水体和养殖海域底质的营养物质，养殖过程中不再人为投放饵料，因此，从严格意义上讲它属于一种增殖方式。

2008 年海南省底播养殖面积 717 hm^2，产量 8 456 t。主要分布于临高、昌江、儋州和万宁等市县，底播区的底质一般为泥沙质或砂质，养殖对象主要为贝类，包括文蛤、泥蚶和菲律宾蛤仔等（图 3.9）。

| (a) 文蛤底播养殖 | (b) 泥蚶底播养殖 |

图 3.9　底播养殖（周永灿 拍摄）

3.1.1.6　其他养殖方式

海南海水养殖除以上主要方式外，还有少量其他养殖方式，如插桩养殖、联桩养殖和平台养殖等。其中，插桩养殖为将木桩、钢筋混泥土桩等垂直插于海底，再通过人为或自然附着等方式使养殖生物固定于桩上的一种养殖方式；联桩养殖为将木桩、钢筋混泥土桩、钢管等按一定间距（通常 5 m 左右）成排插于海底，桩的长度以高出高潮水面 1 m 左右为宜，用绳索或铁丝将桩成排联结起来，再在联结的绳索或铁丝上用笼具吊养海水经济动物的养殖方式；平台养殖为将木桩或水泥桩插于海底，再在空中顶部用横木将每支桩联结而成有空格的平台，再在平台的横木上用笼具吊养海水经济动物的养殖方式。插桩养殖的主要养殖品种为牡蛎，联桩养殖和平台养殖的主要种类有华贵栉孔扇贝、大珠母贝、马氏珠母贝、企鹅珍珠贝和珠母贝等（图 3.10）。

(a) 平台养殖　　　　　　　　　　　　　　(b) 插桩养殖

图 3.10　其他养殖方式（周永灿 拍摄）

3.1.2　海水养殖种类

海南地处热带，年平均水温在 25.0℃ 以上，局部海域表层水最高水温为 33.5℃，最低水温达 13.7℃。海水养殖品种主要以热带和亚热带的暖水性种类为主，种类包括鱼类、虾蟹类、贝类和藻类。

3.1.2.1　海水养殖鱼类

海南海水鱼类的养殖方式主要有网箱养殖和池塘养殖，2008 年，海南海水鱼类养殖面积 1 942.3 hm²，产量 3.737 4×10⁴ t，养殖种类主要有点带石斑鱼、斜带石斑鱼、棕点石斑鱼、鞍带石斑鱼、卵形鲳鲹、布氏鲳鲹、眼斑拟石首鱼、紫红笛鲷、红鳍笛鲷、千年笛鲷、尖吻鲈、褐篮子鱼、豹纹鳃棘鲈和军曹鱼等。2008 年，海南主要海水养殖鱼类的产量分别为：石斑鱼 1.110 6×10⁴ t、鲳鲹类 7 825 t、军曹鱼 9 884 t、眼斑拟石首鱼 1 909 t、鲷科鱼类 2 191 t、鲈鱼 2 363 t（图 3.11）。

3.1.2.2　海水养殖虾蟹类

海南具有开展海水虾蟹养殖的优越自然条件，经过多年的发展，虾蟹养殖已成为海南海水养殖非常重要的组成部分。2008 年，海南海水虾蟹类的养殖面积 8 328 hm²，产量 11.95×10⁴ t，其中，凡纳滨对虾养殖占据绝对优势，养殖面积 5 857 hm²，占虾蟹类总养殖面积的 70.3%，养殖产量 10.56×10⁴ t，占虾蟹类总养殖产量的 88.3%。此外，斑节对虾养殖面积 315 hm²，养殖产量 2 246 t；锯缘青蟹为海南当地的特色品种，其中出产于海南万宁和乐镇及

(a) 鞍带石斑鱼

(b) 网箱养殖的鞍带石斑鱼

(c) 褐石斑鱼

(d) 卵形鲳鲹

(e) 豹纹鳃棘鲈

(f) 军曹鱼

图3.11 海南常见海水养殖鱼类（周永灿 拍摄）

其周边地区的锯缘青蟹俗称"和乐蟹"，为海南的四大名菜之一，但由于受苗种尚未能大规模人工繁育的影响，海南锯缘青蟹人工养殖的规模并不人，2008年的养殖面积为585 hm²，产量为1.327×10^4 t（图3.12）。此外，近年来海南还陆续发展了少量其他海水养殖虾蟹类，如日本囊对虾、锦绣龙虾等。

(a) 凡纳滨对虾

(b) 斑节对虾

(c) 日本对虾

(d) 锯缘青蟹

图 3.12　海南常见海水养殖虾蟹类（周永灿 拍摄）

3.1.2.3　海水养殖贝类

海南沿海滩涂总面积为 3 224 km^2，可供养殖的沿海滩涂面积 2.57×10^8 hm^2，主要分布于小海、新村港、黎安港新英湾、后水湾和东寨港等沿海较大的海湾及潟湖，为海洋贝类底播养殖提供了良好的自然条件。长期以来，贝类一直是海南沿海重要的海水养殖品种，其养殖方式多样，除滩涂和浅海底播养殖外，还包括工厂化养殖、筏式养殖、插桩养殖、联桩养殖和平台养殖等。2008 年，海南海洋贝类养殖总面积 1 534 hm^2，养殖产量 1.592×10^4 t。其常见品种包括：杂色鲍、近江牡蛎、华贵栉孔扇贝、文蛤、泥蚶、菲律宾蛤仔、翡翠贻贝、方斑东风螺、泥东风螺、大珠母贝、马氏珠母贝、珠母贝和企鹅珍珠贝等（图 3.13），2008 年各主要养殖品种养殖产量与面积见表 3.1。

表 3.1　2008 年海南省主要海水贝类的养殖面积、产量和养殖方式

种类	牡蛎	鲍类	东风螺	其他螺	蚶类	扇贝	蛤类
面积/hm^2	299	58.3	13.7	80.6	115	4	598
产量/t	1 398	586	1 640	300	678	45	9 309
养殖方式	插桩	工厂化	工厂化	底播	底播	筏式	底播

(a) 方斑东风螺　　　　　　　　　　　　　　　(b) 杂色鲍

(c) 合浦珠母贝开壳取珠　　　　　(d) 珍珠　　　　　(e) 大珠母贝及其附壳珠

(f) 泥蚶　　　　　　　　　　　　(g) 养殖近江牡蛎

图 3.13　海南常见海水养殖贝类（周永灿 拍摄）

3.1.2.4　海水养殖藻类

海南海水养殖藻类的品种较少，主要为江蓠和麒麟菜（图 3.14）。2008 年，海南藻类养殖的总面积为 1 027 hm^2，产量 1 877.7 t，其中，江蓠养殖面积 514 hm^2，产量 $1.182\ 5 \times 10^4$ t；麒麟菜养殖面积 483 hm^2，产量 6 580 t。海南养殖江蓠主要为细基江蓠繁枝变种，它既是提取琼脂的良好原料，还是我国南方养殖鲍鱼的重要饵料。海南江蓠的养殖主要采用低位池养殖，在海南海口荣山村，在低位池进行江蓠、对虾和鸭子混养，具有非常良好的经济效益。麒麟菜又称为石花菜、龙须菜，是一种经济价值较高的热带性海藻，含有大量的卡拉胶、多糖及黏液质，是生产卡拉胶的良好原料。海南麒麟菜的养殖主要集中在陵水、文昌、琼海和儋州等市县，为了保护海南珍贵的麒麟菜资源，在海南文昌和琼海已设置了省级麒麟菜保护区，其中，文昌市麒麟菜保护区的面积 6 500 hm^2，为铜鼓咀的铜山村至冯个村的北角 7 m 等深线以内海域；琼海市麒麟菜自然保护区面积 2 500 hm^2，为琼海市三更村至草塘村 7 m 等深线以内海域。

(a)卡帕藻螺   (b)细基江蓠

图3.14　海水养殖藻类（周永灿 拍摄）

3.1.3　海南省各市县海水养殖现状

3.1.3.1　海口市

1）养殖环境

海口市位于海南最北部，为海南省的省会城市。地处 $19°57'04'' \sim 20°05'11''$ N，$110°10'18'' \sim 110°23'05''$ E，其东、北、西三面环海，北靠琼州海峡，沿海有海口湾、铺前湾和金沙湾，东有东寨港。海口市海域宽阔，水清浪平、水深适宜、滩涂平缓、生物资源丰富，海岸线长达 158 km，具有发展海南海水养殖的良好自然条件。海口海域表层海水温度 14.8 ～ 32.6℃，年平均水温 25.5℃。表层海水盐度 15.6 ～ 34.4，年平均盐度 29.5。全市沿海有潮间带滩涂面积 6 800 hm²、0 ～ 5 m 浅海面积 7 733 hm²、0 ～ 10 m 浅海面积 1.866 7 × 10⁴ hm²。据 2008 年和 2009 年海南省海洋监测预报中心对海口 10 个站点的检测结果及该海域的其他水质调查结果，沿海海域溶解氧含量为 6.12 ～ 6.96 mg/L，全市大部分近岸海域水质达到国家一类海水水质标准，符合海水养殖要求。但海口秀英港和新港附近海域以及东寨港等封闭或半封闭的港湾海域，海水水质超过一类水质标准，为二类或三类海水。

2）养殖模式

2008 年海口市海水养殖面积 1 809 hm²，养殖总产量 1.515 × 10⁴ t，其养殖模式主要有网箱养殖、池塘养殖、工厂化养殖、底播养殖和插桩养殖等。① 网箱养殖：海口市虽有较多的港湾，但适合大规模网箱养殖的区域并不多，目前网箱养殖数量总体较少，其中，深水网箱仅在海口南港附近海域有少量分布（150 × 10⁴ L 水体），其余均为海湾网箱。海湾网箱面积 1.75 × 10⁴ m²，养殖产量 204 t。海口的网箱养殖多呈零星分布，主要分布区域为东寨港、铺前湾和海口湾（海口南港附近海域），养殖品种主要有点带石斑鱼、斜带石斑鱼、卵形鲳鲹、布氏鲳鲹、紫红笛鲷、红鳍笛鲷和军曹鱼等。② 池塘养殖：池塘养殖为海口最主要的养殖方式，养殖面积 1 247 hm²，养殖产量 8 900 t，分别占海口海水养殖总面积的 68.9%、总产量的 58.7%。在海口的池塘养殖中，高位池和低位池约各占一半，主要分布区域为东寨港周边的演丰镇和演海镇（图 3.15）、东营至塔市一带沿海以及西秀镇荣山村一带，养殖品种最主要为凡纳滨对虾（养殖面积 900 hm²、产量 7 280 t），其他的还包括锯缘青蟹、点带石斑鱼、斜带石斑鱼、卵形鲳鲹和江蓠等，其中，江蓠是荣山村极具特色的养殖品种。③ 工厂化养殖：海口的工厂化养殖水体 6 650.0×10⁴ L，养殖产量 70 t，主要养殖品种为东风螺和杂色鲍，主要分布于荣山寮村附近的沿海区域。另有对虾苗种场 2 个，水体 290×10⁴ L；鲍鱼育苗室 3 个，水体 3 000×10⁴ L。④ 底播养殖：海口底播养殖面积 94 hm²，养殖产量 165 t，养殖品种主要为泥蚶，主要分布于东寨港的潮间带或潮下带。另外，在海口新港至秀英港的潮下带也曾底播文蛤等贝类，具有较好的发展潜力。⑤ 插桩养殖：插桩养殖方式目前仅局限于曲口附近的东寨港湾内，现有养殖面积约 20 hm²，养殖对象为近江牡蛎。在东寨港湾内，由于水体含有丰富的营养盐，浮游生物含量较高，十分适合牡蛎的养殖，以该方式养殖的牡蛎味道特别鲜美，已成为当地的一大特色（图 3.16）。

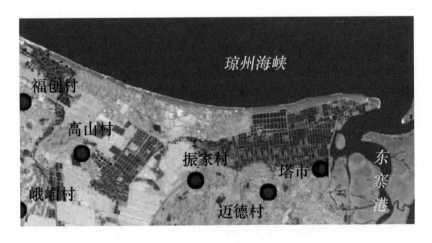

图 3.15　海口塔市池塘养殖密集区遥感

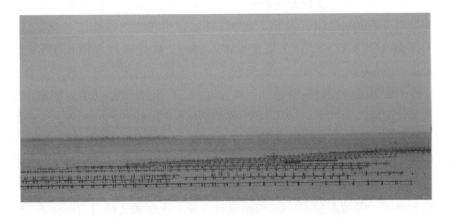

图 3.16　海口曲口牡蛎插桩养殖区（周永灿 拍摄）

3.1.3.2 文昌市

1）养殖环境

文昌市位于海南东北部，地处 $19°20′ \sim 20°47′$N，$110°10′ \sim 111°03′$E，北临琼州海峡，东、南两面临南海，西南与琼海接壤，西面与海口和定安毗邻，北、东、南三面环海，所辖海域面积 5 245 km²，海南线长 285 km，是海南省海岸线最长的市县。沿海有东寨港、铺前湾、八门湾、淇水湾和冯家湾等港湾。表层海水温度为 $17.1 \sim 33.5$℃，月平均温度为 $20.3 \sim 30.3$℃；近海海水盐度为 $30.0 \sim 34.0$，内湾盐度为 $8.0 \sim 26.0$，全市岸段平均盐度为 32.6 左右。文昌拥有潮间带滩涂面积 8 963 hm²，可供开发养殖业的滩涂面积 6 390 hm²，$0 \sim 10$m 浅海面积 1.54×10^4 hm²，拥有大小港湾 36 处，总面积 100 km²。全市绝大部分近岸海域为一类或二类海水，符合渔业和海水养殖标准，具有发展海水养殖的优越自然环境条件。

2）养殖模式

2008 年文昌市海水养殖面积 1 355 hm²，养殖总产量 $2.315\,3 \times 10^4$ t，其养殖模式主要有网箱养殖、池塘养殖、工厂化养殖、底播养殖和筏式养殖等（图 3.17）。① 网箱养殖：文昌市的网箱养殖主要采用海湾网箱，养殖区域主要集中在清澜港以及东寨港出口靠铺前镇一侧的海域，还有少量分布于会文镇。网箱养殖面积 $17.486\,4 \times 10^4$ m²，养殖产量 4 169 t。养殖品种主要有点带石斑鱼、斜带石斑鱼、鞍带石斑鱼、卵形鲳鲹、布氏鲳鲹、紫红笛鲷、红鳍笛鲷和军曹鱼等。② 池塘养殖：文昌为海南池塘养殖的重要地区，养殖面积 1 850 hm²，养殖产量 $1.632\,5 \times 10^4$ t，其中，高位池约占低位池的一半。高位池养殖的主要区域为：堆头至东海坡一带散布约 350 hm²、泰山至星光一带 80 hm²、林梧至木兰港 70 hm²、田尾至龙北 70 hm²、白土一带 40 hm²、七星岭 30 hm²；低位池养殖的主要区域为：宝峙到南海 400 hm²、立新至建华山有精养低位池 300 hm²、青澜至文城一带有粗养低位池 200 hm²、木兰至铺前 120 hm²、珠溪河至罗豆约 100 hm²、保灵港沿河两岸 50 hm²。养殖品种最主要为凡纳滨对虾，其他还包括锯缘青蟹、点带石斑鱼、斜带石斑鱼、鞍带石斑鱼、卵形鲳鲹、红鳍笛鲷、眼斑拟石首鱼和尖吻鲈等。在文昌低位池比较集中的区域，由于近年对虾养殖成功率较低，许多过去以对虾养殖为主的养殖池现已逐步调整为石斑鱼标粗和鱼类养殖等，为低位池利用提供了一条较好的出路（图 3.17）。③ 工厂化养殖：文昌工厂化养殖水体 0.933×10^8 L，产量 1 600 t，主要集中于龙楼的楼前湾、田南至五龙湾一带以及铺前沿海，养殖品种为东风螺和鲍鱼。不过，由于文昌卫星发射基地建设，楼前湾的工厂化养殖区已于近期被国家征用，将使文昌工厂化养殖面积大为减少。文昌为海南对虾苗种繁育中心。2008 年，文昌共有工厂化苗种场（主要为虾苗场）近 350 家（烟堆 300 余家、东郊 4 家、龙楼 6 家、翁田 8 家、林梧 7 家、铺前 10 家），拥有育苗水体 1.8×10^8 L，年产虾苗 184 亿尾、鱼苗 15×10^6 尾、贝苗 1.678 亿粒，依次分别占全省相关苗种总数的 60.5%、1.1% 和 74.6%。④ 底播养殖：文昌底播养殖面积 35 hm²，养殖产量 310 t，养殖品种主要为泥蚶和文蛤，主要分布于铺前湾和八门湾的潮间带和潮下带。⑤ 筏式养殖：文昌的筏式养殖仅有少量在木兰港，养殖对象为珍珠贝，现有养殖面积 10 hm²。

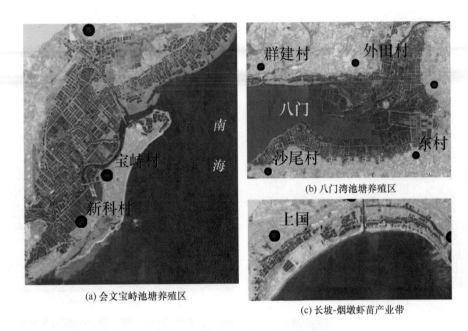

图 3.17 文昌各地养殖密集区遥感

3.1.3.3 琼海市

1）养殖环境

琼海市位于海南东部，地处 18°58′50″ ~ 19°28′35″N，110°7′5″ ~ 110°40′50″E，其东临南海，北连文昌，西北与定安毗邻，西南与屯昌和琼中接壤，南靠万宁。沿海有博鳌港、潭门港、龙湾港和青葛港，海岸线长 77 km，所辖海域面积 1 536.9 km²，沿海滩涂面积 1 695 hm²，其中，沙滩底质 991 hm²、半泥半沙底质 704 hm²，0 ~ 10 m 浅海面积 1.402 5 × 10⁴ hm²。全市近岸海水月平均温度 20.5 ~ 30.6℃，年平均水温为 26.3℃；近海海水盐度为 30.0 ~ 34.0，全市岸段平均盐度 32.60。据 2008 年和 2009 年海南省海洋监测预报中心对琼海 6 个站点的监测结果以及《2008 年琼海市海洋环境状况公报》，琼海近海海域海水水质优良，除陆源入海排污口存在一定程度的污染外，其他重点监测海域海水质量均达到国家一类海水水质标准。

2）养殖模式

2008 年琼海市海水养殖面积 516 hm²，养殖总产量 6 505 t，养殖模式主要有池塘养殖和工厂化养殖。① 池塘养殖：池塘养殖为琼海最主要的养殖方式，养殖面积 514 hm²，产量 6 405 t，分别占琼海海水养殖总面积的 99.6%、总产量的 98.5%。其中，高位池总面积 251 hm²、产量 3 860 t，低位池总面积 263 hm²，产量 2 645 t。主要分布于潭门、龙湾至海圯沿海以及博鳌以南沿海。但潭门及其附近的养殖池塘因潭门开发已陆续被征用，因此，今后琼海的池塘养殖面积将进一步减少。养殖品种最主要为凡纳滨对虾，近年来也有少量石斑鱼和鲳鱼等海水鱼类的池塘养殖（图 3.18）。② 工厂化养殖：琼海现有工厂化养殖水体 2 200 × 10⁴ L，养殖产量 100 t，该养殖方式主要分布于欧村一带，养殖种类包括鲍鱼、东风螺和石斑

63

鱼等。除工厂化养殖外，琼海还有较多的工厂化苗种场，港门口以北一带沿海建有80余家工厂化苗种场，拥有养殖水体4万余立方米，主要繁育凡纳滨对虾。海南省热带海水水产良种繁育中心也就位于琼海长坡镇（图3.18）。

(a) 高位池养殖区　　　　　　　　　　　　　　(b) 工厂化养殖区

(c) 海南省热带海水良种繁育中心　　　　　　　(d) 苗种繁育设施

图 3.18　琼海的海水养殖基地和机构（周永灿 拍摄）

3.1.3.4　万宁市

1）养殖环境

万宁市位于海南东部，地处 18°35′~19°06′N，110°00′~110°34′E，其东临南海，西毗琼中，南邻陵水，北与琼海接壤。岸线弯曲，潟湖和港湾较多，潟湖主要有小海和老爷海，各种类型的港湾有十余处，如春园湾、乌场湾、日月湾和石梅湾等。万宁市拥有海岸线长184 km，滩涂面积1 413 hm²，0~10 m 浅海面积 1.18×10⁴ hm²，潮间带面积80 hm²。全市近岸海水月平均温度20.9~30.8℃，年平均水温26.5℃；近海海水盐度为31.6~33.5，年平均盐度32.5。万宁市近岸海域因濒临宽阔南海，加上季风性海流作用使水体交换充分、自净能力强，除港口和个别养殖集中区的个别水质要素超国家一类水质标准外，其余海域的海水水质均达到国家一类海水水质标准。

2）养殖模式

2008 年万宁市海水养殖面积 1 143 hm²，养殖产量 2.000 4×10⁴ t。养殖模式主要有网箱养殖、池塘养殖、工厂化养殖、底播养殖等。① 网箱养殖：万宁市的网箱养殖包括海湾网箱和深水网箱。其中，深水网箱主要集中在乌场附近海域，现有养殖水体 7 000 m³，养殖产量 230 t；海湾网箱主要集中在小海和老爷海等潟湖内（图 3.19），现有养殖水体 12.3×10⁴ m²，养殖产量 2 148 t。深水网箱的养殖品种主要有卵形鲳鲹、军曹鱼和千年笛鲷等，港湾网箱的养殖品种主要有点带石斑鱼、斜带石斑鱼、鲑点石斑鱼、鞍带石斑鱼、卵形鲳鲹、布氏鲳鲹、军曹鱼、尖吻鲈、褐篮子鱼、豹纹鳃棘鲈、紫红笛鲷和红鳍笛鲷等。② 池塘养殖：万宁市的池塘养殖面积仅次于儋州和海口，达 1 126 hm²，产量仅次于儋州，为 1.784 6×10⁴ t，其中，高位池面积 266 hm²，产量 5 935 t；低位池面积 860 hm²，产量 1.191 1×10⁴ t。池塘养殖区主要分布于龙滚镇、山根镇和和乐镇一带的海岸线上。但因管理不善，致使许多养殖池建在离高潮线 200 m 以内的区域。近年来，当地政府对该区域内采取了强制性的"退塘还林"政策，建在该区域养殖池已陆续被填埋，使池塘养殖面积逐步减少。目前最主要的养殖品种为凡纳滨对虾，其他还包括少量的斑节对虾、锯缘青蟹以及鱼类中的点带石斑鱼、鞍带石斑鱼、尖吻鲈、后安鲻鱼和卵形鲳鲹等，其中，后安鲻鱼为万宁的四大风味小吃之一，盛产于后安小海。③ 工厂化养殖：万宁市的工厂化养殖主要包括好士顿公司在英豪半岛建立的工厂化对虾养殖池、台湾某公司在东澳建立的鲍鱼养殖场（现用于鱼类工厂化养殖）和零星分布的少量东风螺养殖场，共有养殖水体约 500×10⁴ L，养殖对象包括凡纳滨对虾、点带石斑鱼、鞍带石斑鱼和东风螺等。此外，万宁现有工厂化的对虾育苗 17 个，苗池水体 2 300×10⁴ L，年生产对虾苗 15 亿尾。④ 底播养殖：万宁市底播养殖主要分布于小海、老爷海以及后海，底播养殖面积近 100 hm²，养殖对象主要为文蛤。

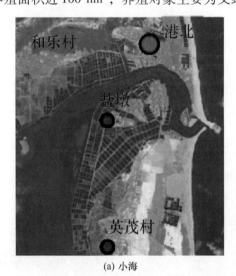

(a) 小海

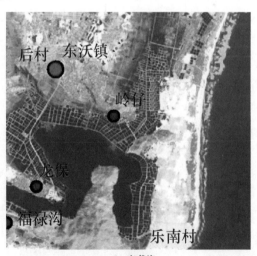

(b) 老爷海

图 3.19　万宁小海和老爷海的海水池塘养殖区遥感

3.1.3.5 陵水黎族自治县

1）养殖环境

陵水黎族自治县位于海南的东南部，地处 $18°22′ \sim 18°47′N$、$109°45′ \sim 110°8′E$，东北与万宁交界，西南与三亚毗邻，西至西北与保亭和琼中接壤，东南濒临浩瀚的南海。海岸线长 114 km，港湾水域面积 60 余万公顷，其中，港内面积约 3 000 hm^2；滩涂面积 3 120 hm^2，主要分布在陵水河下游出海口、黎安湾、新村港等海湾。表层海水年均温度 23.0 ~ 27.0℃；开放型海域海水盐度为 32.5 ~ 34.0。海岸滩涂类型有岩礁、珊瑚礁、泥质滩涂、泥沙或泥沙质滩涂、砂质滩涂、红树林滩涂，多种类型的海岸、底质和海域环境，为发展多方式、多品种的海水增养殖提供了良好的自然条件。

2）养殖模式

陵水县 2008 年海水养殖面积 460 hm^2，养殖总产量 9 380 t，其养殖模式主要有网箱养殖、池塘养殖、工厂化养殖和筏式养殖等。① 网箱养殖：陵水县的网箱养殖包括深水网箱和海湾网箱，其中，深水网箱主要集中在新村港出口附近海域，现有网箱水体 3.06×10^8 L，年养殖产量 1 088 t；海湾网箱主要集中于新村港和黎安港（图 3.20），共有网箱 10.85×10^4 m^2，年养殖产量 1 763 t。养殖品种主要有点带石斑鱼、鞍带石斑鱼、卵形鲳鲹、布氏鲳鲹、紫红笛鲷、红鳍笛鲷和军曹鱼等。② 池塘养殖：陵水共有池塘养殖面积 281 hm^2，养殖产量 2 964 t，其中，高位池养殖面积 64 hm^2，养殖产量 780 t，主要分布于水口港到黎安镇一带（原来在赤岭港地区的 160 hm^2 高位池最近因清水湾和土福湾开发已全部填埋）；低位池养殖面积 217 hm^2，产量 2 184 t，主要分布于新村港和黎安港周边沿海（图 3.20，图 3.21）。养殖品种主要为凡纳滨对虾。在陵水县盐场及其附近区域，分布有鱼苗生产企业 60 余家，这些育苗场基本都是利用低位池进行鱼类苗种繁育，年产包括石斑鱼、鲳鱼、尖吻鲈和鲷鱼等各类鱼苗 539 万尾，已成为海南最大的海水鱼苗繁育基地。此外，还有些地区利用低位池进行鱼类养殖，养殖品种包括点带石斑鱼、鞍带石斑鱼、卵形鲳鲹、红鳍笛鲷和尖吻鲈等。③ 工厂化养殖：陵水工厂化养殖较少，主要分布于黎安镇一带，现有养殖水体 2×10^4 m^3，养殖种类包括

(a) 高位池养殖   (b) 网箱养殖

图 3.20 陵水黎安高位池养殖和黎安港网箱养殖（周永灿 拍摄）

沙虫和石斑鱼等；此外，在赤岭及其他地区，也分布有少量工厂化苗场，主要用于培育鱼苗、虾苗和贝苗。④ 筏式养殖：陵水筏式养殖面积为 80 hm²，养殖产量 3 565 t，主要分布于新村港和黎安港，养殖对象包括珍珠贝和麒麟菜等。

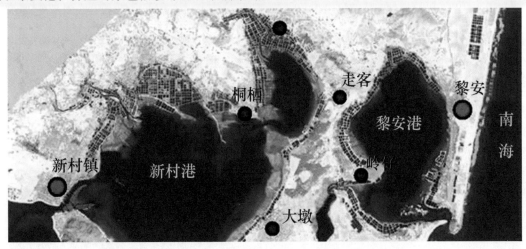

图 3.21　陵水新村港和黎安港海水池塘养殖区遥感

3.1.3.6　三亚市

1）养殖环境

三亚市位于海南南部，地处 18°09′34″ ~ 18°37′27″N，108°56′30″ ~ 1109°48′28″E，其东南至西南临南海、北邻保亭、西北毗乐东、东北与陵水接壤。拥有海岸线长 250 km，所管辖的海域面积约 35 × 10⁴ hm²，0 ~ 10 m 海域面积 2.913 × 10⁴ hm²，沿海滩涂 2 510 hm²，主要分布在宁远河、藤桥河、三亚河等河流出海口以及铁炉港湾等地区。近岸海域表层海水年均温度 22.0 ~ 27.0℃，其中，三亚湾为 26.1℃，亚龙湾为 25.8℃，铁炉港为 23.0℃，红沙港为 26.7℃。三亚海区浅海年均海水盐度表层为 31.0 ~ 34.0，底层为 33.0 ~ 35.0。全市沿海除三亚河入海口、三亚港口附近海域以及部分内湾水体因受污染而为三类或四类水质外，绝大部分海域水质环境质量优良，符合国家一类水质标准。

2）养殖模式

三亚具有发展海水养殖的良好自然条件，不过，由于三亚是国内外知名的旅游城市，是海南国际旅游岛建设的核心地区，为与旅游业发展相适应，近年来三亚海水养殖模式也进行了较大调整，对旅游业和水质环境影响较大的网箱养殖和池塘养殖日益减少，重点发展休闲渔业和生态渔业。2008 年海水养殖面积 889 hm²，养殖总产量 9 109 t，养殖模式主要有网箱养殖、池塘养殖、工厂化养殖和底播养殖等。① 网箱养殖：三亚的网箱养殖包括海湾网箱养殖和深水网箱养殖，其中，深水网箱主要在西瑁洲西侧水域，有 108 口网箱，共 4 000 × 10⁴ L 水体，产量 1 200 t；海湾网箱近年大幅减少，原来在红沙港的网箱已全部撤出，在铁炉港的网箱也大幅减少，目前仅在铁炉港和海棠湾海域有少量海湾网箱，养殖面积 2.2 × 10⁴ m²，产量 350 t。网箱养殖品种主要有点带石斑鱼、斜带石斑鱼、卵形鲳鲹、布氏鲳鲹、军曹鱼紫红笛鲷和红鳍笛鲷等。② 池塘养殖：近年来三亚池塘养殖的面积大幅减少，原来在红沙和铁炉港周边的养殖池塘已基本被填，现面积较大的池塘养殖区主要为位于崖州湾靠近梅州一带的沿海地区，其中既有高位池，也有低位池，共有养殖面积近100 hm²，产量1 200 t。养殖品种主要为凡纳滨对虾。③ 工厂化养殖：三亚的工厂化养殖主要为工厂化苗种场，主要集中在红塘湾一带，养殖水体1 200×10⁴ L，养殖对象主要为鲍苗培育、鲍养殖以及扇贝和珍珠贝育苗等。原来在安游至六道一带也有较多工厂化苗种场，但最近也因国家建设需要将陆续关闭（图3.22）。④ 筏式养殖：三亚筏式养殖位于崖州湾靠近大坡一带沿岸海域，经批准使用水体429.08 hm³，主要养殖珍珠贝和扇贝（图3.22）。

(a) 筏式养殖   (b) 工厂化养殖

图3.22 三亚池塘养殖和工厂化养殖基地（周永灿 拍摄）

3.1.3.7 乐东黎族自治县

1）养殖环境

乐东黎族自治县位于海南西南部，地处18°24′~18°58′N，108°90′~1109°27′E，其东临保亭、东南与三亚交界、东北与白沙和五指山接壤，西北与东方和昌江毗邻，西南临北部湾。拥有海岸线长84 km，0~10 m海域面积9 000 hm²，浅海区域地势平缓，沿海滩涂600 hm²。年平均海水温度27.0℃左右，年平均盐度为33.3。绝大部分海域水质环境质量优良，符合国家一类水质标准。

2）养殖模式

乐东虽水质优良，但因缺少能有效抵御台风等灾害性天气的封闭或半封闭港湾，网箱养殖等海上养殖方式发展受到较大限制，目前主要的养殖方式为陆基养殖（图3.23）。2008年，乐东县海水养殖面积700 hm²，养殖总产量7 063 t，养殖模式主要为池塘养殖和工厂化养殖。① 池塘养殖：池塘养殖是乐东最主要的海水养殖方式，现有池塘养殖面积700 hm²，养殖产量7 063 t，其中，高位池400 hm²，产量4 942 t；低位池300 hm²，产量2 121 t。主要分布在莺歌海镇、尖峰镇、黄流镇和佛罗镇，养殖品种以凡纳滨对虾为主，其养殖产量占总产量的86%，其他还有少量的石斑鱼等鱼类、锯缘青蟹和江蓠养殖。② 工厂化养殖：乐东的工厂化养殖也不多，只在莺歌海有1家，主要养殖东风螺和石斑鱼等，养殖水体500×10⁴ L。

(a) 佛罗的池塘养殖　　　　　　　　(b) 莺歌海盐田区的池塘养殖

图 3.23　乐东佛罗和莺歌海的池塘养殖区遥感

3.1.3.8　东方市

1）养殖环境

东方市位于海南西部，地处 18°43′08″~19°18′43″N，108°36′46″~109°07′19″E。北至东北隔昌化江与昌江县交界、南及东南与乐东接壤、东倚黎母山、西濒北部湾。海岸线长 122 km，海域面积 1 823 km²，0~10 m 浅海面积 3 440 hm²，港湾滩涂面积 1 126 hm²，可利用滩涂面积 400 hm²。海域年平均水温 27.0℃左右；由于海湾和河流较少，海水盐度较高，且变化辐度较小，年平均盐度 33.3。海域近岸底质为浅黄色的沙泥质。东方市所辖海域宽阔，缺少封闭型或半封闭型港湾，水流交换条件好，具有大洋水质环境特征。近岸水质环境总体良好，绝大多数海域水质达到国家一类海水水质标准。

2）养殖模式

东方市的海水养殖情况与乐东类似，由于缺少封闭或半封闭型港湾，海水养殖方式发展受到较大限制，主要以滩涂和陆基养殖为主。2008 年，东方市海水养殖面积 541 hm²，养殖产量 6 591 t，养殖模式主要为池塘养殖、网箱养殖和工厂化养殖。① 池塘养殖：东方市池塘养殖面积 540 hm²，产量 6 483 t，主要分布于感城、新龙和四更一带，其中，高位池面积 192 hm²，产量 4 290 t；低位池面积 348 hm²，产量 2 193 t。养殖品种主要为凡纳滨对虾，此外还有少量的锯缘青蟹和鱼类养殖，近年来许多池塘还用于石斑鱼等海水鱼类的苗种繁育，取得了较好的经济效益。② 网箱养殖：东方市由于缺少封闭型或半封闭型港湾，不具备发展港湾网箱养殖的自然条件，因此无法形成规模化的港湾网箱养殖，目前仅有少量零星的港湾网箱分布于八所镇，养殖品种有石斑鱼、鲷科鱼类、军曹鱼、紫红笛鲷、尖吻鲈等。③工厂化养殖：东方市现有工厂化养殖水体 $1\,200 \times 10^4$ L，养殖产量 108 t，主要分布于新村至田头一带的沿海区域，养殖对象主要为鲍鱼和东风螺。此外，东方市近年来也发展了 6 家工厂化海水苗种场，进行虾类和贝类苗种繁育，现有养殖水体 $1\,600 \times 10^4$ L，年产虾苗 3.23 亿尾、贝苗 550 万粒。④滩涂养殖：东方市为海南省著名的泥蚶滩涂养殖区，是全省为数不多的泥蚶增养殖的天然苗种场，因此，泥蚶已成为东方滩涂养殖的主要对象。

3.1.3.9 昌江黎族自治县

1）养殖环境

昌江黎族自治县位于海南西北部，地处 $18°53' \sim 19°30'$N，$108°38' \sim 109°17'$E。东与白沙毗邻，南与乐东接壤，西南与东方以昌化江为界，西北濒临北部湾，东北部隔珠碧江同儋州相望。海岸线长 64 km，沿海属滨海平原沙滩地带，海岸类型多样，底质多为固定沙土和半固定沙土，其次为泥沙质和珊瑚礁质，浅海滩涂面积 4 893 hm²。海域年平均水温 27.0℃左右；年平均盐度 32.2，其中夏季波动较大，最低为 30.92，最高为 34.78，而冬季较均匀，表层与底层差值为 0.2。由于其南北边境分别由昌化江和珠碧江夹持，为当地海域带来了丰富的营养，饵料生物丰富，为渔业发展提供了良好的条件。2008 年和 2009 年据海南省海洋监测预报中心对该县 6 个站点的监测结果，昌江近岸水质环境总体良好，绝大多数海域水质达到国家一类海水水质标准。

2）养殖模式

2008 年，昌江县海水养殖面积 398 hm²，养殖总产量 5 412 t，养殖模式主要为池塘养殖和底播养殖。①池塘养殖：东方池塘养殖面积 220 hm²，产量 3 950 t，主要分布于昌化和海尾附近的沿海区域，养殖品种主要为凡纳滨对虾，近年还发展了少量的日本囊对虾和鱼类养殖，其中，由南疆公司探索开展的日本囊对虾养殖近年取得了良好进展，养殖单产近 7 500 kg/hm²，经济效益显著。②底播养殖：在昌化江的出海口，因昌化江可带来丰富的营养盐，使浮游植物等贝类的饵料生物含量十分丰富，为贝类底播养殖的发展提供了得天独厚的条件。在该海域现已发展了较大规模的泥蚶底播养殖，养殖面积 170 hm²，产量 1 392 t。③工厂化养殖：东方市现有工厂化养殖水体 $1\,200 \times 10^4$ L，养殖产量 108 t，养殖对象主要为鲍鱼和东风螺。此外，东方市近年来也陆续发展了 6 家工厂化海水苗种场，开展虾类和贝类的苗种繁育，拥有养殖水体 $1\,600 \times 10^4$ L，年产虾苗 3.23 亿尾、贝苗 550 万粒。

3.1.3.10 儋州市（含洋浦）

1）养殖环境

儋州市位于海南的西北部，地处 $19°19' \sim 19°52'$N，$108°56' \sim 109°46'$E，其西北部濒临北部湾，东部与临高、澄迈以及琼中接壤，南邻白沙，西南毗昌江。儋州海洋资源十分丰富，其海岸线长度仅次于文昌，达 261 km，滩涂面积 1.493×10^4 hm²，0 ~ 5 m 浅海面积 5 993 hm²、0 ~ 10m 浅海面积 $1.514\ 7 \times 10^4$ hm²，滩涂面积 3 333 hm²。其浅海海底地形变化不大，坡度平缓，底质为泥、沙泥、砂和岩礁；滩涂底质以泥沙和砂为主。儋州港湾丰富，有新英湾、白马井港等港湾 8 个，具有发展海水养殖的优越自然条件。表层海水年平均温度 26.0℃左右，年平均盐度 33.7。2008 年和 2009 年根据海南省海洋监测预报中心对洋浦 6 个站点的监测结果以及本课题组对洋浦港 30 个站位的水质调查结果，儋州市海域水质质量较好，绝大部分海域海水水质符合国家一类海水水质标准，有利于生产无公害水产品。

2）养殖模式

2008 年儋州市（含洋浦）海水养殖面积 2 295 hm²，养殖产量 $4.281\ 2 \times 10^4$ t，均居全省之首。养殖模式主要有网箱养殖、池塘养殖、工厂化养殖、筏式养殖和底播养殖等。① 网箱养殖：儋州的网箱养殖方式主要为海湾网箱。虽然后水湾的深水网箱养殖区域位于儋州地界，但养殖人员归属临高县，其相关数据统计也纳入临高县。儋州现有海湾网箱 $1\ 806 \times 10^4$ m²，养殖产量 2 444 t，养殖区域主要集中在洋浦湾和后水湾，养殖品种为鱼类，包括：点带石斑鱼、斜带石斑鱼、鞍带石斑鱼、卵形鲳鲹、布氏鲳鲹、军曹鱼、豹纹鳃棘鲈、紫红笛鲷和红鳍笛鲷等。② 池塘养殖：儋州为海南池塘养殖面积和产量最大的市县，现有养殖面积 1 893 hm²，养殖产量 $3.924\ 1 \times 10^4$ t，其中，高位池面积 395 hm²，产量 8 571 t；低位池面积 1 481 hm²，产量 $2.986\ 2 \times 10^4$ t。主要分布于新英、光村和排浦一带的海岸线上。养殖品种主要为凡纳滨对虾，还有少量斑节对虾、锯缘青蟹等，近年当地也陆续开展了池塘特别是低位池鱼类养殖，养殖品种主要有点带石斑鱼、鞍带石斑鱼、尖吻鲈和卵形鲳鲹等。③ 工厂化养殖：儋州的工厂化养殖主要为桥口港至白沙地一带的鲍鱼工厂化养殖、顿积港东侧沿海的东风螺工厂化养殖以及海口庚申农业开发有限公司排浦基地和白马井基地开展的东风螺养殖等，共有养殖水体约 $4\ 000 \times 10^4$ L，养殖产量 103 t。此外，儋州还有少量的工厂化苗种场，主要进行凡纳滨对虾、方斑东风螺、泥东风螺、扇贝、企鹅珍珠贝等苗种的培育，有苗池水体 $4\ 100 \times 10^4$ L，年生产对虾苗 12 亿尾、贝苗 310 万粒。④ 筏式养殖：儋州开展筏式养殖较少，现仅有海钰珍珠有限公司在儋州木棠镇美龙村建立的贝类筏式养殖基地，养殖基地海域面积 133 hm²，养殖对象包括合浦珠母贝、企鹅珍珠贝和扇贝等（图 3.24）。⑤ 底播养殖：儋州底播养殖位于新英湾新英盐场周边的潮间带和潮下带区域，养殖面积 30 hm²，产量 432 t，养殖对象为等边浅蛤等。

3.1.3.11　临高县

1）养殖环境

临高县位于海南的西北部，地处 19°34′ ~ 20°02′N，109°30′ ~ 109°53′E，其东邻澄迈县，西接儋州市，北临琼州海峡，海岸岬角和河溪入海口较多，海岸线曲折，地势平坦，滩涂面积较大。临高海岸线长 114 km，有黄龙湾、新盈湾和头咀湾等较大的海湾，浅海滩涂面积 5 333 hm²，可养殖浅海滩涂 2 670 hm²。年均海水温度为 24.3℃；年均海水盐度为 32.3。根据 2008 年和 2009 年海南省海洋监测预报中心对临高 6 个站位的水质调查结果和其他相关水质资料，临高绝大部分海域海水水质符合国家一类海水水质标准，但在新盈等渔港油类超过

(a) 企鹅珍珠贝　　　　　　　　　　　(b) 华贵栉孔扇贝

图 3.24　海钰珍珠公司儋州基地养殖筏式养殖的贝类（周永灿 拍摄）

二类甚至三类水质标准。

2）养殖模式

2008 年临高县海水养殖面积 1 268 hm²，养殖产量 2.918 9 × 10⁴ t，产量仅次于儋州市。养殖模式主要有网箱养殖、池塘养殖、工厂化养殖和底播养殖等。① 网箱养殖：临高是海南深水网箱养殖开展最早也是当前养殖面积最大的地区，现有深水网箱近千口，养殖水体 2.472 × 10⁸ L，占全省深水网箱养殖容量的 80% 以上，养殖产量 8 653 t。目前，临高的深水网箱主要集中于后水湾邻昌礁以北的深水区，也有少量养殖于红牌港，养殖种类主要为军曹鱼和鲳鲹类，还有少量的石斑鱼和鲷科鱼类等。除深水网箱外，临高也有部分海湾网箱，养殖水体 2 × 10⁴ m²，年产量 420 t，主要分布于头咀港和包岸港，养殖对象以鱼类为主，包括石斑鱼、鲷科鱼类、鲳鲹类、笛鲷类、军曹鱼和尖吻鲈等（图 3.25）。② 池塘养殖：临高现有池塘养殖面积 311 hm²，产量 5 919 t，其中，高位池面积 96 hm²，产量 2 583 t；低位池面积 215 hm²，产量 3 336 t。主要分布于博厚镇的马袅和得才以及东英镇一带的海岸线上，养殖品种主要为凡纳滨对虾，在有些季节也养殖少量锯缘青蟹和鱼类，还有少量池塘用于鱼类苗

(a) 深水网箱养殖　　　　　　　　　　(b) 高位池养殖

图 3.25　临高深水网箱养殖与高位池养殖（周永灿 拍摄）

种繁育，年产军曹鱼苗等海水鱼苗 280 余万尾。③ 工厂化养殖：临高的工厂化养殖水体 $2\,030 \times 10^4$ L，主要分布于临高角附近的昌拱村和金牌港沿海，养殖对象主要有鲍鱼、东风螺等贝类以及工厂化大棚养殖的海水鱼类。工厂化苗种繁育在临高也有少量开展，现有工厂化育苗水体 $1\,600 \times 10^4$ L，主要生产鲍鱼等贝苗。④ 底播养殖：临高港湾较多，适合开展底播养殖的滩涂和浅海区域丰富，具有开展底播养殖的良好自然条件。2008 年，临高底播养殖面积 388 hm²，产量 6 157 t，均居全省底播养殖之首。其中，在红牌港西侧滩涂和浅海区域主要养殖文蛤，在红牌岛附近浅海区域主要养殖波纹巴菲蛤，在后水湾靠昌拱村附近则主要养殖等边浅蛤等。

3.1.3.12　澄迈县

1）养殖环境

澄迈县位于海南的北部，地处 19°23′~20°01′N，109°45′~110°15′E，东与海口市和定安县交界，南与屯昌县和琼中县接壤，西与儋州市和临高县毗邻，北临琼州海峡。海岸线长 116 km，所辖海域面积约 1 100 km²，0~10 m 浅海面积 4.16 km²，沿海滩涂面积 1 949 hm²，其中可供开发增养殖业的滩涂面积 1 462 hm²；拥有大小港湾 13 处，其中，东水港面积 740 hm²，花场湾面积 580 hm²。表层海水平均水温 19.0~30.2℃，年平均水温为 25.3℃；表层海水盐度 28.5~31.2，年平均盐度为 29.5。根据 2008 年和 2009 年海南省海洋监测预报中心对澄迈 6 个站位的水质调查结果和其他相关水质资料，该海域绝大部分海域海水水质符合国家一类海水水质标准，但在部分港湾内及港湾出口的局部海域，海水水质为国家二类或三类海水水质。

2）养殖模式

2008 年澄迈县海水养殖面积 608 hm²，养殖总产量 8 254 t。养殖模式主要有网箱养殖、池塘养殖、工厂化养殖和底播养殖等。① 网箱养殖：澄迈的网箱养殖总量不大，但网箱类型较多，包括深水网箱、海湾网箱和浮绳式网箱，其中，深水网箱养殖 490.0×10^4 L，养殖产量 174 t，主要分布于桥头一带海域；海湾网箱养殖面积 4.6×10^4 m²，产量 584 t，主要分布于东水港和马村近岸海域，此外，在玉包港还有少量浮绳式网箱。养殖对象以鱼类为主，包括石斑鱼、鲷科鱼类、鲳鲹类、笛鲷类、鰤鱼和军曹鱼等。② 池塘养殖：澄迈有池塘养殖面积 270 hm²，产量 3 596 t，其中，高位池面积 78 hm²，产量 994 t；低位池面积 275 hm²，产量 1 345 t。主要分布于桥头镇花场湾周边滩涂或陆地上（图 3.26），养殖品种主要为凡纳滨对虾、江蓠、锯缘青蟹和鱼类（包括石斑鱼、鲷科鱼类、鲳鲹类、笛鲷类、鰤鱼和军曹鱼等）。③ 工厂化养殖：澄迈有工厂化养殖水体 450×10^4 L，主要进行鲍苗和东风螺苗培育及其养成。④ 底播养殖：澄迈的底播养殖主要在花场湾和和东水港等内湾，养殖品种包括文蛤、泥蚶和菲律宾仔蛤。在澄迈的部分开放型海域的滩涂和浅海区域，目前还保留了少量沉箱养鲍。

3.1.3.13　三沙群岛

1）养殖环境

三沙群岛位于海南省的南面，东西相距 900 km，南北长达 1 800 km，包括西沙、南沙、中沙的 620 多个岛、礁、沙、滩和周围海域。其中,西沙群岛包括西沙洲、赵述岛、北岛、中岛、三峙仔、南岛、北沙洲、中沙洲、南沙洲、西新沙洲、永兴岛、石岛、北礁、玉琢礁、华光礁、盘石屿、金银岛、筐仔沙洲、甘泉岛、珊瑚岛、全富岛、鸭公岛、2023 岛、2024 岛、2025 岛、银屿、银屿仔、咸舍屿、石屿、晋卿岛、琛航岛和广金岛等42 个岛礁。中沙群岛包括中沙大环礁、神狐暗沙、一统暗沙、宪法暗沙、中南暗沙、黄岩岛。南沙群岛包括太平岛、中业岛、南威岛、弹丸礁、郑和群礁、万安滩等 550 多个岛、洲、礁、沙、滩,除 11 个岛屿、5 个沙洲、20 个礁露出水面外,其他均为暗礁。三沙群岛属热带海洋性气候,全年无冬,气候暖热,湿润多雨,但常受台风影响。岛屿面积13 km²,海域面积超过 200×10^4 km²,多潟湖,隐在水下的暗沙、暗礁、暗滩众多,浅水处的面积巨大。据不完全统计,仅中沙群岛小于 20 m 水深的礁滩面积达 350 km²,各项水质指标都优于国家一类海水水质标准,年最低水温在 24℃ 以上,无径流,盐度大于 33,潟湖底质以珊瑚砂为主。

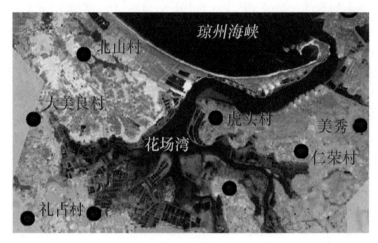

图 3.26　澄迈花场湾养殖区遥感

2)养殖模式

三沙群岛海域的水产养殖发展于 20 世纪 90 年代,现有养殖面积近 3 000 hm²,养殖模式主要有深水网箱养殖、底播增殖和陆基池塘养殖,主要增养殖品种为棕点石斑鱼、鞍带石斑鱼、热带海参、凡纳滨对虾等热带名优水产养殖生物。目前,西沙群岛的水产养殖主要分布于晋卿岛(中心为 16°28′N,111°44′E)和永兴岛(中心为 16°45′N,112°21′E)。其中,晋卿岛主要开展网箱养殖棕点石斑鱼、鞍带石斑鱼,共有大型深水抗风浪网箱 10 口,网箱总面积超过 5 000 km²,养殖水域面积近 1 000 hm²,年产优质热带名优鱼类 10×10^4 kg;永兴岛主要开展凡纳滨对虾的亲虾培育,现有养殖区域面积约 400 m²,年产优质亲虾约 10 000 尾;中沙群岛海域的水产增殖主要集中在漫步暗沙(中心为 15°54′N,114°27′E),面积 625 hm²,主要开展热带贝类和海参等重要资源的底播增殖;南沙群岛海域的水产养殖主要分布于美济礁(中心为 9°55′N,115°32′E)的潟湖,水深约 25.6 m,主要开展棕点石斑鱼、鞍带石斑鱼的网箱养殖,共有大型深水抗风浪网箱 56 口,网箱总面积近 3×10^4 m²,养殖水域面积 2 000余公顷,年产优质热带名优鱼类 56×10^4 kg。因长年无冬和水质优良,与海南岛沿海的相同养殖品种相比，这些海域养殖生物的生产速度较快，如南沙群岛海域养殖石斑鱼的生长速度提高了30%左右，且养殖产品质量均达到无污染的绿色食品标准。

3.2　海水增殖现状

3.2.1　增殖放流现状

为恢复和增殖近海渔业资源，2002年海南省开始投入资金进行海洋生物资源增殖放流工作，2002—2009年间放流种类有：黑鲷、红鳍笛鲷、紫红笛鲷、卵形鲳鲹、花鲈、斑节对虾、杂色鲍、华贵栉孔扇、方斑东风螺和白蝶贝等。8年共投入资金676万元，放流海水鱼苗499.5万尾，斑节对虾苗2 451万尾，贝类苗种136.5万粒。由于年放流苗种数量较少，绝大多数放流种类至今未见资源有明显的增殖效果，只有卵形鲳鲹在海南岛沿海资源量有明显增加。

3.2.1.1　海水鱼类增殖放流现状

2002年以来海南省海水鱼类增殖放流情况见表3.2，具体情况如下。

2002年，海南省投入海水鱼类放流资金35万元，在三亚市西岛附近海域放流体长6~10 cm黑鲷鱼苗15万尾。

2003年，投入25万元，在三亚双扉石海域放流红鳍笛鲷苗1.5万尾。

2004年，投入35万元，在三亚市海区放流红鳍笛鲷和紫红笛鲷鱼苗共计20万尾。

2005年，投入200万元，在陵水沿岸放流石斑鱼苗8万尾，临高沿岸放流红鳍笛鲷73万尾，三亚西岛海域放流紫红笛鲷苗70万尾。

2006年，在万宁大洲岛放流卵形鲳鲹鱼苗30.5万尾。

2007年，在海口东寨港放流紫红笛鲷苗25万尾，陵水新村港湾内放流卵形鲳鲹鱼苗2.65亿尾。

2008年，在临高新盈海域放流紫红笛鲷苗30万尾，红鳍笛鲷苗50万尾，三亚梅山海域放流花鲈苗5万尾，紫红笛鲷苗5万尾。

2009年，三亚凤凰岛附近海域放流紫红笛鲷鱼苗100万尾，红鳍笛鲷鱼苗40万尾，鲸鲨2尾。

3.2.1.2　海水虾类增殖放流现状

2005年，在文昌沿岸水域放流斑节对虾苗1 200万尾，其中，标志放流3 000尾。

2006年，在文昌冯个湾放流斑节对虾苗451万尾。

2007年，在海口市东寨港放流斑节对虾苗300万尾。

2009年，在三亚凤凰岛附近海域放流斑节对虾苗500万尾。

表 3.2 2002—2009 年海南省海水鱼类苗种放流情况

年份	种类	鱼苗量/万尾	放流海区	备注
2002	黑鲷	15.0	三亚市西岛附近海域	
2003	红鳍笛鲷	1.5	三亚市双扉石海	
2004	红鳍笛鲷、紫红笛鲷	20.0	三亚市海区	
2005	红鳍笛鲷	73.0	临高沿岸水域	
	紫红笛鲷	70.0	三亚西岛附近海域	
2006	卵形鲳鲹	30.5	万宁大洲岛	
2007	紫红笛鲷	25.0	海口东寨港	
	卵形鲳鲹	26.5	陵水新村港湾内	
2008	紫红笛鲷、红鳍笛鲷	80.0	临高新盈海域	紫红笛鲷 30 万尾、红鳍笛鲷 50 万尾
	紫红笛鲷、花鲈	10.0	三亚梅山海域	紫红笛鲷 5 万尾、花鲈 5 万尾
2009	紫红笛鲷	100.0	三亚凤凰岛附近海域	
	红鳍笛鲷	40.0	三亚凤凰岛附近海域	
合计		499.5		

3.2.1.3 海水贝类增殖放流现状

2001 年，在三亚南山鲍鱼保护区放流杂色鲍苗 5 万头。

2006 年，在文昌市冯个湾放流东风螺苗 36.5 万粒。

2008 年，在三亚梅山海域放流华贵栉孔扇贝苗 20 万个，大珠母贝苗 10 万个。

2009 年，在三亚凤凰岛附近海域放流珍珠贝 15 万个，华贵栉孔扇 50 万个。

3.2.2 人工鱼礁现状

海南省通过投放人工鱼礁进行资源增殖的工作起步晚，迄今放置鱼礁数量也很少。2002 年和 2003 年，在三亚市近海共放置水泥钢筋混凝土鱼礁 936 m³。由于放置鱼礁数量有限，对渔业资源增殖效果不明显。但在放置鱼礁的局部海区，出现明显的集鱼效果，鱼种类与数量增加。2002 年以来海南人工鱼礁放置地点与数量如下。

2002 年，在三亚西岛附近海域放置水泥钢筋混凝土人工鱼礁 20 个。礁体 416 m³。

2003 年，在三亚市双扉石海域放置水泥钢筋混凝土人工鱼礁 25 个，礁体 520 m³。

3.3 原、良、苗种场及水产种质资源保护区现状

3.3.1 海南海洋水产原、良种场现状

海南省海洋水产原、良种场情况见表 3.3。

表 3.3　海南省海水水产原、良种场简况

名称	市县	位置	建设单位	级别
海南热带海水水产良种场	琼海长坡镇	19°21′59″N，110°40′00″E	海南省水产研究所	省级
儋州市热带海水水产良种场	儋州市白马井	19°37′46″N，109°07′54″E	儋州市海洋与渔业局	省级
三亚华贵栉孔扇贝良种场	三亚市崖城镇	18°18′28″N，109°02′08″E	三亚意源养殖有限公司	省级
海南省东方市国家级斑节对虾原种场	东方市新龙镇	18°57′03″N，108°40′36″E	海南腾雷水产养殖管理有限公司	国家级
海南省石斑鱼良种场	文昌市翁田镇	19°59′42″N，110°49′37″E	隶属海南定大养殖有限公司	省级
海南省对虾良种场	东方市板桥镇	18°43′29.9″N，108°40′0.14″E	卜蜂水产（东方）有限公司	省级
海南省水产良种场	文昌市翁田镇	20°0′32″N，110°55′06″E	海南海－水产种苗有限公司	省级

3.3.1.1　海南热带海水水产良种场

海南热带海水水产良种场隶属海南省水产研究所，位于琼海市长坡镇，19°21′59″N，110°40′00″E，占地面积 7.33 hm²，可使用海域面积 40 hm²，总投资 2 200 多万元（图 3.27）。建设育苗室 3 幢，面积 2×10^4 m²，水体 120×10^4 L；亲体培育室 2 幢，面积 1 500 m²，水体 150×10^4 L；室外育苗池 430×10^4 L；蓄水池 1 口，水体 50.0×10^4 L；过滤池 3 套，面积 750 m²；高位池塘 10 口，面积 2.8 hm²；培训及实验楼 1 幢，面积 1 100 m²；宿舍楼 2 幢，面积 1 300 m²；食堂及职工活动中心 1 幢，面积 460 m²。现有科技人员 52 人，其中，高级职称 5 人，中级职称 12 人，其他技术干部 16 人。年生产海水鱼苗 300 万尾，凡纳滨对虾苗种 10 亿尾，贝类苗种 500 万粒。生产苗种主要供应省内养殖使用，少部分提供给省外养殖户。它是海南省良种场中集科研、开发、示范、培训于一体的水产良种场。经费来源为省财政拨款与单位自筹。

图 3.27　海南热带海水水产良种场（周永灿 拍摄）

3.3.1.2　儋州市热带海水水产良种场

儋州市（省级）热带海水水产良种场，位于儋州市白马井镇经济开发区，隶属儋州市海洋与渔业局（图 3.28）。地处 19°37′46″N，109°07′54.6″E，占地 4 hm²。建设鲍鱼养殖池 322 个，共计 487.2×10^4 L。其中，育苗池 238 个，285.6×10^4 L；鲍鱼养成池 84 个，201.6 ×

10^4 L；对虾育苗室 3 幢，共 67 个池，共计 130×10^4 L。1999 年该良种场建成投产，主要生产九孔鲍苗和凡纳滨对虾苗。2006 年以后，由海口庚申农业综合有限公司承包经营，现有员工 30 人，其中，技术人员 5 人。年生产凡纳滨对虾苗 2 亿尾，年生产东风螺苗 500 万粒。现良种场设施已陈旧，运作过程维修费多，仪器设备缺乏。良种场选址失误，每年雨季海区盐度降至 25.0 以下，对对虾、鲍鱼和东风螺苗种生产造成较大影响。该良种场位置现已划入儋州市白马井开发区范围，已不适宜作海水养殖良种场。

图 3.28　儋州市热带海水水产良种场（谢珍玉 拍摄）

3.3.1.3　三亚华贵栉孔扇贝良种场

三亚华贵栉孔扇贝良种场位于三亚市崖城镇，隶属三亚意源养殖有限公司，地处 $18°18′28″$N，$109°02′08″$E，占地面积 8 hm²。有室内育苗水体 222.7×10^4 L，室外饵料培养池 100.8×10^4 L，实验室、技术培训室与宿舍等配套设施 600 m²；海上吊养面积 170 hm²。良种场员工 136 人，其中，技术人员 6 人。年育华贵栉孔扇贝苗种 3.32 亿粒，年养殖商品贝 1 540 t。该良种场的运转经费以自筹为主，当前存在的主要问题为技术力量薄弱。

3.3.1.4　海南省东方市国家级斑节对虾原种场

海南省东方市国家级斑节对虾原种场位于东方市新龙镇，隶属海南腾雷水产养殖管理有限公司，占地 28.3 hm²。原计划总投资 1 200 万元，拟利用东方市及周边海区捕捞的斑节对虾原种，经筛选后用于培育原种亲虾，并以原种亲虾为基础群体，培育优质斑节对虾优良苗种。计划年产斑节对虾海南种群原种亲虾 1 万尾，原种虾苗 1 000 万尾，良种亲虾 4 万尾，良种虾苗 2 000 万尾。但建设中因资金不足等原因曾被中止，2007 年重新启动建设并于当年完工，现建设育苗水体 188×10^4 L，实验室和办公室共 660 m²，养殖池塘 8.3 hm²。2008 年投产后已改变了斑节对虾原种场功能，现主要生产凡纳滨对虾苗种。现有员工 56 人，科技人员 2 人，年生产对虾苗种 5 亿尾。经费为企业自筹。主要问题有两个：一是原种场已改变原立项定位；二是科技力量不足。

3.3.1.5　海南省石斑鱼良种场

海南省石斑鱼良种场位于文昌市翁田镇堆头村，隶属海南定大养殖有限公司，地处 $19°59'42''N$，$110°49'37''E$，占地 20 hm^2（图 3.29）。建设石斑鱼亲鱼产卵池 4 口共 0.4 hm^2，后备亲鱼培育池 2 hm^2；育苗池塘 2 hm^2，水泥育苗池 $96.0×10^4$ L；单胞藻培育池 $120×10^4$ L，动物饵料培育池 2 hm^2；实验室 100 m^2，饲料冷冻库 100 m^2，宿舍 300 m^2，办公室 80 m^2，仓库 200 m^2。拥有点带石斑鱼亲鱼 300 尾；鞍带石斑鱼亲鱼 200 尾。良种场有员工 108 人，其中，高级工程师 1 人，工程师 3 人，专业技术人员 10 人，技术工人 75 人，外聘请专业技术人员 3 人，特聘 2 名水产专家为顾问。年产点带石斑鱼受精卵 500 kg，培育 2~3 cm 鱼苗 176 万尾；年产鞍带石斑鱼受精卵 20 kg，培育 6 cm 鱼苗 5 万尾。该良种场是目前文昌唯一的石斑鱼受精卵供应点。经费为企业自筹。

图 3.29　海南省石斑鱼良种场（周永灿 拍摄）

3.3.1.6　海南省对虾良种场

海南省对虾良种场位于东方市板桥镇（图 3.30），隶属卜蜂水产（东方）有限公司，地处 $18°43'29.9''N$，$108°40'0.14''E$，2008 年被省原良种评定委员会审定为省级对虾良种场。该

图 3.30　海南省对虾良种场（周永灿 拍摄）

场占地 8.3 hm^2，总投资 7 000 万元。苗场拥有 4 幢亲虾车间，10 幢虾苗车间，共 500 × 10^4 L 水体，其中，育苗水体 320 × 10^4 L。两口海水蓄水池共 8 hm^2，一口 0.27 hm^2 淡水蓄水池。建有完善的养殖用水处理系统，包含初级海水沉淀池，生物过滤池，消毒曝气池，水质二级处理池，生产用水安全池，排污池，废水处理池，废水循环处理池。拥有先进的苗种质量检测设备，包括水质化验室，弧菌检测室，常见病毒 PCR 检测室和产品质量监测室。拥有齐全先进的检测仪器，对产品质量的监控起到了巨大作用。现有员工 120 余人，其中，技术人员 36 人。生产优质凡纳滨对虾幼体 876 亿尾、虾苗 30 亿尾，虾苗主要销往海南岛沿海市县，少部分销往我国沿海各省份。经费来源为企业自筹。

3.3.1.7 海南省水产良种场

海南省水产良种场位于文昌市翁田镇，20°0′32″N，110°55′06″E，隶属海南海一集团水产苗种有限公司，2008 年被省原良种评定委员会审定为省级水产良种场。占地面积达 2 hm^2，总水体 260 × 10^4 L，总投资 500 万元，其中，投资供水及水处理系统 70 万元。该场主要培育对虾良种，拥有亲虾培育车间 4 条，总面积 3 300 m^2，水体 140 × 10^4 L，可同时容纳 5 000 对或 4 个不同品系的亲虾；另外还有室内和室外育苗车间各 2 条，育苗水体 120 × 10^4 L。虾苗主要销往海南各沿海市县，少部分销往其他沿海省份。经费来源为企业自筹。

3.3.2 水产苗种场现状

3.3.2.1 海南省沿海对虾苗种场现状

海南省现有对虾育苗场 478 个，共计 2.49 × 10^8 L，年生产对虾苗种 304.43 亿尾。其中，各市县对虾育苗场分布情况为：文昌育苗场 350 个，1.8 × 10^8 L，年育苗量 200 亿尾；琼海育苗场 69 个，0.2 × 10^8 L，年育苗量 72.43 亿尾、三亚育苗场 28 个，0.2 × 10^8 L，年育苗量 8 亿尾；万宁育苗场 16 个，0.2 × 10^8 L，年育苗量 12 亿尾；陵水育苗场 2 个，100 × 10^4 L，年育苗量 2 亿尾；海口育苗场 2 个，100 × 10^4 L，年育苗量 2 亿尾；澄迈育苗场 2 个，100 × 10^4 L，年育苗量 2 亿尾；临高育苗场 3 个，150 × 10^4 L，年育苗量 2 亿尾；儋州育苗场 2 个，200 × 10^4 L，育苗量 1 亿尾；东方育苗场 4 个，200 × 10^4 L，育苗量 3 亿尾。

3.3.2.2 海南省沿海贝类苗种场现状

1）杂色鲍

海南省现有鲍鱼育苗场 56 个，共计育苗池水体 1.9 × 10^8 L，年生产鲍苗 4 070 万粒（图 3.31）。其中，各市县鲍苗场分布情况为：文昌 15 育苗场个，0.2 × 10^8 L 水体，年育苗量 70 万粒；琼海育苗场 8 个，0.1 × 10^8 L 水体，年育苗量 660 万粒；三亚育苗场 14 个，1 × 10^8 L 水体，年育苗量 1 470 万粒；陵水育苗场 6 个，0.1 × 10^8 L 水体，育苗量 60 万粒；海口育苗场 2 个，0.1 × 10^8 L 水体，育苗量 150 万粒；临高育苗场 6 个，0.1 × 10^8 L 水体，育苗量 40 万粒；儋州育苗场 3 个，0.2 × 10^8 L 水体，育苗量 1 120 万粒；东方育苗场 2 个，0.1 × 10^8 L 水体，育苗量 500 万粒。

图 3.31　陵水永呈鲍鱼养殖场（周永灿 拍摄）

2）东风螺

海南省现有东风螺育苗场 100 个，共计育苗池水体 0.555×10^8 L，年产东风螺苗 2.643 亿粒（图 3.32）。其中，文昌育苗场 51 个，0.25×10^8 L 水体，年育苗量 1.658 亿粒；琼海育苗场 40 个，0.2×10^8 L 水体，年育苗量 0.66 亿粒；三亚育苗场 1 个，200×10^4 L 水体，年育苗量 200 万粒；海口育苗场 1 个，100×10^4 L 水体，育苗量 200 万粒，临高育苗场 2 个，100×10^4 L 水体，育苗量 400 万粒；儋州育苗场 3 个，400×10^4 L 水体，育苗量 0.2 亿粒；东方育苗场 1 个，150×10^4 L 水体，育苗量 250 万粒；乐东育苗场 1 个，100×10^4 L 水体，育苗量 200 万粒。

3.3.2.3　海南省沿海鱼类苗种场现状

1）石斑鱼

海南省现有石斑鱼育苗场 123 个，共计室内育苗池 550×10^4 L，室外育苗池塘 114 hm^2，年生产石斑鱼苗 0.254×10^8 尾（图 3.33）。各市县石斑鱼苗场分布情况如下：文昌市育苗场 31 个，室内育苗池水体 250×10^4 L，室外育苗池塘 13.3 hm^2，年育苗量 450 万尾；琼海市育苗场 15 个，室内育苗池水体 200×10^4 L，室外育苗池塘 10 hm^2，年育苗量 330 万粒；三亚市苗场 18 个，室内育苗池水体 100×10^4 L，室外育苗池塘 16.7 hm^2，年育苗量 350 万尾；陵水县育苗场 8 个，室外育苗池塘 22 hm^2，年育苗量 300 万尾；海口市育苗场 2 个，室外育苗池塘 6.7 hm^2，年育苗量 60 万尾；临高县育苗场 3 个，室外育苗池塘 6.7 hm^2，育苗量 100 万尾；儋州市育苗场 3 个，室外育苗池塘 5.3 hm^2，育苗量 100 万尾；东方市育苗场 25 个，室外育苗池塘 23.3 hm^2，育苗量 500 万尾；乐东县育苗场 18 个，室外育苗池塘 16.7 hm^2，育苗量 350 万尾。

图 3.32　海口庚申公司东风螺养殖场（周永灿 拍摄）

图 3.33　万宁业兴水产养殖有限公司石斑鱼育苗场（周永灿 拍摄）

2）军曹鱼

海南省现有军曹鱼育苗场 25 个，共计室外育苗池塘 38 hm²，年生产军曹鱼苗 0.434 4 亿尾。其中，各市县军曹鱼育苗场分布：三亚市育苗场 10 个，室外育苗池塘 13.3 hm²，年育苗量 0.136 2 亿尾；陵水县育苗场 12 个，室外育苗池塘 16.7 hm²，年育苗量 0.148 2 亿尾；临高县育苗场 3 个，室外育苗池塘 8 hm²，年育苗量 0.15 亿尾。

3）卵形鲳鲹

海南省现有卵形鲳鲹育苗场 33 个，共计室外育苗池塘 44.3 hm²，年生产卵形鲳鲹苗 0.159 5 亿尾。其中，各市县卵形鲳鲹育苗场分布情况如下：三亚市育苗场 8 个，室外育苗池塘 5.7 hm²，年育苗量 450 万尾；陵水县育苗场 10 个，室外育苗池塘 12 hm²，年育苗量 500

万尾；临高县育苗场 2 个，室外育苗池塘 5.3 hm²，年育苗量 230 万尾；琼海市育苗场 2 个，室外育苗池塘 3.3 hm²，年育苗量 35 万尾；东方市育苗场 6 个，室外育苗池塘 10 hm²，育苗量 200 万尾；乐东县育苗场 4 个，室外育苗池塘 6.7 hm²，育苗量 150 万尾；昌江县育苗场 1 个，室外育苗池塘 1.3 hm²，年育苗量 30 万尾。

4）笛鲷类（红鳍笛鲷、紫红笛鲷、千年笛鲷、约氏笛鲷）

海南省现有笛鲷类鱼苗场 17 个，共计室外育苗池塘 26.7 hm²，年生产笛鲷类鱼苗 0.115 8 亿尾。其中，各市县笛鲷类育苗场分布情况如下：陵水县育苗场 10 个，室外育苗池塘 13.3 hm²，年育苗量 808 万尾；三亚市育苗场 5 个，室外育苗池塘 8 hm²，年育苗量 250 万尾；临高县育苗场 2 个，室外育苗池塘 5.3 hm²，年育苗量 100 万尾。

5）其他海水鱼类（尖吻鲈、眼斑拟石首鱼、点篮子鱼）

海南省现有其他海水鱼类鱼苗场 87 个，共计室外育苗池塘 108 hm²，年生产其他海水鱼类鱼苗 0.491 1 亿尾。其中，各市县其他海水鱼类育苗场分布情况如下：陵水县育苗场 20 个，室外育苗池塘 33.3 hm²，年育苗量 0.145 亿尾；三亚市育苗场 15 个，室外育苗池塘 20 hm²，年育苗量 0.13 亿尾；东方市育苗场 12 个，室外育苗池塘 13.3 hm²，育苗量 800 万尾；乐东县育苗场 8 个，室外育苗池塘 10 hm²，育苗量 600 万尾；临高县育苗场 3 个，室外育苗池塘 6.7 hm²，年育苗量 271 万尾；昌江县育苗场 1 个，室外育苗池塘 1.3 hm²，年育苗量 40 万尾；文昌市育苗场 15 个，室外育苗池塘 13.3 hm²，年育苗量 200 万尾；琼海市育苗场 13 个，室外育苗池塘 10 hm²，年育苗量 250 万尾。

3.3.3　水产种质资源保护区现状

3.3.3.1　临高白蝶贝资源保护区现状

临高白蝶贝自然保护区，以临高县神确村至红石岛 25 m 等深线以内水域，具体方位为：20°00′08″N，109°47′57″E；20°02′56″N，109°47′57″E；19°52′01″N，109°24′10″E；20°02′44″N，109°24′04″E。临高白蝶贝县级自然保护区成立于 1983 年，1984 年晋升为省级自然保护区。以白蝶贝及其生态环境为保护对象，总面积约 1.43×10⁴ hm²。2008 年海南省人大通过《海南省实施〈中华人民共和国渔业法〉办法》第 29 条再次明确建立临高县白碟贝自然保护区。依据自然保护区管理条例，应设立保护区管理机构，行使保护区管理职责，但至今尚未建立保护区管理机构，暂由地方海洋与渔业局渔政部门代管。因管理漏洞较大，不法分子潜水盗捕白蝶贝资源时有发生。2009 年，由海南省水产研究所承担白蝶贝资源的调查研究工作。调查结果表明，保护区水深 15 m 以内白蝶贝资源已近乎绝迹，只有在 20 m 左右水深处才能发现，白蝶贝资源量已经很少。

3.3.3.2　儋州白蝶贝资源保护区现状

儋州白蝶贝自然保护区，以南华至兵马角灯桩、海头至观音角灯桩 25m 等深线以内水域。具体方位为：19°54′04″N，109°15′42″E；19°55′24″N，109°13′17″E；19°40′57″N，

109°00′12″E；19°36′52″N，109°04′24″E。儋州白蝶贝保护区与临高白蝶贝保护区一起于1984年批准为省级自然保护区，两片保护区面积合计 2.5×10^4 hm^2。2008 年海南省人大通过《海南省实施〈中华人民共和国渔业法〉办法》第 29 条再次确认为省级自然保护区。该自然保护区建设与管理情况与临高白蝶贝自然保护区类似，在管理上存在较大漏洞，资源被破坏严重。20 世纪 80 年代之前，儋州市沿海具有丰富的白蝶贝资源，据有关记录，当时 1 名潜水员作业 1 d 可捕捞到白蝶贝 300 个，但目前保护区水深 15 m 以内白蝶贝资源已近绝迹，只有在 20 m 左右水深处才能零星发现，资源量已经很少，接近枯竭的边缘。

3.3.3.3 文昌市麒麟菜保护区现状

文昌市麒麟菜保护区面积 6.5×10^4 hm^2，为以铜鼓咀的铜山村至冯个村的北角 7 m 等深线以内海域。具体位置为：20°01′46″N，110°49′57″E；20°00′13″N，110°49′03″E；19°58′37″N，110°57′37″E；20°01′30N，110°56′09″E。该保护区于 1983 年 4 月被广东省人民政府批准为省级自然保护区，保护对象为琼枝麒麟菜。保护区建立之后，没有成立专门的管理机构，由当时县水产局受权县麒麟菜养殖场进行管理。20 世纪 80 年代，麒麟菜保护区的大部分区域有人员巡逻看管与保护，在保证资源增加的前提下进行采收利用。但 90 年代以后，由于私营琼脂加工厂的建立，偷采琼枝麒麟菜现象严重，使保护区琼枝麒麟菜资源与生态环境均遭受毁灭性破坏，该自然保护区处于名存实亡的状态。

3.3.3.4 琼海市麒麟菜自然保护区现状

琼海市麒麟菜自然保护区为琼海市三更村至草塘村 7 m 等深线以内海域。具体位置为：19°23′34″N，110°40′45″E；19°23′30″N，110°40′27″E；19°18′16″N，110°43′08″E；19°19′26″N，110°40′41″E 以及 19°16′15″N，110°38′20″E；19°15′36″N，110°40′35″E；19°10′32″N，110°38′30″E；19°10′30″N，110°35′35″E，面积 2 500 hm^2。该保护区于 1983 年 4 月被广东省人民政府批准为省级自然保护区，保护对象为琼枝麒麟菜。保护区建立之后，未成立专门管理机构，当时以县水产局受权琼海县麒麟菜养殖场进行管理。20 世纪 80 年代，由于管理保护措施得力，保护区琼枝麒麟菜极少出现偷采现象，保护区内琼枝麒麟菜得到了很好的保护与利用。但 90 年代后，保护区内琼枝麒麟菜偷采现象严重，使保护区琼枝麒麟菜资源与生态环境均遭受毁灭性破坏，保护区没有对该地区麒麟菜资源保护发挥应有的作用。

3.3.3.5 三亚市杂色鲍自然保护区现状

三亚市杂色鲍自然保护区从红塘至南山沿海，具体位置为：18°21′35″N，109°14′20″E，保护区面积 67 hm^2，保护对象为杂色鲍。由三亚市人民政府批准建立，未成立专门管理机构，一直由市海洋与渔业局下属渔政部门兼管。因管理措施不到位，执法力度不够，管理漏洞大，保护区中杂色鲍被偷捕现象时有发生，几乎没有起到对该资源的保护作用，处于名存实亡状态。不过，由于杂色鲍多分布于 4～10 m 水深，偷捕有一定的难度，使当地的杂色鲍资源尚未遭到毁灭性破坏，如采取积极的管理措施，该资源可以得到较好恢复。

第 4 章　海南省海水增养殖区评价

4.1　海水增养殖水域环境质量状况评价

4.1.1　水质评价

4.1.1.1　海南海域水化学环境特征

1）盐度、pH、溶解氧、化学耗氧量

因海南省的陆地以岛屿为主，近海海水盐度相对稳定，一般维持在 33.0～35.0 之间；近岸海水盐度变化大，在 5.5～34.2 之间。受琼州海峡的影响，海南岛西南部海域盐度高于东北部。由于海南岛上有南渡江、万泉河、昌化江等中小型河流，致使河口区域的盐度相对较低，通常因每年 11 月至翌年 2 月、3 月的降水量减少，为增盐期，4—10 月为海南的主要降雨季节，为降盐期。在台风季节，沿岸盐度变化较大，受强台风强降雨的影响非常大，在有强台风引起强降雨的年份，可以导致海南岛沿海海域盐度下降 20.0 以上，甚至有些港湾海域的盐度趋近 0。

近海海水 pH 相对稳定，一般为 8.11～8.38 之间；近岸海水 pH 变化较大，一般在 7.54～8.51 之间，平均值为 8.06。海南岛西南部海区的 pH 高于东北部，三亚海区最高，文昌一带最低。

海南近海溶解氧含量范围在 5.43～8.92 mg/L 之间，平均值为 6.21 mg/L。整体上呈近岸高外海低的分布趋势，表层、10 m 层和 30 m 层溶解氧分布特征趋于相近，表明各层因垂直混合作用而趋于一致。

化学耗氧量是评价水体质量的重要指标，其分布及变化与水体受有机污染的程度密切相关。调查结果表明，海南岛近岸 COD 含量为 0.04～5.06 mg/L，平均值为 0.68 mg/L。从总体上看，东部沿海的 COD 值高于西部沿海。除洋浦新英湾的 COD 达 3.31 mg/L（2009 年 8 月）外，西部沿海海水的 COD 值都小于 1 mg/L，特别以三亚和乐东沿海的 COD 值最小。然而，文昌清澜湾同期 COD 的平均值都达到 2.63 mg/L。另外，河流入海口、排污口附近潮间带及内湾的水体 COD 含量较高。

2）营养盐、重金属、油类

海南近海海水无机氮含量 0.009～0.643 mg/L，活性磷酸盐含量为 0.000～0.076 mg/L，总的分布趋势皆为东北部高于西南部，并以海口（特别是东寨港）为最高、三亚和乐东一带最低。例如，2009 年全省无机氮含量平均值为 0.043 mg/L，活性磷酸盐含量平均值为

0.005 mg/L，其中，海口同期无机氮含量的平均值为 0.291 mg/L，已超过一类水质标准，海口同期活性磷酸盐含量平均值为 0.012 mg/L，也超过全省平均值的 2 倍以上。

海南省近海水体中，重金属的调查资料较少，但 2008 年对洋浦港水体 30 个站点调查结果表明，铜、锌、镉、铅、铬均有检出。其中，部分站点的铜、锌、铅含量较高，已超二类海水水质标准。镉和铬在海水中也已检出，但均未发现超标。

近海水体油类含量在 0.006～0.049 mg/L 之间，平均值为 0.011 mg/L 总的分布趋势皆为北部高于南部，并以海口和澄迈海区最高、三亚海区最低，但符合一类海水水质标准。因此，油类还未成为海南海水的重要污染物。

4.1.1.2 海南海域网箱养殖区水质变化

养殖网箱相对比较集中，由于在发展养殖业的同时未能加强对该海区养殖水环境的同步研究和科学管理，致使发展状况呈一定的盲目性，布局存在一定的不合理性。由于鱼类残饵和粪便的积累，养殖水体和沉积物不断释放有毒物质使得湾内水质恶化，从而导致网箱养殖鱼类发病率的增加，出现大量死鱼的现象，制约着养殖业的健康、可持续发展。

海南海水网箱养殖区网箱内与鱼排外侧的表、底层海水的各项水质参数情况见表 4.1。结果表明，网箱内的 NO_3^-—N、NH_4^+—N、非离子氨氮和总无机氮（TIN）明显高于鱼排四周的海域，网箱内的 PO_4^-—P 略高于鱼排四周的海域，网箱内 NO_2^-—N 与鱼排四周相比没有显著增高，网箱内 pH 值、DO 值低于鱼排四周的水域。因此，网箱养鱼密度过大将导致网箱内海水的 pH、DO 下降以及 TIN 尤其是 NO_3^-—N、NH_4^+—N、非离子氨氮的升高；而对 COD、PO_4^-—P、NO_2^-—N 则无明显的影响。从这些结果可以看出，网箱养鱼将导致养殖区营养盐尤其是氮的增加，这是由于养殖排泄物大量输入海区所致。

表 4.1 海南海区网箱养殖区水质参数

水质参数	鱼排四周表层	鱼排四周底层	网箱内
pH 值	7.99 ± 0.11	8.02 ± 0.10	7.94 ± 0.13
DO/（mg · L^{-1}）	6.99 ± 1.81	7.20 ± 1.79	6.28 ± 2.18
COD/（mg · L^{-1}）	0.57 ± 0.13	0.51 ± 0.11	0.62 ± 0.08
TOC/（mg · L^{-1}）	2.17 ± 0.74	2.49 ± 1.05	2.37 ± 1.05
PO_4^-—P/（mg · L^{-1}）	0.031 ± 0.012	0.029 ± 0.012	0.034 ± 0.010
NO_2^-—N/（mg · L^{-1}）	0.017 ± 0.008	0.016 ± 0.006	0.017 ± 0.008
NO_3^-—N/（mg · L^{-1}）	0.412 ± 0.034	0.398 ± 0.060	0.436 ± 0.067
NH_4^+—N/（mg · L^{-1}）	0.057 ± 0.033	0.043 ± 0.025	0.088 ± 0.036
NH_3/（mg · L^{-1}）	1.98 ± 1.64	1.66 ± 1.28	2.93 ± 2.26
TIN/（mg · L^{-1}）	0.471 ± 0.044	0.457 ± 0.067	0.524 ± 0.050

采用以下单因子无量纲评价污染水平公式对其污染评价：A =（CODi/CODa）+（DINi/DINa）+（DIPi/DIPa）-（DOi/DOa），式中，A 为污染指数；CODi、DINi、DIPi、DOi 为 8 个月测定的平均值；CODa、DINa 为 GB3097—1997 海水水质标准，其值分别为 2 mg/L、

0.2 mg/L、0.015 mg/L 和 6 mg/L。结果表明，海南海域网箱养殖区鱼排四周的表层、底层和网箱内的污染指数分别为 3.48、3.31 和 4.02，网箱内的污染指数大于 4，属严重污染级，其余均为 3~4，属中度污染。污染评价分级按郑云龙等的方法。

4.1.2 沉积物评价

海南海域鱼排网养殖区、贝类养殖区表层沉积物中有机碳、总氮、总磷和硫化物含量均高于全海区平均值，特别是养殖区底质的硫化物浓度，大大高于非养殖区域（表 4.2），这是有机沉积物在缺氧的环境下被微生物还原而释放硫化物的后果。表层沉积物中有机碳、总氮、总磷和硫化物含量大面分布呈现养殖区高于非养殖区、河水排污区高于非河口区、湾顶区高于湾口区的特征（表 4.3）。柱状样中有机碳和总氮的垂直分布呈现上层含量高、下层含量低的特征。总磷和硫化物含量则表现为中层高，表、底层低的特征。柱状样表层有机碳、总氮含量较高，是因为有机碳和总氮主要来源于沉积积累，沉积于海底的陆源碎屑及浮游生物均含有丰富的有机物和氮。硫化物主要是 SO_4^{2-} 在厌氧条件下微生物作用的还原产物，由于表层氧化性大于中、底层。因此，表层碎化物含量一般低于中、下层，底层低于中层主要是由于底层有机碳含量相对较低。沉积物中总磷含量表层低于中层则可能是本湾底层水体高 N/P 值所致（表 4.4）。

表 4.2　海南海域养殖区表层沉积物化学参数

项目	有机碳/%	总氮/%	总磷/%	硫化物/（10^{-6}）
养殖区范围	0.38~0.5	0.08~0.13	0.02~0.08	0.00~80.54
养殖区平均值	0.45	0.104	0.042	2.16
鱼排内范围	0.72~0.89	0.11~0.14	0.03~0.06	0.01~36.19
鱼排内平均值	0.83	0.121	0.04	11.49
鱼排外范围	0.57~0.79	0.094~0.126	0.04~0.06	2.19~42.77
鱼排外平均值	0.71	0.114	0.051	15.12
牡蛎区范围	0.46~0.69	0.06~0.17	0.02~0.07	0.51~103.89
牡蛎区平均值	0.60	0.11	0.051	31.31

表 4.3　各区沉积物化学要素平均值

项目	养殖区	非养殖区	河口区	非河口区	湾顶区	湾口区
有机碳/%	0.69	0.63	0.62	0.60	0.62	0.58
总氮/%	0.113	0.101	0.105	0.100	0.106	0.096
总磷/%	0.046	0.043	0.044	0.044	0.046	0.043
硫化物/（10^{-6}）	20.19	1.47	19.78	1.10	9.95	0.89

表4.4 沉积物柱状样不同层次中有机碳、总氮、总磷、硫化物平均含量及范围

季节	层次	项目	有机碳/%	总氮/%	总磷/%	硫化物/（10⁻⁶）
夏季	表层	范围	0.61～0.74	0.091～0.136	0.041～0.060	0.27～36.21
		平均值	0.71	0.115	0.051	14.34
	中层	范围	0.61～0.84	0.084～0.153	0.044～0.083	2.21～86.59
		平均值	0.70	0.116	0.058	35.83
	底层	范围	0.60～0.73	0.082～0.127	0.041～0.062	5.96～28.25
		平均值	0.66	0.109	0.049	12.72
冬季	表层	范围	0.62～0.84	0.096～0.126	0.023～0.047	0～8.20
		平均值	0.71	0.108	0.031	2.26
	中层	范围	0.65～0.79	0.099～0.130	0.023～0.053	1.13～12.25
		平均值	0.72	0.110	0.036	5.02
	底层	范围	0.59～0.74	0.090～0.125	0.026～0.041	0.96～3.45
		平均值	0.63	0.102	0.033	2.11

潮间带沉积物中有机碳的平均含量为0.79%，其变化范围在0.62%～1.01%，总氮平均含量为0.13%，变化范围在0.10%～0.14%；总磷平均含量为0.048%，变化范围在0.032%～0.065%；硫化物平均含量为2.80×10^{-6}，变化范围在0.02×10^{-6}～11.50×10^{-6}。潮间带沉积物中各季的有机碳、总氮和总磷平均量高于水域表层沉积物中的含量，硫化物含量低于水域表层沉积物中的含量。

4.1.3 初级生产力评价

海南海域四季水柱平均叶绿素a浓度的平均值为（2.15±0.40）μg/L，与海面光辐射强度和平均气温变化情况相似，春、夏两季平均叶绿素a浓度显著高于秋、冬两季。其中，春夏又以夏季（2.68±1.42）μg/L略高于春季（2.49±0.80）μg/L，秋冬以秋季（1.95±0.52）μg/L略高于冬季（1.60±0.75）μg/L（表4.4）。平均叶绿素a浓度表层值均高于底层，表层叶绿素a浓度高于底层叶绿素a浓度的站位数分别占总站位数的61%～81%，表现出明显的表层高，底层低的垂直分布特征。温度、盐度和叶绿素a浓度均呈现典型的双峰变化趋势，且与潮汐变化经密切相关。各连续观测表层温度、盐度的高值出现在高潮，低值出现在低潮期间，反映了潮水涨落引起的冬季外海高温高盐海水侵入和后退所造成的影响。叶绿素a浓度的变化趋势正好与温度、盐度相反，在低潮前后达到最高，高潮时降至低值。

海南海域四季平均初级生产力为（113.8±145.8）mgC/（m²·d），春夏季海区平均初级生产力同样高于秋冬两季，与叶绿素a浓度的季节分布不同的是平均初级生产力的最高值出现在春季，而叶绿素a最高值出现在夏季（表4.5）。

表4.5 叶绿素a浓度分区对比   单位：μg/L

层次	月份	养殖区	非养殖区	河口区	全海区
表层	8月	1.91±0.79	3.52±2.53	2.53±1.75	2.59±1.98
	11月	2.33±0.41	1.88±0.47	2.01±0.52	2.16±0.47
	2月	2.45±1.13	1.35±0.35	1.46±0.22	1.69±0.72
	5月	3.10±1.52	2.39±0.80	2.66±0.31	2.61±0.97
底层	8月	3.27±3.18	1.99±0.36	2.57±0.87	2.50±1.96
	11月	2.26±0.31	1.53±0.33	1.52±0.11	1.65±0.38
	2月	2.21±0.91	1.72±1.00	1.07±0.10	1.66±0.89
	5月	2.07±1.02	2.00±0.69	1.48±0.18	1.85±0.66
水柱平均	8月	2.57±2.13	2.61±1.42	2.60±1.15	2.68±1.42
	11月	2.25±0.41	1.72±0.46	1.68±0.49	1.95±0.52
	2月	2.44±1.02	1.53±0.38	1.32±0.53	1.60±0.75
	5月	2.75±1.26	2.41±0.81	2.23±0.56	2.49±0.80

夏季海区平均初级生产力为（56.3±40.4）mgC/（m^2·d），分布范围31.1～143.1 mgC/（m^2·d）。秋季和冬季的海区平均初级生产力分别为（35.9±16.9）mgC/（m^2·d）和（27.0±22.4）mgC/（m^2·d），春季是4个航次中初级生产力最高的季节，海区平均值达（280.8±106.5）mgC/（m^2·d）。叶绿素a浓度和初级生产力的粒度分级测定结果显示，各航次的浮游植物现存生物量和初级生产力均以微型浮游植物（Nano级份）的贡献为最大，夏、秋、冬、春航次微型级份对总叶绿素a浓度的贡献依次分别为63.7%、71.0%、67.7%和63.3%，平均达65.8%，与此相应，微型浮游植物对总初级生产力的贡献分别为64.9%、77.4%、76.7%和56.8%，平均为63.8%（表4.6）。

表4.6 海南不同月份海域叶绿素a浓度（μg/L）、总初级生产力［mgC/（m^2·d）］、
初级生产力指数［mgC/（mgchla·h）］平均值及其粒度分级结构

项目	8月	11月	2月	5月	平均值
叶绿素a浓度（μg/L）	n=20	n=19	n=19	n=19	
总量	2.58±1.44	1.95±0.50	1.70±0.75	2.39±0.85	2.15±0.40
小型浮游植物贡献率/%	18.3	15.7	16.6	11.7	15.6
微型浮游植物贡献率/%	63.7	71.0	67.7	64.3	65.8
超微型浮游植物贡献率/%	16.0	9.3	9.7	21.0	14.6
总初级生产力	n=7	n=7	n=7	n=8	
总量	56.3±40.4	35.9±16.9	27.0±22.4	280.8±106.5	98.8±135.8
小型浮游植物贡献率/%	20.1	14.4	15.7	7.5	12.1
微型浮游植物贡献率/%	64.9	77.4	76.7	56.8	63.8
超微型浮游植物贡献率/%	13.0	9.2	7.6	33.7	23.1
初级生产力指数	n=7	n=7	n=7	n=8	

项目	8月	11月	2月	5月	平均值
总量	4.15 ± 3.10	3.03 ± 1.11	2.20 ± 1.35	10.06 ± 5.00	4.86 ± 3.56
小型浮游植物贡献率/%	5.67 ± 3.77	3.00 ± 1.20	2.43 ± 1.17	8.04 ± 5.35	4.79 ± 2.59
微型浮游植物贡献率/%	3.63 ± 2.98	3.05 ± 1.18	2.42 ± 1.55	7.74 ± 3.50	4.21 ± 2.41
超微型浮游植物贡献率/%	8.43 ± 7.27	4.09 ± 2.45	1.37 ± 0.76	23.70 ± 31.99	9.40 ± 9.97

4.1.4 浮游生物评价

4.1.4.1 浮游植物

海南岛周围海区浮游植物共有289种,春秋两季浮游植物总平均数量为8 580 ind./L。春季以琼北的后水湾、铺前湾、七洲列岛、清澜港海区和琼西大铲礁周围为密集区;三亚东部亚龙湾和陵水湾南部海区为稀疏区。秋季以琼西儋州西部至东方北部海区和琼东南万宁南部至三亚东部的牙龙湾海区为密集区;七洲列岛海区为稀疏区。浮游植物细胞丰度的季节变化与叶绿素和水温呈正相关,与盐度和营养盐呈负相关的趋势。浮游植物细胞丰度在周日连续观测中,白天尤其下午光合作用强,浮游植物丰度高,夜间尤其后半夜或凌晨光合作用弱,浮游植物丰度低。

浮游植物在养殖密集区以及水体营养盐较高的封闭型和半封闭型港湾内十分丰富,不仅种类多,而且生物量大;但在水体交换条件好的外湾和开放型海域种类少,密度低。

4.1.4.2 浮游动物

海南岛周围海域浮游动物的种类较为多样,绝大多数的种类属于热带、亚热带的沿岸性种类,并以桡足类、水母类所占比例较大。春季在琼西海区的生物量最高,琼北海区的生物量最低;秋季的密集区分布在琼西和琼北海域,而琼南海区生物量最低。夏季出现种类数最多,其次是秋季和春季,冬季出现的种类数最少。

4.1.5 海洋生物质量评价

近岸海域海洋生物质量状况良好,总体保持健康水平。海口东寨港、文昌高隆湾、琼海潭门、万宁小海、三亚湾、乐东莺歌海近岸海域、东方四更近岸海域、昌化江入海口、儋州白马井海域、临高后水湾10个重点监测的近岸海域海洋贝类体内有害物质残留量指标评价如下。

油类除琼海潭门近岸海域个别海洋贝类体内残留的油类含量符合国家二类海洋生物质量标准,其余监测海域海洋贝类体内残留的油类含量符合国家一类海洋生物质量标准。

重金属监测海域海洋贝类体内残留的总汞含量符合国家一类海洋生物质量标准;除海口东寨港近岸海域个别贝类体内的镉含量符合国家二类海洋生物质量标准外,其余监测海域海洋贝类的镉含量均符合国家一类海洋生物质量标准;监测海域海洋贝类的砷、铅含量均符合国家二类海洋生物质量标准。其他有机污染物监测海域海洋贝类的六六六、滴滴涕、多氯联苯含量均符合国家一类海洋生物标准。

4.1.6　水域环境整体评价

海南岛四面环海，近岸海域具大洋水特性，水体交换良好、自净能力强，环境容量大，同时沿海工业污染源较少，因此近岸海域海洋环境质量保持良好。全省海域海水环境质量和海洋沉积物环境质量良好，部分港湾和江河入海口邻近海域仍有污染现象，海洋生物质量总体保持健康水平，珊瑚礁、海草床等典型海洋生态系统相对稳定，各海洋功能区环境状况能够满足其功能区要求，滨海旅游度假区环境质量状况优良，海洋水文状况基本正常，陆源污染物仍是影响海洋环境质量的主要因素。就总体而言，西部海域水质优于东部海域，南部海域水质优于北部海域。

4.1.6.1　海水环境质量状况

远海海域海水水质符合清洁海域水质标准，水质优良；近海海域海水水质符合清洁海域水质标准，水质优良；近岸海域监测面积总计 3.93×10^8 m²，大部分海域的海水水质符合清洁海域水质标准，水质状况总体优良。其中，清洁海域面积约 3.28×10^8 m²，占近岸海域总监测面积的83.47%；较清洁海域面积约 0.584×10^8 m²，占总面积的14.86%；中度、重度污染海域面积约 656×10^4 m²，占总面积的1.67%。总体趋势为清洁海域面积先略有减少，后缓慢增加。未达到清洁的海域主要分布在人口密集、船只活动频繁的港口区、江河入海口邻近海域和入海排污口等局部近岸海域。

4.1.6.2　重点监测海域的海水质量

海口湾近岸海域监测面积约 $6\,000 \times 10^4$ m²。其中，清洁海域面积约 $5\,172 \times 10^4$ m²，占总监测面积的86.20%；较清洁海域面积约 828×10^4 m²，占总监测面积的13.80%，污染因子为溶解氧。清澜湾近岸海域监测面积约 $4\,000 \times 10^4$ m²。其中，清洁海域面积约 $3\,330 \times 10^4$ m²，占总监测面积的83.3%；较清洁海域面积约 239×10^4 m²，占总监测面积的5.98%；中度、重度污染海域面积约 429×10^4 m²，占监测总面积的10.72%，污染因子为化学需氧量。博鳌近岸海域、陵水湾近岸海域、莺歌海近岸海域、东方近岸海域、后水湾近岸海域、监测海域均为清洁海域。洋浦湾近岸海域、澄迈近岸海域、万宁近岸海域均为较清洁海域。三亚近岸海域监测海域约为 $3\,500$ m²，其中清洁海域面积为 $3\,499.5 \times 10^4$ m²，占监测面积的99.99%，较清洁海域面积约为 $5\,000$ m²，污染因子为无机氮。昌化江口近岸海域监测面积约 $2\,500 \times 10^4$ m²。其中，较清洁海域面积约为 $2\,273 \times 10^4$ m²，占监测面积的90.92%；中度污染海域面积约 227×10^4 m²，占总监测面积的9.08%。污染因子为无机氮。

4.1.6.3　近岸海域沉积物质量状况

近岸海域海洋沉积物环境质量状况良好。海口东寨港、文昌高隆湾、琼海潭门、万宁小海、三亚湾、乐东莺歌海近岸海域、东方四更近岸海域、昌化江入海口、儋州白马井海域、临高后水湾10个重点监测的近岸海域海洋沉积物质量评价如下：油类监测海域沉积物石油类含量均符合国家一类海洋沉积物质量标准。重金属监测海域沉积物的总汞、铅、砷等重金属含量均符合一类海洋沉积物质量标准；除东方近岸个别海域沉积物的锌含量符合国家二类海洋沉积物质量标准，其余海域沉积物锌含量均符合国家一类海洋沉积物质量标准。其他有机污染物监测海域沉积物的多氯联苯含量均符合国家一类海洋沉积物质量标准。

4.1.6.4　海水养殖区环境质量状况

重点养殖区水质总体状况良好，基本能够满足海水养殖区的环境功能要求。其中东寨港和澄迈花场湾在个别监测时段内的无机氮和无机磷含量超三类海水水质标准，主要原因为受降水影响，上游河流携带大量的营养物质所致。沉积物质量状况总体良好，基本符合一类海洋沉积物质量标准，其中，新村港个别站位的石油类和硫化物含量超一类海洋沉积物质量标准。

4.1.6.5　珊瑚礁和海草床海洋生态系统状况

珊瑚礁与海草床生态监测结果显示，海南近岸海域海草资源丰富，生物多样性较高，大部分调查区域海草床生态系统基本保持其自然属性，生物多样性及生态系统结构相对稳定；海南岛东部沿岸及岛屿周边海域的珊瑚礁生态系统大部分处于健康状态，而西沙群岛调查区域的珊瑚礁生态系统则处于亚健康状态，其生态状况和发展趋势不容乐观，对此需要密切关注。

1）珊瑚礁生态系统状况

海南岛东部大部分沿岸海域和岛屿的珊瑚礁生态环境良好，珊瑚礁生态系统健康，个别沿岸海域的珊瑚礁生态环境压力较大，使珊瑚生长受到一定影响，调查到的珊瑚种类比前一年（2006年）有不同程度的减少，但总体上珊瑚礁生态系统保持其自然属性，生物多样性及生态系统结构相对稳定，珊瑚礁生态系统仍处于健康状态。西岛珊瑚礁生态状况良好，活珊瑚覆盖度高，死珊瑚覆盖低，但周边渔业活动给西岛珊瑚礁生态系统带来一定压力。

2）海草床生态系统状况

海南省海草床生态系统基本保持其自然属性，海草具有典型的热带特点，热带种与亚热带种都有分布。2007年度调查共发现9种海草，其主要优势种是海菖蒲、泰莱草和海神草。伴生生物63种，其数量比以往有所减少。海南东海岸潟湖类型海草床的海草种类多、密度高；沿岸海湾海草床生态环境良好，大部分海域海草生长正常，生物多样性及生态系统结构相对稳定。

4.2　海水增养殖现状评价

4.2.1　海水增养殖模式评价

4.2.1.1　网箱养殖模式

海南海水网箱养殖的主要模式有海湾网箱、深水网箱和浮绳式网箱（图4.1）。

(a) 海湾网箱养殖

(b) 深水网箱养殖

(c) 浮绳式网箱养殖

图 4.1　海南主要网箱养殖类型（周永灿 拍摄）

1）海湾网箱

海湾网箱，网箱规格：3 m×3 m×3 m、3 m×2 m×3 m、3 m×3 m×2.5 m，9 个网箱组成一个鱼排，通常 2 个鱼排为一组，鱼排间用废车胎相隔，缓冲风浪的磨损。每组在涨落潮头各打 3~4 个桩，桩与鱼排用缆绳连接，鱼排的布局应与潮流流向相适。一般一个 9 m² 网箱建造投资 2 000~3 000 元。养殖种类：军曹鱼、卵形鲳鲹、红鳍笛鲷、紫红笛鲷、点带石斑鱼、斜带石斑鱼、鞍带石斑鱼、棕点石斑鱼、尖吻鲈、眼斑拟石首鱼等。每立方米网箱投苗量 20~30 尾，产量 10~15 g/L，产值 200~400 元。

2）深水网箱

深水网箱 1998 年从挪威引入，继而在网箱材料的结构强度、锚泊固定等国产化技术方面做了较大改进。材质主要采用高弹性、高强度 HDPE 塑料。HDPE 框架式网箱的形状主要为圆形。目前投放的网箱有周长 40 m、50 m、60 m 等规格。网袋的网衣通常采用合成纤维网片，一般有聚乙烯（PE）和聚酰胺（PA，又称锦纶）两种。网目长度在 25~60 mm，按框架尺寸拼制好网袋，配以聚乙烯网纲组装而成，网袋深度一般为水下 6~10 m，加上水面上 1 m，总高度为 7~11 m。网袋上需配一定数量的铅沉子和沉块，沉块为重 50~60 kg 的水泥制块，一般 50 m 周长的网箱挂 16 块。网袋底部可配沉圈及改用铅沉块。固定系统的主要部

93

件有锚、桩、缆绳、浮筒、沉子及转环、卸扣、分力器等连接件。锚一般选用大抓力锚（如犁头锚，三角锚），锚、缆绳及相关部件要根据承受网箱的最大力计算，主缆绳长度一般在水深的 3 倍以上。桩由竹、木、钢管等材料制成，一般桩长在 4m 以上。周长 40 m 网箱，一般投放体长 10 cm 卵形鲳鲹鱼苗 2 万 ~2.5 万尾，养殖时间在 6 个月左右，箱产成鱼（1.0 ~1.25）×10^4 kg，产值 2.4 ~3 万元，利润 6 000 ~7 500 元。

3）浮绳式网箱

浮绳式网箱由绳索、网囊、浮子及铁锚等构成，整体呈柔性结构。它用高强度尼龙绳索拉成框架，网囊采用尼龙材料或聚乙烯网线。网箱整体可随波浪上下起伏，具有"以柔克刚"的作用。柔性框架由两根直径 25 mm 的聚丙烯绳作为主缆绳，多根直径 17 mm 的尼龙绳或聚丙烯绳作为副缆绳，连接成一组若干个网箱软框架。网箱是一个六面封闭的网囊，不易被风浪淹没而使鱼逃逸。浮绳式网箱最大的优点是制作容易，价格低廉，养殖户自己也可以制作，操作管理也方便。其缺点是，在海流作用下，容积损失率较高，抗风浪能力较低，只能抵御 8 级以下的热带低压。

4.2.1.2　池塘养殖模式

池塘养殖模式包括高位池养殖和低位池养殖（图4.2）。

(a) 高位池 (水泥护坡)　　　　　　　　(b) 高位池 (塑料膜护坡)

(c) 低位池 (养虾)　　　　　　　　　(d) 低位池 (养石斑鱼)

图 4.2　海南主要池塘养殖方式（周永灿 拍摄）

1）高位池塘养殖模式

高位池塘养殖是1997年开始发展起来的高效对虾养殖模式，其特点：池塘易于消毒、清池和排污，养殖发病率低，产量高，并可进行持续养殖。高位池对虾养殖，已经历12年的发展，池塘养殖设施也经过不断改进，养殖效果明显提高。1997—2003年，养殖池塘面积以0.67 hm² 为主；2004—2006年，新建或改建的池塘多为0.3~0.4 hm²。2007—2009年，新建或改建池塘面积多为0.1~0.2 hm²。高位养殖池结构：池塘形状为方形，个别为圆形。水池四周为水泥混凝土或黑色塑料膜护坡，池底铺有20 cm厚的沙层，池中央设排污口。每0.05~0.1 hm²设置一部水车式增氧机，有少部分池塘池底沙层表面铺设充气管。年养殖2~3茬，单茬产量7 500~15 000 kg/hm²，一般为10 000 kg/hm²左右，养殖周期75~120 d，年养殖2~3茬。养殖饲料系数1.2~1.5，养殖1 kg商品虾成本8~10元，产值20万~40万元/hm²，利润6万~12万元/hm²。

2）低位池塘养殖模式

（1）对虾低位池养殖

低位池对虾养殖是传统的对虾养殖模式，早在20世纪50—70年代，由于尚无对虾人工培育苗种，主要依靠纳对虾和新对虾天然苗进行养殖，无增氧设施，产量一般在400 kg/hm²以下。20世纪80年代至1998年，使用人工培育的斑节对虾苗养殖，养殖池配备少量增氧机，但放养虾苗密度仅为35万尾/hm²，单茬产量750~3 000 kg/hm²。2000年以后，低位池塘绝大多数放养凡纳滨对虾苗，放苗量60万~90万尾/hm²，单茬产量3 000~7 500 kg/hm²。但自2003年以来，低位池养殖凡纳滨对虾发病率高，养殖效率低。相当部分虾塘改造为塑料膜池，改造后的低位池虾塘，单造养殖产量可达7 500~12 000 kg/hm²，病害发生率大幅度减少，养殖效果接近高位池。没有进行改造的低位虾塘，现部分转产养殖石斑鱼，可取得较好经济效益；没有转产的池塘使用于粗养对虾，效益较低。特别是泥底、泥沙底虾塘发病率较高，对虾养殖常出现亏损状态。

（2）海水鱼低位池塘养殖

海水鱼低位池塘养殖面积为0.1~0.3 hm²，呈长方形或正方形，池深为2.5~3 m，水深1.8~2.5 m，池底砂质或泥沙质。养殖种类有卵形鲳鲹、紫红笛鲷、点带石斑鱼、斜带石斑鱼、鞍带石斑鱼、棕点石斑鱼、尖吻鲈。每0.1~0.2 hm²池塘配备1部水车式增氧机。放养密度每公顷放体长10 cm鱼种1.5万~2万尾，以新鲜或冰冻杂鱼及自制冰冻湿性颗粒饲料为饵料。每天投饵1~3次。日投饵量为鱼体重的3%~7%。在鱼种下塘后，每天逐渐添加新水，到高温季节池水水深1.5~2 m以上。每10 d换水1次，每次换水量为水体的20%，透明度调节在40 cm左右。定期投放噬弧菌、光合细菌、芽孢杆菌等微生态制剂调节水质和预防病害。养殖周期一般为1~1.5年，但鞍带石斑鱼多为2~3年。养殖成活率达80%左右，养殖单产7 500~15 000 kg/hm²。

（3）江蓠低位池塘养殖

养殖池塘面积0.3~2 hm²，一般为0.3~0.7 hm²，水深1 m左右，砂质或沙泥质底，每公顷放养苗种1.5×10⁴ kg，年收获5~7次，年产鲜江蓠7.5×10⁴ kg/hm²左右，年产值4.5万~7.5万元/hm²。属粗放式传统养殖业，产量与效益稳定。

4.2.1.3 工厂化养殖模式

1) 鲍鱼工厂化养殖

一般采用深水式立体养殖法,养殖池深度一般在 1.35 ~ 1.70 m 之间,面积 20 ~ 40 m^2,池内设进出水口和铺设散气管,以养殖笼为附着基。养殖笼为黑色塑料鲍笼,规格为 0.4 m × 0.3 m × 0.1 m(长×宽×高),前后和上下 4 面具孔,正面设活动门,供投苗投饵。10 ~ 13 个养殖笼叠成一串,并有规则地列为数排,排与排之间留有 0.7 m 左右的工作道。每个养殖笼放养壳长 2 cm 以上鲍苗 25 ~ 35 个,养殖周期 8 ~ 10 个月,每立方水体产量 10 ~ 13 kg,产值 1 000 ~ 2 000 元(图 4.3)。

(a) 鲍鱼工厂化养殖

(b) 东风螺工厂化养殖

(c) 沙蚕工厂化养殖

图 4.3 工厂化海水养殖模式(周永灿 拍摄)

2) 东风螺工厂化养殖

养殖池长方形,规格多为 5 m × 3 m × 1 m,育苗池和养殖池可双用。部分使用鲍鱼池或虾苗池进行养殖。养殖池设进水口和排水口各 1 个。养成池底高 10 cm 处设置沙滤层,沙滤层由长方形木条装钉组合成的一个有缝隙的木条架支撑,方木条之间相隔 0.3 ~ 0.5 cm 的排污缝,木条架上面铺设 60 ~ 80 目筛绢网,筛绢网上铺放 5 ~ 8 cm 厚的沙层。养殖池的进水口位于池上缘,出口水口位于沙滤层之下的池底,从而通过水流交换可清洗沙层,改善东风螺的栖息环境。每平方米放养壳高0.5～1.0 cm螺苗800～1 000粒，养殖周期4～6个月。产量5～8 kg/ m²，产值200～400元，利润100～200元（图4.3）。

3）沙蚕工厂化养殖

沙蚕养殖是近年发展起来的新的海水养殖产业，养殖技术来自台湾省和浙江省，现有养殖地点2处：东方市的新龙镇，养殖场面积7.33 hm²；三亚市六道湾，养殖场面积3.33 hm²。养殖种类为双齿围沙蚕。养殖设施为陆上水泥池，规格为长6 m×3 m×0.6 m，池底铺厚度15 cm泥巴。放养人工繁育的苗种，养殖周期为3个月，单造产量2.5 kg/ m²左右。年养殖3造，年产量7.5 kg/ m²，产值600元（图4.3）。

4.2.1.4　筏式养殖模式

1）筏式珍珠贝养殖

珍珠养殖浮子延绳筏包括浮缆（延绳）、锚缆、铁锚和浮子等。浮缆为直径2 cm左右的聚乙烯绳索；锚缆材料与浮缆相同，直径略大于浮缆。浮子为直径30 cm、浮力6 kg的塑料球。延绳筏设置时，每个方块由20条延绳组成，延绳长150～200 m，绳距5～10 m。养殖水深8～15 m。笼距0.6～0.8 m，每个锥形网笼放养5 cm以上的马氏珠母贝30个，或网笼放养企鹅珍珠贝大贝20～30个、珠母贝大贝30个，每个片状网笼放大珠母贝大贝6～9个。浮子延绳具较强的抗台风能力，可在较开阔的外海型港湾进行养殖。在三亚的六道湾、陵水的黎安港、文昌的木兰湾和儋州的后水湾等有筏式珍珠贝养殖。养殖珍珠贝种类中，企鹅珍珠贝养殖数量约占80%，马氏珠母贝、珠母贝和大珠母贝3种珍珠贝养殖数量约占20%。企鹅珍珠贝用于培育有核珠和附壳珍珠，育珠期为1～1.5年；马氏珠母贝、珠母贝和大珠母贝主要用于培育有核珍珠，马氏珠母贝育珠期为1年，珠母贝育珠期为1.5年，大珠母贝育珠期为1.5～2年（图4.4）。

(a) 珍珠贝筏式养殖　　　　　　　　　　　　(b) 扇贝筏式养殖

图4.4　筏式海水养殖模式（周永灿 拍摄）

2）筏式华贵栉孔扇贝养殖

华贵栉孔扇贝养殖浮子延绳筏：包括浮缏（延绳）、橛缆、橛子和浮子等。橛子一般为木橛。浮缏为直径 2 cm 左右的聚乙烯绳索；橛缆材料与浮缏相同，直径略大于浮缏。浮子直径 30 cm、浮力 6 kg 的塑料球。延绳筏设置时，每个方块由 20 条延绳组成，延绳长 150 ~ 200 m，缆绳间距 5 ~ 8 m。养殖水深 4 ~ 15 m。笼距 0.6 ~ 0.8 m，每串笼 6 ~ 8 层共放养华贵栉孔扇贝大贝 180 ~ 240 个。浮子延绳具较强的抗台风能力，可在较开阔的外海型港湾进行养殖。目前在临高、儋州后水湾和三亚崖州湾有筏式华贵栉孔扇贝养殖。养殖周期 7 ~ 9 个月（图 4.4）。

3）筏式麒麟菜养殖

麒麟菜养殖浮子延绳筏：包括浮缏（延绳）、橛缆、铁锚或橛子和浮子等。橛子一般为木橛。浮缏为直径 1 cm 左右的聚乙烯绳索；橛缆材料与浮缏相同，直径略大于浮缏。浮子为塑料泡沫块外包胶丝网袋而成，延绳长 50 ~ 100 m，绳距 0.5 m。吊养麒麟菜株距 0.3 m。养殖周期 3 月，养殖产量 75 ~ 120 t/hm²。这种浮子延绳筏抗风能力不强，主要设置于较避风的内湾。养殖地点为陵水黎安港、新村港和三亚六道湾。

4.2.1.5 底播增养殖模式

1）文蛤底播养殖

采集壳长 1 ~ 3 cm 的天然文蛤苗种，选择自然分布数量较多的砂质或沙泥质的中、低潮间带，底质含沙量在 50% 以上，最好在 75%。海水比重 1.010 ~ 1.024，放养苗种 10 万 ~ 15 万粒/hm²。养殖周期为 10 ~ 12 个月，壳长 5 ~ 7 cm 收获，产量为 15 t/hm² 左右。主要存在问题是天然苗种缺乏。

2）波纹巴非蛤底播养殖

从广西购买的波纹巴非蛤天然苗种，采用渔船把苗种运到适宜波纹巴非蛤生长的海区进行底播，底播海区水深 4 ~ 8 m。放养规格为 500 粒/kg 的天然苗种，养殖周期 1 年左右。采用海底吸泥泵收获。底播增殖区为临高县马袅湾和博铺港，底播养殖面积共 200 hm²，年养殖产量约 3 000 t。主要存在问题：一是海南有少量波纹巴非蛤分布，但没有大量天然波纹巴非蛤苗种，苗种缺乏是制约该品种底播养殖业发展的主要瓶颈；二是海南岛近海蟹类较多，蟹类对底播波纹巴非蛤的大量捕食，造成养殖成活率较低。

3）琼枝麒麟菜底播养殖

琼枝麒麟菜又称琼枝，20 世纪 70 年代已进行底播养殖，所采用的附着基为珊瑚枝，琼枝麒麟菜生长到一定的量，根据加工原料需求和市场需求，进行不定期采集。主要养殖地点为琼海市长坡镇青葛海区和文昌市清兰镇沿海。养殖范围基本在琼海市麒麟菜保护区和文昌市麒麟菜保护区范围之内。但进入 20 世纪 90 年代，由于保护管理力度减弱，珊瑚碎枝被人为大量采捞，两保护区琼枝麒麟菜资源逐年减少，现已接近灭绝边缘。在 21 世纪初，昌江县

沿海群众采用水泥框绑苗进行琼枝麒麟菜底播养殖，取得良好的经济效益。规格 1.0 m ×
1.0 m 的水泥框，每公顷投放水泥框 2750 ~ 5250 个。每框植苗 80 ~ 100 棵，共重 2 ~ 3 kg。养
殖 3 个月藻体可增重 1 ~ 2 倍，每年每公顷产 9 ~ 18 t 干品，比绑苗播植法增产 3 倍以上。

4.2.1.6　其他养殖模式

1）海上固定架养殖模式

固定排架吊养是海南省珍珠贝的传统养殖方式。通常以长约 8 ~ 10 m 的水泥桩或钢管，
桩立于沙泥质的海底，桩距为 4 ~ 5 m，可把长度合适的杉木条用 8 号铁线捆扎固定于各支柱
上，使其互相联结形成一个坚固的框架。在框架上，再按一定距离在直行的杉木上捆扎毛竹，
最后形成一个完整而牢固的排架。养殖水深 5 ~ 6 m。每个排架面积 1 000 ~ 2 000 m²，可吊养
马氏珠母贝 25 万 ~ 50 万个。在这种平台上吊养珍珠贝，操作比较方便，适合在风浪平静的
内湾应用。20 世纪在陵水县新村港和澄迈县马村港均有固定排架式养殖设施，用于吊养马氏
珠母贝和大珠母贝，现仅在陵水新村有固定排架式吊养马氏珠母贝。

2）海上立柱养殖模式

潮间带立桩养殖模式主要用于养殖近江牡蛎。从广东湛江或广西钦州购买附着于水泥桩
上壳高 3 ~ 7 cm 小贝或中贝。通过车运或船运到海口市东寨港，然后把水泥桩插入泥质的中、
低潮间带海区，行距 5 m，桩距 1.5 m。养殖时间 1 ~ 2 年，养殖成活率 80% ~ 90%。主要存
在问题：海南没有近江牡蛎天然采苗场，也没有规模化苗种繁育的技术储备，养殖苗种来源
是制约海南省牡蛎养殖业发展的瓶颈。海口市东寨港养殖的近江牡蛎生长速度快、肥满度高，
质量优，产品售价高，当前产品主要供给省内市场，产品处于供不应求状态。

4.2.2　海水增养殖种类评价

海南省不仅海域幅员辽阔，海水水质优良，而且地处热带，水产养殖生物不仅种类繁多，
单位空间生衍密度大，而且新陈代谢旺盛，均呈现出不间歇地生长和繁衍特性。因此，较我
国其他省份，海南发展海水养殖业的条件得天独厚，发展前景广阔。近 20 年来，海南省海水
养殖产业发展迅速，养殖品种由 20 世纪 70 年代的几种，发展到目前的 90 余种，并且养殖品
种依然在不断增加。近年来，海南省为适应国内外市场需求，海水养殖种类结构不断优化，
结合不同的养殖模式，实现了养殖品种向多元化、高品质、高效化转变，呈现出传统养殖品
种与热带特色优、新、稀品种共同发展的趋势。

目前，海南海水养殖的水产品种包括：鱼类有点带石斑鱼、棕点石斑鱼、鞍带石斑鱼、
豹纹鳃棘鲈、褐石斑鱼、鲑点石斑鱼、布氏石斑鱼、赤点石斑鱼、眼斑拟石首鱼（美国红
鱼）、点蓝子鱼、卵形鲳鲹、布氏鲳鲹、漠斑牙鲆、尖吻鲈、军曹鱼、高体鰤、黄鳍鲷、紫
红笛鲷、红鳍笛鲷、千年笛鲷、河鲀、大海马、三斑海马等；甲壳类有几纳滨对虾、斑节对
虾、日本囊对虾、远海梭子蟹、锯缘青蟹等；贝类有方斑东风螺、泥东风螺、大珠母贝、珠
母贝、马氏珠母贝、企鹅珍珠贝、杂色鲍、耳鲍、羊鲍、近江牡蛎、华贵栉孔扇贝、文蛤、
泥蚶、菲律宾蛤仔、波纹巴非蛤等；藻类有异枝麒麟菜、琼枝麒麟菜、细枝江蓠等（图
3.11，图 3.12，图 3.13，图 4.5）。

(a) 鞍带石斑鱼　　　　　　　　　　　　(b) 企鹅珍珠贝

(c) 军曹鱼　　　　　　　　　　　　(d) 大珠母贝

(e) 合浦珠母贝　　　　　　　　　　　　(f) 珠母贝

(g) 泥东风螺　　　　　　　(h) 文蛤　　　　　　　(i) 波纹巴非蛤

图 4.5　海南常见海水养殖品种（周永灿 拍摄）

其中，产量较高的海水养殖种类主要为凡纳滨对虾、青蟹、石斑鱼、江蓠、军曹鱼、蛤等，以 2008 年为例，上述种类的养殖产量依次分别为 $10.271\ 0 \times 10^4$ t、$1.327\ 2 \times 10^4$ t、$1.110\ 6 \times 10^4$ t、$1.182\ 5 \times 10^4$ t、$0.988\ 4 \times 10^4$ t、9.309×10^3 t，合计为 $15.810\ 6 \times 10^4$ t，占总

产量的 82.37%。近年来，由于多种原因，一些地区的养虾池和鲍鱼池纷纷转产养殖石斑鱼，还有相当部分鲍鱼池转产养殖东风螺。使得近年石斑鱼和东风螺的产量逐年上升，方斑东风螺养殖业有取代鲍鱼养殖的发展趋势。

上述各种海水增养殖品种对环境的适应能力、抗病力、生长速度、养殖周期、单位面积产量、经济效益及发展前景等特性，是影响养殖户对养殖品种选择的重要因素，因此，对养殖品种进行科学合理评价是如何对海南潜在海水增养殖区进行评价以及选划不可缺少的重要环节。在此，仅对海南养殖规模和产量较大的养殖品种进行评价。

4.2.2.1　虾类

凡纳滨对虾具有如下优点：① 个体大、生长快、养殖周期短。凡纳滨对虾经过 60～70 d 人工养殖即可长到 60～80 尾/kg，达到上市规格。② 营养需求低、抗病力强。我国斑节对虾养殖在 20 世纪曾有辉煌的历史，但因白斑病爆发而对其养殖造成了毁灭性影响；凡纳滨对虾对白斑病具有较强的抵抗力，目前已成为我国养殖对虾的最主要品种，养殖产量占养殖对虾总产量的 80% 以上。③ 对水环境因子变化的适应能力较强，适盐度范围广（0.0～40.0），可以采取纯淡水、半咸水、海水多种养殖模式，从自然海区到淡水池塘均可生长，从而打破了养殖地域限制。目前海南琼海一带有一种养殖方式，即开挖的池塘远离海边，无海水水源，仅用水车从海边运送海水，将海水运送到池塘后，培水放虾苗，之后每天注入淡水逐渐淡化，直至盐度降低至 0.0 为止，经 70 d 养殖后即可达到上市规格。④ 对饲料蛋白含量要求低、出肉率高达 65% 以上。因此，凡纳滨对虾是集约化高产养殖的优良品种。⑤ 养殖单产高，凡纳滨对虾是目前世界上三大养殖对虾中单产量最高的虾种。如目前所进行的高位池养殖方式，凡纳滨对虾的放养密度一般为 120 万～180 万尾/hm²，养殖周期为 70～90 d，上市规格为 60～80 尾/kg，养殖成活率一般为 80% 左右，单产可达 11～15 t/hm²，虾价为 25～35 元/kg，平均价为 30 元/kg，养殖成本约为 16～20 元/kg，毛利一般为 9～15 元，平均毛利为 12 元/kg。一茬对虾养殖的毛利 13.5 万～18 万元/hm²，平均毛利为 15.75 万元/hm²，海南一年可养虾 2～3 茬。

海南自 20 世纪末开始养殖凡纳滨对虾，其养殖产量和面积逐年升高，见表 4.7。随着养殖规模和密度的不断增大，凡纳滨对虾病害也日益严重，此外，随着原来引进的凡纳滨对虾由于人工繁殖导致的种质退化，加上对虾育苗业为获得高额利润回报，使虾苗质量无法得到保证，对虾养殖一度遭受严重打击。不过，近年来，多个大型对虾苗种生产企业陆续从国外引种亲虾，进行人工繁育，销售一代虾苗以及部分二代虾苗，同时对销售的虾苗进行跟踪服务，再次促进了对虾养殖效益提高。目前海南对虾的养殖，在出口政策的刺激下，养殖户均

表 4.7　1998—2008 年海南省对虾养殖水平统计

	1998 年	1999 年	2000 年	2001 年	2002 年	2008 年
产量/kg	12 854	17 739	23 250	48 291	67 910	105 551
面积/hm²	5 756	7 069	7 759	9 203	9 926	7 314.5
单产/（kg/hm²）	2 233	2 509	2 997	5 247	6 842	14 430

采用对虾无公害养殖模式，杜绝使用违禁药物，对虾品质不断提高，成为海南海水养殖业中的支柱产业之一（图 3.12）。

4.2.2.2 鱼类

1）石斑鱼

石斑鱼为热带和亚热带海域的肉食性暖水性礁栖鱼类。石斑鱼肉质鲜美，营养丰富，深受消费者的青睐，为名贵的海产经济鱼类，因其具有生长速度快，对环境适应能力强的优点，具有良好的养殖前景。目前，海南养殖的石斑鱼类包括点带石斑鱼、棕点石斑鱼、鞍带石斑鱼、豹纹鳃棘鲈、褐石斑鱼、鲑点石斑鱼、布氏石斑鱼等品种。

石斑鱼生长速度快，以生长较慢的点带石斑鱼为例，全长 5.6 cm，体重 2.5 g 的石斑鱼在网箱中养殖一年后，其平均全长可达 32.7 cm，体重为 508 g，达到上市规格；如果以经中间培育的 15 cm 左右的石斑鱼开始养殖，养殖 4 个月左右即达到上市规格。据 2008 年海南省水产养殖报统计，2008 年海南省石斑鱼养殖面积为 726 hm^2，产量 1.110 6 × 10^4 t，以市场价 80 元/kg 计算，其产值达到 8.9 亿元。目前海南省文昌、琼海、万宁等东线沿海地区，以前养虾的高位池及低位池纷纷转养石斑鱼，获得了很好的经济效益。另外，随着对虾养殖效益的降低以及石斑鱼新品种的人工繁殖技术不断被攻克，石斑鱼养殖面积将进一步加大，尤其名优特品种，如鞍带石斑鱼、鲑点石斑鱼等的养殖面积和产量将稳步增长（图 3.11，图 4.5）。

2）军曹鱼

军曹鱼为暖水性海洋经济鱼类，适温范围为 22.0 ~ 34.0℃，当水温低于 16.0℃会发生死亡，因此，海南是我国最适宜发展军曹鱼养殖的地区。军曹鱼适应能力强、病害少、易于大量养殖。天然海区中生长速度极快，一般周龄生体重达 3 ~ 5 kg，自然界中捕获到的最大个体体长 200 cm，重达 68 kg。养殖的军曹鱼摄食量大、食性杂、消化力强、生长速度快。当年鱼种养殖半年可达 4 kg 左右，养殖 1 年，个体体重可达 6 ~ 8 kg。尽管生长速度快，但军曹鱼肉质细嫩、鲜美，现已成为我国南方沿海近海浮绳式网箱和近海抗风浪网箱养殖的主要品种，显示出良好的养殖前景和极大的市场潜力，目前海南养殖的军曹鱼多出口日本。据 2008 年海南省水产养殖报统计，海南全省军曹鱼养殖面积为 313.3 hm^2，产量为 9 884 t，市场价在 50 ~ 60 元/kg（图 4.5）。

4.2.2.3 蟹类

海南养殖的蟹类主要为锯缘青蟹。锯缘青蟹生活于热带、亚热带低盐度海域，穴居于潮间带和浅海内湾中，或江河口附近泥质较深的洞穴内。它们对盐度的适应性特强，从海水到半咸水都可生活。锯缘青蟹个体较大，一般体重 0.2 ~ 0.5 kg，最大可达 2 kg 以上，肉质细嫩，味美，营养价值高，是著名的食用蟹，其中，产于海南万宁市和乐镇的锯缘青蟹甲壳坚硬、肉肥膏满，称为"和乐蟹"，是海南著名的四大名菜之一。另外，锯缘青蟹的蟹肉与壳均可供药用，肉滋补、消肿；壳活血化瘀，也可提取甲壳质，是纺织、印染、化工等多种工业的重要原料之一。锯缘青蟹的人工养殖投资小、收效大，据 2008 年海南省水产养殖报统计，2008 年海南青蟹养殖面积为 585 hm²，产量为 1.327 2×10⁴ t，目前是市场上较为名贵的蟹类，一般市场价均在 40 元/kg 以上，尤其是其膏蟹，价格更是不菲，因此海南锯缘青蟹养殖有广阔的发展前途（图 3.12）。

4.2.2.4　贝类

1）珍珠贝类

珍珠贝类为暖水性贝类，在广东、广西和海南沿海十分普遍。珍珠贝的种类很多，有马氏珍珠贝、企鹅珍珠贝、珠母贝、大珠母贝等（图 3.13，图 4.5）。其中以马氏珠母贝最普通，用来养殖培育珍珠的面积和产量最多，不过大珠母贝和珠母贝以及企鹅珍珠贝所培育的珍珠则品质较高。珍珠贝经济价值很高，可谓全身是宝。其肉质（闭壳肌）味道鲜美、营养丰富，堪称为宴席佳品；一些品种的贝壳色、形独特，珍珠层厚而又美丽光泽，是名贵的工艺原料，利用它可雕刻各种精细的观赏工艺品；更为重要的是，用珍珠贝养殖出来的珍珠，不仅是贵重的装饰品，还是名贵的药材。

海南的海水清澈无污染，水温适宜，单细胞藻类等浮游生物含量极为丰富，适应各类贝类生长，是中国海水珍珠的主要产地之一。三亚、陵水等地属热带海洋季风气候，水质清澈、年均气温 28.0℃，海水表面温度平均不低于 20.0℃，海水营养丰富，适合珍珠贝的生长，更有利于养殖出优质的珍珠。贝苗经 1 年多养殖成为用于插核手术的母贝，每个珍珠贝插核 1~2 颗，插核后养殖 1 年左右即可收获珍珠。据 2008 年海南省水产养殖报统计，海南珍珠贝养殖面积为 103 hm²，珍珠产量 1 651 kg，为海南带来较大的经济利益。近年来，我国一些名贵珍珠贝的人工育苗和育珠技术被攻克，促进了我国培育大型珍珠出口创汇并占领国际市场。在物质文明不断丰富的今天，人们对装饰品的要求逐渐提高，珍珠作为富贵、安康、完美、纯洁的象征，人们对珍珠的需求将越来越高，因此，海南珍珠贝养殖和珍珠的培育具有广阔的发展前景。

2）东风螺

东风螺主要分布在热带、亚热带的福建、广东、广西和海南等省区沿海，它不仅味道鲜美，是人类优质的蛋白质来源，更具有保肝、强心、增加记忆力等保健功效，因此深受消费者喜爱，是餐桌上的美味佳肴。目前海南养殖的东风螺包括方斑东风螺和泥东风螺 2 种（图 2.13，图 3.5），其中前者占 95% 以上。

东风螺具有很强的环境适应能力，饲养期间发病少，养殖成功几率大，养殖成活率高，一般为 80%~90%，最高可达 95%。东风螺生长速度快，养殖周期短，产量高，生产成本低，经济效益好，投入产出比例大。一般经 4~6 个月的养殖，15 m² 的水泥池可收获 110 kg 上市规格的东风螺，目前海南养殖东风螺的成本为 36~46 元/kg，收购价约为 80 元/kg，一个水泥池可获利润约为 4 000 元，投入产出比高丁 1：1。另外，东风螺养殖还具有生产设备简易，投资少，风险小，日常饲养管理技术难度不大，操作简单等优点。

自 2001 年方斑东风螺人工育苗和养殖技术在海南获得成功以来，海南省海洋与渔业厅与海南省科技厅大力推广发展方斑东风螺养殖生产。2004 年，海南省沿海市县掀起方斑东风螺养殖生产的热潮。到 2005 年，全省方斑东风螺养殖水体迅速扩大至 0.8×10⁸ L，总产量

103

302 t，总产值近 0.4 亿元。到 2008 年，海南省水产养殖报统计资料表明，海南东风螺养殖面积为 13.7 hm²，产量 1 640 t。海南省琼海、文昌、临高、儋州、东方和澄迈 6 个沿海市县已有 100 余家养殖场从事东风螺养殖生产，东风螺的养殖规模和产量仍呈现不断增长的态势。

3）食用双壳贝类

海南省养殖的双壳食用贝类主要有：文蛤、波纹巴非蛤、泥蚶和牡蛎等（图 2.13，图 3.5），肉质鲜美、营养丰富，而且具有很高的食疗药用价值。蛤类多是埋栖型贝类，多分布在较平坦的河口附近沿岸内湾的潮间带，以及浅海区域的细砂，泥沙滩中，属于广温性半咸水贝类，对环境具有很高的适应能力。以文蛤为例，其适宜生活水温 10.0～30.0℃，适应海水比重在 1.014 0～1.024 0，可以较长时间耐干燥，耐干强弱程度与温度及个体大小有关，大个体比小个体文蛤耐阴干能力强。池塘养殖文蛤，放养密度一般为：壳长 1.5 cm 的贝苗，每公顷放苗量为 1.5 t 左右；壳长 3 cm 的苗种，每公顷放苗 3 t 左右。经过一年的养殖，文蛤可达 20 个/kg，不过文蛤壳长达到 5 cm 以上即可收获出售。海南省水产养殖统计资料表明，2008 年海南蛤的养殖面积为 598 hm²，产量为 9 309 t，以 10 元/kg 计算，其产值超过 9 000 多万元。文蛤以微小的浮游（或底栖）硅藻为主要饵料或摄食一些浮游植物，原生动物，无脊椎动物幼虫以及有机碎屑等，因此，具有改善底质和净化水质的作用。目前海南很多养虾塘经过多年的使用后，养虾效益明显下降，经简单改造后用于蛤类的养殖，将有改善池塘地质的功效，如果与其他鱼、虾等混养，也有改善和维持水质的作用，因此，科学合理地将蛤类与其他生物套养，将对水产养殖业的自污染起到一定的改善作用，在强调可持续发展的今天，蛤类的养殖规模将进一步扩大。

4.2.2.5 藻类

海南养殖的藻类主要有异枝麒麟菜、琼枝麒麟菜和细枝江蓠。藻类主要成分为多糖、纤维素和矿物质，而蛋白质和脂肪含量非常低，是一种不可多得的优质保健食品。藻类中富含的多糖和纤维素，具有防治胃溃疡、抗凝血、降血脂、促进骨胶原生长等作用，而且食用高膳食纤维食物容易产生饱腹感，对减肥有一定作用。同时，藻类还含有丰富的矿物质，尤其是钙和锌的含量高。此外，藻类生长吸收水体中的氨氮等营养盐，具有改善水质的作用，对于健康养殖以及提高养殖水产动物的品质具有很好的效果。

藻类养殖具有养殖周期短、生长速度快、简单、易操作、成本低、效益高等优点。以异枝麒麟菜为例，海南省大部分近岸海域均适宜其生长，海湾或海区均可，不需建池，设备简单，投资成本低，仅需塑料绳、浮球、木桩等制作养殖筏即可，每公顷投资成本约 4.5 万元，其中苗种 22.5 t，约 2.25 万元；一般情况下，一株重 150～200 g 的菜苗，经过 3 个月的生长，藻体重量可达 4～5 kg，每公顷可收获 12～15 t 干品，产值达 6 万～7.5 万元。条件好的港湾、海区一年可收获 4 茬以上，经济效益相当可观。麒麟菜既是贝类的饵料，又是卡拉胶工业的主要原料。据统计，目前我国每年制备卡拉胶所消耗的麒麟菜约 2.5×10^4 t，而我国生产的麒麟菜远远不能满足需求，尚需从国外进口，制约了我国卡拉胶工业的发展。海南沿海适宜麒麟菜的养殖，同时麒麟菜的养殖对水质以及海洋生物资源的保护与增殖具有较好的效果。在有关部门的引导下，海南陵水县黎安港的异枝麒麟菜养殖业已成为当地老百姓的主要产业，年产量（干品）达 4 000 t 以上，产值约 2 500 万元。然而据 2008 年海南省水产养殖报统计表明，2008 年海南麒麟菜的养殖面积为 483 hm²，产量为 6 580 t，可见海南其他县市还有发展麒麟菜养殖的潜力。异枝麒麟菜养殖业的蓬勃发展，不仅为当地群众脱贫致富开辟新门路，也有助于净化海南海区的水质，保护和增殖海洋生物资源作出贡献。

4.2.3　海水增养殖技术评价

4.2.3.1　鱼类增养殖技术水平的评价

21 世纪以后海南省海水鱼池塘养殖业取得长足发展，养殖种类有点带石斑鱼、斜带石斑鱼、鞍带石斑鱼、棕点石斑鱼、卵形鲳鲹、尖吻鲈、眼斑拟石首鱼等，养殖池塘大多数为低位池塘，水深 1.5 m 左右，每 1/15 ~2/15 hm² 水面设一部水车式增养机。养殖周期为 1 ~1.5 年，养殖成活率 80% ~90%。养殖产量 7.5 ~11.3 t/hm²，养殖产量较稳定。

4.2.3.2　虾类增养殖技术水平的评价

对虾高位池养殖，养殖水面 0.1 ~0.6 hm²，大多数为 0.2 ~0.3 hm²，水深 1.5 m 左右，每 0.05 ~0.1 hm² 水面安装一部水车式增养机。养殖周期 75 ~120 d，一般年养殖 3 茬。单产 1.2 ~1.5 t/hm²，单茬每公顷经济效益 14 万 ~18 万元。放养进口亲虾培育的优质虾苗，养殖病害发生率低，可取得较稳定的经济效益。海南省对虾高位池养殖达国内领先水平。

对虾低位池养殖，养殖水面 0.1 ~0.6 hm²，大多数为 0.2 ~0.4 hm²，水深 1.3 m 左右，每 0.1 hm² 左右水面安装一部水车式增养机。养殖周期 100 ~120 d，一般年养殖 2 造。一般放养当地选育亲虾培育的虾苗，每公顷单产 2.3 ~7.5 t/hm²，单造经济效益 1.5 万 ~7.5 万元/hm²。池塘老化，养殖病害发生率高，养殖经济效益低，因此出现转产养殖石斑鱼类趋向。

4.2.3.3　贝类养殖技术评价

方斑东风螺养殖，采用陆上水泥池进行养殖，养殖池规格 15 ~20 m²，养殖沙层设有排污功能。放养苗种 750 ~1 000 粒/m²，养殖周期 4 ~6 个月，年养殖 2 造。产量 5 ~8 kg/m²，单造经济效益 200 ~320 元/m²。实行工厂化养殖，养殖产量较稳定，养殖效益高。海南省养殖方斑东风螺具有得天独厚的天然条件，是我国方斑东风螺养殖产量最多的省份，养殖技术属国内领先水平。

杂色鲍养殖，采用陆上水泥池进行养殖，育苗池规格为（1.5 ~1.8）×10⁴ L，养殖池规格为（4.0 ~5.0）×10⁴ L。养成放苗量 1 粒/L 左右，养殖周期 8 ~10 个月。产量 10 g/L 左右，每池产值 4 万 ~5 万元，利润 4 000 ~8 000 元。养殖技术非常成熟，但近年病害出现频繁，导致养殖成活率大幅降低，养殖经济效益不稳定。

4.2.3.4　藻类增养殖技术水平的评价

1）江蓠养殖

池塘面积 0.3 ~2 hm²，每公顷放养苗种 15t，年收获 5 ~7 次，年产鲜江蓠 75 t/hm² 左右，年产值 4.5 万~7.5 万元/hm^2，经济效益 3.8 万~6 万元/hm^2。属粗放式传统养殖业，产量与效益稳定。

2）麒麟菜养殖

异枝麒麟菜养殖，采用筏式夹苗养殖，年产鲜菜 120 t/hm^2，产值 6 万元/hm^2，利润 3 万元/hm^2。养殖技术成熟。但近年病害严重，异枝麒麟菜养殖产业处于停滞状态。

琼枝麒麟菜养殖，采用水泥框网带夹苗养殖，养殖 3 个月收获一次，一年养殖 3 造，年产鲜菜 135~180 t/hm^2，产值 1.1 万~3.8 万元/hm^2，利润 7 500~30 000 元/hm^2。养殖方式新颖，是国内首创。具有简单、实用和抗风浪能力强等特点，养殖产量高。

4.2.4 海水增养殖病害评价

海南海水养殖与其他地方的海水养殖一样，随着养殖时间的延续、养殖规模的扩大以及集约化程度的提高，病害对海水养殖的影响也越来越严重，不仅造成了巨大的经济损失，还严重挫伤了从业人员的养殖积极性，阻碍了该产业的持续发展。据不完全统计，近年来，病害已使海南海水苗种生产损失 60% 以上，养成损失 40% 以上，成为制约当地海水养殖可持续健康发展的最主要因素。

4.2.4.1 海南海水养殖动植物病害现状

1）海南海水养殖鱼类病害

海水养殖鱼类病害的发生既与养殖品种有关，也与养殖方式有关。因此，在进行海水鱼类养殖时，首先要选择合适的品种，在确定养殖品种后还要选择合适的养殖方式。目前海南海水鱼类的养殖方式主要有海湾网箱养殖、深水网箱养殖和池塘养殖，在这些养殖方式中，海湾网箱养殖由于存在养殖水体水质较差（因港湾内水流交换不畅）和不同网箱间病害交叉传播风险较大等问题，在养殖过程中受病害的影响较大，海南各地每年都要发生海湾网箱养殖鱼类的爆发性死亡，如 2002 年 3—4 月在万宁小海发生的网箱养殖石斑鱼暴发性鱼病，造成直接经济损失 2 000 余万元。鱼类池塘养殖是近年来发展较快的一种海水鱼类养殖方式，该养殖方式对养殖水体的可控性较强，不同池塘间病害发生传播风险相对海湾网箱养殖也要更小，但养殖水体交换难度较大，疾病发生率也较高。深水网箱养殖由于选择的养殖地点为开放型的外海，养殖水域水质要大大优于海湾网箱养殖和池塘养殖，病害发生率也大大降低，是一种值得大力推广的新型养殖模式。与其他地区的海水鱼类养殖一样，海南海水养殖鱼类的疾病也包括病毒性疾病、细菌性疾病和寄生虫性疾病，其中，危害较大的疾病主要有神经坏死病毒和虹彩病毒疾病、刺激隐核虫等纤毛类寄生虫引起的疾病以及创伤弧菌和溶藻弧菌引起的细菌病（图 4.6）。

2）海南海水养殖虾蟹病害

目前海南虾蟹养殖基本都采用池塘养殖，包括高位池和低位池。其中，高位池由于可控性强，养殖水体的水质较好，因此其对养殖对虾疾病的控制也要明显优于低位池，养殖成活率和养殖产量也较高。尽管如此，病害仍是当前对虾养殖最重要的制约因素。在海南养殖对

(a) 对虾烂眼病

(b) 鲳鱼溶藻弧菌病

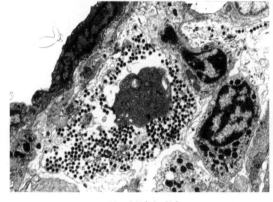

(c) 石斑鱼虹彩病

(d) 哈维氏弧菌

图 4.6　海南海水养殖动物病原和患病动物

虾的各类病害中，由白斑综合症杆状病毒（WSSV）和桃拉病毒（TSV）等病毒性病原引起的疾病是危害最大的对虾疾病，尽管近 10 多年来随着对白斑病等病毒性虾病研究的深入，并通过采用新的养殖模式和引进新的养殖品种，使海南养殖对虾的产量和效益得到了快速恢复和大幅提高，但病毒性虾病的危害还远没有从根本上清除，在海南各地因病毒性虾病的影响使其养殖成活率降低 50% 以上。对于锯缘青蟹等蟹类的人工养殖，虽然病害对其大规模的发展造成了一定的影响，但由于锯缘青蟹大规模人工育苗的某些关键技术尚待突破，目前该品种人工养殖的最大限制因素仍为种苗供应不足。

3）海南海水养殖贝和藻类的病害

海南海水养殖贝类和藻类也存在不同程度的病害影响，不过，由于相关研究较为滞后，有许多疾病至今仍未找到确切的病原，如，海南最具特色的人珠母贝的人规模养殖迄今尚不成功，在其养殖到 3 cm 左右和 7 cm 左右时出现毁灭性地死亡，但造成该死亡的确切原因目前尚不清楚。在迄今为止已知的养殖贝类病害中，捕食性敌害生物造成的损失最为严重，如，嵌线螺等肉食性腹足类对珍珠贝和扇贝等养殖双壳类的捕食、锯缘青蟹等蟹类对养殖双壳类幼贝和沉箱养殖的鲍的捕食等。近 2 年来，海南藻类黎安港等地养殖麒麟菜也出现了大规模

107

的死亡，使当地极具特色和优势的产业面临毁灭的危险。对于其死亡的原因，有人认为是因周边地区对虾养殖造成的养殖水域水质恶化引起的，也有人认为是养殖水体淡化引起的，还有人认为是细菌性病原引起的，具体原因如何？值得进一步深入研究。

4.2.4.2 海南海水养殖生物病害的防治措施

海水养殖生物与陆生生物相比，其病害发现难、诊断难、治疗难，因此，在养殖过程中进行疾病预防也就比治疗更为重要。水产病害的综合预防措施种类很多，如通过水产动植物混养等改善养殖水域生态环境的措施、接种疫苗等增强养殖品种抗病能力的措施以及彻底清池消毒等有效地控制和消灭病原的措施等。各种疾病预防措施的使用要根据各地的养殖种类、养殖环境以及养殖模式，因地制宜地作相应调整。近年来，随着海南各地水产养殖人员技术水平的提高以及防病意识的加强，在养殖过程中对疾病预防采取的措施较前些年也有明显改善，但从总体上讲，海南海水养殖中的防病措施还处于较低的水平，许多良好的病害防治措施因种种原因在生产上没有得到有效实施。有鉴于此，海水养殖防病新技术的推广应用应成为海南海水养殖中值得重视的关键问题。

目前，对于白斑病等病毒性疾病的治疗还缺乏理想的方法，唯一能做的只有通过加强水质及养殖管理等进行综合预防。对于细菌性疾病而言，虽然防治的方法有多种，但在海南，除少数地方能偶尔使用中草药外，绝大部分养殖单位还都是完全依靠抗生素等化学药物。对细菌病适宜地使用抗生素虽有时具有较好的防治效果，但长期使用则会带来许多不良的影响：① 化学药物的反复使用会使病原产生抗药性；② 化学药物严重污染环境，破坏生态平衡，与海南生态省建设不符；③ 抗生素等化学药物使用后会导致药物残留，严重影响养殖产品品质；④ 化学药物的大量使用加大养殖成本，降低养殖效益。目前，世界各国已对水产养殖上抗生素等化学药物的使用作出了不同程度的限制，为此，研究开发并推广使用其他安全、卫生、高效的鱼病防治新方法已是势在必行。

4.2.4.3 海南海水养殖生物病害及其防治的建议

病害已对海南的海水养殖造成了巨大的影响，要想改变这种现状，实现稳产高产，提高经济效益，各地有必要在加强管理的基础上，对现行的养殖场地和设施等进行适当的改造，以提高整个养殖体系的抗病防病能力。为此，提出以下建议。

1）加强海洋养殖管理及养殖海域水质监控，提高综合防病能力

近年来，虽然各地政府对海南海水养殖的管理日益重视，但总体还处于较为落后的状态，对养殖滩涂和港湾的养殖容量、养殖池的总体布局、不同海域采用的养殖模式和养殖品种等缺乏合适的宏观调控与指导，对养殖废水排放、场地建设及饵料投放等缺乏合理的规划与管理。海南目前的海水养殖大都属于个人行为或企业行为，常常为了一时的个人利益或企业利益而不惜对海域环境造成巨大破坏，严重影响海南生态省和国际旅游岛的建设。过去有段时间，有些地方政府片面追求养殖规模，动辄成片兴建上千甚至上万公顷的养殖基地，这种不顾海域养殖容量及养殖水体保护的盲目行为导致的最终结果是养殖海域的严重污染和病害交叉感染的流行，使得养殖生产难以进行。海南的海水养殖业要想实现稳产高产，必须走可持续发展的道路，而可持续发展的前提条件是有效地改善和保护养殖海域的水体环境，对可养

殖海域的养殖容量及养殖模式等都要根据科学的评估作出严格的规划；对排放入海的养殖废水也需经过有效的处理并达到规定的标准。为此，建议各级地方政府和有关管理部门能制定并严格执行相关法规，只有这样，才能有效控制重大疾病的暴发流行，使整个海南的海水养殖业能真正朝着健康、有序、高产的方向发展。

2）整体规划海南的养殖结构，转换养殖模式，更新养殖品种

根据不同养殖海域及养殖生物的自身特点，变原来的单品种养殖为多品种混合养殖，如采用鱼虾混养、虾贝混养或虾藻混养，并适当采用轮养和套养等方式，有效地减少疾病的传播与流行。另外，加强养殖新品种的引进推广及抗病新品种的研究开发，结合海南实际，努力建立海南的高效健康养殖系统与模式。不过，在新品种引进过程中应特别注意对疾病的检疫，以防在引进新品种的同时带入新的重大流行性病原。

3）提高水产养殖人员的业务素质和技术水平

多年以前，马来西亚等许多国家的水产养殖要申请执照并通过专业知识考试；我国福建等地也提出"所有养殖人员需经专业培训"的设想。在海南，现在还有相当一部分养殖纯属家庭养殖，他们既没有专业的知识与技术，又缺乏海洋环境保护的意识与观念，其养殖的成败纯粹依靠经验与运气，一旦疾病暴发，不仅自身受损，还殃及周围的养殖海域。建议根据各地具体情况，采用科技下乡或业务培训等多种形式，全面提高养殖人员的综合业务素质与技术水平。

4）加强海水养殖重大流行病研究，探索病害防治新方法

随着科技发展的日新月异，已有许多新技术与新方法先后应用到水产动植物病害的研究中，这些技术方法的使用大大推动了水产病害及其防治研究的发展。相对于海水养殖业的发展而言，海南在海水养殖病害的研究领域还处于严重滞后的状态，为了改变这种状况，需要广大养殖技术人员及科技工作者的努力，也建议政府及各养殖单位能增加相关科技投入，共同促进海南海水养殖业健康有序发展。

4.3 海水增养殖产业发展状况与效益评价

4.3.1 海水鱼类增养殖产业发展状况与效益评价

海南省海水鱼类养殖方式主要为网箱养殖和池塘养殖。网箱养殖起始于 20 世纪 80 年代初，采用海湾网箱养殖，处于缓慢发展阶段；90 年代，海湾网箱养殖进入快速发展阶段，几乎所有适合养殖的内湾均有网箱养殖，并且密度达到或超过饱和程度，但海湾网箱只限于内湾养殖。90 年代末，进入近海抗风浪网箱养殖阶段，起始是发展浮绳式网箱，到 1998 年开始从挪威引进深水网箱；2006 年抗风浪深水网箱进入快速发展阶段，共设置深水网箱 668 口。2008 年，全省养殖海湾网箱 104.4×10^4 m²，产量 1.227×10^4 t；深水网箱 $5\,355 \times 10^4$ L，年养殖位产量 1.072×10^4 t。海湾网箱和深水网箱的养殖产量与效益均较稳定，内湾海湾网箱养殖对海洋环境有一定影响，深水网箱养殖是今后的主要发展方向。

4.3.2 海水虾类增养殖产业发展状况与效益评价

海南省对虾养殖主要为高位池和低位池两种模式，低位池是从 20 世纪 60 年代发展起来的传统养殖模式，高位池是 1997 年开始发展起来的先进养殖模式。对虾低位池养殖，经历 20 世纪 60—70 年代的粗放养殖阶段；80—90 年代精养快速发展阶段；21 世纪初，对虾低位池养殖进入衰退阶段。高位池养殖起步晚，但发展速度快，1997—1999 年属于起步阶段，2000 年开始进入快速发展阶段；2008 年进入调整与稳步发展阶段。2008 年，海南对虾养殖面积 7 315 hm²，养殖产量 10.556 × 10⁴ t，养殖经济效益较稳定。高位池养殖效益比低位池高，高位池养殖是海南省今后对虾养殖的主要方式。

4.3.3 海水贝类增养殖产业发展状况与效益评价

海南省主要养殖贝类有方斑东风螺、九孔鲍、近江牡蛎、企鹅珍珠贝、马氏珠母贝和华贵栉孔扇贝。其中，方斑东风螺养殖产量高、产值大、效益好，其次为九孔鲍，其他种类均养殖产值较小。东风螺为肉食生贝类，东风螺养殖年需消耗养殖产量 4 倍的小杂鱼，对水产品的增加不利，应对各市县区东风螺养殖业发展进行科学规划，应稳步发展。当前近 50% 鲍鱼养殖场被旅游业征用，30% 鲍鱼养殖场因养殖效益低下而停产，鲍鱼养殖业已进入衰退时期。从养殖产品结构、养殖条件和产品营养价值来看，应鼓励恢复九孔鲍养殖业，但要重振鲍鱼养殖雄风就必须解决病害严重的瓶颈问题。近江牡蛎、企鹅珍珠贝和马氏珠母贝的养殖业，当前处于止步不前状态，要扩大养殖规模必须从内湾养殖拓展到湾外养殖。华贵栉孔扇贝养殖处于起步阶段，但海南岛水质优良，养殖扇贝产品质量高，海南省儋州、临高和澄迈沿海具有较大的发展潜力。

4.3.4 海水藻类增养殖产业发展状况与效益评价

异枝麒麟菜和琼枝麒麟菜的养殖均有几十年的养殖历史，养殖技术非常成熟。具有投资少、周期短、效益高，并对海洋环境改善具有积极作用。海南岛沿海均可发展养殖，潜在可养面积大，产品在国内市场供不应求，养殖发展前景广阔。2008 年，海南麒麟菜养殖面积 483 hm²，养殖产量 6 580 t（干菜）。政府应对麒麟菜产业发展给予扶持，通过扩大麒麟菜养殖规模，对控制近海水域富营养化具有积极的作用。

江蓠养殖是海南省的传统养殖业，从未出现流行性养殖病害，养殖产量稳定，投入少、可取得较稳定的养殖效益，但效益偏低。要求砂质或泥沙底的半咸海水池塘，适宜养殖池塘有限，发展养殖空间不大。2008 年养殖面积 514 hm²，养殖产量 1.183 × 10⁴ t。江蓠是食品工业的重要原料，也是鲍鱼养殖的饵料，现养殖面积有限，发展江蓠养殖对水质有很好的净化作用。因此，应在保持当前的养殖现状的基础上适度扩大其养殖规模，防止因发展其他产业而挤压江蓠养殖产业。

4.4 海水增养殖业发展存在的主要问题

4.4.1 海水养殖发展空间受到制约

随着海南国际旅游岛的建设，海南各地特别是沿海土地价格飞涨，许多原来的海水养殖区都变成了旅游区或房产开发区，致使海水养殖用地越来越少。特别是随着各地经济建设的加速，不同产业对沿海土地的需求日益增加，而工业、农业和生活等外源污染有增无减，致使可达到养殖水质标准的海域减少，一些传统养殖海域的养殖功能丧失，海水养殖发展空间进一步缩小。因此，可用于开展海水养殖的海域和陆域土地资源的紧缺和养殖环境的恶化已成为当前海水养殖业发展的主要制约因素。在本项目调研过程中，许多海洋渔业从业人员和管理人员都对海水养殖业的发展空间给予了极大的关注，许多现以海水养殖业为生的沿海居民对养殖用地被征用后的生活来源表示担忧，有些地区甚至因海水养殖用地被征用而引起了干群冲突，影响了社会和谐。因此，在海南国际旅游岛建设的大环境下，如何使各产业协调发展已成为各级相关行政管理部门需要考虑的重要问题。

4.4.2 养殖产品质量安全面临严峻挑战

随着人民生活水平的提高，消费者对产品质量的要求也越来越高。近年来，世界各国不断加强对水产品质量的检测力度，对病原微生物、抗生素等药物残留以及其他有毒有害物质残留限量等作出了严格的限制。然而，随着养殖规模的扩大和集约化程度的提高，水产病害爆发也越来越频繁，突发性、不明原因的病害种类增多，在病害预防与治疗过程中经常因各种原因而向养殖产品导入有毒有害物质，直接影响了养殖产品的质量。尤其是部分养殖企业和养殖户致富心切，产品质量安全意识不强，单纯追求高密度、高产量和高效益，在养殖过程中常常为了加快生长、控制疾病和降低养殖成本等原因而滥用、乱用药物，甚至使用违禁药物或价格低廉的不合格饲料和药品，也直接影响了养殖产品的质量。目前，海水养殖产品的质量已成为产品出口的最主要限制因素。为此，在水产养殖和加工过程中，必须建立严格规范的产品质量监管体系，加强对养殖所使用的场地、水质、苗种、饲料和药物的监控与管理，产品收获后还要加强对加工、包装和储运等生产全过程的质量和安全控制，强化产品标准化生产与加工的监督和管理制度，强化产品质量意识，不断提高海南养殖海产品的质量。

4.4.3 产业化规模化程度较低，主导产业不够强大

目前，海南海水养殖业的发展几乎都是个人行为或企业行为，水产养殖尚未完全脱离传统模式，"低、小、散"等问题还在一定范围内存在，社会化和组织化程度较低，渔业产业化水平和经济效益不高。海水养殖业的生产过程涉及到一系列紧密结合的环节，苗种—饲料—渔药—加工—储运—销售—市场—质量监控—环境保护等不仅直接影响到产品质量，而且影响到养殖成本和效益。然而，当前海南海水养殖业的发展尚未形成系列化、规模化、产业化，更缺少大型的集团化生产企业的支撑，致使海南海水养殖产品仍大量以鲜活或初级加工品为主，水产品精深加工技术至今尚无重大突破，加工产品附加值低，产品原料利用率低、产品市场占有率低。由于资金和技术的限制，难以形成规模优势，造成主导产业不明显，生

111

产经营较盲目，风险抵御能力低。由于专业经济合作组织等中介服务机构不够健全，企业之间彼此缺乏协作，经销模式不规范，价格战成为市场竞争的唯一手段，这些直接损害了养殖效益。渔业科技总体水平不高，在良种引进、高产高效综合技术的推广上，由于养殖户分散，增加了科技推广应用的难度，进一步制约了海水养殖业的发展。

4.4.4 超环境容量养殖造成养殖区环境污染，病害危害加剧

虽然海南各地海水质量总体优良，绝大部分海域的水质都达到国家一类水质标准，但在局部区域，特别是海水养殖设施密集、养殖量超过养殖容量的港湾地区，因养殖造成的污染物的排放超过了当地海水的自净能力，一方面，直接引起养殖区域及其周边海域的环境污染，直接影响海南生态省和国际旅游岛的建设；另一方面，养殖区环境污染的加剧还可导致养殖水体病原生物增多，养殖生物抗病力下降，疾病发生频繁。对于陆基养殖而言，由于国家和地方都尚未出台养殖废水排放标准，目前海南各地对海水养殖废水的排放缺乏有效的监控，常常因养殖废水的排放而造成海域污染。为此，建议加强对海水养殖的科学管理，根据当地水域的养殖容量确定海水养殖生产，保证海水养殖的可持续发展，提高养殖产品质量和养殖效益。同时，建议尽快出台水产养殖废水排放标准，在该标准尚未出台前可参照相应的废水排放标准对养殖废水排放进行有效监控；各海水养殖企业也应做到行业自律，全面实施生态养殖，加强对养殖废水的无害化处理，只有经过处理达到排放标准的废水才能排放入海，实现渔业生产与环境保护的协调发展。

4.4.5 渔业生产布局不够合理，保障体系和科技服务体系不够健全

海南海水渔业生产布局不够合理主要表现在两方面：一方面为养殖品种结构不够合理，在养殖过程中由于对经济效益的片面追求，致使许多效益高的养殖品种在短时间内快速饱和，价格和利润快速下降，加大了养殖风险；另一方面是区域布局不够合理，一些水电交通方便、自然资源条件较好的地区往往超容量开发，直接导致养殖环境的快速恶化，难以实现持续稳定发展；而另一些比较偏僻、自然资源条件较差的地区却无法得到有效的开发利用，导致养殖资源的浪费。

海南海洋渔业技术安全保障体系尚未形成，其中包括：① 水产养殖良种体系尚未形成，水产苗种质量无法保障。虽然海南拥有优越的海水养殖生物优良品种选育条件，但目前相关工作开展得并不多，大部分养殖种类没有经过定向人工选育和遗传改良，由此引发养殖种类种质退化，抗逆性和抗病性差，生长周期延长，经济效益下降等突出问题。② 养殖病害防治监测体系尚未形成，影响健康养殖。虽然海南各地的农业科技110承担了海水养殖病害的监控工作，但由于各基层单位的从业人员缺乏相关的专业知识，养殖病害防治的监控体系尚未形成，致使海南海水养殖的发病率高。③ 水产品质量安全标准体系和监测监督体系尚未建立，名牌产品难以保证。④ 科技力量薄弱，且科技单位之间科技合作攻关项目少，高精仪器设备少，高新技术成果少，与快速发展的水产养殖和水产品加工形势不相适应，尤显后劲不足。再加上养殖行业管理相对滞后，苗种、饲料、鱼药等渔需物资质量良莠不齐，投入品的经管、使用不规范等现象依然存在，水产养殖管理有待进一步加强。

4.4.6　渔业科技投入不足，渔业科技发展滞后

因财政经费紧张等原因，历年来各级政府对渔业科技投入都严重不足，造成科技创新能力较低、新品种、新技术、新方式、新方法难以推广与应用。海南水产科技投入与国内其他沿海兄弟省市相比，不论是渔业科研经费总量还是比例都明显偏低，导致海南渔业科技的发展严重滞后。近年来，虽然经海南各渔业相关单位科技人员的努力，海南海水养殖业得到了较快的发展，但与海洋渔业经济的快速发展相比，还存在较大的差距。渔业科技人员少，技术队伍的整体素质不高，需要进一步加强。

综上所述，海南海水养殖业的快速发展面临着以下主要矛盾：因养殖生产经营分散而存在小生产与大市场的矛盾；传统生产方式与产业化的矛盾；养殖生产与水产品综合加工的矛盾；水产品生产与物流市场的矛盾；养殖技术相对落后与科技进步的矛盾；渔业快速发展与资金需求匮乏的矛盾；养殖容量与环境保护的矛盾；一般性号召动员与真抓实干的矛盾等，从而严重地制约了海南海洋渔业的产业化进程。

第5章　海南省潜在海水增养殖区选划

潜在海水增养殖区指以下区域。

（1）目前已经用于增养殖，但经济效益、社会效益和生态效益低，需要依据科技进步对增养殖品种、增养殖方式、增养殖布局进行结构调整的区域。

（2）目前还没有用于增养殖，根据现有的自然条件和技术水平等因素适合于可持续增养殖的区域。

（3）目前还没有用于增养殖，根据现有的自然条件和技术水平等因素还不适宜增养殖，但在近期（5~10年）依靠科技进步等可以实现可持续增养殖的区域。

5.1　目标

海南省潜在海水增养殖区选划的总体目标是：在全面评价潜在海水增养殖区海域环境质量状况、海水增养殖现状及其产业发展现状和综合效益的基础上，依据潜在海水增养殖区选划的条件和要求，结合国家和海南省的海洋环境保护规划和海洋功能区划，选划出既符合国家和海南省海域管理的相关法规和政策，又能满足海南省海洋渔业产业结构调整、产业发展需求、与产业发展现状相适应的，并能取得可持续发展的经济效益、生态效益和社会效益的潜在海水增养殖区、增养殖方式和增养殖对象。

5.2　依据

《中华人民共和国渔业法》（2004年中华人民共和国主席令第25号）；

《中华人民共和国海域使用管理法》（2001年中华人民共和国主席令第61号）；

《中华人民共和国海洋环境保护法》（1999年中华人民共和国主席令第26号）；

《中华人民共和国海上交通安全法》（1983年中华人民共和国主席令第7号）；

《农产品质量安全法》（2006年中华人民共和国主席令第49号）；

《全国海洋功能区划》（2002）；

《海域使用管理技术规范》（国家海洋局2001年2月，试行）；

《海洋功能区划技术导则》（GB 17108—1997）；

《海水水质标准》（GB 3097—1997）；

《渔业水质标准》（GB 11607—89）；

《海洋监测规范》（GB 17378—1998）；

《关于推进海南国际旅游岛建设发展的若干意见》（国发〔2009〕44号）；

《海南省实施〈中华人民共和国海域使用管理法〉办法》（2008年7月31日海南省第四届人民代表大会常务委员会第四次会议通过）；

《海南省实施〈中华人民共和国渔业法〉办法》（1993 年 5 月 31 日海南省第一届人民代表大会常务委员会第二次会议通过 根据 2008 年 7 月 31 日海南省第四届人民代表大会常务委员会第四次会议《关于修改〈海南省实施〈中华人民共和国渔业法〉办法〉的决定》修正）；

《海南省海洋环境保护规定》（2008 年 7 月 31 日海南省第四届人民代表大会常务委员会第四次会议通过）；

《海南省珊瑚礁保护规定》（2009 年 5 月 27 日海南省第四届人民代表大会常务委员会第九次会议通过）；

《海南省红树林保护规定》（1998 年 9 月 24 日海南省第二届人常委会第三次会议通过，2004 年 8 月 6 日海南省第三届人大常委会第 11 次会议《关于修改〈海南省红树林保护规定〉的决定》修正）；

《海南省沿海防护林建设与保护规定》（2007 年 11 月 29 日海南省第三届人民代表大会常务委员会第三十四次会议通过）；

《海南省海洋功能区划》（国务院关于海南省海洋功能区划的批复，国函〔2004〕37 号）。

5.3　选划的原则

潜在海水增养殖区选划遵循的基本原则如下。

（1）实事求是，协调发展，和谐共赢的原则。潜在海水增养殖区选划要充分考虑区域社会、经济与增养殖资源现状，进行实事求是地客观评价。在选划过程中应注意与环境的协调发展，特别要关注增养殖的环境效应，以促进人与自然、资源与环境的和谐，实现经济、社会和生态效益的协调发展。

（2）综合规划，统筹兼顾，因地制宜的原则。潜在海水增养殖区选划应根据各地所处的特殊地理位置、环境特征、功能定位，制定相应的增养殖目标，完善增养殖区划，科学确定增养殖结构和发展规模。潜在海水增养殖区选划要与国家和省政府出台的相关法规、政策和发展指引相符合，同时要兼顾保护增养殖资源与环境、沿海特色人文景观，确保潜在海水增养殖区选划的科学性和可操作性。

（3）保护和改善海洋生态与环境，促进海域海水增养殖可持续利用和渔业经济可持续发展的原则。海南省提出了建设热带海岛型"生态省"的战略目标，潜在海水增养殖区选划必须在此战略总方针的指导下开展工作，所以保护环境，增殖资源，实现可持续发展。

（4）前瞻性原则。充分预见增养殖新技术、增养殖新品种、增养殖新模式、增养殖设施设备等技术和装备的开发和推广。

5.4　潜在海水增养殖区选划

海南省共选划潜在海水养殖区面积 $8.022\,449\times10^4\,\text{hm}^2$（表 5.1），其中，滩涂养殖 $2\,313.92\,\text{hm}^2$，浅海底播增殖 $3.409\,115\times10^4\,\text{hm}^2$，筏式养殖 $586.05\,\text{hm}^2$，海湾网箱养殖

2 399.95 hm², 深水网箱养殖 1 773.311 hm², 低位池养殖 1.120 337 × 10⁴ hm², 高位池塘养殖 1.0349 38 × 10⁴ hm², 工厂化养殖 1 547.56 hm²。

表 5.1　海南省潜在海水增养殖区选划

名称	养殖模式	面积 /hm²	底质	潜在增养殖区 类型
海口东海岸滩涂增殖区	滩涂增殖区	971.3	泥沙	II
文昌八门湾滩涂增殖区	滩涂增殖区	472.66	泥沙	II
万宁小海滩涂增殖区	滩涂增殖区	524.82	泥沙	I
临高博铺港滩涂增殖区	滩涂增殖区	345.12	沙泥	I、II
海口湾浅海底播增殖区	浅海底播增殖区	2 916.52	泥沙	I、II
东寨港浅海底播增殖区	浅海底播增殖区	328.99	泥沙	I
文昌东郊浅海底播增殖区	浅海底播增殖区	91.83	沙泥	II
文昌清澜港浅海底播增殖区	浅海底播增殖区	96.01	沙泥	II
文昌会文镇浅海底播增殖区	浅海底播增殖区	460.97	泥沙	II
文昌抱虎角西侧沿岸浅海底播增殖区	浅海底播增殖区	253.62	沙	II
琼海浅海底播增殖区	浅海底播增殖区	199.66	沙、石砾	II
万宁小海浅海底播增殖区	浅海底播增殖区	699.38	沙泥	II
万宁乌场港及后海沿岸底播增殖区	浅海底播增殖区	864.59	沙、沙泥	I
陵水新村港与黎安港浅海底播增殖区	浅海底播增殖区	404.48	泥沙	II
陵水头仔和赤岭浅海底播增殖区	浅海底播增殖区	225.62	沙、砾石	II
三亚铁炉港浅海底播增殖区	浅海底播增殖区	428.89	沙、泥	I
三亚南山—红塘湾浅海底播增殖区	浅海底播增殖区	424.88	沙、砾石	II
三亚崖洲湾浅海底播增殖区	浅海底播增殖区	1 562.36	沙、沙泥	I
乐东望楼港—多二浅海底播增殖区	浅海底播增殖区	2 375.78	沙	II
乐东丹村港—白沙港浅海底播增殖区	浅海底播增殖区	2 870.26	沙、沙泥	I
东方四更—墩头浅海底播增殖区	浅海底播增殖区	4 865.65	沙、泥	I
昌江海尾—马容近海浅海底播增殖区	浅海底播增殖区	2 315.10	沙	II
儋州白马井—海头浅海底播增殖区	浅海底播增殖区	6 247.65	沙、珊瑚礁	II
儋州新英湾浅海底播增殖区	浅海底播增殖区	2 685.09	沙、泥	I、II
临高调楼—临高角浅海底播增殖区	浅海底播增殖区	4 703.75	沙、砾石	I
后水湾头咀港浅海底播增殖区	浅海底播增殖区	668.87	沙	II
临高马袅浅海底播增殖区	浅海底播增殖区	385.80	沙	II
澄迈花场湾浅海底播增殖区	浅海底播增殖区	422.78	沙	II
澄迈湾浅海底播增殖区	浅海底播增殖区	676.20	沙	II

续表 5.1

名称	养殖模式	面积 /hm²	底质	潜在增养殖区 类型
文昌八门湾近海筏式养殖区	近海筏式养殖区	341.74	沙泥	Ⅱ
陵水新村港和黎安港近海筏式养殖区	近海筏式养殖区	244.31	沙泥	Ⅰ、Ⅱ
万宁小海海湾网箱养殖区	海湾网箱养殖区	27.45	泥沙、沙	Ⅰ
陵水新村港和黎安港海湾网箱养殖区	海湾网箱养殖区	118.56	泥沙、沙	Ⅰ
临高马袅—新兴湾海湾网箱养殖区	海湾网箱养殖区	86.04	沙	Ⅱ
金沙湾—澄迈湾深水网箱养殖区	深水网箱养殖区	1 061.90	粗砂	Ⅰ
文昌淇水湾深水网箱养殖区	深水网箱养殖区	796.88	礁石、沙	Ⅲ
万宁大花角以北深水网箱养殖区	深水网箱养殖区	372.68	沙、礁石	Ⅲ
三亚东锣—西鼓岛深水网箱养殖区	深水网箱养殖区	3 724.74	沙泥	Ⅰ
儋州后水湾—邻昌礁深水网箱养殖区	深水网箱养殖区	14 174.63	沙、礁石	Ⅰ
东水港—荣山海水池塘养殖区	低位池养殖区	915.34	泥沙	Ⅰ
文昌东寨港三江—铺前镇池塘养殖区	低位池养殖区	546.80	泥沙	Ⅰ
文昌宝陵河池塘养殖区	低位池养殖区	316.1	沙	Ⅰ
文昌会文镇池塘养殖区	低位池养殖区	1 003.39	泥沙	Ⅰ
文昌八门湾池塘养殖区	低位池养殖区	984.04	泥沙	Ⅰ
万宁小海海水池塘养殖区	低位池养殖区	509.12	泥	Ⅰ
三亚铁炉港池塘养殖区	低位池养殖区	80.14	沙	Ⅰ
乐东莺歌海池塘养殖区	低位池养殖区	350.8	沙	Ⅰ
儋州新英湾海水池塘养殖区	低位池养殖区	2 281.7	泥沙	Ⅰ
临高马袅海水池塘养殖区	低位池养殖区	428.38	沙	Ⅰ
临高调楼—美夏海水池塘养殖区	低位池养殖区	319.71	沙	Ⅰ
澄迈花场湾海水池塘养殖区	低位池养殖区	538.47	泥	Ⅰ
儋州光村至新英海水池塘养殖区	低位池养殖区	311.18	泥沙	Ⅰ
桂林洋高位池养殖区	高位池养殖区	1 691.89	泥沙	Ⅰ
海口演丰和三江口高位池塘养殖区	高位池养殖区	1 249.4	泥沙	Ⅰ
文昌清澜港和高隆湾沿岸高位池塘养殖区	高位池养殖区	621.7	泥沙	Ⅰ
文昌抱虎港高位池养殖区	高位池养殖区	531.71	泥沙	Ⅰ
琼海青葛至欧村高位池养殖区	高位池养殖区	248.98	泥沙	Ⅰ
琼海潭门镇高位池养殖区	高位池养殖区	106.55	泥沙	Ⅰ
琼海沙美东海村至深美村高位池养殖区	高位池养殖区	90.88	泥沙	Ⅰ
万宁英豪—港北—山根—海量村高位池养殖区	高位池养殖区	606.50	泥沙	Ⅰ
陵水新村港和黎安港高位池养殖区	高位池养殖区	850.47	泥沙	Ⅰ

名称	养殖模式	面积 /hm²	底质	潜在增养殖区类型
三亚宁远河高位池养殖区	高位池养殖区	102.87	泥沙	I
乐东黄流—莺歌海—白沙河高位池养殖区	高位池养殖区	2 059.76	泥沙	I、II
东方板桥—新龙高位池养殖区	高位池养殖区	1 885.34	泥沙	I、II
儋州排浦—海头高位池养殖区	高位池养殖区	402.79	泥沙	I、II
文昌翁田—会文—昌洒工厂化养殖和苗种场	工厂化养殖区	472.18	泥沙	I
文昌冯家湾—长妃港—福绵村苗种场	工厂化养殖区	316.81	泥沙	I
万宁苗种场	工厂化养殖区	306.32	泥沙	I
三亚崖洲湾苗种场	工厂化养殖区	75.08	泥沙	I
红塘湾工厂化养殖区	工厂化养殖区	48.07	泥沙	I、II
东方板桥—新龙工厂化养殖区	工厂化养殖区	1 885.84	泥沙	I、II
后水湾工厂化养殖区	工厂化养殖区	667.47	泥沙	I、II

注：（1）I 类：目前已经用于增养殖，但经济效益、社会效益和生态效益低，需要依据科技进步对增养殖品种、增养殖方式、增养殖布局进行结构调整的区域；II 类：目前还没有用于增养殖，根据现有的自然条件和技术水平等因素适合于可持续增养殖的区域；III 类：目前还没有用于增养殖，根据现有的自然条件和技术水平等因素还不适宜增养殖，但在近 5～10 年依靠科技进步等可以实现可持续增养殖的区域。

（2）有些潜在增养殖选划区标注了多种"潜在增养殖区类型"，表明该选划区内的某些区域属于某种类型的潜在增养殖区，而另一些区域属于另一种类型的潜在增养殖区。

5.4.1 滩涂增殖区选划

滩涂增殖区选划的条件如下。

（1）滩涂面积达 2 km² 以上。

（2）有苗种和饲料来源，适合养殖贝类、虾类、蟹类、藻类和鱼类的滩涂。

（3）海水水质符合 GB 3097—1997 和 GB 11607—1989 中的有关规定，且换、排水方便的滩涂。

（4）底质硫化物含量小于 0.3×10^{-3}，浮泥少的滩涂。

根据以上条件，共选划出 4 个滩涂增殖区。

5.4.1.1 海口东海岸滩涂增殖区

面积：971.3 hm²。（编号：140）

地理位置：位于海口市美兰区东寨港潟湖出口至东营镇后尾村附近（图 5.1）。

（1）20°2′56.51″N，110°26′23.16″E；

（2）20°3′19.06″N，110°26′44.02″E；

（3）20°2′28.09″N，110°28′22.73″E；

（4）20°1′54.13″N，110°29′40.90″E；

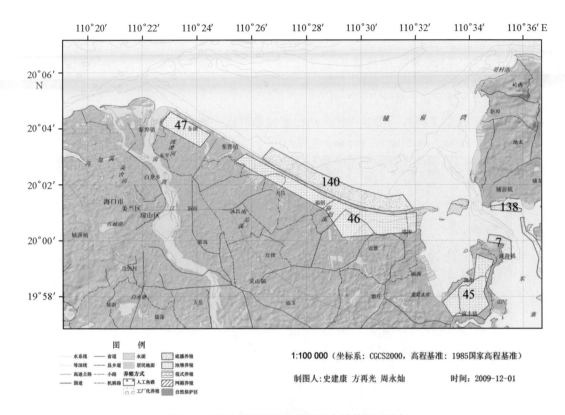

图 5.1   海口东海岸至东寨港海水增养殖区选划

45 为海口演丰和三江口高位池塘养殖区；46 和 47 为桂林洋高位池塘养殖区；140 为海口东海岸滩涂养殖区

（5）20°1′33.65″N，110°30′58.06″E；

（6）20°1′37.91″N，110°31′32.64″E。

环境条件：底质为泥沙，坡度平缓，水温变化范围为 17.2～30.6℃，年平均水温为 25.5℃，由于受南渡江径流和降水的影响，盐度值冬季高于夏季，变化范围为 17.2～30.6，2009 年海南省海洋环境监测站资料显示，该海区 pH 值为 7.9 左右，COD 浓度范围为 0.4～1.66 mg/L，溶解氧浓度范围为 6.13～6.37 mg/L，无机氮变化范围为 0.14～0.172 mg/L，平均值为 0.153 mg/L，磷酸盐浓度范围为 0.015～0.018 mg/L，除个别区域外，水质符合 GB 3097–1997 Ⅱ类海水水质标准。

水文条件：附近海域潮汐属于不正规全日潮，全年以风浪为主，涌浪为副，风浪频率为 76%～85%，涌浪频率为 14%～23%。

生物资源条件：该海区水体中叶绿素 a 变化范围为 0.15～0.77 μg/L，符合 GB18421–2001 一类海洋生物质量标准。

选划类型、目标与依据：该区域为Ⅱ类潜在增养殖区，现在尚未开展水产增养殖，根据现有的自然条件和技术水平目前适合开发为可持续养殖区。根据《海南省海洋功能区划》（2002），该区域规划为东海岸度假旅游区，原有陆上池塘养殖规模将逐步减小，不过，由于该区域受东寨港富营养海水及养殖用水的影响较大，其水质较肥沃，浮游生物量较大，比较适合发展滩涂养殖。并且，通过增加滤食性贝类的养殖，既可净化海水水质，海底丰富的底栖生物还可用于发展休闲观光渔业，改善旅游环境，丰富旅游食用海产品种，促进东海岸度假旅游区建设。

适宜养殖品种：适宜发展菲律宾蛤仔、文蛤、青蟹等底播养殖。

5.4.1.2 文昌八门湾滩涂增殖区

面积：472.66 hm²。（编号：130，131）

地理位置：位于文昌八门湾红树林自然保护区靠湾内一侧水域（图5.2）；

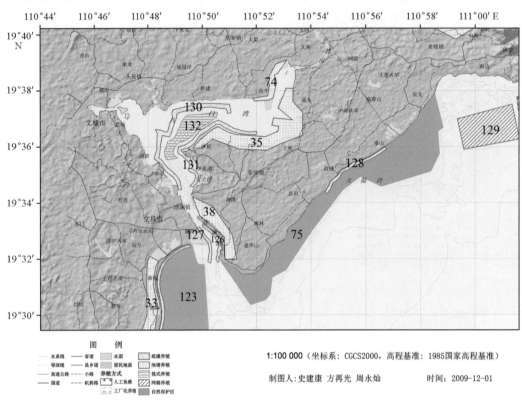

图 5.2　文昌八门湾及沿海潜在海水增养殖区选划

33 和 38 为文昌东郊清澜港和高隆湾沿岸高位池养殖区；35 和 74 为文昌八门湾池塘养殖区；126 和 127 为文昌清澜港浅海底播增殖区；128 为文昌东郊浅海底播增殖区；130 和 131 为文昌八门湾滩涂养殖区；132 为文昌八门湾近海筏式养殖区

（1）19°35′33.46″N，110°48′13.69″E；

（2）19°36′37.07″N，110°48′15.65″E；

（3）19°36′31.31″N，110°48′41.08″E；

（4）19°37′19.03″N，110°48′53.74″E；

（5）19°37′32.61″N，110°50′17.13″E；

（6）19°37′12.85″N，110°51′2.99″E；

（7）19°37′11.04″N，110°50′55.24″E；

（8）19°37′16.74″N，110°50′54.28″E；

（9）19°37′9.41″N，110°49′2.40″E；

（10）19°36′21.20″N，110°48′46.69″E；

（11）19°35′35.88″N，110°48′23.86″E；

（12）19°34′28.23″N，110°49′12.42″E；

（13）19°34′27.76″N，110°49′5.73″E；

（14）19°35′30.51″N，110°49′33.95″E；

（15）19°35′2.23″N，110°49′50.34″E；

（16）19°34′34.27″N，110°49′38.67″E；

（17）19°34′35.71″N，110°49′32.06″E；

（18）19°35′10.40″N，110°49′27.45″E；

（19）19°35′52.01″N，110°49′4.35″E；

（20）19°35′59.48″N，110°49′5.95″E；

（21）19°36′56.96″N，110°50′34.97″E；

（22）19°36′32.94″N，110°52′0.93″E；

（23）19°36′26.19″N，110°51′59.92″E；

（24）19°36′48.77″N，110°50′32.94″E；

（25）19°35′50.19″N，110°49′13.36″E；

环境条件：清澜湾为一半封闭型潟湖海湾，其三面为陆地所环抱，仅东南面与南海相通，湾口宽 5.2 km，海岸线长约 48.5 km。八门湾内，沙泥底质，避风条件好，有文教河、文昌江等淡水河径流，咸淡水为主。该区域周边现有大量的水产养殖池，由于养殖技术比较落后，加上缺乏规划和管理，大量的养殖废水和生活废水向清澜湾排放，虽然其水质仍符合 GB3097—1997 二类海水水质标准，但其水体已受到一定的污染。

水文条件：清澜港的潮型为不规则半日潮混合潮型，潮差较小，历年最高潮位 2.17 m，历年最低潮位 0.18 m，平均高潮位 1.51 m，平均低潮位 0.78 m，平均潮位 1.15 m，最大潮差 1.90 m，平均潮差 0.69 m。

生物资源条件：共鉴定到浮游植物 4 门 15 属 27 种，其中，硅藻 10 属 18 种，绿藻 2 属 6 种，蓝藻 2 属 2 种，裸藻 1 种。优势种为隐秘小环藻、单鞭金藻和兰隐藻，在局部区域最高密度分别为 22.3×10^4 ind./L、14.6×10^4 ind./L 和 13.1×10^4 ind./L。浮游动物丰度为 0.405 ind./L，浮游动物的平均生物量为 7.29 mg/L。

选划类型、目标与依据：该区域为 II 类潜在增养殖区，现在还未进行增养殖，可开发为可持续养殖区。根据《海南省海洋功能区划》（2002），八门湾规划为增殖区，与本选划一致。本选划区包括八门湾周边近岸的 2 块滩涂养殖区域，拟利用该区域丰富的浮游生物发展滩涂增养殖，并且，通过养殖牡蛎和泥蚶、文蛤等滤食性贝类以及江蓠等藻类，还有助于降低水体有机质含量，净化该湾内海水水质和改善底质。此外，还可将选划区与红树林自然保护区相结合，发展休闲渔业。

适宜养殖品种：适宜发展牡蛎、泥蚶、文蛤、青蟹、江蓠和鱼类等养殖。

5.4.1.3　万宁小海滩涂增殖区

面积：524.82 hm²。（编号：71，115，116）

地理位置：位于万宁市和乐镇小海沿岸滩涂，沿小海内呈环形分布（图 5.3）；

（1）18°49′27.89″N；110°29′48.54″E

（2）18°49′37.02″N，110°30′2.75″E；

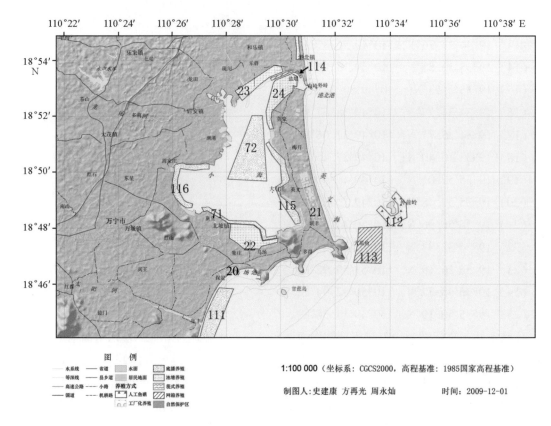

图 5.3 万宁小海及沿海潜在海水增养殖区选划

20 和 21 为万宁保定村和英文村苗种场；22 和 23 为万宁小海海水池塘养殖区；24 为万宁港北高位池养殖区；71、115 和 116 为万宁小海滩涂养殖区；72 为万宁小海浅海底播增殖区；112 为万宁白鞍岛人工鱼礁区；113 为大花角以北深水网箱养殖区；114 为万宁小海海湾网箱养殖区

 （3）18°49′54.69″N，110°30′1.28″E；

 （4）18°51′0.47″N，110°29′27.80″E；

 （5）18°51′5.27″N，110°29′34.79″E；

 （6）18°49′44.82″N，110°30′20.24″E；

 （7）18°49′16.49″N，110°29′59.26″E；

 （8）18°48′7.96″N，110°30′32.17″E；

 （9）18°48′21.61″N，110°30′23.18″E；

 （10）18°50′17.88″N，110°27′20.77″E；

 （11）18°50′6.36″N，110°27′21.33″E；

 （12）18°50′7.67″N，110°26′17.68″E；

 （13）18°49′25.08″N，110°26′11.50″E；

 （14）18°48′52.12″N，110°26′44.75″E；

 （15）18°48′43.60″N，110°26′42.67″E；

 （16）18°50′13.14″N，110°26′3.98″E；

 （17）18°48′44.12″N，110°27′4.16″E；

 （18）18°48′45.35″N，110°27′19.40″E；

（19）18°48′15.86″N，110°28′5.84″E；

（20）18°48′14.63″N，110°29′3.59″E；

（21）18°47′56.20″N，110°29′26.69″E；

（22）18°47′40.23″N，110°29′28.66″E；

（23）18°47′44.16″N，110°29′50.78″E；

（24）18°48′35.03″N，110°27′9.08″E。

环境条件：小海为潟湖港湾，底质沙泥，水温 18.0 ~ 35.0℃，有一狭小的港门与大海相通，有龙头河等淡水河流注入，湾内海水盐度变化较大，咸淡水为主。近年由于围垦、盲目发展海湾网箱养鱼和周边大量建造对虾养殖池塘等，开发已过度，致使湾内海水水质环境趋向恶化，但基本上仍可达到 GB3097—1997 二类海水水质标准。

生物资源条件：小海浮游植物共 15 种，硅藻类 13 种，占 86.67%；甲藻类有 2 种，占 13.33%。优势种为单鞭金藻、兰隐藻和具槽直链藻，局部区域最高密度分别达 19.2×10^4 ind. /L、11.9×10^4 ind. /L 和 10.1×10^4 ind. /L。

选划类型、目标与依据：该区域为 I 类潜在增养殖区，现有围堰养殖和低位池对虾养殖，由于养殖密度过大，养殖方式落后，已对小海水体造成较大的污染，超过了小海的自净能力，拟通过对该区域进行适当改造，将小海周边近岸的 3 块浅海区选划为浅海滩涂养殖区，通过改变现有养殖模式和调整养殖品种，减少小海的外源性污染物数量，提高增养殖的生态效益和经济效益。由于小海有多条淡水河流注入，湾内海水盐度变化较大，适合于广盐性生物的生长，过去在湾内锯缘青蟹（和乐蟹）和梭鲻（后安鲻鱼）资源丰富，是当地著名的地方品牌产品。为此，今后拟通过对该选划区的科学规划和合理布局，并采取先进的增殖技术与管理措施增加地方特色生物的种类与数量，恢复潟湖生态系统。目前，小海规划为风景旅游区，为与规划一致，该选划区一方面要严格控制养殖密度，同时要改变养殖模式，大力推广生态养殖，发展以和乐蟹和梭鲻为主的地方特色品种生态增养殖，在保护海域生态环境的同时恢复和乐蟹和后安鲻鱼产地的名声。

适宜养殖品种：牡蛎、锯缘青蟹、梭鲻、对虾等。

5.4.1.4　临高博铺港滩涂增殖区

面积：345.12 hm²。（编号：2）

地理位置：位于临高县博铺港兰堂村—文潭村及昌拱村一带滩涂区（图 5.4）；

（1）20°0′37.65″N，109°41′55.43″E；

（2）20°1′7.37″N，109°42′42.02″E；

（3）19°59′22.80″N，109°44′29.96″E。

环境条件：泥沙底质，海域水温年平均值为 24.3℃，全年最低水温出现在冬季，为 17.4℃，水温年变化差值为 12.8℃。盐度年变化差值较小，最低盐度出现在夏季，为 31.8；最高盐度出现在冬季，为 33.4。受北部湾强潮流影响，水体混合充分，盐度垂直分布较均匀，表底层差值一般小于 0.2；盐度平面分布，近岸与浅海差异较小。水质条件好，符合 GB3097—1997 二类海水水质标准。

水文条件：主要为正规日潮海区。年平均最大潮差为 283 cm，其中，12 月最大，318 cm，4 月最小，257 cm。海域全年以风浪为主，涌浪为副，风浪频率为 0.76 ~ 0.85，涌

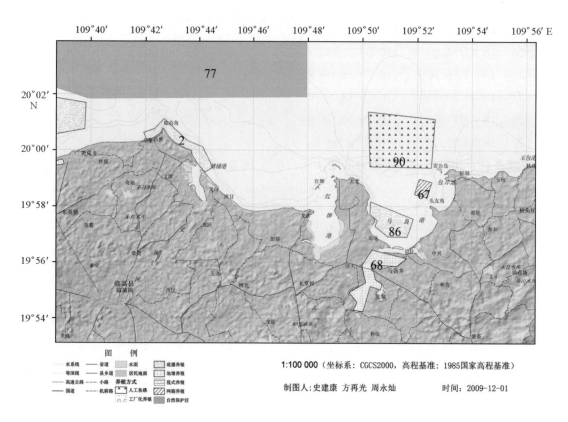

图 5.4　临高马枭近海及澄迈海水增养殖区选划

2 为临高博铺港滩涂养殖区；67 为马枭—新兴湾海湾网箱养殖区；68 为马枭海水池塘养殖区；86 为马枭浅海底播增殖区；90 为澄迈人工鱼礁区

浪频率为 0.14 ~ 0.23。

生物资源条件：有文澜河淡水流入，海水中营养盐含量较高，饵料生物量较丰富，符合 GB18421—2001 一类海洋生物量标准。

选划类型、目标与依据：该选划区的部分区域为 I 类潜在增养殖区，已用于文蛤等贝类养殖；部分区域为 II 类潜在增养殖区，现在还未进行增养殖，可开发为可持续养殖区。已局部开发利用，具有进一步开发前景。本次选划区的绝大部分位于临高角旅游区内，为与其旅游功能相一致，应重点发展以文蛤等滤食性贝类为主的滩涂养殖，与旅游区建设相结合，在有效保护海域环境的同时发展休闲观光渔业。

适宜养殖品种：适宜文蛤、菲律宾蛤仔等贝类养殖。

5.4.2　浅海底播增殖区选划

浅海底播是底播养殖的一种，选划为浅海底播增殖区的条件主要如下。

（1）选划单个区块面积在 200 hm² 以上。

（2）水文条件良好，水交换通畅，风浪小，温度和盐度等符合底播生物的增殖生态学要求。

（3）海域地形平坦、泥沙或沙泥底质，符合底播增殖生物的养殖生物学要求。

（4）海水水质符合 GB3097—1997 和 GB11607—89 中的有关规定。

根据以上条件，共选划出 25 个浅海底播增殖区。

5.4.2.1　海口湾浅海底播增殖区

面积：2 916.52 hm²。（编号：3）

地理位置：位于海口湾低潮线下的浅海区，从海口世纪公园到新海村附近（图 5.5）；

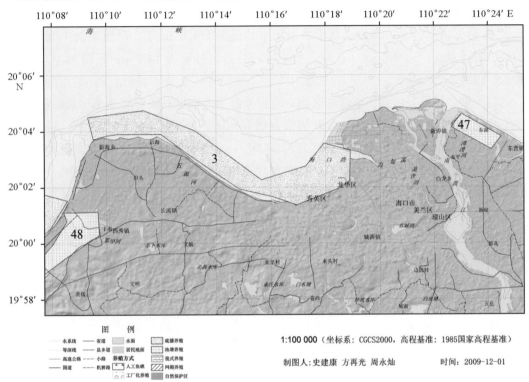

图 5.5　海口湾及桂林洋潜在海水增养殖区选划

3 为海口湾浅海底播增殖区；47 为桂林洋高位池塘养殖区

(1) 20°4′0.59″N，110°13′13.96″E；

(2) 20°2′44.67″N，110°17′16.80″E；

(3) 20°3′33.72″N，110°17′56.60″E；

(4) 20°3′18.27″N，110°18′54.06″E；

(5) 20°1′21.88″N，110°16′56.91″E；

(6) 20°3′42.45″N，110°9′31.01″E；

(7) 20°4′30.07″N，110°9′18.92″E；

(8) 20°4′44.43″N，110°11′21.35″E。

环境条件：泥沙底，透明度高，年平均水温 25.5℃。7 月水温最高，表层水温平均为 30.2℃；1 月最低，表层水温平均为 18.6℃。受地表径流南渡江和降水的影响，盐度值变化范围为 17.2～30.6，该区域水质各指标如下：pH 值平均值为 7.933；COD 含量平均值为 0.58 mg/L；溶解氧含量平均值为 6.289 mg/L；无机氮含量平均值为 0.19 mg/L；磷酸盐含量平均值为 0.012 mg/L 符合国家标准 GB3097—1997 二类海水水质标准。

水文条件：海口湾潮汐属于不正规全日潮，海口湾站平均高潮 0.21 m（榆林高程），平

均低潮 −0.61 m，平均潮差 0.82 m，历史最高潮位为 2.48 m，最低潮位为 −1.73 m，最大潮差 3.31 m。

生物资源条件：海口湾共有浮游植物 34 属 87 种。其中，硅藻类有 26 属 79 种，占总种类数的 91%。优势种为角刺藻、圆筛藻、根管藻、盒形藻、菱形藻。浮游植物细胞总密度年平均值为 5.28×10^3 ind./L。其中，夏季平均密度最高，为 1.12×10^4 ind./L；冬季次之，平均为 6 490 ind./L；秋季最少，仅为 45 ind./L。海口湾经鉴定的浮游动物共有 47 种，其中，桡足类 19 种，占 40.4%，浮游动物生物量年平均值为 114.6 μg/L。浮游动物生物量季节变化明显，夏季最高，达 307 μg/L；春、秋季比较接近，分别为 74.2 μg/L 和 54.3 μg/L；冬季最低，仅为 23.2 μg/L。

选划类型、目标与依据：该选划区内，海口新港至秀英港一带曾底播菲律宾蛤仔等贝类，属于 I 类潜在增养殖区；其他区域为 II 类潜在增养殖区，现在还未进行增养殖，可开发为可持续养殖区。根据《海南省海洋功能区划》(2002)，该选划区域属于旅游度假区和填海造地区，在该区域进行贝类浅海底播增殖，不会对规划的海域使用功能造成明显影响，并且，在该浅海区域底播菲律宾蛤仔和文蛤等滤食性贝类，还有助于改善水质和底质，修复该区域的生态环境。此外，在西秀海滩至新海乡一带，还可结合旅游业的发展，适度开展休闲渔业。

适宜养殖品种：适合发展菲律宾蛤仔和文蛤等滤食性贝类的底播增殖。

5.4.2.2 东寨港浅海底播增殖区

面积：328.99 hm²。（编号：7，138，139，140）

地理位置：东寨港低潮线下的浅海区，位于文昌珠溪河入海口两侧沿岸，及演丰镇沿岸（图 5.6）；

(1) 20°1′1.22″N，110°35′55.50″E；

(2) 20°1′1.35″N，110°35′53.70″E；

(3) 20°1′6.23″N，110°34′49.75″E；

(4) 20°1′13.56″N，110°34′48.79″E；

(5) 20°0′48.39″N，110°35′54″E；

(6) 20°0′49.86″N，110°36′2.00″E；

(7) 20°0′48.11″N，110°36′2.02″E；

(8) 20°0′43.19″N，110°36′2.11″E；

(9) 20°0′39.22″N，110°36′2.17″E；

(10) 19°58′28.89″N，110°37′2.80″E；

(11) 19°58′27.24″N，110°36′57.79″E；

(12) 19°59′59.41″N，110°35′33.48″E；

(13) 19°59′20.46″N，110°35′33.85″E；

(14) 19°59′20.67″N，110°35′14.82″E；

(15) 19°59′52.25″N，110°35′17.82″E；

(16) 19°59′57.10″N，110°34′41.84″E；

(17) 20°0′12.89″N，110°34′45.03″E。

环境条件：东寨港浅海的底质为泥沙，其滩涂面积大，坡度平缓，水温 17.2 ~ 30.6℃，

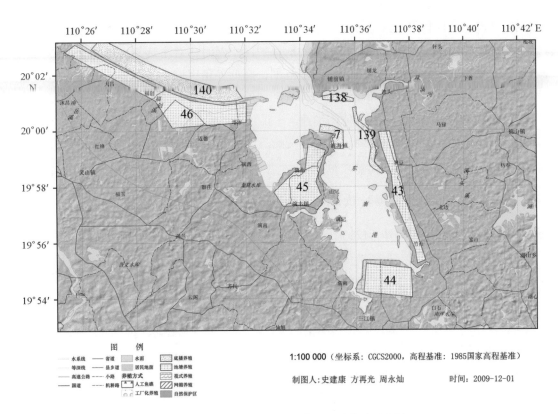

图 5.6　桂林洋和东寨港潜在海水增养殖区选划

　　7、138 和 139 为东寨港浅海底播增殖区；43 为三江—铺前镇池塘养殖区；44 和 45 为海口演丰和三江口高位池塘养殖区；46 为桂林洋高位池塘养殖区

2009 年海南省渔业生态环境监测结果表明，该海域 pH 值为 7.54 ～ 7.75，平均值为 7.65；COD 为 2.34 ～ 3.20 mg/L，平均值为 2.85 mg/L；溶解氧为 5.81 ～ 6.75 mg/L，平均值为 6.46 mg/L；无机磷含量为 0.038 ～ 0.076 mg/L，平均值为 0.052 mg/L，基本符合 GB 3097—1997 二类海水水质标准。不过，由于受到来自珠溪河、三江河和演丰河等携带上游污染物的入海河水以及东寨港沿岸居民的生活污水、养殖业的生产废水和港内各类船只排放的含油污水等共同影响，该区域水质相对较差，对该海域生态环境及其沿岸红树林的保护都造成了较大影响，海洋生物的数量和种类日益减少。

　　水文条件：港湾内风浪很小，潮流流速较弱，属于不正规全日潮，潮差不大，潮流流向与航道一致，涨潮流流速达 1.3 kn，落潮流流速达 1.5 kn。

　　生物资源条件：东寨港水样中共鉴定到浮游植物 6 门 34 属 58 种，其中，硅藻 15 属 28 种，绿藻 8 属 15 种，蓝藻 6 属 8 种，甲藻 2 属 2 种，裸藻 2 属 4 种，金藻 1 种。主要种类为新月菱形藻，海链藻、点形平裂藻等。东寨港水体中的叶绿素 a 为 0.43 ～ 0.46 mg/L，初级生产力为 10.89 ～ 13.42 mg·C/（m² · d），大型底栖生物的生物量为 81.88 g/m²，大型底栖生物栖息密度为 164.15 ind./m²。东寨港浮游动物的生物量为 0.9 ～ 0.92 mg/L，平均值为 4.21 mg/L。

　　选划类型、目标与依据：该选划区属于 I 类潜在增养殖区，在局部区域目前已开展泥蚶和牡蛎等贝类养殖。由于东寨港受河水以及周边生活废水、养殖废水和船舶废水等影响比较严重，水体和底质质量相对较差，为了防止其进一步恶化，修复东寨港的海洋生态环境，保

127

护潟湖港湾以及红树林生态系统，拟在减少该选划区周边陆上池塘养殖面积的基础上，逐步将已有的池塘养殖区过渡为增殖区和海洋特别保护区，同时，对本选划区的海水增养殖进行统一规划，适当扩大滤食性底栖贝类的养殖范围，降低养殖密度，增加养殖品种，从而增加该区域滤食性底栖贝类的种类和数量，改善该区域的水质和底质条件，保护水域环境。同时还可结合东寨港的旅游结合，发展休闲渔业。

适宜养殖品种：适合发展牡蛎、泥蚶、文蛤、红树蚬、青蟹、星虫（沙虫）等底播增养殖，是一个发展前景乐观的潜在增养殖区。

5.4.2.3 文昌东郊浅海底播增殖区

面积：91.83 hm²。（编号：128）
地理位置：位于文昌市东郊镇良梅村至南排垄沿海（图5.2）；
（1）19°34′23.21″N，110°54′30.19″E；
（2）19°34′56.56″N，110°54′56.34″E；
（3）19°35′59.42″N，110°56′41.42″E；
（4）19°35′54.75″N，110°56′45.50″E；
（5）19°35′10.60″N，110°55′21.43″E；
（6）19°34′19.75″N，110°54′34.69″E。

环境条件：该区域底质为沙泥，近海水温18.0～35.0℃，具有南高北低和冬季沿岸低而外海高、夏季沿岸高而外海低的特征。近海海水盐度为30.0～34.0，平均盐度为32.6。沿海居民区和陆基养殖区密集，有大量的生活废水和养殖废水排入，使其水质受到一定的影响，但该区域位于开放性海域，与外海水体交换充分，水质总体情况良好，符合GB 3097—1997二类海水水质标准。

水文条件：海域潮汐以不规则全日潮为主，海区平均潮差变化幅度较小，在0.75～0.87 m之间。海区波浪以风浪为主，最大波高为3.2 m。

生物资源条件：海水中含有种类丰富的浮游植物，硅藻类25种，甲藻类有7种，蓝藻类有颤藻1种，其他浮游植物3种。优势种为隐秘小环藻、单鞭金藻和兰隐藻，优势种在局部区域最高密度可达1.0×10^5 ind./L以上。浮游动物平均生物量可达7.29 mg/L。

选划类型、目标与依据：该选划区域为II类潜在增养殖区，尚未开展增养殖，近期可开发为可持续养殖区。根据《海南省海洋功能区划》（2002），该区域现为麒麟菜保护区，在该区域内进行文蛤和菲律宾蛤仔等贝类的底播增殖，对麒麟菜保护区建设不会造成不利影响，相反，在该保护区内进行滤食性贝类增养殖，可净化周边生活废水和养殖废水对该区域造成的污染，保护该区域的生态环境。

适宜增养殖品种：文蛤、菲律宾蛤仔、波纹巴非蛤、华贵栉孔扇贝等贝类增养殖。

5.4.2.4 文昌清澜港浅海底播增殖区

面积：96.01 hm²。（编号：126，127）
地理位置：位于文昌市清澜港出海口航道两侧浅海区（图5.2）；
（1）19°33′11.13″N，110°50′0.19″E；

（2）19°33′12. 88″N，110°50′4. 33″E；

（3）19°32′53. 55″N，110°50′28. 75″E；

（4）19°32′19. 88″N，110°50′42. 99″E；

（5）19°32′5. 22″N，110°50′35. 48″E；

（6）19°31′52. 54″N，110°50′33. 41″E；

（7）19°32′34. 93″N，110°50′33. 78″E；

（8）19°33′1. 85″N，110°50′10. 35″E；

（9）19°33′5. 98″N，110°49′48. 07″E；

（10）19°33′7. 81″N，110°49′52. 37″E；

（11）19°32′27. 79″N，110°50′19. 58″E；

（12）19°31′50. 94″N，110°50′17. 95″E；

（13）19°31′54. 10″N，110°50′11. 67″E；

（14）19°32′33. 72″N，110°50′12. 47″E。

环境条件：位于八门湾的出口，沙泥底质，水温 18. 0 ~ 35. 0℃，海水盐度 10. 5 ~ 28. 6，pH 值为 7. 75 ~ 8. 39，溶解氧含量为 5. 43 ~ 7. 92 mg/L，磷酸盐含量为 0. 018 ~ 0. 028 mg/L。受养殖业废水、生活污水及八门湾内淡水河流注入的共同影响，其区域水质有富营养化趋势，但由于该区域位于八门湾出口，与外海水体交换较频繁，其水质明显优于八门湾内海水水质。

水文条件：清澜港的潮型为不规则半日潮混合潮型，潮差较小，冬季夜间潮位最高，6—7 月最低。潮流顺水逆方向流动，流速为 1. 5 ~ 2 节。8—9 月雨季时，港湾内水流湍急，港湾东北与北侧方向水面宽阔，波浪大，最大波高达 1 m。

生物资源条件：海水中的叶绿素 a 变化范围为 2. 58 ~ 10. 33 μg/L，清澜港共有浮游植物 36 种。优势种为隐秘小环藻、单鞭金藻和兰隐藻，在局部区域最高密度分别为 22. 3 × 10^4 ind. /L、14. 6 × 10^4 ind. /L 和 13. 1 × 10^4 ind. /L。

选划类型、目标与依据：该选划区域为 I 类潜在增养殖区，在该选划区内现有一定数量的网箱养殖，并且，在其周边沿海区域有大量的池塘养殖和居民生活区，养殖废水和生活废水对该区域影响较大，拟通过调整养殖方式、品种、规模等修复和恢复生态环境。为此，在该区域及其周边区域减少或控制对水体污染较大的池塘养殖和网箱养殖的数量与规模，在浅海区域适当增加有利于改良水质和底质环境的贝类底播增养殖，促进海水养殖与生态环境保护的和谐发展。

适宜养殖品种：文蛤、菲律宾蛤仔、泥蚶等贝类。

5.4.2.5　文昌会文镇浅海底播增殖区

面积：460. 97 hm^2。（编号：124，125）

地理位置：位于文昌市清澜港出海口至会文镇宝峙沿海及冯家湾东部沿海海域。选划 2 块区域，选划区域面积大小分别为 385. 7 hm^2 和 75. 2 hm^2（图 5. 7）；

（1）19°24′46. 69″N，110°43′19. 68″E；

（2）19°24′40. 17″N，110°43′19. 18″E；

（3）19°24′42. 24″N，110°43′8. 22″E；

（4）19°24′42. 78″N，110°42′36. 90″E；

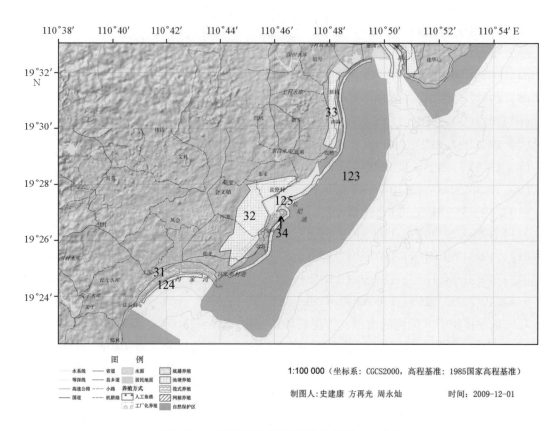

图 5.7　文昌八门湾至冯家湾海水增养殖区选划

32 为文昌会文池塘养殖区；31 和 34 为文昌冯家湾—长妃港—福绵村苗种养殖区；33 为文昌高隆湾沿岸高位池养殖区；123 为文昌冯家湾—清澜港—福绵村麒麟菜增殖区；124 和 125 为文昌会文镇浅海底播增殖区

（5）19°23′45.89″N，110°41′8.31″E；

（6）19°23′47.19″N，110°41′3.35″E；

（7）19°32′29.79″N，110°49′31.77″E；

（8）19°32′23.85″N，110°49′31.87″E；

（9）19°31′50.73″N，110°48′37.63″E；

（10）19°30′8.21″N，110°48′36.19″E；

（11）19°29′18.72″N，110°48′29.35″E；

（12）19°27′1.30″N，110°46′33.10″E；

（13）19°25′39.58″N，110°45′52.49″E；

（14）19°24′39.88″N，110°44′20.50″E；

（15）19°24′46.03″N，110°44′16.45″E。

环境条件：该区域泥沙底，水温 18.0～35.0℃，盐度稳定，平均值为 32.6，其 pH 值为 7.75～8.34，COD 为 0.77～2.34 mg/L，溶解氧为 6.25～8.92 mg/L，无机氮为 0.021～0.273 mg/L，磷酸盐为 0.001～0.019 mg/L，符合 GB 3097—1997 二类海水水质标准。

水文条件：海域潮汐为以不正规日潮全为主，海区平均潮差在 0.75～0.87 m 之间，水流通畅，但潮流流速较弱，属于弱潮流区，波浪以风浪为主，平均波高 0.95 m，平均周期 4.26 s。

生物资源条件：高隆湾海域潮间带有海草分布，近岸海草分布呈点状和斑块状结合；离

岸约 300～500 m 的区域海草呈镶嵌状或片状分布；离岸约 500 m 以外海草呈连续分布，形成大片的海草床。从潮间带上限至潮下带下限，宽度约 2 km。海草海底沉积物以细砂为主。海草优势种为泰莱草，其次为海菖蒲；海神草、喜盐藻和羽叶二药藻分布极少。海草平均盖度为 29%。高隆湾的海草床生物比较丰富，优势种明显。鱼类 13 科 14 种，主要种类为黄斑蓝子鱼、鯻鱼和鲻鱼等，还有一些底栖贝类。

选划类型、目标与依据：该选划区域 II 类潜在增养殖区，现在尚未开展水产增养殖，可在近期建设为可持续养殖区。在该选划区周边的沿海区域现有大面积的池塘养殖区和全省规模最大的工厂化苗种养殖区，其中，清澜港出海口至会文镇宝峙一带沿海有 400 hm² 的低位池养殖区，在冯家湾东部沿海有 300 余家工厂化苗种繁育场，养殖业废水的直接进行排放导致该海域营养盐含量较高，浮游植物生长旺盛，存在富营养化趋势。为此，通过增设以底播滤食性贝类为主的浅海底播增殖区，可发挥净化水质和改善生态环境等作用。

适宜增养殖品种：华贵栉孔扇贝、菲律宾蛤仔、文蛤、翡翠贻贝、海参、海胆和琼枝麒麟菜等。

5.4.2.6　文昌抱虎角西侧沿岸浅海底播增殖区

面积：253.62 hm²。（编号：76）

地理位置：位于文昌抱虎角麒麟菜保护区北侧沿岸区域（图 5.8）；

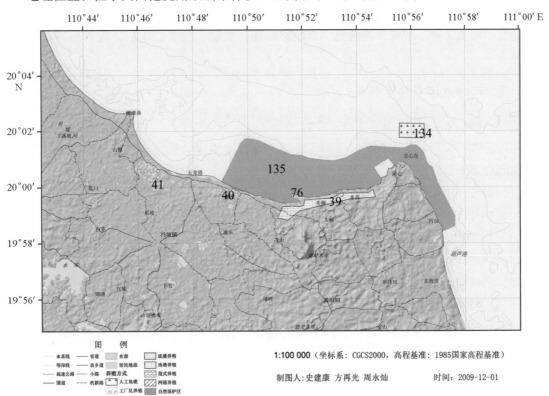

图 5.8　文昌抱虎角海水增养殖区选划

39 为文昌抱虎港高位池养殖区；40 和 41 为文昌翁田—昌洒工厂化养殖区及苗种场；76 为文昌抱虎角西侧沿岸浅海底播增殖区；134 为文昌抱虎角人工鱼礁区；135 为文昌麒麟菜增殖区

（1）20°0′14.01″N，110°54′52.54″E；

（2）20°0′8.68″N，110°54′51.28″E；

（3）20°0′12.85″N，110°49′3.54″E；

（4）20°0′20.75″N，110°49′7.20″E。

环境条件：该区域水质优良，海水平均水温为25.1℃，其中，冬季和春季水温为20.0～27.0℃，夏季和秋季水温为26.5～32.5℃；年最高水温为33.5℃、年最低水温为17.1℃。海水平均盐度为32.8。

水文条件：潮汐类型以不正规半日潮为主。沿海历史最高潮位3.17 m，历史最低潮位为1.1 m。

生物资源条件：浮游植物以硅藻类为主，占浮游植物种类69.44%；其他浮游植物还有甲藻、蓝藻等。海区中优势种为隐秘小环藻、单鞭金藻和兰隐藻。

选划类型、目标与依据：该选划区为Ⅱ类潜在增养殖区，现在还未进行增养殖，可开发为可持续养殖区。根据《海南省海洋功能区划》（2002），该区域现为麒麟菜保护区，由于保护措施不利，现有的麒麟菜资源已很少。在其周边沿海散布有一定数量的高位养殖池。在该区域设置浅海底播增殖区，进行滤食性贝类和棘皮动物的增养殖，不仅不会对麒麟菜保护区造成不利影响，底播增殖区的养殖生物还可净化该海域的水质，降低其周边沿海高位池养殖废水排放对其水质的不利影响；并且，通过赋予浅海底播增殖区管理人员一定的职责，还有助于加强麒麟菜保护区的监管，促进麒麟菜保护区的保护。

适宜增养殖品种：华贵栉孔扇贝、菲律宾蛤仔、文蛤、波纹巴非蛤、翡翠贻贝、海参和海胆等。

5.4.2.7　琼海浅海底播增殖区

面积：199.66 hm²。（编号：73，120）

地理位置：包括2个选划区，分别位于琼海市长坡镇沙老至青葛浅海区，以及潭门镇潭门港出海口至上教村一带沿海（图5.9）；

（1）19°21′21.48″N，110°40′28.36″E；

（2）19°21′15.67″N，110°40′31.28″E；

（3）19°20′5.42″N，110°41′11.01″E；

（4）19°18′54.98″N，110°40′24.11″E；

（5）19°19′0.35″N，110°40′21.08″E；

（6）19°20′12.32″N，110°41′4.37″E；

（7）19°16′18.69″N，110°38′19.17″E；

（8）19°16′16.97″N，110°38′27.77″E；

（9）19°14′25.16″N，110°37′35.68″E；

（10）19°14′30.56″N，110°37′29.78″E。

环境条件：该区域底质为沙、石砾、珊瑚礁；年平均水温26.3℃，最高月平均水温30.6℃，最低月份平均水温20.5℃；平均盐度约为32.5。水质符合GB 3097—1997二类海水水质标准。

水文条件：近海海域波型是以风浪为主的混合浪和以涌浪为主的混合浪，出现频率为

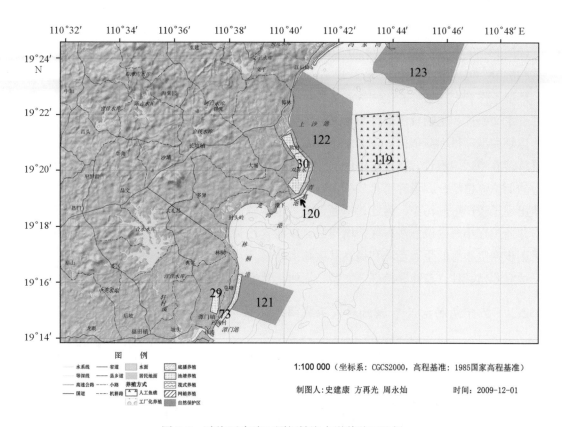

图5.9　琼海冯家湾至潭门镇海水增养殖区选划

29为琼海潭门镇高位池养殖区；30为琼海青葛至欧村高位池养殖区；73和120为琼海浅海底播增殖区；119为琼海冯家湾人工鱼礁区；121和122为琼海麒麟菜增殖区

64.5%；其次为风浪，占21.3%；纯粹的涌浪只占0.5%。

生物资源条件：没有明显的内湾，该海区浮游植物的分布情况与文昌南部海区类似，但其种类和数量相对较少。

选划类型、目标与依据：该选划区域属于Ⅱ类潜在增养殖区，目前尚未开展增养殖，可在近期建设为可持续养殖区。根据《海南省海洋功能区划》（2002），琼海浅海底播增殖区的2个选划区均有约一半位于麒麟菜保护区，另一半位于度假旅游区内，不过，在该选划区内开展底播增殖对麒麟菜保护区和度假旅游区都没有不利影响，并且，通过底播滤食性贝类等底栖生物，还可有效改善该区域的水质和底质，提高该海域的生物多样性和生物量，促进麒麟菜保护区的建设，还可适度开展休闲观光渔业以增加度假旅游区的旅游项目，提高度假旅游区的吸引力。

适宜增养殖品种：适宜华贵栉孔扇贝、菲律宾蛤仔、黄边造鸟蛤、波纹巴非蛤、文蛤、贻贝等贝类，海参及海胆，琼枝麒麟菜等增养殖。

5.4.2.8　万宁小海浅海底播增殖区

面积：699.38 hm²。（编号：72）

地理位置：位于万宁市小海内（图5.3）；

（1）18°52′1.22″N，110°28′56.13″E；

（2）18°52′1.22″N，110°29′20.15″E；

（3）18°49′40.98″N，110°29′30.20″E；

（4）18°49′44.91″N，110°28′2.39″E。

环境条件、水文条件和生物资源条件：万宁小海浅海底播增殖区位于小海湾内，其环境条件、水文条件和生物资源条件与本书"5.4.1.3万宁小海滩涂养殖区"相似。

选划类型、目标与依据：该选划区域Ⅱ类潜在增养殖区，现在还未进行增养殖，可开发为可持续养殖区。不过，在该选划区周边海域有规模较大的网箱养殖区，在该选划区沿海有大量的低位养殖池，大量养殖排放废水以及通过排入小海的河流带来的大量营养盐使该区域水体出现了较严重的污染，为此，拟通过对周边养殖区的改造减少小海的外源性污染物排放量，并通过在小海内设立浅海底播增殖区，以滤食性贝类和藻类进一步改良小海的水质和底质，逐步恢复小海的生态环境和提高其生物多样性。

适宜养殖品种：菲律宾蛤仔、文蛤、泥蚶、牡蛎等贝类以及江蓠等藻类。

5.4.2.9 万宁乌场港及后海沿岸浅海底播增殖区

面积：864.59 hm²。（编号：111）

地理位置：位于万宁乌场港及后海沿岸海域（图5.10）；

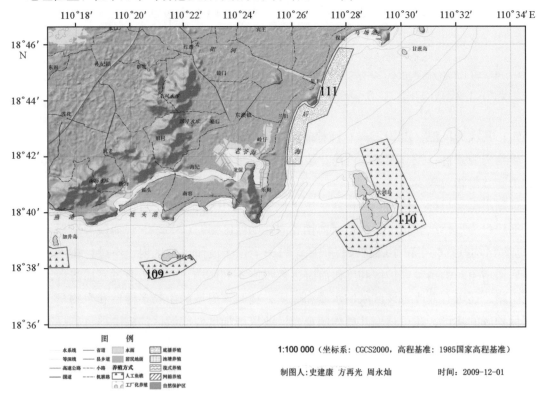

图5.10 万宁浅海底播和人工鱼礁增殖区选划

109和110为万宁大洲岛和洲仔岛人工鱼礁区；111为万宁乌场港及后海沿岸浅海底播增殖区

（1）18°45′52.07″N，110°27′43.99″E；

（2）18°45′49.49″N，110°28′15.67″E；

（3）18°45′41.53″N，110°28′12.36″E；

（4）18°43′28.65″N，110°27′17.23″E；

（5）18°43′10.79″N，110°26′34.52″E；

（6）18°41′43.80″N，110°26′17.37″E；

（7）18°41′43.80″N，110°25′48.19″E。

环境条件：该区域位于开放性海域，底质为沙和沙泥。据2009年海南省海洋环境监测站资料，pH值在8.0左右，COD为0.10~0.22 mg/L，溶解氧为6.76~7.03 mg/L，无机氮为0.018~0.020 mg/L，磷酸盐在0.002 mg/L左右。符合GB 3097—1997二类海水水质标准。

水文条件：沿海一带受沿海海流的影响，10月至翌年3月流向西南，6—8月为东北流。潮汐为不规则日潮，自东北向西南，高低潮时逐渐推迟，平均潮差2~3 m。

生物资源条件：海水中的叶绿素a含量约为0.07 μg/L。

选划类型、目标与依据：该选划区域I类潜在增养殖区，现已在局部海域开展文蛤养殖，并收到了较好的效果。拟在原有养殖的基础上，进一步扩大养殖范围和增加养殖品种，提高养殖效益和生态效益。

适宜增养殖品种：华贵栉孔扇贝、菲律宾蛤仔、文蛤、波纹巴非蛤、翡翠贻贝等贝类，海参及海胆等。

5.4.2.10　陵水新村港与黎安港浅海底播增殖区

面积：404.48 hm²。（编号：4，101，102，104）

地理位置：位于陵水县新村港、黎安港湾内和黎安港口门（图5.11）；

（1）18°25′47.31″N，110°0′29.57″E；

（2）18°25′37.58″N，110°0′29.18″E；

（3）18°25′44.37″N，109°59′29.62″E；

（4）18°25′26.38″N，109°59′4.48″E；

（5）18°25′57.02″N，109°59′21.21″E；

（6）18°25′51.24″N，110°0′7.23″E；

（7）18°26′1.07″N，109°59′55.00″E；

（8）18°26′2.20″N，110°0′5.14″E；

（9）18°25′47.67″N，110°0′17.17″E；

（10）18°26′24.97″N，110°1′21.10″E；

（11）18°26′37.26″N，110°1′11.64″E；

（12）18°26′43.75″N，110°1′24.88″E；

（13）18°26′33.38″N，110°1′37.08″E；

（14）18°26′10.97″N，110°1′46.01″E；

（15）18°26′5.49″N，110°1′19.26″E；

（16）18°25′6.63″N，110°3′12.68″E；

（17）18°25′43.03″N，110°3′31.47″E；

（18）18°26′4.10″N，110°3′26.94″E；

（19）18°26′35.68″N，110°3′12.43″E；

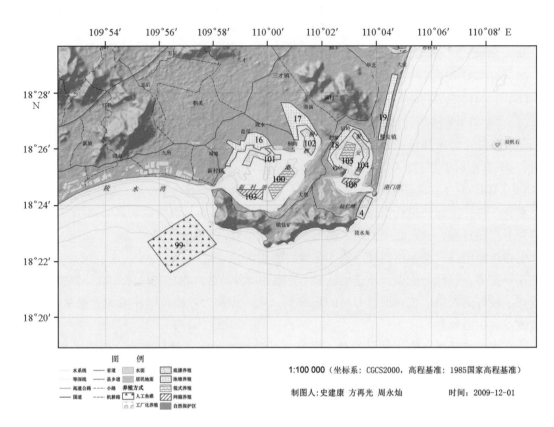

图 5.11　陵水新村和黎安海水增养殖区选划

4、101、102 和 104 为陵水新村港与黎安港浅海底播增殖区；16、17、18 和 19 为陵水新村港和黎安港高位池养殖区；99 为陵水湾人工鱼礁区；100 和 105 为陵水新村港和黎安港筏式养殖区；103 和 106 为陵水新村港和黎安港网箱养殖区

（20）18°26′1.07″N，110°3′43.76″E；

（21）18°25′43.35″N，110°3′44.42″E；

（22）18°25′3.70″N，110°3′21.61″E；

（23）18°24′20.96″N，110°3′36.12″E；

（24）18°24′13.98″N，110°3′51.82″E；

（25）18°23′29.45″N，110°3′31.96″E；

（26）18°23′37.09″N，110°3′15.20″E。

　　环境条件：黎安港和新村港潟湖海岸底质为泥沙，主要由粗砂、中砂、细砂和少量淤泥构成。黎安港的水温为 29.2 ~ 30.5℃，平均水温为 30.0℃；盐度 31.5 ~ 32.2，平均盐度 31.8，与外海水接近。黎安港内不同区域透明度不同，为 1.8 ~ 3 m；表层海水 pH 值为 8.18 ~ 8.28，底层海水 pH 值为 7.9 ~ 8.1；表层和底层无机氮含量分别为 0.028 ~ 0.04 mg/L 和 0.023 ~ 0.058 mg/L；活性磷酸盐含量为 0.001 ~ 0.005 mg/L。水质优良，符合 GB 3097—1997 二类海水水质标准。

　　新村港位于海南省陵水县新村镇的东南部，港内南北长 4 km，东西宽 6 km，面积 24 km²。水温 28.6 ~ 29.9℃，盐度 28.6 ~ 32.8，平均值度为 31.78。新村港内不同区域透明度基本相同，为 1.0 ~ 1.3 m；表层 pH 值 8.16 ~ 8.21；表层无机氮含量为 0.022 ~ 0.04 mg/L；活性磷酸盐为 0.002 mg/L。水质优良，符合 GB 3097—1997 二类海水水质标准。

黎安港和新村港内沉积物有机碳含量符合国家沉积物质量一类标准要求；湾内沉积物中硫化物含量基本符合国家一类沉积物标准，仅有个别区域受到岸边虾池养殖排污以及网箱养鱼的残饵等污染影响，硫化物指标达到国家二类沉积物标准。

水文条件：新村港潮汐系数为 2.53 ~ 3.10，属不正规全日潮型，平均潮差为 0.69 m，最大潮差 1.55 m（榆林 56 基面）。新村潮汐通道口门处的潮性系数为 0.45，为不正规半日潮型。实测的表层最大落潮流速为 86 cm/s，流向 289°，出现在落潮中潮位时段，底层最大落潮流速为 76 cm/s；最大涨潮流速为 84 cm/s。黎安港涨落潮历时基本相等，潮汐类型属于全日潮型。涨潮时，口门处表层最大流速为 35.92 cm/s，平均流速为（16.08 ± 8.41）cm/s，潮流流向 270.21°；底层平均流速比表层要大，最大流速为 49.76 cm/s，平均流速为（28.61 ± 11.34）cm/s。落潮时，口门处表层最大流速为 44.21 cm/s，平均流速为（27.29 ± 10.34）cm/s，潮流流向 90.14°，底层最大流速为 54.01 cm/s，平均流速为（32.36 ± 12.99）cm/s。

生物资源条件：黎安港内适宜海草生长，海草种类有泰来藻、海菖蒲和海神草。2008 年港内优势种海菖蒲的密度约为 50 ~ 100 株/m²，泰来藻和海神草等数量较少，散乱分布在海菖蒲间。游泳生物以鱼类为主，共调查到鱼类 8 科 10 种，主要种类为黄斑篮子鱼和鲻等，鱼类平均生物量为 0.437 g/m²。海草床底栖生物丰富，常见的类群有海绵、螃蟹、海参、虾、贝等。新村港也是海南海草资源种类最丰富的区域之一，海草面积约有 200 hm²。海草以泰来藻、海菖蒲和海神草为主要优势种，3 种海草以单独分布为主，存在少量的二药藻、喜盐草。新村港的游泳生物以鱼类为主，调查到 5 科 6 种，主要种类为黄斑篮子鱼和鲻，鱼类平均密度为 0.059 ind./m²，鱼类平均生物量为 0.774 g/m²。海草伴生生物共发现 17 种，其生物量为 127.7 g/m²，分布密度为 6.7 ind./m²；以软体动物中的钝缀锦蛤、丽文蛤、毛蚶、近江牡蛎和棘皮动物中的海胆、砂海星等为优势种。硅藻类 28 种，占藻类总数 52.83%；甲藻类有 19 种，占 35.85%；蓝藻类有 2 种，占 3.77%；其他类有 4 种，占 7.55%。优势种为隐秘小环藻、圆海链藻和兰隐藻，局部区域最高密度分别达 14.0×10^4 ind./L、55.7×10^4 ind./L 和 15.4×10^4 ind./L。

选划类型、目标与依据：陵水新村港与黎安港浅海底播增殖区包括 4 个选划区，属于 II 类潜在增养殖区，目前尚未开展养殖，但在部分选划区的周边海域和沿海陆地上有较大规模的网箱养殖、筏式养殖和池塘养殖，养殖排放废水等污染物对湾内水质影响较大，其营养盐含量较高，在高温季节富营养化趋势比较明显。因此，拟通过在新村港和黎安港建立上述浅海底播增殖区，通过底播滤食性底栖贝类以改善湾内的底质和水质，修复黎安港和新村港的生态环境，提高这两个港湾的生物多样性。

适宜增养殖品种：菲律宾蛤仔、文蛤、泥蚶、黄边糙鸟蛤、波纹巴非蛤、古蚶、江珧等贝类以及星虫、江蓠和麒麟菜等藻类。

5.4.2.11　陵水头仔和赤岭浅海底播增殖区

面积：225.62 hm²。（编号：98）

地理位置：位于陵水县土福湾沿岸海域（图 5.12）；

（1）18°23′33.23″N，109°47′34.56″E；

（2）18°24′8.60″N，109°47′50.00″E；

（3）18°23′46.19″N，109°48′52.35″E；

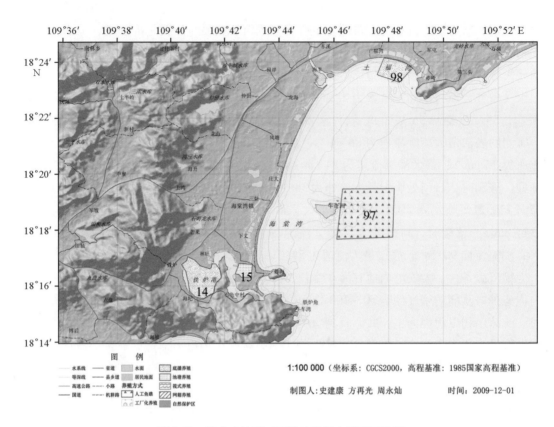

图 5.12　陵水赤岭至三亚铁炉港海水增殖区选划

14 为三亚铁炉港浅海底播增殖区；15 为三亚铁炉港池塘养殖区；97 为三亚蜈支洲岛东侧增殖放流与人工鱼礁游钓区；98 为陵水头仔和赤岭浅海底播增殖区

（4）18°23′16.50″N，109°48′23.42″E。

环境条件：该区域属于礁岩海岸，底质为砂。表层海水年均水温 23.0～27.0℃。春季近岸表层海水盐度为 33.0，底层海水盐度为 33.6；秋季近岸表层海水盐度为 32.3，底层海水盐度为 33.0。海区 pH 值 8.06～8.24，平均值为 8.2。溶解氧为 5.73～6.39 mg/L；COD 为 0.09～0.44 mg/L。水质符合 GB 3097—1997 二类海水水质标准。

水文条件：年平均潮位 140 cm，陵水海域位于琼东上升流区，潮汐属于不正规全日混合潮，其海域表层为不正规半日潮流，底层为不正规全日潮流。由于受到从东北向西南传播的前进朝波影响，该区涨落潮流方向基本在 SW—NE 方向。涨潮流大于落潮流，涨潮流历时小于落潮流历时。

生物资源条件：海区浮游植物有 182 种，分别隶属于 5 门71 属，优势种类有根管藻属、角毛藻属、幅杆藻属和菱形藻属等。浮游动物以桡足类最多。底栖生物主要有甲壳动物、棘皮动物、鱼类、软体动物和多毛类组成，生物量达 21.75 g/m²。

选划类型、目标与依据：该选划区域为 II 类潜在增养殖区，其周边沿海地区现有一定数量的高位养殖池塘，但该沿海区域已规划为旅游度假区，高位池将逐步被清除，不过，在该选划区内开展贝类和藻类底播增殖，不仅不会对旅游区的旅游景观造成负面影响，还可净化水质，增加该海域海洋底栖生物的种类和数量，有助于开展休闲渔业等相关旅游项目。

适宜增养殖品种：华贵栉孔扇贝、菲律宾蛤仔、文蛤、翡翠贻贝等贝类以及海参和海胆等。

5.4.2.12　三亚铁炉港浅海底播增殖区

面积：428.89 hm²。（编号：14）

地理位置：位于三亚铁炉港内（图5.12）；

（1）18°16′16.57″N，109°41′51.69″E；

（2）18°15′32.18″N，109°41′12.15″E；

（3）18°15′48.82″N，109°40′41.06″E；

（4）18°16′46.35″N，109°40′23.70″E；

（5）18°17′3.02″N，109°40′36.77″E；

（6）18°16′39.54″，109°41′29.86″。

环境条件：铁炉港为潟湖港湾，有一条30～40 m 宽的水道与大海相通，避风条件较好。铁炉港为泥沙底质，年均表层水温23.0℃，最低水温16.0℃，最高可达30.0℃；海水平均盐度28.9，水质较好，基本符合 GB 3097—1997 二类海水水质标准。

水文条件：三亚海区的波浪以风浪为主，占80%。常浪向为 SE—SSE，强浪向为 S—WSW，平均波高为0.67 m。因受季风和地形的影响，呈现平均波高夏季大于冬季的特点。三亚湾潮汐属于不正规全日潮。三亚湾平均高潮位1.53 m，潮流基本属于规则日潮。

选划类型、目标与依据：该选划区域为 I 类潜在增养殖区，在铁炉港的湾口水道区现有较高分布密度的海湾网箱养殖，湾内有零星滩涂养殖，周边有大片面积的高位池养殖等多种养殖方式，由于养殖密度过大，海洋环境逐渐恶化，亟须改变养殖方式和加强环境整治，并通过科学规划和合理布局，采取先进的增殖技术和管理措施。目前，该港湾区已规划为水上运动和游艇、摩托艇区，已不适合开展海湾网箱养殖。为此，将该选划区的养殖方式调整为底播增殖，通过适度增殖藻类和底播滤食性贝类等，将海水养殖转变为海水增殖，以保护水域环境，增加该区域的生物种类和数量，修复潟湖海洋生态与环境，并向休闲渔业发展。

适宜增养殖品种：适度增殖藻类、菲律宾蛤仔、文蛤和海参等。

5.4.2.13　三亚南山—红塘湾浅海底播增殖区

面积：424.88 hm²。（编号：94）

地理位置：位于三亚市南山—红塘湾海域（图5.13）；

（1）18°18′0.63″N，109°15′34.54″E；

（2）18°17′24.92″N，109°15′34.54″E；

（3）18°17′24.67″N，109°13′14.30″E；

（4）18°18′1.81″N，109°13′13.43″E。

环境条件：底质砂，水深在10～30 m。2009 年海南省海洋环境监测数据显示，该海域 pH 值为8.03～8.18；溶解氧为6.6～6.96 mg/L；COD 为0.21～0.9 mg/L；无机氮为0.049～0.126 mg/L；活性磷酸盐为0.001～0.002 mg/L，水质符合 GB 3097—1997 一类海水水质标准。

生物资源条件：三亚海区浮游植物的生物量秋季为4 960 ind./L，春季为830 ind./L，秋

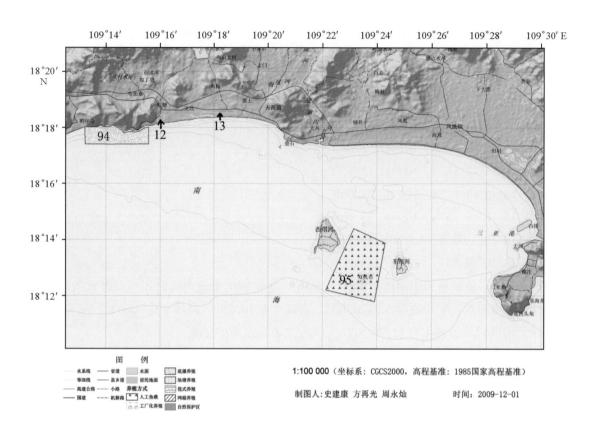

图 5.13　三亚湾和红塘湾海水增养殖区选划

12 和 13 为红塘湾工厂化养殖区；94 为三亚南山—红塘湾浅海底播增殖区；95 为三亚东瑁—西瑁人工鱼礁区

季大于春季。

　　选划类型、目标与依据：该选划区域为Ⅱ类潜在增养殖区，目前未开展增养殖。根据《海南省海洋功能区划》（2002），该区域内有杂色鲍自然保护区，但保护措施不得力，杂色鲍资源没有得到有效保护，因过度捕捞而使其资源出现衰退现象，因此必须采取增殖措施以增加和补充该区域的海洋生物群体数量，促进资源恢复和生态环境的保护。为此，设置该浅海底播增殖区，通过水下底播增殖鲍鱼、珍珠贝和扇贝等，促进生物资源的恢复。不过，在该区域内开展底播增殖一定要严格控制容量和品种，并必须注意在规划和设置增殖设施时要遵守保护区的管理要求，决不允许影响保护区建设，实现可持续发展。

　　适宜增养殖品种：杂色鲍、华贵栉孔扇贝、翡翠贻贝、大珠母贝、珠母贝、企鹅珍珠贝、方斑东风螺、海参和海胆等。

5.4.2.14　三亚崖洲湾浅海底播增殖区

　　面积：1 562.36 hm²。（编号：92）

　　地理位置：位于三亚崖洲湾东锣—西鼓岛北侧近岸海域，面积1244.59hm²（图5.14）；

　　（1）18°20′22.83″N，109°1′51.74″E；

　　（2）18°21′48.26″N，109°1′34.15″E；

　　（3）18°22′9.69″N，109°3′52.03″E；

　　（4）18°20′24.03″N，109°4′36.79″E。

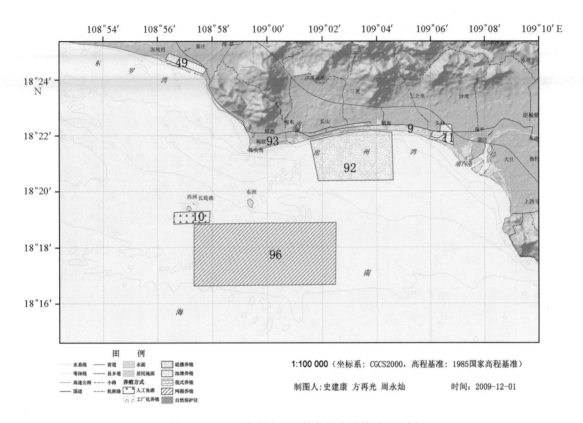

图 5.14　三亚崖洲湾及西鼓岛海水增养殖区选划

9 和 93 为三亚崖洲湾苗种场；10 为三亚西鼓岛人工鱼礁区；11 为三亚宁远河高位池养殖区；92 为三亚崖洲湾浅海底播增殖区；96 为三亚东锣—西鼓岛深水网箱养殖区

环境条件：质底为砂质和沙泥，表层海水水温 22.0～27.0℃，年均海水盐度表层为 31.0～34.0，底层盐度为 33.0～35.0，盐度分布由近岸向外海呈递增趋势。海水透明度较大，水质良好，符合 GB 3097—1997 一类海水水质标准。

水文条件：潮汐属于不规则日潮。潮流基本属于规则日潮。

生物资源条件：东锣岛、西鼓岛附近水域有较高的生物量，甲壳类最多，占生物总量的 58.1%，其次为鱼类，占 40.8%。

选划类型、目标与依据：该选划区域为Ⅰ类潜在增养殖区，现已在局部区域开展扇贝养殖。据调查，该海域是目前海南岛大珠母贝自然资源量最丰富的海域之一，因此，建议在开展扇贝养殖的同时，适度底播大珠母贝等珍珠贝类和鲍鱼等，在提高经济效益的同时提高该海域的底栖生物多样性。此外，为了保护珍贵的大珠母贝自然资源，建议严格控制该海域底播贝类的种类与数量，控制沉箱底栖养殖规模，使其成为自然增殖的辅助手段。

适宜增养殖品种：本海区是海南省仅存的少数几个大珠母贝自然产区之一，应以大珠母贝自然增殖和保护为主，适当发展华贵栉孔扇贝、杂色鲍、海参和海星等底播增殖。

5.4.2.15　乐东望楼港—多二浅海底播增殖区

面积：2375.78 hm²。（编号：81）

地理位置：位于乐东县利国镇望楼港至黄流镇多二近岸海域（图 5.15）；

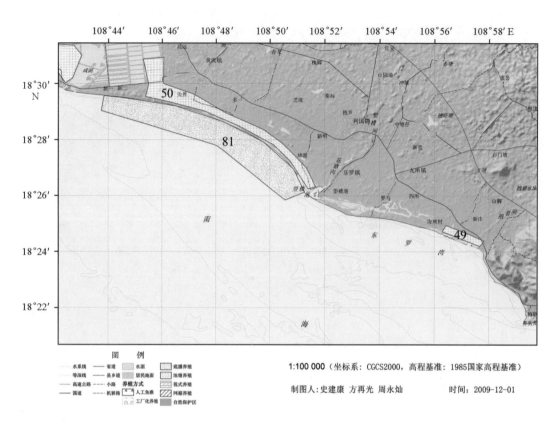

图 5.15　乐东浅海底播和高位池养殖区选划

49 和 50 为乐东黄流镇—莺歌海镇—白沙河高位池养殖区；81 为乐东望楼港—多二浅海底播增殖区

（1）18°29′2.47″N，108°43′44.87″E；

（2）18°29′34.37″N，108°43′50.39″E；

（3）18°28′38.26″N，108°48′16.79″E；

（4）18°26′8.03″N，108°51′16.07″E；

（5）18°25′51.07″N，108°50′32.75″E。

环境条件：砂质底，水温适宜，年平均水温 27.0℃左右。由于海湾和河流较少，海水盐度较高，且变化幅度较小。年平均盐度为 33.3；海区 pH 值为 8.0～8.15，COD 为 0.16～0.51 mg/L，溶解氧为 6.31～6.71 mg/L，无机氮为 0.028～0.035 mg/L，磷酸盐为 0.002～0.006 mg/L，水质符合 GB 3097—1997 二类海水水质标准。

水文条件：沿岸潮汐属不规则全日混合潮，一般一日有两次高潮，月球赤纬最大的少数日期，低高潮和高低潮消失，呈一日一次潮的现象。

生物资源条件：叶绿素 a 含量为 0.25～0.42 μg/L，浮游植物有 182 种，优势种类有根管藻属、角毛藻属和菱形藻属等。乐东海区浮游动物中，桡足类最多，其他还有浮游介形类、浮游端足类、枝角类、莹虾类、磷虾类、毛颚类、浮游被囊类、有尾类、海樽类、水母类等。该海区年总生物量为 290 μg/L。

选划类型、目标与依据：该选划区域为 II 类潜在增养殖区，目前尚未开展海水养殖。不过，在该选划区的周边沿海地区现有一定量的养殖池塘，养殖废水及望楼河为该海区带来了丰富的营养，浮游生物密度高，具有发展浅海底播的优越条件，并且，通过底播滤食性贝类，还可改良该区域的水质环境，缓解其周边沿海池塘养殖废水的影响。

适宜增养殖品种：华贵栉孔扇贝、菲律宾蛤仔、文蛤、蚶蚶、波纹巴非蛤、等边浅蛤、方斑东风螺、泥东风螺、海参和麒麟菜等。

5.4.2.16　乐东丹村港—白沙港浅海底播增殖区

面积：2870.26 hm²。（编号：80）

地理位置：位于乐东县西部沿岸，佛罗镇范围内，北至白沙河出海口（图 5.16）；

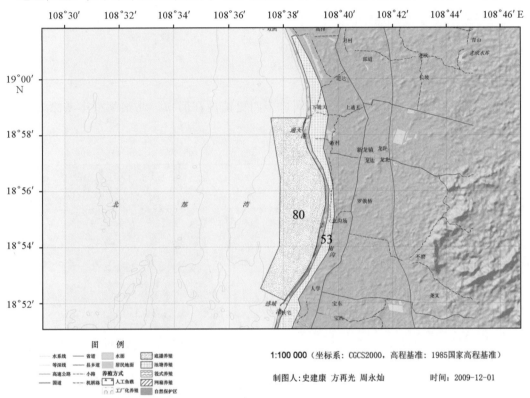

图 5.16　乐东浅海底播和工厂化养殖区选划

53 为东方板桥—新龙工厂化养殖区；80 为乐东丹村港—白沙港浅海底播增殖区

（1）18°58′36.48″N，108°37′32.08″E；

（2）18°58′36.48″N，108°38′49.61″E；

（3）18°55′31.39″N，108°39′32.53″E；

（4）18°52′5.69″N，108°38′0.96″E；

（5）18°52′31.18″N，108°37′8.15″E。

环境条件：底质为砂和沙泥，年平均海水水温 27.0℃左右。由于海湾和河流较少，海水盐度较高，且变化幅度较小，年平均盐度 33.3。2009 年海南省海洋环境监测站资料表明，该区域海水水质符合 GB 3097—1997 二类海水水质标准。

水文条件：沿岸潮汐属不规则全日混合潮区，一般一日有两次高潮，月球赤纬最大的少数日期，低高潮和高低潮消失，呈一日一次潮的现象。

生物资源条件：由于有白沙河的注入，带来了较丰富的营养盐，有利于海洋生物的生长，海水中叶绿素 a 含量为 0.25～1.5 μg/L。海区浮游植物有 180 多种，优势种类有根管藻属、角毛藻属和菱形藻属等。乐东海区浮游动物中，桡足类最多。本海区年总生物量为290 μg/L。

选划类型、目标与依据：该选划区域为 I 类潜在增养殖区，目前已有小规模浅海滩涂养殖，但是基本上处于自然状态，需要适当调整增殖区域和增殖品种，通过科学规划，合理的浅海底播增殖种类结构，推广先进的浅海底播增殖科学技术，提高增殖技术水平，提高该海域底播增殖的生态效益、经济效益和社会效益。

适宜增养殖品种：华贵栉孔扇贝、菲律宾蛤仔、文蛤、翡翠贻贝、波纹巴非蛤、黄边糙鸟蛤、方斑东风螺等贝类，海参、海胆等。

5.4.2.17 东方四更—墩头浅海底播增殖区

面积：4865.65 hm²。（编号：79）

地理位置：位于东方市八所镇北黎河口至四更镇昌江河口，北黎湾沿岸滩涂海域（图 5.17）；

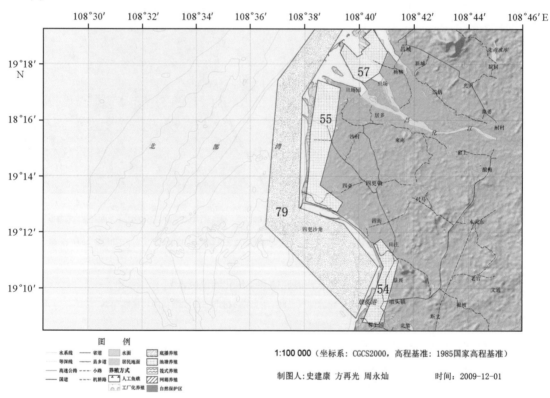

图 5.17　东方北黎河至昌化江海水增养殖区选划

54、55 和 57 为北黎河—昌化江入海口池塘养殖区；79 为东方四更—墩头浅海底播增殖区

（1）19°19′48.96″N, 108°38′47.16″E；

（2）19°19′20.45″N, 108°39′26.63″E；

（3）19°16′50.27″N, 108°37′54.54″E；

（4）19°12′52.37″N, 108°37′47.97″E；

（5）19°10′45.75″N, 108°40′42.27″E；

(6) 19°8′56.13″N，108°39′54.04″E；

(7) 19°12′13.46″N，108°36′35.61″E；

(8) 19°17′25.35″N，108°37′0.83″E。

环境条件：底质为砂、泥，东方市海域平均为水温 26.0℃，最高水温为 32.7℃，最低水温为 13.7℃，沿海最高盐度为 36.0，最低盐度为 19.6，年平均盐度为 33.7。海水水质符合 GB 3097—1997 二类海水水质标准。

水文条件：属规则日潮，多年平均潮差为 1.47 m，最大潮差为 3.40 m，平均潮位 1.90 m，最高潮位 3.90 m，最低潮位 0.23 m，平均高潮间隙为 2 h 50 min。近岸潮流属不规则日潮流，流向基本与海岸线平行。

生物资源条件：该海域浮游植物初步鉴定有 233 种，其中，硅藻类占 73.4%，甲藻类占 23.6%。171 种硅藻类中，角刺藻属占浮游植物种类数量的 19.7%；其次是根管藻属占 9.4%，圆筛藻属占 6.9%。甲藻类的角藻属种类最多。浮游植物随季节的不同其种类和数量存在差异。冬季，浮游植物高密度分布，以布代双尾藻所占比例最高，细弱海链藻和络氏刺角藻。

选划类型、目标与依据：该选划区域为 I 类潜在增养殖区，目前已成为海南省著名的泥蚶滩涂养殖区，需要进一步通过科学规划和合理布局，优化底播增殖方式和品种，根据养殖容量适度控制养殖规模，增加海区泥蚶群体数量和该海域的生物多样性，将其建设成为海南省为数不多的泥蚶增养殖的天然苗种场。

适宜增养殖品种：泥蚶、文蛤、古蚶、波纹巴非蛤、等边浅蛤、东风螺等贝类以及海参和麒麟菜等。

5.4.2.18　昌江海尾—马容近海浅海底播增殖区

面积：2 315.10 hm²。（编号：87）

地理位置：位于昌江海尾渔港以南至棋子湾以北浅海海域（图 5.18）；

(1) 19°24′12.83″N，108°43′45.69″E；

(2) 19°26′46.32″N，108°47′32.05″E；

(3) 19°25′47.13″N，108°48′20.95″E；

(4) 19°22′48.86″N，108°44′8.35″E。

环境条件：浅水区分布较宽的带状礁盘。昌江县海水年平均盐度为 32.1，夏季最低为 30.9，最高为 34.8，冬季较均匀，表层与底层差值为 0.2。风浪不大，水质条件优良，水质符合 GB3097—1997 二类海水水质标准。

水文条件：昌江县海区面邻北部湾，由于受到季风影响，浪向分布受到季风的控制，年平均浪高为 0.7 m，月平均浪高变化不明显。根据海区多年海浪观测资料统计，波级在 0 ~ 2 级的出现频率为 55%，3 级的出现频率为 32%，4 级以上的出现频率为 14%。潮汐以日潮为主，属不正规全日潮型。

生物资源条件：浮游植物随季节的不同其种类和数量存在差异。冬季，浮游植物分布密度高，以布代双尾藻所占比例最高。

选划类型、目标与依据：该选划区域为 II 类潜在增养殖区，根据《海南省海洋功能区划》(2002)，该选划区规划为养殖区，不过，根据昌江最新的建设规划，该海域将被调整为旅游区，不过，不管其周边沿海区域最终定位为养殖区还是旅游区，在该区域内发展浅海底

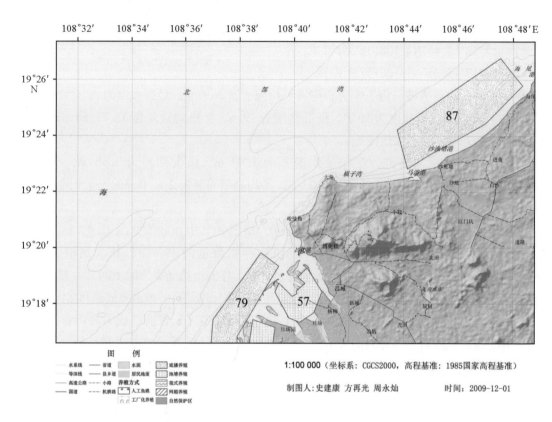

图 5.18　昌化潜在浅海底播与池塘养殖区选划

57 为昌化江入海口池塘养殖区；87 为昌江海尾—马容近海浅海底播增殖区

播都不会对水质环境和旅游景观造成不利影响，通过底播增殖提高该海域的生物多样性，对旅游发展有良好的推动作用。

适宜增养殖品种：华贵栉孔扇贝、菲律宾蛤仔、文蛤、翡翠贻贝、蚶蚶、波纹巴非蛤、等边浅蛤、方斑东风螺、泥东风螺、海参、海胆，麒麟菜等。

5.4.2.19　儋州白马井—海头浅海底播增殖区

面积：6 247.65 hm²。（编号：82）

地理位置：位于儋州市白马井到海头沿岸海域（图 5.19）；

（1）19°32′14.05″N，108°56′14.22″E；

（2）19°32′58.80″N，108°55′25.06″E；

（3）19°41′22.38″N，109°4′4.15″E；

（4）19°39′28.88″N，109°6′19.58″E。

环境条件：底质砂、珊瑚礁、2 月平均水温 23.0 ~ 26.0℃，8 月平均水温 27.0 ~ 29.0℃。海区 pH 值为 7.96 ~ 8.10，COD 为 0.25 ~ 0.98 mg/L，溶解氧为 6.70 ~ 7.27 mg/L，无机氮为 0.018 ~ 0.282 mg/L，磷酸盐为 0.002 mg/L，水质符合 GB 3097—1997 二类海水水质标准。

水文条件：潮流类型主要为不正规半日潮和不正规全日潮两种。平均高潮位 3.00 m，平均低潮位 1.33 m，平均潮位 2.10 m，平均潮差 1.67 m。

生物资源条件：海域水体中，已记录有浮游植物 107 种，隶属 4 门 41 属，其中作为贝类

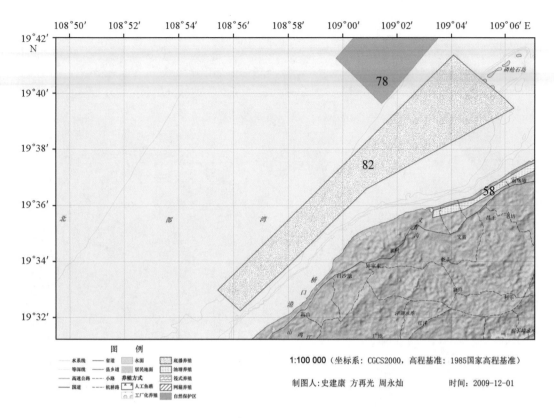

图 5.19　儋州潜在海水增养殖区选划
58 为儋州排浦－海头高位池养殖区；78 为儋州大珠母贝保护区；82 为儋州白马井－海头浅海底播增殖区

良好饵料的硅藻门浮游植物有 95 种。浮游植物分布密度为 510～1650 个/L。浮游动物共有 58 种。已记录有底栖生物 172 种，密度为 50～500 个/m²，生物量为 0.5～56 mg/L，其中，贝类 64 种，甲壳类 38 种。

选划类型、目标与依据：该选划区域为 II 类潜在增养殖区，目前尚未开展养殖。该海域为海南岛西部的沙丁鱼和蓝圆鲹等多种近海经济鱼类产卵场及仔稚幼鱼索饵场，已建立蓝圆鲹省级自然保护区，不过，在该区域开展底播增殖并不会对保护区造成负面影响，还将提高该海域的海洋生物多样性，改善水域环境质量。

适宜养殖品种：砂质海底适宜增殖古蚶、文蛤、波纹巴非蛤、日月贝、东风螺等贝类和沙虫底播增殖，珊瑚礁盘区适宜增殖塔形马蹄螺、银口蝾螺、海参、海胆和麒麟菜等。

5.4.2.20　儋州新英湾浅海底播增殖区

面积：2 685.09 hm²。（编号：70，83，84）

地理位置：位于儋州市新英湾内；洋浦港沿岸浅海区域，排铺至洋浦港一带（图 5.20）；

（1）19°43′56.30″N，109°16′26.54″E；

（2）19°43′45.33″N，109°16′27.52″E；

（3）19°43′8.23″N，109°13′43.35″E；

（4）19°43′42.60″N，109°13′32.62″E；

（5）19°44′6.33″N，109°14′13.42″E；

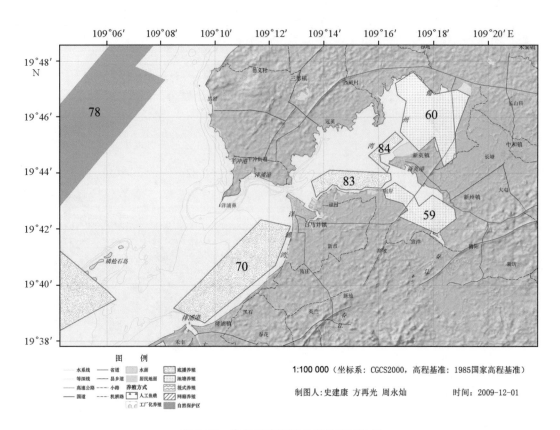

图 5.20 儋州新英湾海水增养殖区选划

59 和 60 为新英湾海水池塘养殖区；78 为儋州大珠母贝保护区；70，83 和 84 为儋州新英湾浅海底播增殖区

（6）19°45′12.11″N，109°16′53.36″E；

（7）19°44′1.13″N，109°16′19.14″E；

（8）19°44′37.24″N，109°15′38.05″E；

（9）19°45′28.51″N，109°16′36.05″E；

（10）19°42′20.07″N，109°11′41.82″E；

（11）19°42′6.01″N，109°12′46.44″E；

（12）19°40′41.82″N，109°12′13.21″E；

（13）19°38′38.88″N，109°9′36.98″E；

（14）19°39′10.53″N，109°8′28.29″E。

环境条件：湾内有春江和北门江等淡水河水注入，以咸淡水为主，在新英湾出海口附近，即洋浦港内，水体 pH 值为 8.07~8.07，平均值为 8.05；溶解氧为 5.63~6.01 mg/L，平均值为 5.81 mg/L；COD 为 0.47~1.29 mg/L，平均值为 0.54 mg/L；无机氮含量为 0.018~0.229 mg/L，平均值为 0.065 mg/L；无机磷含量 0.000~0.003 mg/L，平均值为 0.002 mg/L；湾内水体除无机氮含量超标外，其他指标符合 GB 3097—1997 二类海水水质标准。

水文条件：潮流类型主要为不正规半日潮和不规则全日潮两种。最高潮位为 3.76 m，最低潮位 0.40 m，最大潮差 3.94 m。

生物资源条件：湾内有春江和北门江等淡水河流注入，水生生物资源较丰富，新英湾内有浮游植物 3 门 12 属 18 种，其中，硅藻 10 属 16 种。主要种类为骨条藻、新月菱形藻等。

其中，骨条藻的密度甚至可达 10^6 cells/L。湾内大型底栖生物的生物量平均值为 42.88 g/m²；浮游动物生物量范围为 1.44 ~ 2.92 mg/L，平均值为 2.16 mg/L。

选划类型、目标与依据：该选划区共包括 3 块，其中 2 块位于新英湾内，属于 I 类潜在增养殖区，目前已开展等边浅蛤养殖；另一块位于排铺至洋浦港一带的开放型海域，属于 II 类潜在增养殖区，目前尚未开展养殖。在新英湾内，红树林资源较丰富，红树林滩涂生物资源也较丰富，原盛产星虫、锯缘青蟹、贝类等地方特色的水产品。不过，由于受洋浦居民生活污水、北门江和春江等上游造纸厂和糖厂废水以及周边对虾养殖池塘养殖废水的共同影响，加上无节制地酷渔滥捕，现在湾内生态与环境逐渐恶化，资源破坏较为严重。为此，在控制上述废水排放的基础上，在该选划区内设置底播增殖区，底播增殖贝类和星虫等，利用贝类的滤食作用改善海湾内水质和底质环境条件，促进该海区养殖业的可持续健康发展。

适宜增养殖品种：新英湾内适宜增殖星虫、古蚶、菲律宾蛤仔、等边浅蛤、牡蛎等，排铺至洋浦港一带沙质底近海适宜增殖日月贝、文蛤等贝类。

5.4.2.21　临高调楼—临高角浅海底播增殖区

面积：4 703.75 hm²。（编号：89）

地理位置：位于临高县调楼至临高角之间浅海海域（图 5.21）；

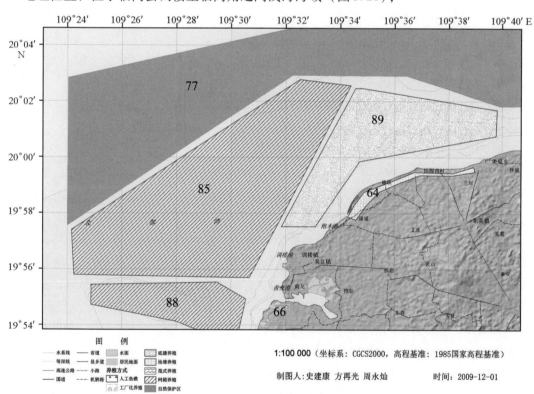

图 5.21　临高潜在海水增养殖区选划

64 为临高调楼 - 美夏海水池塘养殖区；77 为临高大珠母贝保护区；85 为儋州后水湾—邻昌礁深水网箱养殖区；89 为临高调楼 - 临高角浅海底播增殖区

（1）20°2′28.10″N，109°34′47.12″E；

（2）20°1′41.37″N，109°39′48.86″E；

（3）19°59′51.04″N，109°34′41.81″E；

（4）19°57′31.54″N，109°31′50.34″E。

环境条件：海域年平均水温 24.3℃，年平均盐度 32.3。受北部湾强潮流影响，水体混合充分，盐度垂直分布和水平分布差异较小，水质符合 GB 3097—1997 二类海水水质标准。

水文条件：海区主要为正规全日潮，年平均最大潮差为 347 cm，其中，12 月最大，为 394 cm，5 月最小，为 252 cm。

生物资源条件：符合 GB18421—2001 一类海洋生物量标准。

选划类型、目标与依据：该选划区域为 I 类潜在增养殖区，现有深水网箱，主要养殖鱼类，养殖过程中的残饵和养殖生物的排泄物对该海区产生了一定的污染，如果不及时采取措施，在该海域的底部将因深水网箱养殖而造成污物积累。为此，在现有深水网箱养殖的基础上，在海底底播贝类，通过贝类的滤食和摄食，不仅可减少深水网箱养殖对海区的污染，改善该海域的生态环境，还可提高饵料的利用率，提高养殖效益，促进该海区海水养殖的可持续健康发展。

适宜增养殖品种：近海区适宜底播波纹巴非蛤、文蛤、华贵栉孔扇贝、杂色鲍、大珠母贝、珠母贝、企鹅珍珠贝、方斑东风螺、泥东风螺和麒麟菜等，珊瑚礁盘区适宜增殖海参等，河口区适宜增殖近江牡蛎等。

5.4.2.22 后水湾头咀港浅海底播增殖区

面积：668.87 hm²。（编号：1）

地理位置：位于临高后水湾头咀港附近海域（图 5.22）；

（1）19°52′53.00″N，109°30′58.67″E；

（2）19°51′54.97″N，109°31′59.05″E；

（3）19°51′0.47″N，109°29′49.13″E；

（4）19°52′41.20″N，109°30′33.90″E；

（5）19°52′41.68″N，109°30′34.39″E。

环境条件：2009 年海南省海洋环境监测数据显示，后水湾 pH 值为 8.12 ~ 8.18；溶解氧为 7.25 ~ 7.58 mg/L；COD 为 0.53 ~ 0.77 mg/L；无机氮为 0.024 ~ 0.071 mg/L；活性磷酸盐为 0.002 mg/L。2008 年海南省海洋环境公报显示，后水湾被监测海域为清洁海域，基本符合 GB 3097—1997 二类海水水质标准。

水文条件：主要为正规全日潮海区，西部海域年平均最大潮差为 347 cm，其中，12 月最大，为 394 cm，5 月最小，为 252 cm。

生物资源条件：叶绿素 a 含量为 0.27 ~ 1.47 μg/L，在浅海区有底栖生物 18 科 29 种，平均生物量为 207.5 g/m²；在潮间带有生物种类 25 科 34 种，平均生物量为 232.2 g/m²，资源量中等偏低。

选划类型、目标与依据：该选划区域为 II 类潜在增养殖区，目前尚未开展养殖。该区域现已规划为后水湾度假旅游区，虽然该海域的水质仍达到二类海水水质标准，但由于其位于头咀港出口附近，通过水体交换从头咀港带来的大量富营养海水，对该区域的水质造成了较大的影响，如不及时采取措施，将会直接影响后水湾度假旅游区的开发价值，为此，在该海

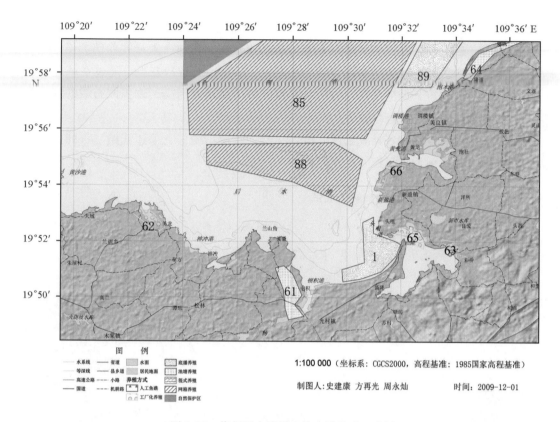

图 5.22　儋州后水湾潜在海水增养殖区选划

1 为后水湾头咀港浅海底播增殖区；61 为儋州光村至新英池塘养殖区；62、63、65 和 66 为东方板桥 - 新龙工厂化
养殖区；89 为临高调楼 - 临高角浅海底播增殖区

域的浅海区设立浅海底播增殖区，通过增加底栖生物来净化海水和底质，还可提高该海域的
海洋生物多样性，有助于发展捕捞和垂钓等与旅游密切相关的休闲渔业。

适宜增养殖品种：近海区适宜底播波纹巴非蛤、文蛤、菲律宾蛤仔、等边浅蛤、华贵栉
孔扇贝等，河口区适宜增殖近江牡蛎等贝类和海参等。

5.4.2.23　临高马袅浅海底播增殖区

面积：385.80 hm²。（编号：86）

地理位置：位于临高马袅湾西部沿海（图 5.4）；

（1）19°57′43.52″N，109°50′16.93″E；

（2）19°58′10.32″N，109°50′17.79″E；

（3）19°57′33.12″N，109°51′51.64″E；

（4）19°56′54.45″N，109°51′37.54″E。

环境条件：湾底为砂质，区域内水质条件好，海域年均水温 24.3℃；全年最低水温
17.4℃。临高东部海域年平均盐度 32.3。最低盐度都出现在夏季为 31.8；最高盐度出现在冬
季，为 33.4。海区水质为 GB 3097—1997 二类海水水质标准。

水文条件：海区主要为规则日潮，年平均最大潮差为 283 cm。

生物资源条件：海洋生物种类较多，符合 GB 18421—2001 一类海洋生物量标准，浅海区

151

风浪小。

选划类型、目标与依据：该区域为Ⅱ类潜在增养殖区，目前尚未开展养殖。该选划区位于马袅—新兴养殖区，与《海南省海洋功能区划》（2002）一致，并且，通过在该选划区底播贝类等，可有效缓解马袅港及其周边池塘养殖区对该海域的污染，改善该海域的底质和水质环境，提高经济效益和生态效益。

适宜增养殖品种：适宜底播波纹巴非蛤、文蛤、菲律宾蛤仔、等边浅蛤、古蚶、华贵栉孔扇贝、方斑东风螺、泥东风螺等贝类和海参。

5.4.2.24 澄迈花场湾浅海底播增殖区

面积：422.78 hm²。（编号：5）

地理位置：位于澄迈县花场湾内（图5.23）；

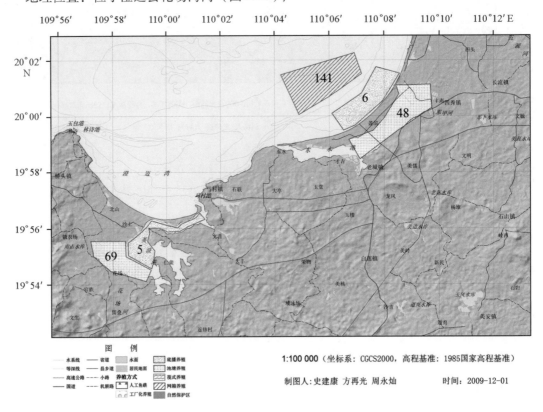

图5.23 澄迈花场湾和海口东水湾潜在海水增养殖区选划

5为澄迈花场湾浅海底播增殖区；6为海口东水湾浅海底播增殖区；48为东水港−荣山池塘养殖区；69为澄迈花场湾池塘养殖区；141为金沙湾−澄迈湾深水网箱养殖区

（1）19°56′32.43″N，110°1′13.29″E；

（2）19°56′19.66″N，110°1′25.18″E；

（3）19°56′1.16″N，109°59′44.31″E；

（4）19°55′50.14″N，109°59′22.29″E；

（5）19°54′33.50″N，109°59′26.69″E；

（6）19°55′29.00″N，109°58′32.95″E；

（7）19°55′49.70″N，109°59′0.70″E；

（8）19°56′16.57″N，109°59′26.69″E；

（9）19°56′1.60″N，110°0′24.39″E。

环境条件：花场湾为澄迈湾的内湾，为潟湖型内湾，湾内水浅滩平，几乎不受风浪影响，但由于口门窄，水体交换不畅。2008年海南省渔业生态环境监测技术报告显示：花场湾海水pH值为7.98~8.03，平均值为8.00；COD为0.08~0.30 mg/L，平均值为0.18mg/L，溶解氧6.14~6.67 mg/L，平均6.41 mg/L，无机氮0.053~0.067 mg/L，平均值为0.059 mg/L，无机磷0.002~0.005 mg/L，平均值为0.003 mg/L，油类浓度0.011~0.019 mg/L，平均值为0.013，基本符合GB 3097—1997二类海水水质标准。澄迈花场湾在个别监测时段内的无机氮和无机磷含量超三类海水水质标准，主要原因为受降水影响，上游河流携带大量的营养物质所致。花场湾沉积物质量状况总体良好，基本符合一类海洋沉积物质量标准。

水文条件：花场湾位于澄迈湾西南侧，与澄迈湾潮汐类型相同，属于不正规半日混合潮。

生物资源条件：花场湾共鉴定到5门21属26种，主要种类为骨条藻、颤藻属、空球藻等。花场湾浮游植物优势种类主要是骨条藻和空球藻，不同区域，优势种类和细胞数量不同，骨条藻在不同站位的细胞数量变动范围为（0.37~14.0）×10^4 cells/L，而空球藻则为2~14.2×10^4 cells/L。

选划类型、目标与依据：该区域为Ⅱ类潜在增养殖区，目前尚未开展养殖。花场湾内有规模较大的池塘养殖区（面积约50 hm²）和一定数量的养殖鱼排，是澄迈县主要的海水养殖区之一，养殖废水及残饵等对湾内水质造成了较大影响，虽然其水质仍符合GB 3097—1997二类海水水质标准，但个别监测时段内的无机氮和无机磷含量已超三类海水水质标准，开始出现富营养化趋势。为此，将该选划区设置为浅海底播增殖区，通过发展贝类底播增殖，提高该海域的底栖生物量和底栖生物多样性，利用底栖生物滤食和摄食等净化水质和底质环境。

适宜增养殖品种：近海区适宜底播波纹巴非蛤、菲律宾蛤仔、古蚶、文蛤等，河口区适宜增殖近江牡蛎。

5.4.2.25　澄迈湾浅海底播增殖区

面积：676.20 hm²。（编号：6）

地理位置：位于海口市秀英区与澄迈县老城镇之间的澄迈湾，靠近东水港出海口（图5.23）；

（1）20°0′5.75″N，110°6′5.54″E；

（2）20°1′45.22″N，110°7′41.92″E；

（3）20°1′31.51″N，110°8′33.32″E；

（4）19°59′29.50″N，110°6′30.87″E。

环境条件：澄迈湾潮间带西侧以砂质海岸为主，岸带由粗砂组成，间有细砂，东侧以岩礁海岸为主。澄迈湾海域面积约为1.6 km²，7月水温最高，表层水温27.9~32.6℃，平均30.2℃；1月最低，表层水温14.8~22.4℃，平均水温为18.6℃。12月盐度最高，表层盐度为27.6~33.6，平均水温为31.7。水质总体良好，符合GB 3097—1997二类海水水质标准。

水文条件：澄迈湾海域全年以风浪为主，海域为不正规日潮汐类型，F值为2.26~3.92之间；大潮高潮最高水位2.6 m，小潮高高潮平均水位1.92 m，小潮低低潮平均水位0.8 m，

大潮低潮最低水位 -0.09 m。

生物资源条件：澄迈湾海水中叶绿素 a 平均值为 3.86 μg/L，初级生产力平均值为 543 mg/（cm² · d）。湾内已鉴定浮游植物种类 43 种，分别隶属于硅藻门、甲藻门和绿藻门，其中，硅藻门占 95.4%。浮游植物主要为广温广盐的典型物种，如中肋骨条藻、日本星杆藻、窄隙角刺藻、范氏角刺藻和尖刺菱形藻等，澄迈湾浮游植物数量变化范围为（10.5~45.9）× 10⁴ cells/L，平均数量为 2.68×10^5 cells/L。浮游动物共 25 种平均生物量为 5.5 μg/L，分布比较均匀。澄迈湾底栖生物平均波动范围 1.6~12.8 g/m²；平均栖息密度为 21.6 cells/m²。

选划类型、目标与依据：该区域为 Ⅱ 类潜在增养殖区，目前尚未开展养殖。由于该选划区紧邻东水港的出口，从东水港排出的高营养性海水在该区域扩散，直接影响该海域的水体质量。该选划区周边沿海为盈滨半岛旅游度假区，海域水质下降将直接影响盈滨半岛旅游区的旅游价值，为此，在该浅海区域底播增殖波纹巴非蛤和文蛤等滤食性贝类，以提高该海域的海洋生物多样性，改善该海域的生态环境，促进盈滨半岛旅游业的可持续发展。

适宜增养殖品种：适宜底播波纹巴非蛤、文蛤、华贵栉孔扇贝和方斑东风螺等贝类。

5.4.3 近海筏式养殖区选划

近海筏式养殖区是指在海水深度 10 m 以上的近海水域设置浮动的筏架，筏上挂养对象海洋生物的海域。

选划为近海筏式养殖区的区域的条件如下。

（1）选划单个区块面积在 200 hm² 以上。

（2）水文条件良好，水交换通畅，风浪小，温度和盐度等符合筏式养殖品种的养殖生物学要求。

（3）海域地形平坦、泥沙或沙泥底质，适宜打桩设置筏架。

（4）海水水质符合 GB 3097—1997 和 GB 11607—89 中的有关规定。

根据以上条件，共选划出以下 2 个近海筏式养殖区。

5.4.3.1 文昌八门湾近海筏式养殖区

面积：341.74 hm²。（编号：132）

地理位置：位于文昌八门湾内（图5.2）；

（1）19°36′4.75″N，110°48′41.13″E；

（2）19°36′39.53″N，110°49′6.50″E；

（3）19°37′8.95″N，110°49′40.94″E；

（4）19°37′9.46″N，110°49′53.26″E；

（5）19°37′13.35″N，110°50′33.94″E；

（6）19°37′1.78″N，110°50′30.90″E；

（7）19°36′14.01″N，110°49′23.31″E；

（8）19°35′36.88″N，110°49′2.50″E；

（9）19°35′36.86″N，110°48′37.59″E。

环境条件、水文条件和生物资源条件：清澜湾为一半封闭型潟湖海湾，浮游生物丰富，水质符合 GB 3097—1997 二类海水水质标准。有关该海域的环境条件、水文条件和生物资源条件见本书"5.4.1.2 文昌八门湾滩涂增殖区"的相关内容。

选划类型、目标和依据：该区域为Ⅱ类潜在增养殖区，现在尚未开展养殖。根据《海南省海洋功能区划》（2002），八门湾规划为增殖区，与本选划一致。在八门湾周边沿岸现建有大量养殖池塘，养殖废水和文教河淡水注入等使得水体偏肥，因此，利用牡蛎、翡翠贻贝等贝类滤食性咸淡水海洋生物，滤食水体中单细胞藻类；同时利用大型藻类等，吸收水体中的营养盐，从而净化水质，改善海域环境状况，增加水体中生物种类和数量，达到增殖海区中生物资源的目的，从而为休闲渔业发展垂钓项目提供基础，促进当地经济的发展。

适宜增养殖品种：适宜发展筏式养殖牡蛎、翡翠贻贝等广盐性贝类；在盐度合适的区域适度养殖麒麟菜等藻类。

5.4.3.2 陵水新村港和黎安港近海筏式养殖区

面积：244.31 hm²。（编号：100，105）

地理位置：位于陵水县黎安镇黎安和新村潟湖内（图5.11）；

（1）18°24′37.43″N，110°0′2.59″E；

（2）18°25′25.60″N，110°0′46.88″E；

（3）18°25′8.30″N，110°1′0.29″E；

（4）18°24′12.73″N，110°0′12.74″E；

（5）18°25′39.79″N，110°2′37.44″E；

（6）18°26′15.72″N，110°2′55.14″E；

（7）18°26′10.21″N，110°3′14.87″E；

（8）18°25′23.48″N，110°3′4.97″E。

环境条件、水文条件和生物资源条件：黎安港和新村港均属于封闭型潟湖，其底质为砂质、沙泥质底，水质均符合GB 3097—1997二类海水水质标准，港内沉积物有机碳含量也均符合国家沉积物质量一类标准。有关该海域的环境条件、水文条件和生物资源条件见本书"5.4.2.10 陵水新村港与黎安港浅海底播增殖区"的相关内容。

选划类型、目标和依据：该区域为Ⅰ类潜在增养殖区，湾内现已有筏式和网箱养殖。由于湾内和沿岸池塘养殖废水的作用，湾内水质偏肥，特别在高温季节，富营养化趋势比较明显，为了尽快改善该港湾的生态环境，拟在原有筏式养殖的基础上进行合理的规划，根据水质情况调整筏式养殖品种，开展珍珠贝、华贵栉孔扇贝、翡翠贻贝和麒麟菜等藻类的筏式养殖，并与当地旅游发展相结合，发展垂钓等休闲渔业项目。

适宜养殖品种：适宜发展合浦珠母贝、大珠母贝、珠母贝、企鹅珍珠贝、华贵栉孔扇贝、翡翠贻贝等贝类以及麒麟菜等藻类的筏式养殖。

5.4.4 海湾网箱养殖区选划

选划为海湾网箱养殖区的区域的条件如下。

（1）选划单个区块面积数十公顷。

（2）选划在近岸海域或天然港湾，水文条件良好，水交换通畅，水流不急，风浪小，温度和盐度等符合海湾网箱养殖生物的生态要求。

（3）海域地形平坦、泥沙或砂质底质，适宜抛锚或打桩固定网箱。

（4）海水水质符合 GB 3097—1997 和 GB11607—89 中的有关规定。

根据以上条件，共选划出以下 3 个海湾网箱养殖区。

5.4.4.1 万宁小海海湾网箱养殖区

面积：27.45 hm²。（编号：114）

地理位置：位于万宁市和乐镇港北小海港门水道区（图 5.3）；

（1）18°53′33.95″N，110°30′28.02″E；

（2）18°53′16.78″N，110°29′40.47″E；

（3）18°53′21.54″N，110°29′36.97″E；

（4）18°53′37.21″N，110°30′24.18″E；

（5）18°53′22.57″N，110°30′44.98″E；

（6）18°53′21.76″N，110°30′42.42″E。

环境条件、水文条件和生物资源条件：底质为泥沙或沙质，小海内潮型、潮位与外海相距甚远，水质符合 GB 3097—1997 二类海水水质标准，海洋生物种类丰富，符合 GB18421—2001 一类海洋生物量标准。有关该海域的环境条件、水文条件和生物资源条件见本书"5.4.1.3 万宁小海滩涂养殖区"的相关内容。

选划类型、目标和依据：该区域为 I 类潜在增养殖区，特别在小海临近出海口的局部区域，现有大量的海湾网箱养殖。现有的海湾网箱养殖由于缺乏科学的规划和严格的管理，存在养殖密度过大、养殖区域过分集中以及养殖方式比较落后等问题，特别是网箱过分集中于小海临近出海口的局部区域，阻碍了小海的水流交换，加剧小海水质的恶化，导致该区域的养殖鱼类每年均会出现不同程度患病死亡，在 5—10 月尤为严重。因此，需要对现有区划加以调整，逐步降低海湾网箱养殖密度，压缩养殖规模，并通过在小海内加大滩涂和底播养殖贝类等滤食性生物以进一步改善小海环境，促进小海生态恢复。

适宜养殖品种：石斑鱼类、笛鲷类、卵形鲳鲹和尖吻鲈等鱼类。

5.4.4.2 陵水新村和黎安港海湾网箱养殖区

面积：118.56 hm²。（编号：103，106）

地理位置：陵水新村和黎安港潟湖内，面积 1 200.36 hm²（图 5.11）；

（1）18°24′32.99″N，109°58′52.34″E；

（2）18°24′32.61″N，109°59′50.72″E；

（3）18°24′12.34″N，109°59′49.17″E；

（4）18°24′19.98″N，109°59′7.26″E；

（5）18°24′48.63″N，110°2′43.06″E；

（6）18°24′57.65″N，110°2′48.44″E；

（7）18°24′54.08″N，110°3′24.55″E；

（8）18°24′36.20″N，110°3′5.78″E。

环境条件、水文条件和生物资源条件：黎安港和新村港潟湖内为泥沙或砂质底，水质均符合 GB 3097—1997 二类海水水质标准。有关该海域的环境条件、水文条件和生物资源条件见本书"5.4.2.10 陵水新村港与黎安港浅海底播增殖区"的相关内容。

选划类型、目标和依据：该区域为 I 类潜在增养殖区。目前，海南省已批准在新村和黎安港设立省级海草床特别保护区。但由于不顾养殖容量和环境容量的盲目发展，高密度、多方式的渔业活动，挤占海草的生存空间，导致海草床海洋环境恶化。据 2008 年海南省渔业统计报表，该海域网箱养殖水体高达 1.085×10^8 L，已影响到新村和黎安的旅游、渔港、海草床保护等功能。所以，必须对现有海湾网箱养殖区加以调整，减少网箱的数目，降低密度，逐步减少海湾网箱养殖区规模，对海草资源及其生态系统进行保护，同时适当开展海洋生态观光旅游和海洋生态渔业活动，兼顾新村潟湖的多功能特点。

适宜养殖品种：石斑鱼类、笛鲷类、军曹鱼、卵形鲳鲹、眼斑拟石首鱼、豹纹鳃棘鲈、蓝子鱼等鱼类。

5.4.4.3　临高马袅—新兴湾海湾网箱养殖区

面积：86.04 hm²。（编号：67）

地理位置：位于临高县博厚镇大雅至澄迈县道伦角海湾内，和马袅内湾中部的浅水区（图5.4）；

(1) 19°58′26.00″N，109°51′54.35″E；

(2) 19°58′58.81″N，109°52′4.81″E；

(3) 19°58′51.57″N，109°52′32.84″E；

(4) 19°58′19.30″N，109°52′20.38″E。

环境条件：马袅湾掩护条件好，水深淤浅，浅水地带水质环境较好，区域内有淡水河流注入，海区水质为 GB 3097—1997 二类海水水质标准，其中，海域水温年平均值为 24.3℃；年平均盐度为 32.3。海区 pH 值平均值为 8.14；溶解氧含量平均值为 7.4 mg/L；COD 含量平均值为 0.77 mg/L。

水文条件：湾内以风浪为主，湾内常浪向为 ENE，次常浪向为 NE，平均波高年平均值 ENE 向最大，为 0.7 m，

生物资源条件：湾内叶绿素 a 含量为 0.52～1.47 μg/L；咸淡区水生生物种类丰富，符合 GB 18421—2001 一类海洋生物量标准，

选划类型、目标和依据：该区域为 II 类潜在增养殖区，尚未开发，在今后的发展中，要严格控制养殖规模和容量，不能超过环境容量，另外尚可在其周边区域开展底播贝类和藻类等养殖方式，从而降低网箱养殖对周边环境的污染程度。

适宜养殖品种：石斑鱼类、笛鲷类、卵形鲳鲹、军曹鱼、尖吻鲈、眼斑拟石首鱼、豹纹鳃棘鲈、篮子鱼等鱼类。

5.4.5　深水网箱养殖区选划

目前，国内深水网箱主要有重力式聚乙烯网箱、浮绳式网箱和碟形网箱 3 种类型，属于一种大型海水网箱，网箱水体为数百至数千立方米。

选划为深水网箱养殖区区域的条件如下。

(1) 选划单个区块面积在 200 hm² 以上；

(2) 选划在水深 10 m 以上的近海水域，水文条件良好，水交换通畅，水流不急一般在

1.5 m/s 以下，温度和盐度等符合深水网箱养殖生物的生态要求。

（3）海域地形较平坦、泥沙或砂质底质，适宜抛锚或打桩固定网箱。

（4）海水水质符合 GB 3097—1997 和 GB 11607—89 中的有关规定。

根据以上条件，共选划出以下 5 个深水网箱养殖区。

5.4.5.1 金沙湾—澄迈湾深水网箱养殖区

面积：1 061.90 hm²。（编号：141）

地理位置：位于海口市秀英盈滨半岛北部的近海海域（图5.23）；

（1）20°1′28.53″N，110°4′13.23″E；

（2）20°2′15.57″N，110°6′54.40″E；

（3）20°1′30.84″N，110°7′10.58″E；

（4）20°0′40.82″N，110°5′58.67″E；

（5）20°0′3.07″N，110°4′53.31″E；

（6）20°1′28.53″N，110°4′13.23″E。

环境条件：海南澄迈湾波浪和水流冲刷较强，生态类型变化较大，海区平均水深约为 10 m，年平均水温为 25.5℃，年平均盐度为 29.5。水质良好，海区水质符合 GB 3097—1997 一类海水水质标准。

水文条件：海域为不规则日潮汐类型，大潮高潮最高水位 2.6 m，小潮高潮平均水位 1.92 m。

生物资源条件：澄迈湾海水中叶绿素 a 平均值为 3.86 μg/L，浮游动物生物量平均值为 5.5 μg/L。浮游动物共 25 种，定量（采泥）底栖生物平均生物量为 7.0 g/m²；定性（拖网）底栖生物平均生物量为 0.31 g/m²，平均栖息密度为 0.90 个/m²。

选划类型、目标和依据：该区域为 I 类潜在增养殖区。沿岸已规划为金沙湾度假旅游区，深水网箱养殖布局时不能影响度假旅游和周边景观，须严格控制规模和数量，不能超过环境容量，实现可持续发展。

适宜养殖品种：石斑鱼类、笛鲷类、卵形鲳鲹、军曹鱼、眼斑拟石首鱼、豹纹鳃棘鲈、篮子鱼等鱼类。

5.4.5.2 文昌淇水湾深水网箱养殖区

面积：796.88 hm²。（编号：129）

地理位置：位于文昌市龙楼镇淇水湾（图5.24）；

（1）19°36′59.80″N，110°59′20.62″E；

（2）19°37′30.90″N，111°1′21.34″E；

（3）19°36′16.50″N，111°1′37.97″E；

（4）19°35′54.46″N，110°59′35.06″E。

环境条件：礁石、砂质底，水深 10～25 m，近海海水盐度为 30.0～34.0，平均盐度为 32.6，水质清新，符合 GB 3097—1997 二类海水水质标准。

水文条件：就全年而言，该海域波浪以风浪为主，平均波高 0.95 m，平均周期 4.26 s，

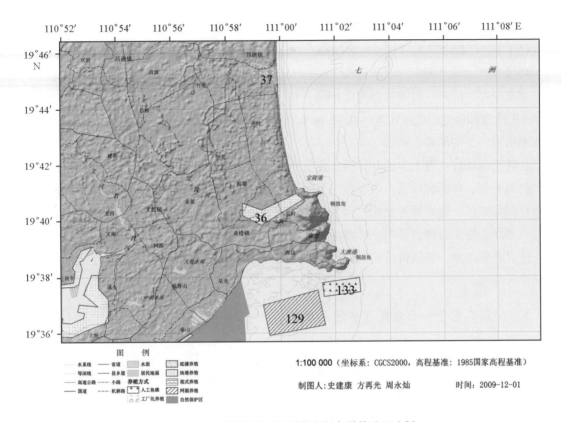

图 5.24　文昌铜鼓岭至昌洒潜在海水增养殖区选划

36 为文昌宝陵河池塘养殖区；37 为昌洒工厂化养殖区和苗种场；129 为文昌淇水湾深水网箱养殖区；133 为文昌
铜鼓岭人工鱼礁区

最大波高 3.2 m，最大周期 8.7s。常浪向为 SE 向，出现频率 39.8%，次常浪向为 SSE、频率
13.3%。出现频率的季节性变化非常明显。潮汐为不规则日潮，平均潮差在 0.75～0.87 m 之
间，最高为 2.5 m。

生物资源条件：区域内珊瑚礁比较丰富，珊瑚礁生态系统属于良好状况。

选划类型、目标和依据：该区域为 III 类潜在增养殖区。沿岸有著名的文昌铜鼓岭自然保
护区，海区生有大量珊瑚礁和麒麟菜。因此，该选划区需要注意科学规划，合理布局，控制
放养密度在环境容量和养殖容量许可的范围内，以不破坏珊瑚礁生态为原则，适度发展深水
网箱养殖，并且要注意协调与旅游景观、环境保护之间的关系，实现可持续发展。

适宜养殖品种：石斑鱼类、笛鲷类、卵形鲳鲹、军曹鱼、眼斑拟石首鱼、豹纹鳃棘鲈、
篮子鱼等鱼类。

5.4.5.3　万宁大花角以北深水网箱养殖区

面积：372.68 hm^2。（编号：113）

地理位置：位于万宁市英豪半岛东南部大花角以北水深 15～30 m 的海域（图 5.3）；

（1）18°48′0.34″N，110°32′50.61″E；

（2）18°48′2.37″N，110°33′42.18″E；

（3）18°46′44.64″N，110°33′40.37″E；

（4）18°46′46.40″N，110°32′39.79″E；

（5）18°47′23.62″N，110°32′48.20″E。

环境条件：岩基海岸，水质优良，符合 GB 3097—1997 一类海水水质标准。

水文条件：沿海一带受沿海海流影响，10 月至翌年 3 月流向西南，平均流速约 0.26 m/s，6—8 月为东北流，流速 0.26 ~ 0.41 m/s。潮汐为不正规全日潮，自东北向西南，高低潮时逐渐推迟，平均潮差 2 ~ 3 m。

生物资源条件：海水中的叶绿素 a 含量约为 0.07 μg/L。

选划类型、目标和依据：该区域为 III 类潜在增养殖区。沿岸有海南省级自然保护区——大花角自然保护区，暂时维持原状。由于该区域有发展深水网箱的良好自然条件，待条件成熟时，只要注意协调与旅游景观、环境保护之间的关系，在该区域可适度发展深水网箱养殖。

适宜养殖品种：石斑鱼类、笛鲷类、卵形鲳鲹、军曹鱼、眼斑拟石首鱼、豹纹鳃棘鲈、篮子鱼等鱼类。

5.4.5.4 三亚东锣—西鼓岛深水网箱养殖区

面积：3 724.74 hm²。（编号：96）

地理位置：位于三亚市崖城镇梅山崖洲湾东锣岛和西鼓岛南侧海域（图 5.14）；

（1）18°16′37.11″N，108°57′19.43″E；

（2）18°18′49.30″N，108°57′19.83″E；

（3）18°18′52.84″N，109°2′30.81″E；

（4）18°16′40.03″N，109°2′29.50″E。

环境条件：底质为砂质和沙泥质，水深 20 m 左右，水温 18 ~ 33℃，符合 GB 3097—1997 一类海水水质标准。

水文条件：海区的波浪以风浪为主，占 80%。常浪向为 SE—SSE，强浪向为 S—WSW，平均波高为 0.67 m。因受季风和地形的影响，呈现平均波高夏季大于冬季的特点。潮汐属于不规则日潮。平均高潮位 1.53 m，平均低潮位 0.66 m，平均潮差 0.85 m；历史最高潮位为 2.88 m。潮流基本属于规则日潮。

生物资源条件：两岛附近水域有较高的海洋生物量，崖洲湾西侧生物量最高值达 27.4 mg/L。

选划类型、目标和依据：该区域为 I 类潜在增养殖区，曾经开展过深水网箱养殖，具有开展深水网箱养殖的优越条件。不过，该海域也是目前海南岛大珠母贝自然资源量最丰富的海域，为保护珍贵的大珠母贝自然资源，建议严格地控制网箱养殖规模和数量，在环境容量和养殖容量许可的范围内适度发展，并要处理好与东锣—西鼓海岛风景旅游区旅游功能的协调一致，确保海域环境、生态、景观的良好。

适宜养殖品种：石斑鱼类、笛鲷类、卵形鲳鲹、军曹鱼、眼斑拟石首鱼、豹纹鳃棘鲈、篮子鱼等鱼类。

5.4.5.5 儋州后水湾—邻昌礁深水网箱养殖区

面积：14 174.63 hm²。（编号：85）

地理位置：位于儋州后水湾邻昌礁附近海域（图 5.21）；

（1）19°57′24.35″N，109°24′9.04″E；

（2）20°2′46.43″N，109°32′30.32″E；

（3）20°2′33.62″N，109°34′22.44″E；

（4）19°55′41.72″N，109°30′40.13″E；

（5）19°55′47.94″N，109°24′13.97″E；

（6）19°54′44.07″N，109°24′51.69″E；

（7）19°55′26.70″N，109°24′51.70″E；

（8）19°55′32.25″N，109°29′29.45″E；

（9）19°54′56.26″N，109°30′32.56″E；

（10）19°53′16.32″N，109°30′10.02″E。

环境条件：海域水温年平均值为 24.4℃，海域的年平均盐度为 33.3。2008 年海南省海洋环境公报 090716 显示，后水湾被监测海域为清洁海域，基本符合 GB 3097—1997 二类海水水质标准，后水湾近岸海域海洋沉积物石油类含量符合国家一类海洋沉积物质量标准；海域沉积物的总汞、铅、砷等重金属含量均符合一类海洋沉积物质量标准；海域沉积物锌含量符合国家一类海洋沉积物质量标准；海域沉积物的多氯联苯含量符合国家一类海洋沉积物质量标准。

水文条件：主要为正规全日潮海区，只有当月球赤纬趋近零时，海域有 1~2 d 出现半日潮。西部海域年平均最大潮差为 347 cm，其中，12 月最大，为 394 cm，5 月最小，为 252 cm。

生物资源条件：叶绿素 a 含量范围为 0.27~1.47 μg/L。浮游植物分布密度为（510~1650）ind./L。浮游植物 107 种，隶属 4 门 41 属，作为贝类良好饵料的硅藻门浮游植物有 95 种。浮游动物共有 58 种，其中，桡足类最多，为 36 种，约占浮游动物总种数的 62.1%；其次是原生动物，共 10 种，约占浮游动物总种数的 17.3%；浮萤类共有 9 种，约占浮游动物总种数的 15.5%；被囊类有 2 种，约占浮游动物总种数的 3.4%；轮虫只有 1 种，占 1.7%。根据 2000 年 5 月在后水湾浅海区和潮间带调查的结果，在浅海区有底栖生物 18 科 29 种，平均生物量为 207.5 g/m²；在潮间带有生物种类 25 科 34 种，平均生物量为 232.2 g/m²，资源量中等偏低。

选划类型、目标与依据：该区域为 I 类潜在增养殖区。目前已有较多的深水网箱，在今后的发展中，需要科学规划，合理布局，严格控制养殖容量和环境容量，促进水产品质量安全和可持续发展。并且，为了降低网箱养殖过程中残饵和养殖生物排泄物对海区的污染，可采用底播增殖以及筏式养殖等手段，利用贝类、藻类等生物的方法，清除水体中过剩的营养，实现海区养殖的可持续发展。

适宜养殖品种：石斑鱼类、笛鲷类、卵形鲳鲹、军曹鱼、眼斑拟石首鱼、豹纹鳃棘鲈、篮子鱼等鱼类。

5.4.6 海水池塘养殖区选划

海水池塘养殖区是指在潮间带及潮上带进行开发培育、饲养海洋水产经济生物的池塘养殖区。海水池塘养殖与传统的鱼塭养殖不同，前者是一种集约化的养殖方式，采取放养合理密度人工苗种和投喂饲料等的方式，称之为精养；后者依靠天然纳苗，不投饲料养成的粗放型养殖方式。

选划为海水池塘养殖区的区域的条件如下。

（1）选划单个区块面积较大，连片数十公顷；

（2）有苗种和饲料来源，适合养殖鱼类、贝类、虾类、蟹类和藻类的区域；

（3）一般选划在河口、海岸、港湾的潮间带及潮上带海域，尤其是咸淡水水域，地形平坦、泥质或泥沙底质，适宜开挖池塘，并设置进水与排水分家的排灌系统；

（4）海水水质符合 GB 3097—1997 和 GB 11607—89 中的有关规定。

根据以上条件，共选划出以下 15 个海水池塘养殖区。

5.4.6.1 东水港—荣山海水池塘养殖区

面积：915.34 hm²。（编号：48）

地理位置：位于海口市秀英区西秀镇和澄迈东水港内（图5.23）；

（1）19°59′9.82″N，110°6′42.04″E；

（2）20°1′6.37″N，110°8′51.32″E；

（3）20°1′7.99″N，110°9′40.96″E；

（4）20°0′17.87″N，110°9′44.14″E；

（5）19°58′28.09″N，110°7′6.60″E。

环境条件：2008 年海南省环境质量期报显示，2008 年下半年东水港附近海域水质符合 GB 3097—1997 二类海水水质标准。

生物资源条件：海水初级生产力的变化范围为 393～643 mg/（cm²·d）。湾内浮游植物以硅藻门最多，有 41 种（占 95.4%）。浮游植物平均数量为 26.8×10⁴ ind./L。浮游动物共 25 种，其中，水母类 9 种、桡足类 10 种、毛颚类 2 种、其他类 4 种。浮游动物生物量平均值为 5.5 μg/L，各站位生物量差异不大，分布比较均匀，波动值在 2.8～8.0 μg/L 之间。

选划类型、目标和依据：该区域为 I 类潜在增养殖区。区内为咸淡水养殖区，现有养殖模式主要为江蓠、对虾、鸭混合养殖的生态养殖模式。以饲料喂养对虾，对虾残饵和粪便作为鸭的饲料，鸭的排泄物作为江蓠的有机肥料，形成良性循环的生态链。但由于该区域低位养虾池普遍存在设计不合理，排、灌系统不符合防病要求等问题，海水引水管道失修导致区域性养殖效益低。所以，改造海水灌溉系统，完善生态养殖的各个环节，提高综合效益是当前亟待解决的关键问题。

适宜养殖品种：江蓠、对虾、红鳍笛鲷等鱼类。

5.4.6.2 文昌东寨港三江—铺前镇池塘养殖区

面积：546.80 hm²。（编号：43）

地理位置：位于东寨港东侧沿岸区域（图5.6）；

（1）19°59′56.66″N，110°36′51.51″E；

（2）19°59′58.18″N，110°37′16.32″E；

（3）19°55′21.46″N，110°38′35.01″E；

（4）19°55′14.09″N，110°38′16.43″E。

环境条件：现有养殖区，底质为泥沙，滩涂面积大，坡度平缓，水温 17.2~30.6℃，盐度 30.0~34.0。水质良好，符合 GB 3097—1997 二类海水水质标准。

水文条件：港湾内风浪很小，潮流流速较弱，属于不正规全日潮，潮差不大，潮流流向与航道一致，涨潮流流速达 0.67 m/s，落潮流流速达 0.77 m/s。

生物资源条件：生物资源丰富，种类较多，具有适合海水养殖的良好自然条件。

选划类型、目标和依据：该区域为 I 类潜在增养殖区。现有养殖区，选划区内村庄较多，难以实现规模化生产，建议逐渐减少养殖池塘的数量，直至退出其养殖功能区，以减少养殖废水对东寨港的污染。

适宜养殖品种：对虾、青蟹、黄鳍鲷、遮目鱼、石斑鱼类、笛鲷类、尖吻鲈、鲻鱼等。

5.4.6.3　文昌宝陵河池塘养殖区

面积：316.1hm²。（编号：36）

地理位置：位于文昌市宝陵河沿岸（图 5.24）；

（1）19°40′38.19″N，110°58′36.81″E；

（2）19°40′23.53″N，110°59′18.61″E；

（3）19°40′57.75″N，111°0′34.46″E；

（4）19°40′45.53″N，111°0′50.97″E；

（5）19°39′50.30″N，110°59′17.58″E；

（6）19°40′11.31″N，110°58′36.30″E。

环境条件：砂质底，水深 10~25 m，近海海水盐度为 30.0~34.0，平均盐度约为 32.6，水质清新，符合 GB 3097—1997 二类海水水质标准。

生物资源条件：石珊瑚共 6 科 8 属 18 种，主要优势种为澄黄滨珊瑚、丛生盔形珊瑚和浪花鹿角珊瑚，但显著性不高；造礁石活珊瑚平均覆盖度为 23.25%，死珊瑚平均覆盖度低，仅为 0.86%，硬珊瑚补充量为 0.42 ind./m²，珊瑚平均发病率为 0；软珊瑚平均覆盖度为 16.45%。珊瑚礁生态系统属于良好状况。因此，该区域池塘养殖密度需要严格控制，避免对该区域珊瑚礁造成破坏。

选划类型、目标和依据：该区域为 I 类潜在增养殖区。位于铜鼓岭自然保护区附近，因此，在今后的发展中，需要注意科学规划，并注意协调与文昌铜鼓岭自然保护区和旅游景观之间的关系，发展生态养殖模式，同时与文昌铜鼓岭自然保护区的旅游相结合，发展休闲渔业。

适宜养殖品种：对虾、青蟹、黄鳍鲷、遮目鱼、石斑鱼、笛鲷、尖吻鲈、鲻鱼等。

5.4.6.4　文昌会文镇池塘养殖区

面积：1 003.39 hm²。（编号：32）

地理位置：位于文昌市会文镇三更峙至山头村一带，即长妃港沿岸（图 5.7）；

（1）19°25′4.90″N，110°44′25.30″E；

（2）19°25′35.50″N，110°43′57.93″E；

（3）19°28′5.95″N，110°45′25.01″E；

（4）19°28′18.27″N，110°46′45.17″E。

环境条件：泥沙底，基本符合 GB 3097—1997 二类海水水质标准。

生物资源条件：在长圮港口门和宝峙村、边海村沿岸海域，珊瑚礁坪内侧有海草分布。海草优势种为泰莱草和海菖蒲；海草平均密度为 600 株/m²，海草平均覆盖度为 34%。2009 年海南省海洋环境监测数据显示，游泳生物以鱼类为代表，有 12 科 15 种；鱼类平均密度为 0.033 ind./m²，鱼类平均生物量为 0.364 g/m²。底栖生物调查只采集到软体动物，有帘蛤科、鸟蛤科、凤螺科、蚶蛤科、蚶科 5 科共 9 种，以帘蛤科为主。在长妃港近海水域，造礁石珊瑚有 7 科 9 属 20 种，造礁石活珊瑚平均覆盖度为 38.75%，死珊瑚平均覆盖度为 0，硬珊瑚补充量为 0.70 个/m²，珊瑚平均发病率为 0。

选划类型、目标和依据：该区域为 I 类潜在增养殖区。现有大量养殖池塘，长期以来，由于该区域的海水养殖缺乏统一规划与技术革新，经济效益不高，也致使海域环境受到一定的影响，为了保护长妃港沿岸的海草床以及珊瑚礁等资源，增加生物种类及数量，因此，需要提倡生态养殖，降低养殖池塘的密度，提高综合效益。

适宜养殖品种：对虾、青蟹、黄鳍鲷、遮目鱼、石斑鱼类、笛鲷类、尖吻鲈、鲻鱼、江蓠等。

5.4.6.5 文昌八门湾池塘养殖区

面积：984.04 hm²。（编号：35，74）

地理位置：位于八门湾东南侧沿岸（图 5.2）；

（1）19°37′1.65″N，110°52′37.39″E；

（2）19°38′5.14″N，110°53′5.35″E；

（3）19°38′4.80″N，110°53′20.30″E；

（4）19°37′13.78″N，110°53′41.79″E；

（5）19°36′24.41″N，110°53′41.31″E；

（6）19°36′6.79″N，110°52′53.35″E；

（7）19°35′52.59″N，110°52′21.90″E；

（8）19°35′57.34″N，110°49′37.89″E；

（9）19°37′39.93″N，110°52′26.69″E；

（10）19°37′37.90″N，110°51′55.54″E；

（11）19°38′57.52″N，110°52′41.99″E；

（12）19°39′5.73″N，110°53′6.52″E。

环境条件：清澜湾为一半封闭型潟湖海湾，其三面为陆地所环抱，水流交换差。水质符合 GB 3097—1997 二类海水水质标准。

生物资源条件：清澜港水样中共鉴定到浮游植物 4 门 15 属 27 种，优势种类主要是骨条藻和厚顶栅藻，浮游动物丰度为 0.405 ind./L。

选划类型、目标和依据：该区域为 I 类潜在增养殖区。目前已有大量池塘，但由于缺乏养殖规划与新的养殖技术，再加上养殖水域受到一定的污染，需要通过调整增养殖种类、模式、布局等科技措施，提高增养殖的生态效益和经济效益。区内有部分区域属于红树林自然保护区，所以在发展池塘养殖时要注意保护红树林生态系统。

适宜养殖品种：对虾、黄鳍鲷、遮目鱼、石斑鱼类、笛鲷类、尖吻鲈、鲻鱼、青蟹、江蓠等。

5.4.6.6　万宁小海海水池塘养殖区

面积：509.12 hm²。（编号：22，23）

地理位置：位于万宁市和乐镇小海沿岸（图5.3）；

（1）18°48′6.25″N，110°28′59.58″E；

（2）18°47′37.68″N，110°29′54.48″E；

（3）18°47′29.56″N，110°29′53.59″E；

（4）18°47′14.95″N，110°29′14.04″E；

（5）18°47′38.54″N，110°28′6.07″E；

（6）18°48′9.01″N，110°28′9.32″E；

（7）18°53′48.78″N，110°29′45.88″E；

（8）18°53′47.03″N，110°30′1.33″E；

（9）18°53′35.13″N，110°30′4.79″E；

（10）18°52′33.54″N，110°28′34.32″E；

（11）18°52′54.05″N，110°28′18.66″E。

环境条件：泥底质，水温18.0~35.0℃，盐度11.90~16.30，水质基本符合 GB 3097—1997 二类海水水质标准。

生物资源条件：小海浮游植物共15种，数量虽少，但生物量高。

选划类型、目标和依据：该区域为Ⅰ类潜在增养殖区。已建成较大面积的对虾、青蟹（和乐蟹）、石斑鱼池塘养殖区，目前需要科学规划，合理布局，建设专用进排水系统，推广先进虾蟹和后安鲻鱼养殖技术，特别是推广和乐蟹和后安鲻鱼人工繁育技术，推进和乐蟹和后安鲻鱼苗种的规模化生产，提高生态养殖水平，实现标准化、规模化和产业化生产，打造万宁"和乐蟹"和"后安鲻鱼"海南著名产地品牌。

适宜养殖品种：对虾、青蟹、后安鲻鱼、黄鳍鲷、遮目鱼、石斑鱼类、笛鲷类、尖吻鲈等。

5.4.6.7　三亚铁炉港池塘养殖区

面积：80.14 hm²。（编号：15）

地理位置：位于三亚铁炉港内（图5.12）；

（1）18°16′48.42″N，109°42′31.78″E；

（2）18°16′46.09″N，109°43′1.09″E；

（3）18°16′18.78″N，109°42′58.41″E；

（4）18°16′18.86″N，109°42′36.32″E；

（5）18°16′26.11″N，109°42′23.30″E。

环境条件：铁炉港年均表层水温23.0℃；盐度平均约为28.9，水质较好，基本符合 GB

3097—1997二类海水水质标准。

生物资源条件：三亚海区浮游生物年均总生物量为319 μg/L，春季为347 μg/L，秋季为290 μg/L，春季生物量稍大于秋季。为海南岛周围最低的海区。

选划类型、目标和依据：该区域为I类潜在增养殖区。湾口水道区现有较高分布密度的海湾网箱养殖和零星滩涂养殖，周边有大片面积的高位池养殖等多种养殖方式，养殖密度过大，海洋环境逐渐恶化。因此，需要改变养殖方式和加强环境整治，并通过科学规划和合理布局，采取先进的增殖技术和管理措施，变海水养殖为海水增殖，保护水域环境，修复潟湖海洋生态。对该区域的养殖池塘，需要降低密度，发展生态养殖，保证水产品质量安全，使之成为三亚海鲜的供给区。

适宜养殖品种：对虾、青蟹、石斑鱼类、笛鲷类、尖吻鲈等。

5.4.6.8 乐东莺歌海池塘养殖区

面积：350.8 hm²。（编号：51）

地理位置：位于乐东县西南部莺歌海镇海岸（图5.25）；

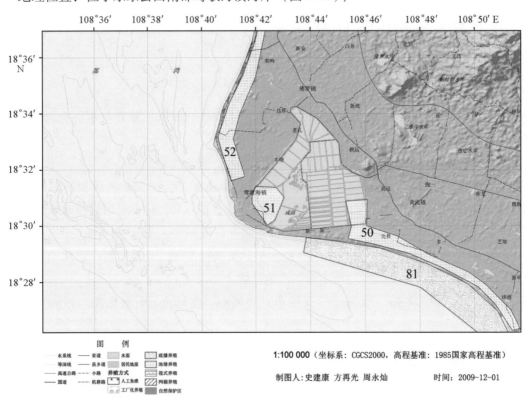

图5.25 乐东黄流镇—莺歌海镇—白沙河潜在海水增养殖区选划

50和52为乐东黄流镇—莺歌海镇—白沙河高位池养殖区；51为乐东莺歌海池塘养殖区

(1) 18°31′24.80″N，108°41′59.29″E；

(2) 18°31′22.45″N，108°42′43.98″E；

(3) 18°31′0.74″N，108°43′2.05″E；

(4) 18°30′12.09″N，108°42′41.45″E；

（5）18°30′1.13″N，108°42′25.12″E；

（6）18°30′47.48″N，108°41′52.41″E；

（7）18°31′2.38″N，108°41′52.21″E。

环境条件：砂质底，水温适宜，海水盐度较高，年平均盐度33.3且变化辐度较小。水质符合 GB 3097—1997 二类海水水质标准。

生物资源条件：叶绿素 a 含量变化范围为 0.25～1.5 μg/L。该海区浮游植物有 182 种，分别隶属于 5 门 71 属。沿岸海洋生物较丰富，基本符合 GB 18421—2001 一类海洋生物量标准。

选划类型、目标和依据：该区域为 I 类潜在增养殖区。乐东沿海地区降水量少，日照时间长，蒸发量大，海水盐度高，晒盐条件优越。莺歌海盐场总面积约 3 800 hm²，其中，将约 700 hm² 的生产盐池改造成海水养殖池，分流生产工人，现已经完成改造的盐池约有 200 hm²，海水符合 GB 3097—1997 二类海水水质标准，适宜发展海水池塘养殖，不过要严格控制养殖密度，实现可持续发展。

适宜养殖品种：对虾、黄鳍鲷、石斑鱼类、笛鲷类、尖吻鲈、鲻鱼、青蟹、罗非鱼、江蓠等。

5.4.6.9　北黎河—昌化江入海口池塘养殖区

面积：2223.88 hm²。（编号：54，55，57）

地理位置：位于东方北黎湾沿岸（图 5.17，图 5.18）；

（1）19°11′34.18″N，108°40′32.32″E；

（2）19°11′45.42″N，108°40′48.42″E；

（3）19°10′58.84″N，108°41′26.99″E；

（4）19°8′42.25″N，108°40′44.79″E；

（5）19°8′47.68″N，108°40′8.35″E；

（6）19°17′25.66″N，108°38′28.87″E；

（7）19°17′9.39″N，108°39′18.67″E；

（8）19°13′40.71″N，108°38′34.41″E；

（9）19°13′3.84″N，108°39′24.48″E；

（10）19°12′43.10″N，108°39′12.39″E；

（11）19°13′6.46″N，108°38′2.39″E；

（12）19°19′11.20″N，108°40′22.88″E；

（13）19°19′16.81″N，108°40′28.74″E；

（14）19°18′25.59″N，108°41′1.85″E；

（15）19°17′40.81″N，108°40′43.71″E；

（16）19°17′19.90″N，108°40′11.89″E；

（17）19°18′24.77″N，108°39′18.16″E；

（18）19°18′43.95″N，108°39′27.01″E；

（19）19°18′21.70″N，108°40′6.53″E，

环境条件：底质砂、泥，海域多年平均水温为 26.0℃，最高水温为 32.7℃，最低水温为

13.7℃。2009 年海南省海洋环境监测站资料表明,该海区的 pH 值为 8.03 ~ 8.06,COD 为 0.18 ~ 0.99 mg/L,溶解氧为 6.38 ~ 6.81 mg/L,无机氮为 0.052 ~ 0.093 mg/L,磷酸盐 0.001 ~ 0.004 mg/L。水质良好,符合 GB 3097—1997 二类海水水质标准。

生物资源条件:叶绿素 a 含量为 0.36 ~ 0.59 μg/L。浮游植物有 182 种,分别隶属于 4 门 80 属,优势种类有根管藻属、角毛藻属、幅杆藻属和菱形藻属等。

选划类型、目标和依据:该区域为 I 类潜在增养殖区。昌化江三角洲附近建设有大量的 对虾养殖池。昌化江三角洲外则为北部湾的昌化渔场,该渔场是海南省的四大渔场之一,盛 产马鲛、鱿鱼、红鱼等,也是海南岛西部渔民的主要渔业生产作业场所。因此,该区池塘养 殖宜发展生态养殖模式,避免养殖过程中使用抗生素等化学药品而对海区造成污染。

适宜养殖品种:对虾、黄鳍鲷、遮目鱼、石斑鱼类、笛鲷类、尖吻鲈、鲻鱼、青蟹、江 蓠等。

5.4.6.10 昌江珠碧江口海水池塘养殖区

面积:394.24 hm²。(编号:56)

地理位置:位于昌化珠碧江入海口(图 5.26);

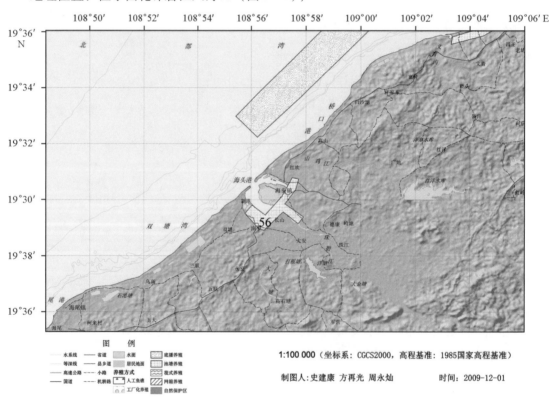

图 5.26 昌江珠碧江口海水池塘养殖区

56 为昌江珠碧江口海水池塘养殖区

(1) 19°30′47.91″N,108°57′29.86″E;

(2) 19°30′44.35″N,108°57′44.14″E;

(3) 19°30′22.17″N,108°57′37.79″E;

（4）19°29′51.42″N，108°57′13.88″E；

（5）19°29′23.02″N，108°57′54.73″E；

（6）19°29′8.46″N，108°57′43.13″E；

（7）19°28′54.59″N，108°56′28.95″E；

（8）19°28′57.96″N，108°56′17.87″E；

（9）19°29′30.63″N，108°55′45.80″E。

环境条件：浅海区宽阔，是珠碧江入海口，盐度有一定波动，夏季盐度最低可达30.9，冬季盐度最高可达34.8。水质好，符合 GB 3097—1997 二类海水水质标准。

生物资源条件：浮游动物有 15 个类群，共 111 种，其中，桡足类占 45.5%；毛颚类占13.6%；浮游介形类占 7.6%；水母类占 12.1%；被囊类占 5.3%；幼体占 6.8%。

选划类型、目标和依据：该区域为Ⅰ类潜在增养殖区。目前已经有多家养殖企业进驻，养殖范围相对集中，规模大，且处于新港和海头渔港区域，应加强协调管理，使之有序合理发展，需要注意养殖的规模和数量，不能超过环境容量和养殖容量，并采取生态养殖模式，降低养殖废水对海区的污染，实现该区域养殖业的可持续发展。

适宜养殖品种：对虾、黄鳍鲷、遮目鱼、石斑鱼类、笛鲷类、尖吻鲈、鲻鱼、青蟹、江蓠等。

5.4.6.11　儋州新英湾海水池塘养殖区

面积：2 281.7hm²。（编号：59，60）

地理位置：位于儋州市新州镇新英湾内（图5.20）；

（1）19°43′24.17″N，109°16′10.39″E；

（2）19°43′39.72″N，109°16′35.56″E；

（3）19°42′22.39″N，109°18′50.08″E；

（4）19°42′55.21″N，109°16′53.08″E；

（5）19°44′14.26″N，109°18′22.25″E；

（6）19°44′47.26″N，109°17′28.15″E；

（7）19°47′12.82″N，109°16′36.33″E；

（8）19°46′45.41″N，109°19′20.10″E。

环境条件：新英湾是北部湾伸入洋浦半岛构成的半封闭内湾，泥沙底质，湾内有春江、徐浦河和北门江等淡水河水注入，潮差在 1.5～2.0 m 之间，咸淡水为主，水质良好，在新英湾出海口附近，基本符合 GB 3097—1997 二类海水水质标准。

生物资源条件：湾内水生生物资源较丰富，浮游植物有 18 种，主要种类为骨条藻、新月菱形藻等。湾内大型底栖生物栖息密度为 242.67 ind./m²；浮游动物平均丰度为0.224 ind./L。

选划类型、目标和依据：该区域为Ⅰ类潜在增养殖区。已建有对虾、鱼类池塘养殖池，缺乏统一的规划，群众盲目地自发挖塘养虾，普遍存在养殖废水未经净化处理排放，影响环境质量。池塘养殖区环境恶化，病害时有发生，加上不规范用药，严重影响养殖水产品质量安全，制约了池塘养殖的发展，也严重影响新英湾的开发环境和景观。因此，需对原有的海水池塘养殖区进行统一规划，合理布局，配套养殖设施，整理池形，美化环境，建设专用进

169

排水系统，让进排水分家。特别要重视配套建设养殖废水净化处理池，达到排放标准后方可准许排放，保护新英湾海域环境。重视引进养殖新技术，规范养殖操作规程，提高健康养殖和生态养殖水平等。

适宜养殖品种：对虾、青蟹、尖吻鲈、石斑鱼类、笛鲷鱼类、星虫等。

5.4.6.12 临高马袅海水池塘养殖区

面积：428.38 hm²。（编号：68）
地理位置：位于临高马袅乡池海河入海口附近（图5.4）；
（1）19°56′26.51″N，109°50′21.56″E；
（2）19°56′8.65″N，109°51′37.39″E；
（3）19°55′51.69″N，109°51′15.95″E；
（4）19°54′17.67″N，109°49′41.22″E；
（5）19°54′34.31″N，109°49′49.16″E；
（6）19°54′55.72″N，109°49′33.04″E。

环境条件：现有池塘养殖区，泥沙底，为池海河入海口，咸淡水质。海域水温年平均值为24.3℃；海区年平均盐度均为32.3。季节变化规律，最低盐度出现在夏季，为31.8；最高盐度为33.4，均出现在冬季。

生物资源条件：海洋生物种类较多，符合GB 18421—2001一类海洋生物量标准，浅海区风浪小。

选划类型、目标和依据：该区域为I类潜在增养殖区。在现有养殖规模的基础上，发展生态养殖，避免养殖废水对马袅湾的污染，实现可持续发展。

适宜养殖品种：对虾、青蟹、黄鳍鲷、遮目鱼、石斑鱼类、笛鲷类、尖吻鲈、鲻鱼、青蟹、江蓠等。

5.4.6.13 临高调楼—美夏海水池塘养殖区

面积：319.71 hm²。（编号：64）
地理位置：位于临高抱才村至美夏乡一带沿海海域（图5.21）；
（1）19°57′52.33″N，109°34′15.90″E；
（2）19°58′16.31″N，109°34′29.66″E；
（3）19°58′45.04″N，109°34′52.05″E；
（4）19°59′3.75″N，109°35′41.94″E；
（5）19°59′26.33″N，109°38′9.87″E；
（6）19°59′39.89″N，109°38′57.33″E；
（7）19°59′21.78″N，109°36′56.96″E；
（8）19°58′14.44″N，109°34′55.60″E。

环境条件：海域水温年平均值为24.4℃；海域的年平均盐度为32.3。季节变化规律，最低盐度都出现在夏季，为31.30；最高盐度为33.4，出现在冬季。2008年海南省海洋环境公报显示，后水湾被监测海域水质清洁，基本符合GB 3097—1997二类海水水质标准。

生物资源条件：叶绿素 a 含量范围为 $0.27 \sim 1.47 \, \mu g/L$。海域浮游动物种类组成主要是桡足类（21 种）、毛颚类（11 种）。桡足类出现种类数量有明显的季节变化。桡足类幼体密度高达 $44.3 \times 10^{-2} \, ind./L$；冬季出现有 9 种，以中华哲水蚤的密度最高，达 $5.0 \times 10^{-2} \, ind./L$。

选划类型、目标和依据：该区域为 I 类潜在增养殖区。该区域目前零星分布有养殖池塘，可适量增加养殖池塘的规模和数量，但要科学规划，注意海区养殖容量，养殖废水需要经过处理，达到排放标准后才能够排放。

适宜养殖品种：对虾、黄鳍鲷、石斑鱼类、笛鲷类、尖吻鲈、鲻鱼、青蟹、江蓠等。

5.4.6.14　澄迈花场湾海水池塘养殖区

面积：$538.47 \, hm^2$。（编号：69）

地理位置坐标：位于澄迈湾花场湾湾顶（图 5.23）；

(1) 19°55′33.00″N，109°57′10.38″E；

(2) 19°55′32.89″N，109°58′26.81″E；

(3) 19°54′30.88″N，109°59′25.55″E；

(4) 19°54′6.53″N，109°59′14.04″E；

(5) 19°54′28.15″N，109°57′55.15″E。

环境条件：花场湾水质好，基本无污染，基本符合 GB 3097—1997 一类海水水质标准。不过澄迈花场湾在个别监测时段内的无机氮和无机磷含量超三类海水水质标准，主要原因为受降水影响，上游河流携带大量的营养物质所致。花场湾沉积物质量状况总体良好，基本符合一类海洋沉积物质量标准。

生物资源条件：花场湾大型底栖生物的生物量平均值为 $205.49 \, g/m^2$。花场湾浮游动物的平均丰度为 $0.167 \, ind./L$。浮游动物的生物量为 $3.66 \sim 4.34 \, mg/L$。

选划类型、目标和依据：该区域为 I 类潜在增养殖区。目前有大量养殖池塘，需要通过调整增养殖种类、模式、布局等技术措施，提高增养殖的生态效益和经济效益。区内有红树林自然保护区，目前为旅游开发区，所以，该区域要降低养殖密度，发展鱼虾混养模式，结合当地旅游建设，发展休闲渔业。

适宜养殖品种：对虾、黄鳍鲷、遮目鱼、石斑鱼类、笛鲷类、尖吻鲈、鲻鱼、青蟹、江蓠等。

5.4.6.15　儋州光村至新英池塘养殖区

面积：$311.18 \, hm^2$。（编号：61）

地理位置：位于后水湾沿岸，儋州光村至新英一带海域（图 5.22）；

(1) 19°51′3.23″N，109°27′23.04″E；

(2) 19°51′8.05″N，109°27′42.02″E；

(3) 19°49′19.81″N，109°28′26.02″E；

(4) 19°49′12.38″N，109°27′51.99″E。

环境条件：海域水温年平均值为 24.4℃；海域的年平均盐度为 32.3。2008 年海南省海洋环境监测数据显示，后水湾为清洁海域，基本符合 GB 3097—1997 二类海水水质标准。

生物资源条件：浮游动物初步鉴定 45 科 117 属 227 种，其中，桡足类最多，占总数的 37.5%。年总生物量 226 μg/L，变化范围在 38～999 μg/L。

选划类型、目标和依据：该区域为 I 类潜在增养殖区。后水湾有大量的深水网箱，需要大量的苗种，因此，该选化区池塘除了可用于鱼、虾、蟹养成之外，部分池塘用于海水鱼苗培育，成为该区域深水网箱养殖的苗种供给地。

适宜养殖品种：对虾、黄鳍鲷、遮目鱼、石斑鱼类、笛鲷类、尖吻鲈、鲻鱼、青蟹、鲍、东风螺、江蓠等。

5.4.7 高位池养殖区选划

选划为高位池养殖区的区域的条件如下。

（1）选划单个区块面积较大，连片数十公顷。

（2）选择在海水和淡水水源水质好，取水容易，交通运输方便，供电正常的潮上带，有充裕苗种和饲料来源，适合养殖鱼类、贝类、虾类、蟹类的区域。

（3）一般设置在潮上带海岸，地形平坦、泥质或泥沙底质，适宜开挖高位池。

（4）海水水质符合 GB 3097—1997 和 GB 11607—89 中的有关规定。

（5）高位池养殖区的选划必须根据城镇规划，统筹高位池的合理布局，着重处理好四大关系：一是以不破坏海岸防护林和地下水资源等生态与环境为前提；二是协调好城镇规划与高位池可持续发展的关系，高位池布局服从于城镇规划；三是高位池布局以不影响沿海旅游发展和旅游景观为原则；四是高位池养殖废水须经过处理、达标后才能排放，并推广环境保护型养殖新技术和生态养殖新方式，改善养殖环境，确保周边生态良好。

根据以上条件，共选划出以下 13 个高位池养殖区。

5.4.7.1 桂林洋高位池养殖区

面积：1 691.89 hm²。（编号：46，47）

地理位置坐标：位于海口市桂林洋，东海岸沿岸（图5.1，图5.5，图5.6）；

（1）20°1′0.23″N，110°32′2.82″E；

（2）20°0′18.20″N，110°32′1.91″E；

（3）20°0′7.00″N，110°29′19.07″E；

（4）20°2′49.51″N，110°25′24.78″E；

（5）20°3′5.71″N，110°25′46.45″E；

（6）20°4′36.55″N，110°23′2.14″E；

（7）20°3′47.98″N，110°24′30.26″E；

（8）20°3′20.54″N，110°24′8.12″E；

（9）20°4′8.13″N，110°22′39.49″E。

环境条件：年平均水温为 25.5℃；年平均盐度为 29.5。由于受南渡江径流和降水的影响，盐度值冬季高于夏季。

生物资源条件：海南省海洋环境检测站资料显示，该海区水体中叶绿素 a 变化范围为 0.15～0.77 μg/L，海区中浮游动物生物量年平均值为 114.6 μg/L。

选划类型、目标和依据：该区域为 I 类潜在增养殖区。过去因经济利益驱动有部分盲目开挖高位池的现象，侵犯了海岸带海防林的，要坚决退塘还林，恢复和保护好海防林，另外因旅游业和临港工业的迅速兴起，部分海水池塘养殖区被开发和征用。现有高位池养殖区，统筹规划改造后成为规范的高位池养殖区，并根据旅游发展规划，对现有养殖池陆续进行改造，与休闲渔业相结合，发展生态养殖。

适宜养殖品种：对虾、青蟹、石斑鱼类、笛鲷类等。

5.4.7.2　海口演丰和三江口高位池塘养殖区

面积：1 249.4 hm²。（编号：44，45）

地理位置：位于东寨港沿岸区域，包括海口市三江镇和演丰镇池塘养殖区（图 5.1，图 5.6）；

（1）19°55′14.34″N，110°36′22.73″E；
（2）19°55′4.29″N，110°38′1.98″E；
（3）19°54′1.74″N，110°38′4.71″E；
（4）19°54′12.75″N，110°36′16.69″E；
（5）19°59′30.64″N，110°34′16.98″E；
（6）19°59′17.54″N，110°34′55.28″E；
（7）19°58′10.04″N，110°34′33.74″E；
（8）19°57′41.72″N，110°34′45.19″E；
（9）19°57′20.15″N，110°34′18.89″E；
（10）19°57′18.05″N，110°33′21.00″E；
（11）19°57′48.31″N，110°33′1.27″E；
（12）19°58′31.43″N，110°33′45.61″E；
（13）19°58′31.00″N，110°34′9.39″E。

环境条件：东寨港为潟湖港湾，沿岸红树林生长规模大、生境好，是国家级红树林自然保护区。底质为泥沙，滩涂面积大，坡度平缓，水温 17.2～30.6℃，水质良好，符合 GB 3097—1997 二类海水水质标准。

生物资源条件：以东寨港为代表的铺前湾浮游植物 44 种。优势种为兰隐藻、定鞭金藻和赤潮异弯藻，在局部区域最高密度分别达 50.4×10^4 ind./L、35.3×10^4 ind./L 和 22.1×10^4 ind./L。大型底栖生物栖息密度为 164.15 ind./m²。东寨港浮游动物的平均生物量 4.21 mg/L。

选划类型、目标和依据：该区域为 I 类潜在增养殖区。东寨港为潟湖港湾，又有国家级红树林自然保护区。该养殖区的低位养虾、养鱼池普遍存在设计不合理，标准低，排、灌系统不符合防病要求等问题，导致区域性病害相互传播，养殖效益低，致使海域环境遭到一定的影响，不利于沿岸红树林的保护与生态系统的发展，海洋生物从数量到种类都在逐步减少。为了修复海洋生态环境，保护潟湖港湾以及红树林生态系统，增加生物种类及数量，要抓紧退化其养殖区功能，逐步过度为增殖区和海洋特别保护区。开展虾塘休养，虾—鱼、虾—蟹等轮养和虾—贝—鱼混养等生态养殖试验和示范，提高健康养殖水平。并尽量推广养虾—养蟹—养鱼—养藻混合生态养殖模式，改善原来落后面貌，提高综合效益。

适宜养殖品种：对虾、蟹类、石斑鱼类、笛鲷类等。

5.4.7.3 文昌东郊清澜港和高隆湾沿岸高位池养殖区

面积：621.7 hm²。(编号：33，38)

地理位置：位于文昌东郊镇清澜港航道东北侧沿岸，以及高隆湾沿岸（从清澜港出海口至良田村一带沿岸）（图5.2，图5.7）；

(1) 19°29′18.19″N，110°48′9.29″E；

(2) 19°29′26.39″N，110°47′45.61″E；

(3) 19°32′5.02″N，110°48′3.75″E；

(4) 19°31′54.61″N，110°48′22.44″E；

(5) 19°34′12.54″N，110°49′37.86″E；

(6) 19°33′51.96″N，110°50′23.13″E；

(7) 19°32′51.51″N，110°51′5.53″E；

(8) 19°31′59.28″N，110°51′15.44″E；

(9) 19°31′58.43″N，110°50′49.34″E；

(10) 19°32′46.55″N，110°50′48.13″E；

(11) 19°33′32.41″N，110°49′54.14″E；

(12) 19°34′12.54″N，110°49′37.86″E。

环境条件：底质为泥沙，滩涂面积大，坡度平缓，水温20.3～30.3℃，该区域受到八门湾内淡水河的影响，盐度变化较大，海水盐度为5.5～29.8，pH较为稳定。水质符合GB 3097—1997二类海水水质标准。

生物资源条件：在高隆湾潮间带有海草分布，近岸区域的海草呈镶嵌状或片状分布，而离岸较远的区域，海草呈连续分布，形成大片的海草床。海草优势种为泰莱草，其他还有海菖蒲、海神草、喜盐藻和羽叶二药藻等，因海草床等为鱼类生长繁殖提供了良好生境，该区域鱼类种类丰富，有13科的鱼类，常见种类有黄斑篮子鱼、鲻鱼和鲥鱼等。

选划类型、目标和依据：该区域为Ⅰ类潜在增养殖区。该区域存在大量的养殖池塘，长期以来，由于该区域的海水养殖缺乏统一规划与技术革新，使海域环境受到一定的影响，不利于高隆湾海草的保护与生态系统的发展，海洋生物数量和种类都在逐步减少。为了修复其海洋生态环境，保护海草生态系统，增加生物种类及数量，要抓紧降低该区域池塘养殖规模和面积，发展生态养殖模式，养殖废水排放前要经过处理，实行达标排放，并发展休闲渔业、观光渔业等旅游项目，提高该地区的综合效益。

适宜养殖品种：对虾、石斑鱼类、笛鲷类和海水鱼苗培育等。

5.4.7.4 文昌抱虎港高位池养殖区

面积：531.71 hm²。(编号：39，42)

地理位置：位于抱虎港沿岸，水高村至邦庆村附近，以及海南湾沿岸木兰村附近（图5.8，图5.27）；

(1) 20°6′45.36″N，110°39′19.79″E；

(2) 20°6′39.05″N，110°39′27.67″E；

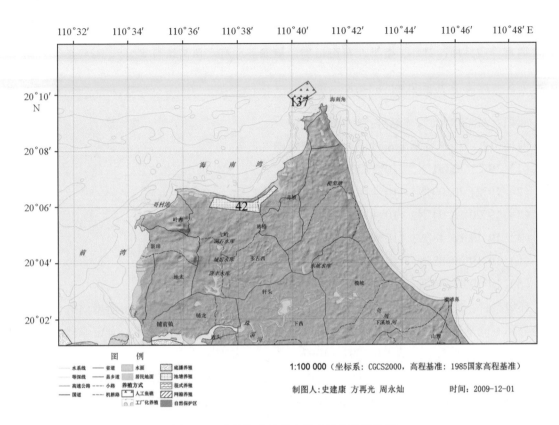

图 5.27　文昌海南角潜在海水增养殖区选划

42 为文昌抱虎港高位池养殖区；137 为文昌海南角人工鱼礁增殖区

（3）20°6′7.09″N，110°38′50.48″E；

（4）20°5′47.84″N，110°38′48.78″E；

（5）20°6′20.89″N，110°37′7.43″E；

（6）19°59′54.52″N，110°54′35.40″E；

（7）19°59′38.39″N，110°54′41.23″E；

（8）19°58′49.51″N，110°51′28.17″E；

（9）19°58′53.53″N，110°51′5.29″E；

（10）19°59′8.93″N，110°51′12.25″E。

环境条件：海水年平均水温为 25.1℃，近海海水盐度为 30.0 ~ 34.0，平均盐度为 32.6。

生物资源条件：海区浮游动物初步鉴定有 35 科 87 属 157 种，其中，桡足类最多，占总数的 37.5%，年总生物量为 32.6 μg/L，变化范围为 38 ~ 999 μg/L。其中，春季平均生物量为 253 μg/L，变化范围在 38 ~ 437 μg/L 之间，高生物量区在七洲列岛一带，其生物量为 429 ~ 437 μg/L，低生物量区在清澜湾区，仅有 38 ~ 50 μg/L；秋季平均生物量为 403 μg/L，变化范围为 125 ~ 998 μg/L，高生物量区在七洲列岛为 855 μg/L，其余生物量在 125 ~ 563 μg/L之间。

选化目标和依据：该区域为 I 类潜在增养殖区。随着文昌经济的发展，高位池的布局要科学规划统筹安排，做到不破坏海岸防护林和地下水资源，不影响沿海旅游发展和旅游景观，高位池养殖废水达标排放，并采取保护型养殖新技术和生态养殖新方式，改善养殖环境，确

175

保周边生态良好。

适宜养殖品种：对虾、蟹类、石斑鱼类、笛鲷类和海水鱼苗培育等。

5.4.7.5　琼海青葛至欧村高位池养殖区

面积：248.98 hm^2。（编号：30）

地理位置：位于青葛港至沙港一带海域沿岸（图5.9）；

（1）19°21′12.51″N，110°39′53.75″E；

（2）19°21′20.09″N，110°40′14.51″E；

（3）19°20′16.94″N，110°40′57.10″E；

（4）19°19′10.48″N，110°40′25.46″E；

（5）19°19′29.88″N，110°40′7.70″E；

（6）19°19′43.36″N，110°40′28.91″E。

环境条件：底质为沙泥。近海年平均水温为26.3℃，海水盐度具有由沿岸向外海递增分布趋势和不同季节变化较大的特点。琼海市近海海水盐度为30.0～34.0。全市岸段平均盐度约为32.6。水质良好，符合GB 3097—1997二类海水水质标准。

生物资源条件：海区近岸礁盘中具有多样化的生物资源，如珊瑚礁类、海草类、麒麟菜、贝类、海参类、观赏鱼类等，因此该区域要发展生态养殖模式，养殖废水达到渔业用水标准后才能排放。

选划类型、目标和依据：该区域为I类潜在增养殖区。目前该区域近海已养殖有麒麟菜，且早在1983年就已批准建立了省级麒麟菜自然保护区，但该保护区由于缺乏独立的管理机构、人员和资金等，现已名存实亡，并且，由于受养殖废水的影响，该区域的生态环境已出现恶化的趋势。因此，该区域需要改变养殖模式，提高综合效益，发展生态养殖模式，养殖废水须经处理达到排放标准后才能够排放，甚至可在该区域设置一专门治理养殖废水的处理厂，对养殖废水进行净化处理，从而减少对环境的污染，恢复该地的麒麟菜等生物资源。

适宜养殖品种：对虾、石斑鱼类、笛鲷类和海水鱼苗培育等。

5.4.7.6　琼海潭门镇高位池养殖区

面积：106.55 hm^2。（编号：28，29）

地理位置：位于潭门镇草塘村和珠联村附近（图5.9，图5.28）；

（1）19°11′5.45″N，110°35′28.66″E；

（2）19°11′7.06″N，110°35′19.73″E；

（3）19°11′54.25″N，110°35′42.79″E；

（4）19°12′8.66″N，110°36′5.08″E；

（5）19°12′3.94″N，110°36′10.24″E；

（6）19°11′56.23″N，110°35′53.95″E；

（7）19°14′52.14″N，110°37′32.11″E；

（8）19°14′57.98″N，110°37′18.35″E；

（9）19°15′40.08″N，110°37′25.30″E；

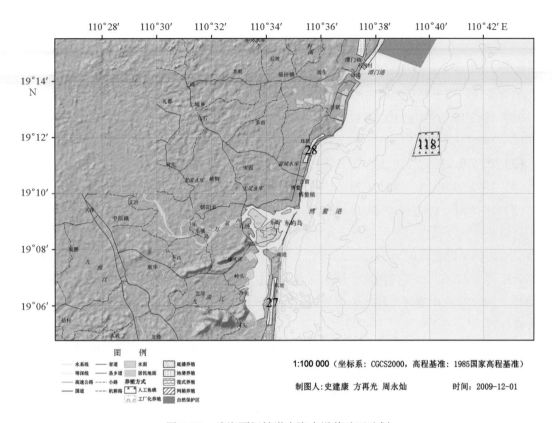

图 5.28　琼海潭门镇潜在海水增养殖区选划

27 为琼海沙美东海村至深美村高位池养殖区；28 为琼海潭门镇高位池养殖区；118 为琼海潭门人工鱼礁区

（10）19°15′43.86″N，110°37′37.66″E；

（11）19°15′23.63″N，110°37′37.70″E。

环境条件：海域表层水温变化范围为 26.7 ~ 27.6℃，近岸区由于受沿岸河水及雨水等淡水影响，盐度通常较低，特别在 8—10 月最为明显，分别为 24.6、20.2 和 18.3。该海域海水水质符合 GB 3097—1997 二类海水水质标准。2008 年海南省海洋环境公报 090716 显示，该近岸海域海洋沉积物石油类含量均符合国家一类海洋沉积物质量标准；监测海域沉积物的总汞、铅、砷等重金属含量均符合一类海洋沉积物质量标准；锌含量符合国家一类海洋沉积物质量标准；多氯联苯含量均符合国家一类海洋沉积物质量标准。

生物资源条件：琼海海区浮游动物初步鉴定种类 24 科 50 属 123 种，其中，桡足类最多，占总数的 37.5%。年总生物量为 326 μg/L。

选划类型、目标和依据：该区域为 I 类潜在增养殖区。该区域已建有一定规模的虾塘和鱼塘，主要开展对虾和鱼类养殖。不过位于潭门—博鳌度假旅游区范围内，目前很多池塘已被征收，高位池养殖面积已大幅减少。因此，为了不影响周边环境，今后需要对现有的养殖模式进行科学规划，提高养殖技术，采取调整增养殖种类、模式、布局等技术措施，发展休闲渔业和观光渔业，提高增养殖的生态效益和经济效益。

适宜养殖品种：对虾、石斑鱼类、笛鲷类和海水鱼苗培育。

5.4.7.7　琼海沙美东海村至深美村高位池养殖区

面积：90.88 hm²。（编号：27）

地理位置：位于博鳌沙美内海东海村至深美村一带（图 5.28）；

（1）19°5′18.26″N，110°34′11.18″E；

（2）19°5′18.67″N，110°33′58.83″E；

（3）19°7′0.93″N，110°34′12.98″E；

（4）19°6′59.43″N，110°34′23.51″E；

（5）19°5′51.98″N，110°34′13.38″E。

环境条件：沙美内海有万泉河、龙滚河与九曲江等淡水注入，属咸淡水质，该选划区海域表层水温的年度化范围为 21.8 ~ 25.4℃，平均水温 20.5℃；近海海水盐度为 30.0 ~ 34.0，平均盐度约为 32.6。沙美内海由于淡水的注入，盐度通常较低，特别在 8—10 月盐度下降最为明显。2009 年海南省海洋环境监测数据显示，该海域海水水质符合 GB 3097—1997 一类海水水质标准。

生物资源条件：海区浮游动物初步鉴定 24 科 50 属 123 种，其中，桡足类最多，占总数的 37.5%。年总生物量为 326 μg/L。

选划类型、目标和依据：该区域为 I 类潜在增养殖区。目前已经开发，不过一些池塘在开挖过程中，破坏了该地的防护林，近年已陆续取缔，恢复了海边的防护林，在防护林靠近内陆区域，仍可适度发展池塘养殖。

适宜养殖品种：对虾、石斑鱼类和海水鱼苗培育等。

5.4.7.8　万宁英豪—港北—山根—海量村高位池养殖区

面积：606.50 hm²。（编号：24，25，26）

地理位置：位于万宁市海量村—山根—港北—英豪半岛沿岸（图 5.29，图 5.30）；

（1）18°53′5.50″N，110°30′26.64″E；

（2）18°51′32.12″N，110°29′36.37″E；

（3）18°51′45.64″N，110°29′30.50″E；

（4）18°53′10.90″N，110°29′44.12″E；

（5）18°53′24.74″N，110°30′36.18″E；

（6）19°0′6.96″N，110°30′56.47″E；

（7）19°0′4.59″N，110°31′5.85″E；

（8）18°57′58.26″N，110°30′39.84″E；

（9）18°54′1.33″N，110°30′43.27″E；

（10）18°54′1.88″N，110°30′33.21″E；

（11）18°57′50.67″N，110°30′33.15″E；

（12）19°1′8.21″N，110°31′47.98″E；

（13）19°1′10.58″N，110°31′38.37″E；

（14）19°2′19.15″N，110°31′58.53″E；

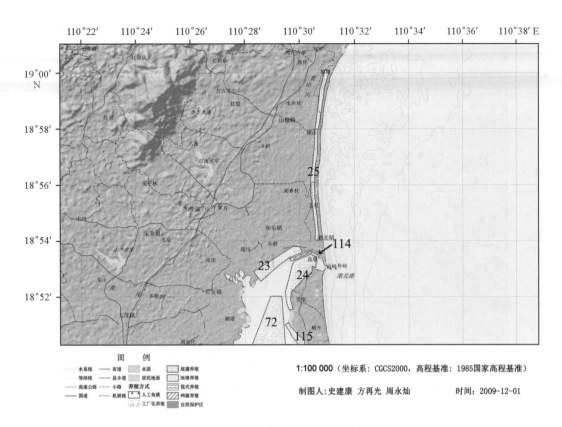

图 5.29　万宁港北—山根村高位池养殖区

23 为万宁小海海水池塘养殖区；24 和 25 为万宁英豪 – 海量村高位池塘养殖区

（15）19°2′17.22″N，110°32′8.37″E。

环境条件：根据 2008 年海南省海洋环境公报，该地近岸海域海洋沉积物石油类含量均符合国家一类海洋沉积物质量标准；监测海域沉积物的总汞、铅、砷等重金属含量均符合一类海洋沉积物质量标准；锌含量符合国家一类海洋沉积物质量标准；多氯联苯含量均符合国家一类海洋沉积物质量标准。

生物资源条件：万宁市海区水质肥沃，饵料生物丰富，盛产带鱼、马鲛鱼、金枪鱼、鱿鱼等。

选划类型、目标和依据：该区域为Ⅰ类潜在增养殖区。现有连片的高位池，主要用于对虾和石斑鱼养殖，由于缺乏科学规划，布局比较零乱，再上养殖废水排放缺乏管理，往往对周边环境和海域有一定污染。建议通过科学规划，合理布局，实施新的生态养殖和健康养殖模式，采用新的科技成果，提高产品质量，保护海域环境，预防病害发生和蔓延，进一步开拓产品的国内外市场，推进高位池养殖优质、高产、高效益。

适宜养殖品种：对虾、石斑鱼类、笛鲷类和海水鱼苗培育等。

5.4.7.9　陵水新村港和黎安港高位池养殖区

面积：850.47 hm²。（编号：16，17，18，19）

地理位置：新村港西北侧、桐栖港周边、黎安港西北侧沿岸和黎安镇到水口港一带海域（图 5.11）；

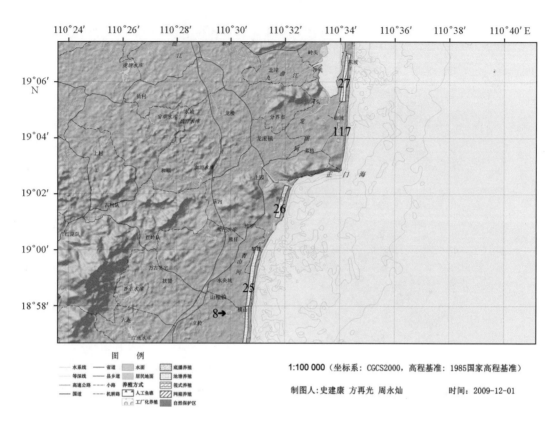

图 5.30　万宁英豪半岛至治坡村一带潜在增养殖区选划

8 和 117 为万宁治坡村等区域苗种场；25 和 26 为万宁英豪－海量村高位池养殖区

（1）18°26′36.28″N，109°59′33.66″E；

（2）18°26′7.63″N，110°0′9.39″E；

（3）18°25′56.95″N，109°59′43.38″E；

（4）18°25′54.83″N，109°59′9.90″E；

（5）18°25′54.91″N，109°58′53.50″E；

（6）18°25′22.86″N，109°58′37.64″E；

（7）18°25′24.28″N，109°58′26.41″E；

（8）18°26′14.31″N，109°58′28.87″E；

（9）18°26′19.94″N，109°58′32.47″E；

（10）18°27′39.02″N，110°0′29.41″E；

（11）18°27′38.63″N，110°0′49.96″E；

（12）18°27′7.53″N，110°1′28.29″E；

（13）18°26′33.20″N，110°1′50.24″E；

（14）18°26′28.57″N，110°1′47.67″E；

（15）18°26′51.36″N，110°1′25.27″E；

（16）18°26′49.77″N，110°1′3.53″E；

（17）18°26′19.30″N，110°1′7.33″E；

（18）18°26′20.40″N，110°0′57.14″E；

（19）18°25′47.03″N，110°2′20.34″E；

（20）18°25′19.58″N，110°2′37.06″E；

（21）18°25′13.97″N，110°2′28.20″E；

（22）18°25′36.44″N，110°2′11.50″E；

（23）18°26′52.82″N，110°2′55.58″E；

（24）18°26′17.91″N，110°3′44.57″E；

（25）18°26′14.96″N，110°3′40.60″E；

（26）18°26′42.73″N，110°3′7.67″E；

（27）18°28′38.24″N，110°4′47.35″E；

（28）18°26′20.11″N，110°4′14.94″E；

（29）18°26′19.47″N，110°4′3.28″E；

（30）18°28′41.10″N，110°4′34.45″E。

环境条件、水文条件和生物资源条件：底质为泥沙，主要由粗砂、中砂、细砂和少量淤泥构成，水质均符合 GB 3097—1997 二类海水水质标准。有关该海域的环境条件、水文条件和生物资源条件见本书"5.4.2.10 陵水新村港与黎安港浅海底播增殖区"的相关内容。

选划类型、目标和依据：该区域为 I 类潜在增养殖区。黎安港和新村港是海南海草资源种类和数量最丰富的区域，区域内划定较大的范围用于保护当地的海草资源。周边建有的大量高位池塘，其养殖废水的排放影响了湾内水质，不利于海草的保护。因此需要对现有高位池塘进行科学改造，尤其是养殖废水，需要统一处理，使其达到排放标准后再进行排放，从而达到保护海草资源，恢复其生态系统和生物多样性，使区域内渔业和养殖业可持续发展。

适宜养殖品种：对虾、石斑鱼类、笛鲷类和海水鱼苗培育等。

5.4.7.10　三亚宁远河高位池养殖区

面积：102.87 hm^2。（编号：11）

地理位置：位于三亚宁远河入海口港门港附近区域（图 5.14）；

（1）18°21′57.93″N，109°6′0.15″E；

（2）18°22′9.41″N，109°6′6.81″E；

（3）18°22′6.62″N，109°6′21.36″E；

（4）18°22′24.70″N，109°6′22.67″E；

（5）18°22′22.92″N，109°6′46.11″E；

（6）18°21′37.95″N，109°6′50.81″E。

环境条件：近岸海域表层海水年均水温 22.0~27.0℃，冬季水温呈沿岸低、外海高的特点，在夏季情况则相反。

选划类型、目标和依据：该区域为 I 类潜在增养殖区。现有高位池养殖区，统筹规划改造后成为规范的高位池养殖区，发展生态养殖，养殖废水经处理后，达到排放标准才能排放，减小对自然海区的污染。

适宜养殖品种：对虾、石斑鱼类、笛鲷类和海水鱼苗培育等。

5.4.7.11 乐东黄流镇—莺歌海镇—白沙河高位池养殖区

面积：2 059.76 hm²。（编号：49，50，52）

地理位置：位于黄流镇—莺歌海镇—白沙河一带海域沿岸（图5.15，图5.25）；

（1）18°24′11.65″N，108°57′39.89″E；

（2）18°24′43.03″N，108°56′17.60″E；

（3）18°24′56.36″N，108°56′26.11″E；

（4）18°24′22.92″N，108°57′49.73″E；

（5）18°26′19.25″N，108°51′39.72″E；

（6）18°26′15.41″N，108°51′23.33″E；

（7）18°29′32.23″N，108°45′21.98″E；

（8）18°29′58.37″N，108°45′29.01″E；

（9）18°30′52.84″N，108°45′17.02″E；

（10）18°30′55.88″N，108°46′3.82″E；

（11）18°30′0.02″N，108°46′2.81″E；

（12）18°31′36.78″N，108°41′4.70″E；

（13）18°32′39.95″N，108°40′43.61″E；

（14）18°33′9.63″N，108°40′35.11″E；

（15）18°37′38.43″N，108°42′10.40″E；

（16）18°37′30.92″N，108°42′27.86″E；

（17）18°33′5.59″N，108°41′9.94″E。

环境条件：砂质底，年平均水温在27.0℃左右，年平均盐度33.3，水质符合 GB 3097—1997 二类海水水质标准。

生物资源条件：海区浮游植物有182种，分别隶属于4门80属，优势种类有根管藻属、角毛藻属、幅杆藻属和菱形藻属等。乐东海区有大量的浮游动物，其中桡足类最多，其他的还有浮游介形类、浮游端足类、枝角类、莹虾类、磷虾类、毛颚类等。

选划类型、目标和依据：该区域为Ⅰ类潜在增养殖区。现有成片高位池养殖区，统筹规划改造后成为规范的高位池养殖区，严格控制养殖的规模和数量，并且养殖废水需要达到排放标准才能进行排放。

适宜养殖品种：对虾、石斑鱼类、笛鲷类和海水鱼苗培育等。

5.4.7.12 东方板桥—新龙高位池养殖区

面积：1 885.34 hm²。（编号：53）

地理位置：位于东方市板桥镇、感城镇、新龙镇沿海（图5.31）；

（1）18°50′15.54″N，108°37′58.85″E；

（2）18°47′41.37″N，108°40′59.24″E；

（3）18°46′55.89″N，108°40′39.59″E；

（4）18°49′41.25″N，108°37′35.44″E；

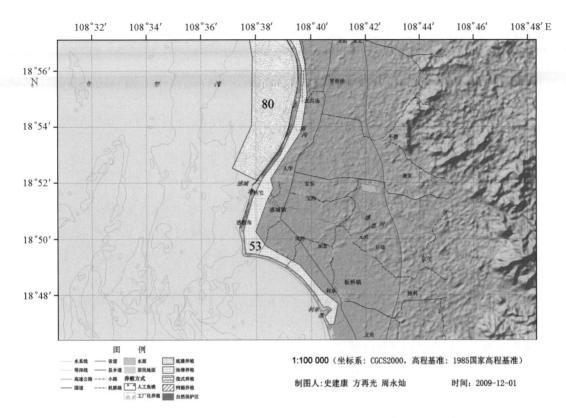

图 5.31　东方潜在高位池养殖区和乐东浅海底播增养殖区选划
53 为东方板桥－新龙高位池养殖区；80 为乐东丹村港－白沙港浅海底播增殖区

（5）18°50′18.71″N，108°37′32.02″E；

（6）18°55′7.44″N，108°39′37.50″E；

（7）19°1′30.98″N，108°38′18.76″E；

（8）19°1′34.42″N，108°38′28.57″E；

（9）18°55′7.62″N，108°39′51.68″E。

环境条件：海域年平均水温在 27.0℃ 左右；平均盐度 32.0。pH 值的变化范围为 8.06～8.1，COD 为 0.2～0.34 mg/L，溶解氧为 6.41～6.86 mg/L，无机氮为 0.029～0.039 mg/L，磷酸盐为 0.001～0.004 mg/L，海水水质符合 GB 3097—1997 一类海水水质标准。

生物资源条件：由于有白沙河的注入，带来了较丰富的营养盐，有利于海洋生物的生长，海水中的叶绿素 a 含量约为 0.45 μg/L。浮游动物的栖息密度范围为 0.011 2～0.196 7 ind./L，浮游动物生物量的范围为 12.2～265.1 μg/L。

选划类型、目标和依据：该区域为Ⅰ类潜在海水增养殖区。现开发有大量高位池养虾和养鱼池塘，是现有高位池养殖密集区，但缺乏科学的养殖规划，布局也存在不少问题，要根据沿岸海域环境容量，合理控制高位池数量和分布密度，避免高位池养殖对水质的污染，保护该海域生态环境，对养殖废水必须经过净化处理，养殖废水经处理达到排放标准后才能通过管道向较深海区排放。

适宜养殖品种：对虾、石斑鱼类、笛鲷类和海水鱼苗培育。

5.4.7.13 儋州排浦—海头高位池养殖区

面积：402.79 hm²。（编号：58）

地理位置：位于儋州市排浦镇至海头镇沿岸海域（图 5.19）；

（1）19°38′1.03″N，109°8′5.44″E；

（2）19°37′44.97″N，109°8′12.83″E；

（3）19°35′33.40″N，109°3′18.43″E；

（4）19°35′49.25″N，109°3′21.18″E。

环境条件：底质为沙或珊瑚礁，盐度最高值出现在 5 月，为 34.5，最低值出现在 10 月，为 32.8。2009 年海南省海洋环境监测站资料显示，其附近海域的 pH 值为 7.79～8.12，COD 为 0.67～0.96 mg/L，溶解氧为 6.41～7.22 mg/L，无机氮为 0.158～0.284 mg/L，磷酸盐为 0.002～0.016 mg/L。

生物资源条件：该选划区附近海域水体中已记录浮游植物 107 种，其中作为贝类良好饵料的硅藻门浮游植物有 95 种，具有开展滤食性生物养殖的良好条件。

选划类型、目标和依据：该区域为 I 类潜在增养殖区。现有高位池养殖区，主要用于对虾和石斑鱼养殖。该区因缺乏科学规划，布局比较零乱，再加上养殖废水排放缺乏管理，往往对周边环境和海域有一定污染。建议通过科学规划，合理布局，实施新的生态养殖和健康养殖模式，采用新的科技成果，提高产品质量，保护其生态环境，预防病害发生，实现养殖的可持续健康发展。

适宜养殖品种：对虾、石斑鱼类、笛鲷类和海水鱼苗培育等。

5.4.8 工厂化养殖区选划

选划为工厂化养殖区的区域的条件如下。

（1）选划单个区块面积适中，能够建成连片的工厂化养殖系统。

（2）选择在海水和淡水水源水质好，取水容易，交通运输方便，供电正常，适合养殖鱼类、贝类、虾类、蟹类的区域。

（3）一般选划在潮上带海岸，地形较平坦，或者在坡地上能够实现梯级式自流水操作。

（4）海水水质符合 GB 3097—1997 和 GB 11607—89 中的有关规定。

（5）具备构建工厂化养殖所需要的水净化系统、增氧系统、环境控制调节系统、养殖系统、病害防治系统、饲料供给系统、污水处理系统、监测管理系统。

根据以上条件，共选划出以下 7 个工厂化养殖区。

5.4.8.1 文昌翁田—昌洒—会文工厂化养殖区和苗种场

面积：472.18 hm²。（编号：37，40，41）

地理位置：位于翁田镇下山村、昌洒镇后山村以及冯坡镇邦庆村附近海域（图 5.8，图 5.24）；

（1）19°45′38.76″N，110°58′57.99″E；

（2）19°45′27.29″N，110°59′45.69″E；

（3）19°44′57.24″N，110°59′48.53″E；

（4）19°44′59.20″N，110°59′2.58″E；

（5）19°45′38.76″N，110°58′57.99″E；

（6）19°59′37.15″N，110°50′10.72″E；

（7）19°59′29.99″N，110°50′6.94″E；

（8）19°59′53.82″N，110°48′32.40″E；

（9）20°0′14.72″N，110°48′43.13″E；

（10）20°0′10.75″N，110°46′58.14″E；

（11）19°59′49.84″N，110°46′40.72″E；

（12）20°0′43.38″N，110°45′51.49″E；

（13）20°1′3.22″N，110°46′21.71″E。

环境条件：近海月平均水温在20.3～30.3℃，年最高水温33.5℃，年最低水温17.1℃。近海海水盐度为30.0～34.0，平均盐度约为32.60，海水水质符合GB 3097—1997一类海水水质标准。

生物资源条件：海区浮游动物年总生物量为32.6 μg/L，其中，春季平均生物量为253μg/L，变化范围在38～437 μg/L之间；秋季平均生物量为403 μg/L，变化范围为125～998 μg/L。

选划类型、目标和依据：该区域为Ⅰ类潜在增养殖区。现有工厂化养殖区，2008年文昌市工厂化养殖总水体0.933×10⁸ L，其中，工厂化养鲍0.303×10⁸ L，工厂化养东风螺0.63×10⁸ L。近年来，该区域很多高位池及鲍鱼场纷纷转型进行东风螺养殖。因此，选划该区域为工厂化养殖区。工厂化养殖作为一种高度集约化的养殖方式，更需要进行科学规划，并且需要加强对养殖废水处理，在取得良好经济效益的同时，有效保护当地的生态环境，避免对环境造成污染。

适宜养殖品种：东风螺、鲍鱼和石斑鱼等工厂化养殖和苗种繁育。

5.4.8.2　文昌冯家湾—长妃港—福绵村工厂化养殖区和苗种场

面积：316.81 hm²。（编号：31，34）

地理位置：位于冯家湾宝溪村至排园村沿岸和长妃港宝峙村（图5.7）；

（1）19°25′7.72″N，110°42′2.80″E；

（2）19°25′9.10″N，110°42′19.67″E；

（3）19°25′14.87″N，110°43′5.31″E；

（4）19°24′47.75″N，110°43′53.34″E；

（5）19°24′58.39″N，110°42′45.01″E；

（6）19°24′31.15″N，110°41′33.38″E；

（7）19°23′50.54″N，110°40′55.48″E；

（8）19°23′55.27″N，110°40′46.47″E；

（9）19°26′45.39″N，110°46′10.73″E；

（10）19°26′54.52″N，110°45′47.73″E；

（11）19°27′6.15″N，110°46′12.66″E；

（12）19°26′57.00″N，110°46′24.77″E。

环境条件：沙泥底质，水温18.0~35.0℃，近海海水盐度为30.0~34.0，平均盐度约为32.6，水质符合 GB 3097—1997 二类海水水质标准。

生物资源条件：2008年海南省海洋环境公报显示，长圮港海域调查到的造礁石珊瑚有7科9属20种，其长圮港外缘珊瑚礁覆盖度高，珊瑚礁生物丰富；礁坪内缘珊瑚及其珊瑚礁生物较少。长圮港海草主要分布在珊瑚礁坪内侧，长圮港口门和宝峙村、边海村沿岸海域为主要分布区域。海草优势种为泰莱草和海菖蒲；海草平均密度600株/m²，海草平均覆盖度为34%。游泳生物以鱼类为代表，共调查到鱼类12科15种，主要种类为黄斑篮子鱼、褐篮子鱼、鲻等。鱼类平均密度为0.033 ind./m²，鱼类平均生物量为0.364 g/m²。底栖生物调查只采集到软体动物，有帘蛤科、鸟蛤科、凤螺科、蚶蛤科、蚶科5科共9种软体动物，以帘蛤科为主。

选划类型、目标和依据：该区域为I类潜在增养殖区。现有工厂化养殖区，其中选划区34号是比较规范的工厂化苗种场，是周边地区的种苗供给地。选划区31号，是原有虾苗供给地，现在需要调整模式和养殖品种，提高经济效益，另外，其养殖废水的排放需要达到排放标准，避免对海区造成污染，有效保护该海区珊瑚礁和海草床等生态系统。

适宜养殖品种：对虾、石斑鱼、东风螺和鲍等工厂化养殖和苗种繁育。

5.4.8.3　万宁工厂化养殖区和苗种场

面积：306.32 hm²。（编号：8，20，21，117）

地理位置：分布于万宁沿海，包括乌场港保定村、英文村、治坡村、山根村等区域（图5.3和图5.30）；

（1）18°46′15.87″N，110°27′48.15″E；

（2）18°46′31.08″N，110°27′39.90″E；

（3）18°46′44.43″N，110°28′26.25″E；

（4）18°46′37.64″N，110°28′30.12″E；

（5）18°46′25.97″N，110°28′2.20″E；

（6）18°46′30.01″N，110°27′56.91″E；

（7）18°46′25.26″N，110°27′53.75″E；

（8）18°46′22.19″N，110°27′56.94″E；

（9）18°49′47.54″N，110°30′42.49″E；

（10）18°49′53.11″N，110°31′1.56″E；

（11）18°48′16.78″N，110°31′32.52″E；

（12）18°48′15.56N″，110°31′14.48″E；

（13）19°5′9.38″N，110°34′8.88″E；

（14）19°3′47.14″N，110°34′3.91″E；

（15）19°3′50.52″N，110°33′50.35″E；

（16）19°5′10.11″N，110°33′54.13″E；

（17）18°58′28.89″N，110°28′55.01″E；

（18）18°58′26.78″N，110°29′3.67″E；

（19）18°58′23.60″N，110°29′3.07″E；

（20）18°58′16.71″N，110°29′0.10″E；

（21）18°58′17.37″N，110°28′51.00″E。

环境条件：2008 年海南省环境质量期报（2008 年下半年）报告显示，万宁乌场近岸海域水质符合 GB3097—1997 一类海水水质标准。

生物资源条件：万宁市海区水质肥沃，饵料生物丰富，盛产带鱼、马鲛鱼、金枪鱼、鱿鱼等。

选划类型、目标和依据：该区域为 I 类潜在增养殖区。在英文半岛西侧为小海，布局小海增殖区；半岛北边布局有山根、港北、英豪高位池养殖区，需要大量的海水苗种供应。规划设置工厂化养殖区有利于人工养殖鱼类和虾类苗种的规模化繁育，为海南省及全国提供优质水产苗种。

适宜养殖品种：鱼、虾、贝等各种海水养殖的苗种，并开展杂色鲍、东风螺、石斑鱼等名贵海水养殖动物的工厂化养殖。

5.4.8.4　三亚崖洲湾苗种场

面积：75.08 hm²。（编号：9，93）

地理位置：位于崖洲湾梅西村和盐灶村附近（图5.14）；

（1）18°21′57.93″N，109°6′0.15″E；

（2）18°22′15.01″N，109°5′2.59″E；

（3）18°22′21.33″N，109°5′4.62″E；

（4）18°22′9.41″N，109°6′6.81″E；

（5）18°21′44.16″N。109°0′12.44″E；

（6）18°21′33.64″N，108°59′32.65″E；

（7）18°21′39.52″N，108°59′30.45″E；

（8）18°21′51.99″N，109°0′11.13″E。

环境条件：海域表层海水年均水温 22.0～27.0℃，浅海年均海水盐度表层为 31.0～34.0，底层为 33.0～35.0，盐度分布由近岸向外海呈递增趋势。海水透明度较大，水质良好，符合 GB 3097—1997 二类海水水质标准。

选划类型、目标和依据：该区域为 I 类潜在增养殖区。据调查，该海域是目前海南岛大珠母贝自然资源量最丰富的海域，建立大珠母贝苗种场，有其资源与地理优势，带动海南大珠母贝的养殖，促进海南名贵珍珠产业的发展。同时，利用该地的温度和水质优势，开展海水鱼类和海参的苗种繁育，为海南乃至我国南方水产养殖提供优质苗种。

适宜养殖品种：大珠母贝、马氏珠母贝、珍珠贝、企鹅珍珠贝、华贵栉孔扇贝、牡蛎、杂色鲍、海水鱼类和海参苗种繁育。

5.4.8.5　红塘湾工厂化养殖区和苗种场

面积：48.07 hm²。（编号：12，13）

地理位置：位于红塘湾红塘村和布铺村以及三亚中心渔港西侧盐灶村附近（图5.13）；

（1）18°18′14.91″N，109°15′53.41″E；

（2）18°18′26.39″N，109°15′54.50″E；

（3）18°18′28.24″N，109°16′9.19″E；

（4）18°18′16.78″N，109°16′9.61″E；

（5）18°18′32.21″N，109°17′38.49″E；

（6）18°18′36.22″N，109°17′38.57″E；

（7）18°18′37.20″N，109°18′47.91″E；

（8）18°18′31.02″N，109°18′48.99″E。

环境条件：水质符合 GB 3097—1997 一类海水水质标准。该区域为 I 类潜在增养殖区。

选划类型、目标和依据：该区域现已有鲍、扇贝和鱼类等工厂化养殖场和苗种场，属 I 类潜在增养殖区，但原有建设比较混乱，管理也不够规范，需进行重新改造与调整，提高养殖水平和改善养殖环境。同时，新增部分工厂化养殖区和苗种场，促进产业升级和可持续发展。

适宜养殖品种：杂色鲍、大珠母贝、珠母贝、马氏珠母贝、企鹅珍珠贝、华贵栉孔扇贝、东风螺等苗种繁育，以及石斑鱼类、东风螺、海参和沙蚕等工厂化养殖。

5.4.8.6 东方板桥—新龙工厂化养殖区

面积：1 885.84 hm²。（编号：53）

地理位置：东方板桥—新龙高位池养殖区镇一带沿岸（图 5.15），位于东方板桥—新龙高位池养殖区（东方板桥—新龙高位池养殖区）内，其中部分区域开发为工厂化养殖区，生物和水温状况与本书 5.4.7.12 节的描述相同。

选划类型、目标和依据：该区域为 I 类潜在增养殖区。其中部分区域开发为工厂化养殖区。

适宜养殖品种：石斑鱼类、东风螺、海参和沙蚕等工厂化养殖。

5.4.8.7 后水湾工厂化养殖区

面积：667.47 hm²。（编号：62，63，65，66）

地理位置：位于后水湾沿岸，包括儋州美龙至美山村工厂化养殖区、光村至新英一带工厂化养殖区、临高新盈镇头东村鲍鱼养殖和鱼类工厂化养殖区，以及临高美夏方鲍鱼和海参养殖区（图 5.22）；

（1）19°51′3.23″N，109°27′23.04″E；

（2）19°51′8.05″N，109°27′42.02″E；

（3）19°49′19.81″N，109°28′26.02″E；

（4）19°49′12.38″N，109°27′51.99″E；

（5）19°53′9.98″N，109°22′23.61″E；

（6）19°53′1.56″N，109°22′53.55″E；

（7）19°52′29.84″N，109°23′20.44″E；

（8）19°52′17.59″N，109°23′4.17″E；

（9）19°52′59.91″N，109°22′8.30″E；

（10）19°52′5.58″N，109°33′30.16″E；

（11）19°52′2.08″N，109°33′57.09″E；

（12）19°51′39.83″N，109°34′9.43″E；

（13）19°51′52.53″N，109°33′27.65″E；

（14）19°52′32.16″N，109°31′56.10″E；

（15）19°52′2.52″N，109°32′53.12″E；

（16）19°51′46.36″N，109°32′50.31″E；

（17）19°52′22.50″N，109°31′51.92″E；

（18）19°54′45.87″N，109°31′39.44″E；

（19）19°54′44.55″N，109°32′7.67″E；

（20）19°54′34.62″N，109°32′7.44″E；

（21）19°53′56.05″N，109°31′18.90″E；

（22）19°53′57.51″N，109°31′9.05″E。

环境条件：海域水温年平均值为 24.4℃；海域的年平均盐度为 32.3。后水湾被监测海域为清洁海域，基本符合 GB3097—1997 二类海水水质标准。

生物资源条件：叶绿素 a 含量范围为 0.27～1.47 μg/L。海洋生物种类较多，符合 GB 19421—2001 一类海洋生物量标准。

选划类型、目标和依据：该区域为 I 类潜在增养殖区。该区域已有小规模的工厂化养殖项目，由于后水湾—邻昌礁近海（深水）网箱养殖区是主要的规模化养殖基地，需要大量的海水名贵鱼类苗种，再加上浅海底播养殖需求大量的贝类苗种，所以宜在就近的新盈湾内配建立大型的工厂化海水苗种繁育基地。

适宜养殖品种：杂色鲍、海参、对虾、贝类、鱼类等苗种培育，以及杂色鲍、石斑鱼类、东风螺和海参等工厂化养殖。

5.5　海南省原、良种场及苗种场选划

5.5.1　原、良种场及苗种场选划的基本依据

海南省原、良种场及苗种场的主要选划如下。

（1）生态环境优良，海水无污染源，海水水质符合 GB 3097—1997 和 GB 11607—89 中的有关规定。适宜经营品种的生长、繁育和遗传性状的保存。

（2）选划地点应符合当地市县发展规划要求，距离海岸线 200 m 以外的坡地，良种场建设用地要求 3.3 hm² 以上；苗种场建设用地要求 0.3 hm² 以上。土地类型和土质状况应符合良种场建设要求，电力、通讯、运输条件便利。

（3）原种场应建在该种类的原产地，良种场与苗种场应建在该种类主要养殖的区域，对周边养殖区可发挥很好的示范与辐射带动作用。

（4）原、良种场建设承担单位应具有较强的科技力量和经营管理人员，能够完成良种场建设任务和保证建设后良种场的正常运转。

（5）良种场建设承担单位必须为国营事业单位或从事水产养殖的国营或私营优秀企业，具有较强的经济实力，完全有能力承担良种场的建设配套资金投入和建成后正常运转资金。

依据以上原则共在海南各沿海地区选划了10个原、良种场（表5.2）。

5.5.2 海水产原、良种场选划（表5.2）

5.5.2.1 海南省卵形鲳鲹良种场（陵水县新村镇）

拟选划于陵水县新村港的东北侧，是陵水县海水鱼苗的主要产地。也是海南省海水鱼育苗季节较早的区域，年培育卵形鲳鲹鱼苗0.1亿尾左右，占全省卵形鲳鲹育苗的80%。新村港周年海水温度变化范围在18.0~31.0℃，盐度27.0~33.0，pH值为8.0~8.3。是海南省最适宜育早春苗的区域，建设条件非常良好，当地有几个从事海水鱼苗繁育历史较长的企业，并且繁育技术成熟，生产管理规范，并拥有较大面积可用于建设良种场的土地。可通过考察筛选条件最好的企业为良种场的建设单位，以保障良种场建成后的生产与管理。

5.5.2.2 海南省鞍带石斑鱼良种场（万宁市港北镇）

万宁市沿海是海南省石斑鱼养殖数量最多的市县，养殖设施为网箱和池塘，养殖的石斑鱼种类主要是鞍带石斑鱼和点带石斑鱼等，苗种需求量大。并有万宁业兴水产养殖有限公司等多个公司进行多年鞍带石斑鱼苗种繁育，苗种繁育技术已成熟。并且港北镇沿海周年水温变化16.0~31.0℃，盐度为28.0~33.0，pH值为8.0~8.2，海水无污染。海水水质、气候条件与用地条件均符合石斑鱼良种场建设。鉴于万宁市鞍带石斑鱼养殖数量较多，选划在港北镇建设一个鞍带石斑鱼良种场较为合适，建设地点为万宁业兴水产养殖有限公司石斑鱼育苗场，其方位为18°53′41″N，110°30′46″E。

表5.2 海南省新增水产良种场的选划

原、良种场名称	选划地点	选划方位	用地面积/hm²	用海面积/hm²
海南省棕点石斑鱼良种场	乐东县	16°32′59.3″N，108°40′35.6″E	13.3	
海南省鞍带石斑鱼良种场	万宁市	18°53′41″N，110°30′46″E	13.3	
海南省卵形鲳鲹良种场	陵水县	18°26′20″N，109°59′15″E	13.3	
海南省军曹鱼良种场	临高县	19°52′38″N，109°31′9″E	13.3	
海南省企鹅珍珠贝原、良种场	儋州市	19°52′27″N，109°23′43″E	6.7	33.3
海南省大珠母贝原、良种场	临高县	19°59′25″N，109°36′47″E	6.7	33.3
海南省方斑东风螺良种场	儋州市	19°37′46″N，109°07′55″E	6.7	
海南省杂色鲍良种场	澄迈县	19°59′11″N，109°53′08″E	6.7	
海南省异枝麒麟菜良种场	陵水县	18°24′30″N，110°03′35″E	3.3	33.3
海南省琼枝麒麟菜原、良种场	昌江县	19°24′03″N，108°47′10″E	3.3	33.3

5.5.2.3　海南省棕点石斑鱼良种场（乐东县莺歌海镇）

乐东县现从事石斑鱼育苗生产的养殖场有 30 个，其中，主营石斑鱼育苗生产的有 18 个，年生产石斑类苗种 1 000 多万尾，约占全省石斑鱼育苗量的 50%。乐东县沿海水温 20.0 ～ 31.0℃，盐度 25.0～34.0，雨水量少，阳光充足，是海南省露天池塘培育石斑类鱼苗最为适宜的区域。选划乐东县莺歌海镇林场第 6 区，方位 16°32′59.3″N，108°40′35.6″E 为海南省石斑鱼良种场建设地点，可克服已在文昌市翁田镇建设的省级石斑鱼良种场存在的冬季水温偏低的不足，并可构建海南省东部、南部、北部各有一个石斑鱼良种场，有助于石斑鱼良种良苗的推广，增加优良苗种的覆盖面，对海南省仍至我国石斑鱼养殖产业的发展具有积极的促进作用。

5.5.2.4　海南省军曹鱼良种场（临高县新盈镇）

海南省军曹鱼养殖起始于 20 世纪 90 年代末，养殖初期苗种来源从台湾引进，1999 年开始取得人工育苗成功，到 21 世纪初全人工苗种繁育取得成功，有力推动了军曹鱼网箱养殖的发展。尽管其养殖发展过程中，由于价格低迷和 "小瓜虫" 病害严重等因素致使网箱养殖数量下降。但近年来的养殖结果表明，军曹鱼是十分适合深水网箱养殖的优良品种。鉴于海南省近海抗风浪网箱 90% 设置于临高县后水湾，良种场就近建设有利于苗种的运输。现当地已有一家民营的临高海水鱼苗繁殖基地，是海南省最早取得军曹鱼育苗成功的鱼苗场，现有育苗池塘13.3 hm²，并多年从事军曹鱼苗繁育生产，苗种繁育技术成熟。该基地位于后水湾头嘴码头附近，周年水温 18.0～31.0℃，盐度 23.0～34.0，海水无污染，水质条件符合军曹鱼繁育要求。如以临高海水鱼苗繁殖基地为基础进行扩建，可减少资金投入和解决良种场建成后的管理问题。选划地点位于头嘴码头左侧约 1.5 km。

5.5.2.5　海南省企鹅珍珠贝良种场（儋州市木棠镇）

进入 21 世以后，企鹅珍珠贝养殖成为海南省海水珍珠贝养殖的主要种类之一，企鹅珍珠贝具有生长速度快、成活率高等特点，不仅用于培育优质附壳珍珠还可以用于培育多色彩游离有核珍珠，企鹅珍珠贝游离有核珍珠国内外市场前景广阔。现海南省养殖企鹅珍珠贝的海域有儋州市后水湾的神确港、陵水县的黎安港、三亚市的六道湾，年植核企鹅珍珠贝量300万～400 万×10⁶ 个。从海洋功能区划方面考虑黎安港、六道湾均不适宜建设良种场，而儋州市后水湾的神确港水质优良，发展企鹅珍珠贝养殖可用海区面积大，海区水温 18.0～31.0℃，盐度 26.0～34.0，海水无污染，并且海洋水质与陆上用地条件均非常适宜良种场建设，也符合海南省海洋功能区划。因此，认为企鹅珍珠贝良种场选划在后水湾的神确港沿岸较为适宜。建设地点为儋州海钰珍珠养殖有限公司养殖场内，其方位为 19°52′27″N，109°23′43″E。

5.5.2.6　海南省大珠母贝原良种场（临高县东英镇）

海南省临高、儋州两市县是海南省大珠母贝保护区所在地，也是海南省大珠母贝资源分布较多的市县，大珠母贝原良种场理应在两市县范围中进行选划，鉴于儋州市木棠镇已选划为企鹅珍珠贝良种场建设地点，大珠母贝原良种场另选地点建设较为合适。2007 年临高县万方养殖有限公司曾成功开展了大珠母贝人工繁育，说明临高县已掌握大珠母贝规模化苗种繁育技术，并且在临高县临高角至调楼镇沿海，周年海水温度 18.0～31.0℃，盐度 28.0～34.0，水质条件也适宜大珠母贝规模化苗种繁育，海上可设置浮子延绳法进行大珠母贝吊养，具备良好的建设条件。因此，大珠母贝原良种场在临高县大珠母贝保护区沿岸建设较为适宜，建设地点为东英镇扶堤西村，海南临高橡源水产养殖公司养殖场内，地点方位为 19°59′25″N，109°36′47″E

5.5.2.7 海南省方斑东风螺良种场（儋州市排浦镇）

海南省是我国方斑东风螺养殖年产量最高的省份，2008 年产量超过 1 600 t，产值超亿元。养殖区域主要分布于文昌、琼海和儋州，其中，养殖面积较为集中的是文昌市的会文镇和琼海市的长坡镇，由于养殖场过于密集，病害发生率高，并出现养殖区域与旅游规划用地有明显的冲突。而儋州、临高两市县沿海可发展方斑东风螺养殖的空间较大，并且小杂鱼饵料来源充足，在海南岛西部建设方斑东风螺良种场，有利于推动海南岛西部沿海市县方斑东风螺养殖业的发展。鉴于海口市庚申农业综合有限公司，已在儋州市排浦镇建设 750×10⁴ L 的方斑东风螺养殖场，并同海南大学海洋学院合作开展方斑东风螺育种研究，在方斑东风螺育种与优良苗种培育方面取得较好的成果。如以海口市庚申农业综合有限公司良种场为建设单位，一方面可减少资金投入，另一方面可解决良种场建成后的管理问题。并且，该海区周年水温为 18.0～31.0℃；盐度为 28.0～33.0，无工业污水和城市污水的影响，海洋水质条件适宜。因此，认为方斑东风螺良种场选划于儋州市排浦镇华头村沿海较为适宜，其地点方位为 19°37′46.0″N，109°07′54.6″E。

5.5.2.8 海南省九孔鲍良种场（澄迈县桥头镇）

海南省九孔鲍养殖开始于 1995 年，2003 年养殖水体达 2.73×10⁸ L 水体，年养殖产量达 701 t。2004 年以后，由于养殖病害严重和市场价格低迷，相当部分鲍鱼养殖场处于停产与半停产状态。近两年，在三亚市和文昌市 2 个鲍鱼养殖大县市，鲍鱼养殖较集中的六道湾和龙楼镇沿海均已征用为旅游或其他用地，现仅西部沿海鲍鱼养殖场是保持现状，今后海南鲍鱼主要养殖区将转移到儋州、临高、澄迈和海口等海南西北部沿海。其中，澄迈县桥头角为最适宜建设鲍鱼良种场的地区，其正面面临高盐度外海，海水盐度 28.0～34.0；一侧为新兴湾，潮间带有大片红树林，可作为良种场的排水区；另一侧为海拔 10 m 以上的丘陵地，有很好的防台风作用。选划地点现已有一个鲍鱼场，养殖水体 372×10⁴ L，如在现鲍鱼场基础扩建为杂色鲍良种场，可减少资金投入和解决良种场建成后的管理问题。良种场的选划地点方位为：19°59′10.9″N，109°53′08″E。

5.5.2.9 海南省琼枝麒麟菜原良种场（昌江县海尾镇）

琼枝麒麟菜又称琼枝，20 世纪 70 年代，已在琼海市麒麟菜保护区和文昌市麒麟菜保护区范围进行底播养殖，但进入 90 代养殖环境遭到较严重破坏，2 个保护区琼枝麒麟菜养殖中止，其资源保护功能也消失。但是，21 世纪初昌江县海尾镇沿海渔民利用当地的琼枝麒麟菜资源，探索水泥网袋夹苗的新养殖方式，有力推动当地琼枝麒麟菜底播养殖业的发展，现养殖面积有 170 hm²，年产量 1 392 t（干品）。因此，海南省琼枝麒麟菜原良种场选划于昌江县海尾镇沿海较为合适。建设地点方位为：19°24′03″N，108°47′10″E。

5.5.2.10　海南省异枝麒麟菜良种场（陵水县黎安镇）

异枝麒麟菜是 1985 年从菲律宾引进的麒麟菜新品种，经过 20 世纪 80 年代缓慢发展期，90 年代进入快速发展时期，以陵水黎安港为基地向三亚、儋州等市县发展；2008 年陵水、三亚和儋州三县市养殖异枝麒麟菜共计 282 hm²，养殖产量 4 960 t（干品）。但是，从 2009 年各异枝麒麟菜主养区均大面积发生严重病害，对该产业造成了毁灭性影响，也凸显出建设良种场的必要性。从异枝麒麟菜主要养殖区考虑，良种场建设地点选择在黎安港沿海较为适宜。建设地点为海南海黎三贝珍珠养殖有限公司养殖场内，其方位为：18°24′30″N，110°03′35″E。

建议：海南省现有的 7 个良种场，其中，儋州市热带海水水产良种场选址不当并与当前白马井发展规划严重冲突，建议撤销。其他 6 个良种场功能与分布合理，予以保留。建议进一步加大科技投入，强化良种选育和良苗生产，扩大良苗覆盖面，充分发挥良种场的功能作用。

5.5.3　水产苗种场选划

海南省海水水产苗种场选划情况见表 5.3。

表 5.3　海南省潜在海水苗种场的选划

市县名称	石斑鱼苗种场	卵形鲳鲹苗种场	对虾苗种场	蟹类育苗场	东风螺苗种场	华贵栉孔扇贝育苗场	海参育苗场
陵水县		5					2
万宁市				2			
乐东县	10		10		10		2
东方市	5			1	10		2
昌江县	5				10		2
儋州市	.		20	2		5	3
临高县			10	1		5	3
澄迈县				1		2	
文昌市	10						2
海口市				1			
琼海市	5			1			2

5.5.3.1　石斑鱼苗种场

乐东、昌江和东方 3 市县已被列入石斑鱼苗种产业带，3 市县共有对虾养殖池塘 1 768 hm²，其中部分对虾养殖池近年来已在 6—10 月转产培育石斑鱼苗种。由于 3 市县雨水量少，水温高、阳光充足，石斑鱼池塘育苗条件优越，育苗成苗率高，已成为海南省石斑鱼苗种的主要生产区域。为了进一步提高海南省石斑鱼苗种生产技术水平，建设若干个专业化石斑鱼苗种场很有必要。可在从事石斑鱼育苗规模大、成苗率高和技术水平先进的对虾养殖场中，通过渔业管理部门发放育苗生产许可证办法，从以上3市县沿海海水鱼育苗场中，认定20个育苗场为石斑鱼育苗场，其中，乐东10个，昌江5个，东方5个，共计池塘育苗水体40 hm²，年生产石斑鱼苗0.12亿尾。另外，文昌和琼海具有较好的石斑鱼养殖基础，现有苗种场数量较多，可分别选择10个和5个为石斑鱼苗种场并加强建设。

5.5.3.2　卵形鲳鲹苗种场

陵水卵形鲳鲹苗种繁育基地：陵水县是海南省海水鱼池塘育苗最早的市县，也是海南省年产卵形鲳鲹苗种最多的市县，该县新村港周边池塘大都为海水鱼苗培育池塘。年生产卵形鲳鲹苗种约0.2亿尾，占海南省年生产卵形鲳鲹苗种量的80%。可通过渔业管理部门发放育苗生产许可证办法，认定5个规模较大、设施齐全、专业化水平高的育苗场为卵形鲳鲹育苗场，总池塘育苗水体16 hm²，年生产卵形鲳鲹苗0.25亿尾。

5.5.3.3　扇贝苗种场

儋州、临高扇贝苗种繁育基地：儋州、临高2市共同拥有的后水湾，是目前海南省华贵栉孔扇贝养殖数量最多的海域。儋州、临高两市县沿面临北部湾，潮下带以外5 km内水深在8~20 m，潮差大，水流畅通，盐度稳定，饵料生物丰富，受台风影响频率小，是海南省发展华贵栉孔扇贝养殖最为理想的海域。但至今2市县仅儋州市木棠镇有一个30.0×10⁴ L水体用于人工繁育扇贝苗，年育苗量仅4000多万粒。临高县华贵栉孔扇贝养殖苗种全部从广东省雷州市购买。苗种来源是目前制约海南省华贵栉孔扇贝发展的主要瓶颈。因此，建议在儋州、临高2市县建立10个扇贝育苗场，年培育华贵栉孔扇贝苗种20亿粒。

5.5.3.4　东风螺苗种场

乐东、东方、昌江东风螺苗种繁育基地：海南省乐东、东方、昌江3市县是海南周年平均气温较高的市县，海水水质优良，小杂鱼来源充足，发展东风螺养殖具有得天独厚的自然条件。但目前以上3市县东风螺养殖几乎空白。应通过建立东风螺育苗场，带动以上3市县东风螺养殖业的发展。可在每市县建设东风螺育苗场30个，共15×10⁴ L水体，年生产东风螺苗种3亿粒。苗种场分布：乐东、东方和昌江各建设10个东风螺育苗场。

5.5.3.5　海参苗种场

陵水、乐东、东方、儋州、临高海参苗种繁基地：分布于海南省海域食用海参有10余种，其中食用价值较高的种类大多数属于热带种类，比较适宜在海南省南部与西南部沿海养殖。海南省东部沿海为今后发展旅游业的主要区域，海水池塘和海上养殖将受到限制，并且冬季水温比上述5县市较低，热带海参冬季生长缓慢甚至会发生死亡。以上5县市海水池塘养殖面积占全省海水池塘养殖面积的40.5%，温盐度适宜，并且海上滩涂宽阔，适宜滩涂建塘养殖海参。因此，今后海参苗种场可在以上5市县沿海选划建设。苗种场的数量与规模可根据海参养殖业的发展情况进行确定。

5.5.3.6　海南岛西南部沿海对虾苗种场

1）儋州对虾苗种场

儋州市对虾养殖面积 1 215 hm^2，占全省对虾养殖面积 16.6%；养虾产量 2.364 6 × 10^4 t，占全省养虾产量的 22.4%。现儋州仅有 1 个对虾育苗场，育苗水体 130 × 10^4 L，年育苗量约 2 亿尾。但儋州市年需对虾苗种量约 28 亿～30 亿尾，年生产虾苗缺口 26 亿～28 亿尾。由于儋州沿海水质良好，大部分海区周年盐度变化范围在 28.0～35.0。特别在该市的光村镇、木棠镇、峨蔓镇、排浦镇和海头镇等沿海均适宜建立虾苗场。如生产供给该市全部使用的虾苗量，还应建设 20 个对虾育苗场，共 0.1 × 10^8 L 育苗水体。

2）临高对虾苗种场

临高对虾养殖面积 410.5 hm^2，占全省对虾养殖面积的 5.6%；养虾产量 8 582 t，占全省养虾产量的 8.1%。现临高还没有对虾育苗场。过去在临高角有一个 30.0 × 10^4 L 水体对虾育苗场，但现已转产东风螺育苗。临高县年需对虾苗种量约 10 亿尾。若临高县要满足虾苗生产的自给自足，应建设共 350 × 10^4 L 水体的对虾育苗场。临高县沿海潮差较大，水质优良，盐度稳定。东英镇和美良镇沿海具备对虾育苗场建设条件，适合选划为该县对虾苗种场建设的场所。为满足该县对虾养殖的苗种需求，还应建设 10 个对虾育苗场，共 500 × 10^4 L 水体。

3）乐东对虾苗种场

乐东对虾养殖面积 640 hm^2，占全省对虾养殖面积的 8.8%；养虾产量 6 870 t，占全省养虾产量的 6.5%。现乐东还没有对虾育苗场。乐东县年需对虾苗种量约 10 亿尾。为满足当地对虾养殖的苗种需求，应建设共 350 × 10^4 L 水体的对虾育苗场。乐东县位于海南西南部，周年水温较高，沿海水质良好，是虾苗培育自然条件较好的市县。乐罗镇、黄流镇和佛罗镇、莺歌海镇均具备对虾育苗场建设条件，对虾育苗场可在以上 3 个镇的沿海地区进行规划建设。拟建设 10 个对虾育苗场，共 500 × 10^4 L 育苗水体。

5.5.3.7　蟹类育苗场选划

青蟹养殖是海南省沿海市县的传统养殖业，其中，儋州和万宁两市养殖规模大、产量较多。养殖蟹苗均为从自然海区采捕的天然苗种，因过度捕捞青蟹的天然苗种，对天然青蟹资源的破坏较为严重，导致青蟹资源有逐年减少的趋势。为了减少青蟹养殖对资源破坏的压力，通过人工繁育青蟹苗种供应青蟹养殖业势在必行。为此，建议在青蟹养殖面积较大的市县各选划 1～2 个育苗场，海南各沿海市县共建设 10 个青蟹育苗场较为适宜，其分布：儋州 2 个、万宁 2 个、琼海 1 个、文昌 1 个、海口 1 个、澄迈 1 个、临高 1 个和东方 1 个。

5.6 海南省国家级、省级水产种质资源保护区选划

5.6.1 文昌麒麟菜增殖区

面积：3 507.21 hm²。（编号：135）
地理位置：位于文昌市翁田镇抱虎港西侧至抱虎角内六村海域（图5.8）；
（1）20°1′1.03″N，110°55′9.36″E；
（2）20°0′12.77″N，110°49′3.13″E；
（3）20°1′33.14″N，110°49′43.38″E；
（4）20°1′44.07″N，110°49′55.36″E；
（5）20°1′24.57″N，110°55′47.88″E；
（6）20°59′24.51″N，110°57′22.55″E；
（7）19°58′24.70″N，110°57′9.45″E；
（8）20°0′54.13″N，110°55′32.41″E。

环境条件：礁盘和砂质底，海水清新，符合GB3097—1997一类海水水质标准，适宜于麒麟菜的生长和繁殖。原来设置的麒麟菜自然保护区，既无机构，又无管理人员和管理措施，名存实亡，致使当地的可以任意捕捞和破坏，所以建议规划设置麒麟菜增殖区或麒麟菜特别保护区，统筹规划，采取切实可行的增殖保护技术和管理措施，增殖资源，保护麒麟菜及其生存的生态环境。

5.6.2 文昌冯家湾—清澜港—福绵村麒麟菜增殖区

面积：10 045.42 hm²。（编号：123）
地理位置：位于文昌市冯家湾东部海域（图5.7）；
（1）19°32′31.38″N，110°49′36.64″E；
（2）19°31′48.02″N，110°49′57.87″E；
（3）19°29′34.94″N，110°50′13.27″E；
（4）19°28′42.17″N，110°50′7.15″E；
（5）19°23′10.42″N，110°46′7.51″E；
（6）19°22′35.50″N，110°45′41.95″E；
（7）19°22′37.00″N，110°45′12.77″E；
（8）19°23′39.29″N，110°43′15.63″E；
（9）19°31′52.13″N，110°50′42.02″E；
（10）19°37′54.24″N，110°58′31.29″E；
（11）19°36′41.50″N，110°58′49.96″E；
（12）19°30′21.51″N，110°51′46.76″E。

环境条件：水深20～30 m，该区水质较好，潮流流速较弱，属于弱潮流区，泥沙底，盐度稳定，透明度高，无工业及生活污水排入。符合GB 3097—1997二类海水水质标准。

5.6.3　琼海麒麟菜增殖区

面积：3 150.44 hm²。（编号：121，122）

地理位置：位于琼海市长坡镇三更峙至青葛渔港和潭门镇上教村至草塘村 7 m 等深线以内一带海域（图 5.9）；

（1）19°16′15.95″N，110°38′28.24″E；

（2）19°15′42.01″N，110°40′21.05″E；

（3）19°14′29.94″N，110°39′40.70″E；

（4）19°15′3.29″N，110°38′5.39″E；

（5）19°15′24.85″N，110°38′19.60″E；

（6）19°21′57.57″N，110°40′14.67″E；

（7）19°23′32.25″N，110°40′40.99″E；

（8）19°22′27.34″N，110°42′30.62″E；

（9）19°18′37.05″N，110°42′18.93″E；

（10）19°19′20.65″N，110°40′48.97″E；

（11）19°20′5.54″N，110°41′6.75″E。

环境条件：现为省级麒麟菜自然保护区，砂质底、海水清洁，符合 GB 3097—1997 二类海水水质标准，适合麒麟菜的生长和繁殖，不过，目前因管理不善，过度开发，导致麒麟菜资源破坏严重，选划为琼海麒麟菜增殖区。

5.6.4　儋州大珠母贝保护区

面积：12 540.01 hm²。（编号：78）

地理位置：以儋州市神确村至红石岛 15～35 m 等深线区域水域（图 5.19、图 5.20 和图 5.32）；

（1）19°39′37.49″N，109°1′25.45″E；

（2）19°41′15.44″N，108°59′44.51″E；

（3）19°55′42.54″N，109°12′51.37″E；

（4）19°54′35.32″N，109°14′49.76″E；

（5）19°52′40.31″N，109°11′26.58″E；

（6）19°47′48.64″N，109°7′1.72″E。

环境条件：省级大珠母贝自然保护区。大珠母贝是国家二级保护品种，栖息水深可达100 m、良好栖息水深 20～50 m。2009 年海南省在儋州南华至兵马角灯桩对 25 m 等深线以内水域选择若干调查点，进行潜水调查，基本摸清了保护区内大珠母贝的分布区域和资源量现状。结果表明，在海南省大珠母贝自然保护区近岸 15 m 以内，大珠母贝资源已近乎绝迹，目前只有在水深 20 m 左右处才能发现零星分布有少量大珠母贝。而在 20 世纪 80 年代，在水深10 m 左右的水域就能采集到大珠母贝。因此，为了保护自然资源，需要对该区域进行合理管理、开发和利用。

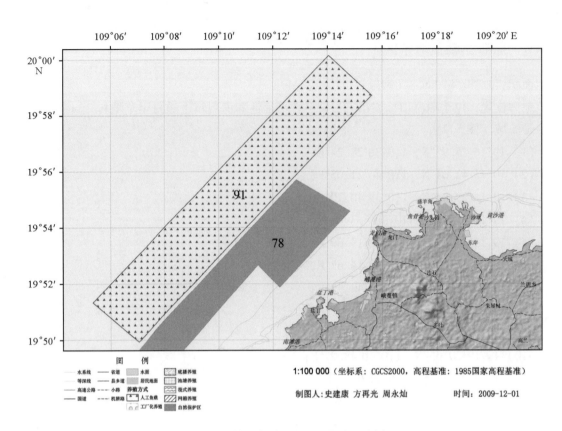

图 5.32 儋州保护区和人工鱼礁区选划

78 为儋州大珠母贝保护区；91 为儋州人工鱼礁区

5.6.5 临高大珠母贝保护区

面积：29 780.08 hm^2。（编号：77）

地理位置：临高县黄龙至龙富一带 15~35 m 等深线区域水域（图 5.21）；

（1）20°2′49.69″N，109°24′1.86″E；

（2）20°8′2.20″N，109°47′57.98″E；

（3）20°1′54.15″N，109°47′57.98″E；

（4）19°57′33.96″N，109°24′0.40″E。

环境条件：后水湾的西部 20 m 等深线以浅区域经海南省政府批准已划为大珠母贝和蓝圆鲹幼鱼、鱼卵保护区，是海南省主要的渔业资源保护区之一。然而，由于海南省白蝶贝自然保护区近岸 15 m 以内，大珠母贝资源已近乎绝迹，目前只在 20 m 左右水深处才能发现。为此，建议将该大珠母贝保护区往外海调整，由原来的 25 m 等深线以内调整为 15~35 m 区域，总体面积基本不变。

5.7 潜在增殖放流与人工鱼礁区选划

人工鱼礁区指人们在海中经过科学选点而设置的构造物，通过改善海域生态环境，为鱼类等海洋生物的聚集、索饵、繁殖、生长、避敌提供必要、安全的栖息场所，以达到保护、增殖渔业资源和提高渔获量为目的的海域。增殖渔业资源的一个重要方法是增殖放流。增殖放流就是将经济鱼类的苗种不经中间培育或经过中间培育后直接投放在一个指定的海域，人为地增加或改善资源的补充量来补偿因人工的或自然的因素造成的资源补充量的衰减。放流对象应对经济鱼类的种类进行选择，一是某海域资源已经衰退或已遭受破坏的种群，可以通过人工培育鱼类苗种放流入海，使其自然生长；二是将适应于这个海域生长繁育的种类，并经研究证明对这个海域生态系统不造成影响的其他海域的种群移植进来。前者比较单纯，只要解决苗种的规模化培育问题即可实施；后者必须十分谨慎，以免因引种不当造成破坏生态平衡的后果。

海洋牧场区指在一个特定的海域，为了有计划地培育和管理渔业资源而设置的人工渔场。

由于增殖放流与人工鱼礁区的选划在海南省是一项较新的工作，特补充说明如下。

放流增殖的效果与放流技术密切相关，其中包括放流技术包括放流海域的选择，放流鱼类苗种规格和数量的确定，放流季节的选择，放流操作技术等多项内容。

第一要对增殖海域调查和选择，应注意：

（1）选择增殖海域应进行本底调查，对地形、地貌、底质、水文、潮汐、波浪、水质、底栖生物、浮游植物、浮游动物、鱼、虾、贝、藻类的种类和数量、分布情况等进行详细调查。

（2）调查增殖对象的数量分布、海区历史渔获量和最高渔获量、捕捞力量和渔具渔法等基本资料。

（3）对需要放流鱼类的苗种数量、规模、放流后的预期效益作出预测。

（4）有天然苗种的栖息海域。

（5）对于放流对象有环境容纳的潜力或可利用的海域空间。

（6）病害生物较少。

（7）有鱼类洄游的通道。

第二要合理选择苗种放流规格。放流规格因种类而异。并应根据经济效益、放流方法、放流效果的不同确定具体的放流规格。总的要求是使放流对象处在成活率高而稳定的生长阶段进行放流。如：根据放流的经验，黑鲷的最佳放流规格是叉长 50~100 mm，这时被敌害生物捕食可能性较小，摄食能力较强，抗风流和抗流速的能力增强。

第三是放流的适合数量。确定放流的适合数量是个十分复杂的问题，目前尚无定型的方法。根据经验，适宜放流数量的确定一般取决于：一是在海域生态容量允许下（以正常生长作为衡量标准），通过放流以保持需要的资源水平，这就是合适放流量；二是能获得最大渔业产量的放流数量；三是能获得最大渔业经济效益的放流数量；四是对海区原有种类，能达到这种鱼类的历史上最高年产量时的放流数量。

第四是要科学确定放流季节和时间。由于海南长夏无冬，所以就放流季节而言，一般都选择在冬末和春初，以利于鱼类苗种放流入海后能有较长的生长期。放流时间的确定取决于放流对象的生物学特性和潮汐、昼夜时间。

第五是掌握好放流操作技术。放流的操作技术务求"轻、快、准、活"，即操作动作要轻巧，速度要快，计数要准确，注意保证成活率。

第六是加强经营管理是获取增殖放流效益的基本保证。增殖放流与人工鱼礁（海洋牧场）游钓区的建设，经营管理是根本。所谓"三分放流，七分管理"充分表达了经营管理的

199

重要性。增殖放流与人工鱼礁（海洋牧场）游钓区的经营管理内容非常广泛，关键点是"以法治渔"和建立一支强有力的管理队伍。重点是做好三项工作，一是增殖放流与人工鱼礁（海洋牧场）的渔业立法及法制体系的建立；二是设立经营管理机构和建立管理体系；三是采用科学和严格的经营管理方法。

在人工鱼礁建设中，首先应该充分考虑当地的渔业状况；海域的底质、潮流、波浪状况；海域污染情况；鱼类、贝类及甲壳类等分布和其繁殖与移动情况等。在对海区进行本底调查的基础上结合总体规划和功能区划，科学地规划和设置礁区。

选划人工鱼礁区的条件要求如下。

（1）地质较硬、泥沙淤积少，海底表面承载力小于或等于 4 t/m²，淤泥层厚度小于或等于 600 mm，以保证人工鱼礁的稳定性。

（2）水深适宜，理论最低水深要求大于或等于 10 m，一般水深在 20～30 m 之间，不超过 100 m，浅海海珍品增殖鱼礁和休闲游钓鱼礁设置在水深 10 m 处为好，而鱼类增殖鱼礁设置在水深 20 m 左右较好。

（3）海区受风浪影响较少，不浑浊，年 6 级以上大风的天数小于或等于 160 d。

（4）海区未受污染，透明度好，日最高透明度 500 mm 以上的时间要求大于或等于 100 d，水质符合渔业水质标准。

（5）水流交换通畅，但流速不宜过急，要求小于或等于 1 500 mm/s。

（6）避开并且远离航道、港区、锚地、通航密集区、军事禁区以及海底电缆管道通过的区域。

（7）远离天然鱼礁，海区有地方性、岩礁性鱼类栖息或者有洄游性鱼类按季节通过。

根据以上条件，为适应海南国际旅游岛建设的需要，共选划出以下 16 个增殖放流与人工鱼礁（海洋牧场）游钓区（表 5.4）。

5.7.1　文昌七洲列岛增殖放流与海洋牧场游钓区

面积：19 745.56 hm²。（编号：136）

地理位置：位于文昌市七洲列岛附近（图 5.33）；

（1）19°50′38.24″N，111°11′47.16″E；

（2）19°53′15.01″N，111°7′51.44″E；

（3）19°53′30.37″N，111°7′28.33″E；

（4）20°2′2.48″N，111°15′35.68″E；

（5）20°0′53.01″N，111°16′48.49″E；

（6）19°58′59.33″N，111°18′47.63″E；

（7）19°58′34.58″N，111°19′13.57″E；

（8）19°50′13.38″N，111°12′24.53″E。

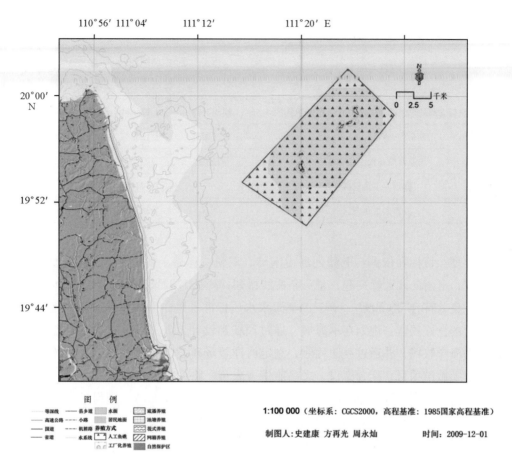

图5.33 文昌七洲列岛增殖放流与海洋牧场游钓区
136 为文昌七洲列岛增殖放流与海洋牧场游钓区

表5.4 海南省人工鱼礁建设选划重点礁区地点及类型一览表

序号	礁区名称	礁区位置	面积 /hm²	礁区类型		
				资源保护型	资源增殖型	休闲生态型
1	文昌七洲列岛增殖放流与海洋牧场游钓区	位于七洲列岛	19 745.56	●	●	●
2	文昌海南角人工鱼礁增殖区	位于海南角	132.35	●	●	
3	文昌抱虎角人工鱼礁增殖区	抱虎角	153.97		●	●
4	文昌铜鼓岭人工鱼礁增殖区	铜鼓岭	218.12		●	
5	琼海冯家湾人工鱼礁区	冯家湾	1 186.24		●	
6	琼海谭门人工鱼礁区	琼海谭门	229.00		●	●
7	万宁白鞍岛人工鱼礁区	万宁白鞍岛	173.07		●	●
8	万宁大洲岛人工鱼礁区	万宁大洲岛	1 624.94		●	●
9	万宁加井岛和洲仔岛人工鱼礁区	加井岛和洲仔岛	515.76		●	●
10	陵水分界洲岛人工鱼礁区	分界洲	350.10		●	●
11	陵水陵水湾人工鱼礁区	陵水湾	881.50		●	●

序号	礁区名称	礁区位置	面积/hm²	礁区类型		
				资源保护型	资源增殖型	休闲生态型
12	三亚蜈支洲岛东侧增殖放流与人工鱼礁游钓区	蜈支洲岛	1 125.41	●	●	●
13	三亚东瑁—西瑁人工鱼礁区	东西瑁岛	1 128.84		●	●
14	三亚西鼓岛人工鱼礁区	西鼓岛	177.52		●	●
15	儋州人工鱼礁区		8 571.32	●	●	
16	澄迈人工鱼礁区		1 387.26	●	●	

选划类型、目标和依据：七洲列岛由南峙、双帆、赤峙、平峙、狗卵浮、灯峙、北峙7个岛屿组成，自南向北七峰突起，呈一条曲线排列，列长 1.32×10^4 m。该列岛海底地貌较复杂，水质优良，符合GB 3097—1997二类海水水质标准，海洋生物资源丰富，是鱼、虾、蟹栖息和繁育的良好场所。规划在本海域，通过调查和设计，人工放流优质水产苗种，可以建设成良好的海洋牧场，并通过立法程序，制定海洋牧场建设的相关法规，开展休闲渔业旅游和游钓等海上旅游项目，配合海口、文昌旅游业发展，将七洲列岛海域建设成为游钓区。七洲列岛增殖放流与海洋牧场游钓区建设中，要处理好七洲列岛海岛特别保护区与七洲列岛海岛旅游区的关系，做到统筹规划，协调发展，保护环境，保护资源，保护生态，实现可持续发展。

5.7.2　文昌海南角人工鱼礁增殖区

面积：132.35 hm²。（编号：137）

地理位置：位于海南岛最北边的岬角——海南角附近（图5.27）；

（1）20°10′28.39″N，110°40′35.25″E；

（2）20°10′5.35″N，110°40′52.99″E；

（3）20°9′38.49″N，110°40′11.76″E；

（4）20°9′58.60″N，110°39′50.37″E。

选划类型、目标和依据：该海区水流很急，浪高水好，鱼类资源丰富，是海钓的好去处。通过调查和设计，人工放流合适的优质水产苗种，可以建设成良好的海洋牧场，开展休闲旅游和游钓等海上旅游项目，建设成为游钓区。

5.7.3　文昌抱虎角人工鱼礁增殖区

面积：153.97 hm²。（编号：134）

地理位置：位于文昌市抱虎岭景心角保护区外侧的海域（图5.8）；

（1）20°2′16.16″N，110°55′33.90″E；

（2）20°2′15.57″N，110°56′28.91″E；

（3）20°1′44.77″N，110°56′30.86″E；

（4）20°1′45.51″N，110°55′33.59″E。

选划类型、目标和依据：此处是文昌著名的旅游景区，有海南岛东北部的第二高峰（仅次于铜鼓岭），该区风景秀美，景色宜人，并有"观音岭"和"抱虎"传说。海区中生物资源丰富，位于文昌麒麟菜保护区边缘，因此，通过建设人工鱼礁，不仅可以对该区域的海洋生物资源起到增殖的目的，同时可与该区域的旅游发展相结合，发展游钓业。

5.7.4 文昌铜鼓岭人工鱼礁增殖区

面积：218.12 hm²。（编号：133）
地理位置：铜鼓岭国家自然保护区南侧海域（图5.24）；
（1）19°37′26.96″N，111°2′54.45″E；
（2）19°37′16.98″N，111°1′34.98″E；
（3）19°37′46.48″N，111°1′31.89″E；
（4）19°37′57.75″N，111°2′51.64″E。

选划类型、目标和依据：在铜鼓角附近海域分布有石珊瑚共6科8属18种，主要优势种为澄黄滨珊瑚、丛生盔形珊瑚和浪花鹿角珊瑚，目前珊瑚礁生态系统属于良好状况。通过调查和设计，人工放流合适优质水产苗种，通过发展休闲渔业旅游和游钓等海上旅游项目，建设成为游钓区，促进海口和文昌旅游业的发展。

5.7.5 琼海冯家湾人工鱼礁区

面积：1 186.24 hm²。（编号：119）
地理位置：位于琼海冯家湾欧村东侧海域（见图5.9）；
（1）19°22′6.26″N，110°44′12.98″E；
（2）19°20′4.06″N，110°44′29.27″E；
（3）19°19′38.59″N，110°42′46.29″E；
（4）19°21′57.30″N，110°42′36.48″E。

选划类型、目标和依据：冯家湾位于文昌市会文镇烟堆墟东南，距文昌市区26 km，距琼海市区40 km，是一个天然海湾。海岸线长2 km，湾内海水清澈，而海滩坡度平缓，波平浪静。这里历来是文昌人民和外来游客观海游泳的好去处，特别是在端午节、中秋节等节日期间，海湾内人山人海，游泳弄潮者众多。1993年，该湾被当地政府定为重点旅游区，目前冯家湾正兴建一大批旅游设施。建立人工鱼礁后，有助于与当地旅游结合起来，发展休闲垂钓，还可起到增殖生物资源和修复生态环境的目的。不过要进行科学论证，避免人工鱼礁的建设导致海岸的变化。

5.7.6 琼海潭门人工鱼礁区

面积：229.00 hm²。（编号：118）
地理位置：位于琼海潭门镇日新村东侧海域（见图5.28）；
（1）19°12′11.64″N，110°40′20.75″E；
（2）19°11′22.17″N，110°40′21.92″E；
（3）19°11′19.32″N，110°39′22.40″E；

（4）19°12′10.07″N，110°39′52.55″E。

选划类型、目标和依据：2004 年潭门港被国家农业部定为一级渔港，是海南岛通往南沙群岛最近的港口之一，也是西、南、中、东沙群岛作业渔场后勤的给养基地和深远海渔获的集散销售基地。港池目前尚能停泊渔船 300 余艘，2006 年，中央和地方投资 5 000 万元扩建潭门港以达能停泊 1 000 艘渔船的国家中心港口。另外，潭门目前选划为旅游开发区，建设人工鱼礁，可发展游钓业，与旅游区的建设目标一致，促进该地旅游经济的发展。

5.7.7 万宁白鞍岛人工鱼礁区

面积：173.07 hm^2。（编号：112）

地理位置：位于万宁大花角东侧的白鞍岛外周（图 5.3）；

（1）18°48′38.09″N，110°33′29.68″E；

（2）18°48′48.41″N，110°33′39.77″E；

（3）18°48′25.98″N，110°34′1.76″E；

（4）18°49′18.13″N，110°34′12.70″E；

（5）18°48′53.37″N，110°34′34.68″E；

（6）18°48′22.20″N，110°34′36.72″E；

（7）18°48′5.05″N，110°34′0.85″E。

选划类型、目标和依据：大花角是海南省级自然保护区，由前鞍和后鞍 2 个山峦构成，海湾内布满密密麻麻的卵石。山上，奇岩怪石突兀嶙峋，千姿百态，形象逼真，是海南的旅游景区，白鞍岛是石梅湾领域的 5 大风光小岛，海底拥有迷人的珊瑚群，是目前海南海水质量最好的地区之一。该岛目前由当地渔民管辖，还未进行开发，是海岛自助游游客及海钓爱好者的天堂。因此，通过调查和设计，投放人工礁体，放流富有地方特色的海水鱼、虾类苗种，建设人工鱼礁，增殖水产资源，并配合万宁旅游发展，建设成为游钓区。

5.7.8 万宁大洲岛人工鱼礁区

面积：1 624.94 hm^2。（编号：110）

地理位置：位于万宁大洲岛的东侧和南侧海域（图 5.10）；

（1）18°42′36.92″N，110°29′28.88″E；

（2）18°39′34.03″N，110°30′53.16″E；

（3）18°38′31.53″N，110°28′52.12″E；

（4）18°38′38.17″N，110°28′3.25″E；

（5）18°39′18.02″N，110°27′37.16″E；

（6）18°39′43.64″N，110°28′13.22″E；

（7）18°40′17.70″N，110°29′53.32″E；

（8）18°42′17.04″N，110°28′29.96″E。

选划类型、目标和依据：2008 年海南省环境质量期报（2008 年下半年）显示，万宁近岸的大洲岛近岸海域水质为一类。大洲岛处于琼东上升流显著海区，附近有太阳河等入海径流，海区富含大量的有机营养物质，因而海洋生物种类非常丰富，生物量高。经调查大洲岛周边海域浮游植物种类有 182 种。因而此处形成了著名的大洲渔场，产有墨鱼、乌贼、马鲛鱼、金枪鱼、旗鱼、鲳鱼、鲥鱼、带鱼、龙虾、鲍鱼、海胆、紫菜等。因此，通过调查和设计，投放人工礁体，建设人工鱼礁，放流富有地方特色的海水鱼、虾类苗种，增殖该海域的渔业资源，建设成为游钓区，促进万宁旅游业的发展。

5.7.9　万宁加井岛和洲仔岛人工鱼礁区

面积：515.76 hm^2。（编号：108，109）

地理位置：位于万宁加井岛南侧海域和洲仔岛南侧海域（图 5.10 和图 5.34）；

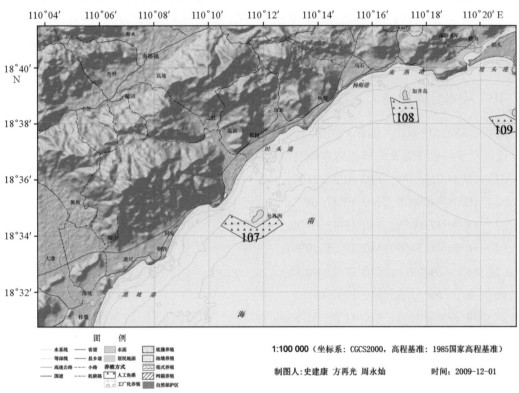

图 5.34　万宁和陵水人工鱼礁

107 为陵水分界洲岛人工鱼礁区；108 为万宁加井岛人工鱼礁区；109 为万宁洲仔岛人工鱼礁区

（1）18°38′55.89″N，110°16′40.46″E；

（2）18°38′43.61″N，110°17′8.04″E；

（3）18°38′46.84″N，110°17′38.56″E；

（4）18°38′2.51″N，110°17′43.42″E；

（5）18°38′1.91″N，110°16′48.73″E；

（6）18°38′18.45″N，110°20′55.25″E；

（7）18°38′5.76″N，110°21′21.96″E；

（8）18°38′29.56″N，110°22′13.16″E；

（9）18°38′13.33″N，110°22′26.28″E；

（10）18°37′47.31″N，110°21′44.36″E；

（11）18°37′37.02″N，110°20′47.70″E；

（12）18°38′13.21″N，110°20′19.64″E。

选划类型、目标和依据：万宁市管辖的海岸线以沙岩地形为多，也有许多礁石区，周边有许多小岛，附近海面是良好的经济渔场，海域海水较深，是深水渔场，可以钓获多种鱼类。包括大型马鲛鱼、金枪鱼、马林鱼等拖钓的优良鱼种。海域的马林鱼有的重达 100 kg。近岸是滩钓、浮游矶的良好钓场，经常钓获连尖鱼、石斑鱼、水针鱼、斑条鲬、海鳗、篮子鱼、黑鲷、珍鲹、三点燕尾鲳、紫红笛鲷、鰤鱼等鱼种，特别是滩钓鰤鱼，经常钓获 500 g 以上的个体，是海南周边钓获的最大个体。该地区是各种海钓的好地方，特别是洲仔岛和加井岛是垂钓的优良地点。洲仔岛和加井岛目前尚未开发，但已规划为旅游用地，因此，发展人工鱼礁，可起到增殖当地渔业资源的作用，同时还可与当地旅游结合，发展游钓业，促进旅游业发展。

5.7.10　陵水分界洲岛人工鱼礁区

面积：350.10 hm²。（编号：107）

地理位置：位于陵水分界洲岛东侧及南侧海域（图5.34）；

（1）18°34′21.60″N，110°10′27.21″E；

（2）18°34′44.96″N，110°10′47.44″E；

（3）18°34′17.06″N，110°11′43.67″E；

（4）18°34′44.24″N，110°12′25.40″E；

（5）18°34′24.59″N，110°12′43.00″E；

（6）18°33′56.11″N，110°12′0.15″E；

（7）18°33′46.54″N，110°11′28.31″E。

选划类型、目标和依据：分界洲岛位于陵水县东北部海面上，距东线高速公路牛岭隧道约8 n mile，岛上有众多珍稀植物和动物。是海南重要的生态旅游岛屿。分界洲岛所处位置是海南岛重要的分水岭。该岛是牛岭的一部分，牛岭南北气候差异大。在这里常常可以看到奇观：夏季时，岭北大雨滂沱，岭南却是阳光灿烂；冬季时，岭北阴郁一片，而岭南却是阳光明媚。岛上石峰林立，峭壁万仞，奇树簇拥。一些天然石峰被冠以"风动石"、"乌纱帽"、"大洞天"和"菩萨洞"等美名。岛上辟有"鬼斧神工"、"大洞天"、"刺桐花艳"等20多处自然景观，并有暗礁潜水、峭壁潜水、沉船潜水、海上摩托艇、海底漫步、海上拖伞、沙滩酒吧等独具特色的海上娱乐项目，游客可以感受到前所未有的新奇和刺激。

周边海域海底拥有丰富的珊瑚礁和众多的海洋生物，是进行垂钓的优良场所，十分适合建设人工鱼礁以增殖当地的海洋生物资源。

5.7.11　陵水陵水湾人工鱼礁区

面积：881.50 hm²。（编号99）

地理位置：位于陵水县陵水湾南侧海域（图5.11）；

（1）18°34′21.60″N，110°10′27.21″E；

（2）18°34′44.96″N，110°10′47.44″E；

（3）18°34′17.06″N，110°11′43.67″E；

（4）18°34′44.24″N，110°12′25.40″E；

（5）18°34′24.59″N，110°12′43.00″E；

（6）18°33′56.11″N，110°12′0.15″E；

（7）18°33′46.54″N，110°11′28.31″E。

选划类型、目标和依据：清水湾和土福湾合称"陵水湾"，位于陵水县东南部。通过调查和设计，投放人工礁体，建设人工鱼礁，放流富有地方特色的海水鱼、鲍鱼、海参、海胆和虾类苗种，增殖水产资源，并配合陵水旅游发展，建设成为游钓区。

5.7.12　三亚蜈支洲岛东侧增殖放流与人工鱼礁游钓区

面积：1 125.41 hm²。（编号：97）

地理位置：位于三亚蜈支洲岛东侧海域（图 5.12）；

（1）18°17′40.11″N，109°46′6.26″E；

（2）18°19′27.66″N，109°46′19.05″E；

（3）18°19′28.63″N，109°48′12.31″E；

（4）18°17′44.36″N，109°48′8.88″E。

选划类型、目标和依据：蜈支洲岛东侧海域的水深 10～20 m，海水水质优良，符合 GB 3097—1997 二类海水水质标准。海区范围内海洋生物资源较丰富，分布有夜光螺、海参、龙虾、海胆、珊瑚、鲷鱼等热带海洋生物。符合 GB 18421—2001 一类海洋生物量标准。通过调查和设计，规划在本海域投放人工礁体，建设人工鱼礁，放流富有地方特色的海水鱼、鲍鱼、海参、海胆和虾类苗种，增殖水产资源，并配合三亚旅游发展，以蜈支洲岛为基地，建设成为游钓区。

5.7.13　三亚东瑁—西瑁人工鱼礁区

面积：1128.84 hm²。（编号：95）

地理位置：位于三亚市东瑁洲岛和西瑁洲岛之间海域（图 5.13）；

（1）18°12′12.42″N，109°22′7.98″E；

（2）18°14′23.74″N，109°23′9.86″E；

（3）18°13′52.69″N，109°24′18.59″E；

（4）18°12′16.51″N，109°24′0.77″E。

选划类型、目标和依据：位于三亚市凤凰镇东西瑁洲岛与西瑁洲岛之间的海域，双扉石周围。该地属热带海洋季风气候，年平均气温 24.0℃，年平均海水温度 26.0℃，冬季水温仍保持在 18.0～22.0℃，周边海水透明度约 10 m。西岛四周海域有丰富的珊瑚资源和多种珊瑚礁鱼，尤以东西侧、南侧海岸最多，为三亚国家珊瑚自然保护区，珊瑚种类有扇子珊瑚、鹿角珊瑚、葵化珊瑚、红珊瑚等。省市政府曾在此组织过鱼类和虾类苗种的人工放流。规划在本海域投放人工礁体，放流富有地方特色的海水鱼、虾类苗种，建设人工鱼礁，增殖水产资源，并配合三亚旅游发展，将双扉石海域建设成为游钓区。

5.7.14　三亚西鼓岛人工鱼礁区

面积：177.52 hm²。（编号：10）
地理位置：位于三亚市鼻头角外侧长堤礁东侧海域（图 5.14）；
（1）18°18′49.75″N，108°56′35.66″E；
（2）18°19′14.84″N，108°56′36.15″E；
（3）18°19′17.61″N，108°57′55.27″E；
（4）18°18′52.99″N，108°57′53.32″E。

选划类型、目标和依据：东锣岛、西鼓岛附近水域海洋生物的生物量分别为 9.53 mg/L 和 4.88 mg/L，而崖洲湾西侧生物量最高值达 27.4 mg/L。其种类组成是甲壳类居第一位，占生物总量的 58.1%，鱼类排第二位，占 40.8%，多毛类占 0.5%。周边海域拥有色彩缤纷的珊瑚和热带海洋鱼类，岸边也是垂钓的优良场所，十分适合建设成为游钓区。

5.7.15　儋州人工鱼礁区

面积：8 571.32 hm²。（编号：91）
地理位置：位于儋州峨曼镇西侧海域（图 5.32）；
（1）19°51′19.41″N，109°5′20.15″E；
（2）20°0′8.74″N，109°14′2.85″E；
（3）19°58′43.12″N，109°15′37.19″E；
（4）19°49′55.38″N，109°7′1.82″E。

选划类型、目标和依据：该海域为海南岛西部的沙丁鱼、蓝圆鲹等近海多种经济鱼类产卵场及仔稚幼鱼索饵场，也是省级大珠母贝自然保护区。为配合当地沙丁鱼和蓝圆鲹自然保护区以及大珠母贝自然保护区建设，通过调查和设计，建设人工鱼礁，增殖水产资源，修复当地的海洋生态环境，并配合儋州旅游发展，将该海域建设成为游钓区。

5.7.16　澄迈人工鱼礁区

面积：1 387.26 hm²。（编号：90）
地理位置：位于澄迈县马袅港北侧海域（图 5.4）；
（1）20°1′22.50″N，109°50′13.11″E；
（2）20°1′7.00″N，109°52′38.81″E；
（3）19°59′22.70″N，109°52′30.89″E；
（4）19°59′25.22″N，109°50′16.67″E。

选划类型、目标和依据：该海域位于马袅—新兴养殖区，水质优良，符合 GB 3097—1997 二类海水水质标准，同时，周边养殖区为该海域带来丰富营养，为增殖放流苗种提供了充足饵料。人工鱼礁的建设还有助于改善当地的水质环境，通过游钓区建设，促进当地及周边的海口和临高等市县旅游业的发展。

5.8　重点增养殖品种选划

根据是否已经用于水产增养殖规模化可持续生产，将重点选划的增养殖品种划分为两大类：第一类是在海南已经用于水产增养殖规模化可持续生产，但需要通过科技支撑进一步提高其增养殖效果的品种；第二类是目前在海南还没有用于水产增养殖规模化生产，但根据自然条件、该增养殖品种的适宜性（养殖生物学）和技术水平等因素，在未来不太长的时间内可以实现规模化生产的品种。

根据以上选划标准，选划为海南第一类重点增养殖品种的水产增养殖种类主要有：点带石斑鱼、斜带石斑鱼、棕点石斑鱼、鞍带石斑鱼、卵形鲳鲹、布氏鲳鲹、眼斑拟石首鱼（美国红姑鱼）、紫红笛鲷、红鳍笛鲷、千年笛鲷、尖吻鲈、鲻鱼、军曹鱼、漠斑牙鲆、大海马、三斑海马、斑节对虾、凡纳滨对虾、日本对虾、新对虾、锯缘青蟹（和乐蟹）、杂色鲍、近江牡蛎、华贵栉孔扇贝、文蛤、泥蚶、菲律宾蛤仔、方斑东风螺、泥东风螺、大珠母贝（白蝶贝）、珠母贝（黑蝶贝）、马氏珠母贝、企鹅珍珠贝、江蓠和麒麟菜等。

选划为第二类重点增养殖品种的水产增养殖种类主要有：黄鳍鲷、遮目鱼、褐篮子鱼、豹纹鳃棘鲈（东星斑）、虾蛄、远海梭子蟹、锈斑蟳（红花蟹）、耳鲍、羊鲍、马蹄螺、细角螺、管角螺、金口蝾螺、翡翠贻贝、黄边糙鸟蛤（鸡腿螺）、波纹巴非蛤（沟纹巴非蛤）、长肋日月贝、砗磲、糙海参、花刺参、绿刺参、梅花参、紫海胆、白棘三列海胆、方格星虫（沙虫）、双齿围沙蚕等。

5.8.1　第一类重点增养殖品种

5.8.1.1　点带石斑鱼及其相近种

点带石斑鱼（*Epinephelus malabaricus*）（图 5.35），俗称"青斑"，分类学上隶属于辐鳍鱼纲（Actinopterygii）、鲈形目（Perciformes）、鲈亚目（Percoidei）、鮨科（Serranidae）、石斑鱼属（*Epinephelus*）。

点带石斑鱼是目前海南池塘和海湾网箱养鱼的主要种类，与其相近的养殖种类还有斜带石斑鱼（*E. coioides*）（俗称"青斑"）和棕点石斑鱼（*E. fuscoguttatus*）（俗称"老虎斑"）。石斑鱼是海南海水经济鱼类中的佳品，酒店餐馆中的名贵海鲜，颇受群众喜爱，消费量较大。自从 21 世纪初海南突破了石斑鱼的人工育苗技术后，较快实现了规模化生产，目前的增养殖方式包括海湾网箱养殖、池塘养殖和工厂化养殖，其中以海湾网箱养殖规模最大，池塘养殖和工厂化养殖近年发展也较快。

1）增养殖品种选划的适宜性（养殖生物学）

生态习性：石斑鱼为暖水性中下层鱼类，常栖息于大陆沿岸和岛屿，喜欢栖居于珊瑚礁、石缝、洞穴、岩礁等光线较暗的地方。生长适温为 16.0～31.5℃，最适水温为 20.0～29.0℃，水温低于 16.0℃时停止摄食，水温 12.0℃时几乎潜伏不动，水温 11.0℃时较小的个体死亡。水温高于 32.5℃，食欲减退。广盐性，在盐度 10.0～34.0 的水体中均可生长，最适盐度 20.0～33.0，在盐度高的水域中生长较慢，并且容易感染寄生虫。属肉食性鱼类，吞

(a)点带石斑鱼 (*Epinephelus malabaricus*)
(资料来源：http://meda.ntou.edu.tw/aqua/)

(b) 斜带石斑鱼 (*Epinephelus coioides*)
(资料来源：http://www.xmfishing.cn)

(c) 棕点石斑鱼 (*Epinephelus fuscoguttatu*s)
(资料来源：http://tupian.baike.com)

图 5.35　点带石斑鱼（*Epinephelus malabaricus*）及其相似种

食，性凶猛，以鱼、虾、蟹和头足类等为食，在人工培育条件下，经驯化后可摄食配合饲料和鱼糜。有互相残食现象，稚鱼阶段尤为严重，这对苗种培育的危害性极大。

　　生长速度：石斑鱼的生长速度，因种类不同，差异较大。一般 1 龄鱼体重为 200～350 g，2 龄鱼体重为 500～800 g。点带石斑鱼生长速度较快，全长 5 cm 的鱼种，经一年养殖后，体重可达 500 g 以上。赤点石斑鱼的生长速度较慢，5～8 cm 的赤点石斑鱼，经两年养殖后才 500 g 左右。

　　繁殖习性：① 性逆转。石斑鱼与许多鲷科鱼类一样，属雌雄同体、雌性先熟型，从发生性分化开始，先表现为雌性性别，长到一定大小即发生性转变，成为雄性。并且不同种类发生性转变的年龄不同。福建沿海的赤点石斑鱼初次性成熟年龄多数为 3 龄，体长 231～295 mm，体重 245～685 g，从雌性转变为雄性的性转变年龄一般为 6 龄（雄鱼占 57%），体长 340 ~ 400 mm，体重 960 ~ 1 700 g。浙江北部沿海斜带石斑鱼体长 250 ~ 340 mm 时，雄鱼仅占总个体数的 6% ~ 23%，体长 350 mm 时，雄鱼占 50% 左右，体长 370 mm 时，雄鱼占 85% 以上，体长 420 mm 以上者几乎全是雄鱼。南海巨石斑鱼成熟雌鱼最小体长为 450 ~ 540 mm，而有成熟精巢的雄鱼最小体长是 740 mm，体重 11 kg 以上，体长 660 ~ 720 mm 者性腺在转变之中，同时具有卵巢和精巢组织。香港的赤点石斑鱼体重 500g 者为成熟雌鱼，1 000 g 以上者为雄鱼。海南海水网箱养殖的点带石斑鱼 3 ~ 4 龄绝大多数为雌性。② 雌雄识别。石斑鱼可从肛门、生殖孔和排尿孔的形态变化来区别雌雄。雌鱼腹部有 3 个孔，从前至后依次为肛门、生殖孔和排尿孔；雄鱼只有肛门和泌尿生殖孔 2 个孔。③ 石斑鱼是分批产卵类型的鱼类，初次达到性成熟的年龄为 3 ~ 4 龄，性成熟周期一年一次。在海南，达到性成熟的鱼在每年的 4 月中旬至 6 月初进入生殖盛期，一般在海水温度超过 21.5℃ 时开始产卵，产卵高峰期为 24.0 ~ 27.0℃，7—8 月水温超过 29.0 ~ 30.5℃ 产卵基本结束。但也因地域、环境不同而有所不同。赤点石斑鱼在日本一般在水温 20.0 ~ 20.5℃ 时开始产卵，水温 27.0℃ 左右结束。福建石斑鱼则一般在水温 22.5 ~ 23.0℃ 时开始产卵，到水温 27.0 ~ 28.0℃ 以后产卵渐渐趋于停止。石斑鱼个体总产卵量在（7 ~ 100）多万粒不等，产卵量和浮卵率受亲鱼的年龄、大小、营养状况和环境因素及其他条件影响很大，大型种类有 1 000 万粒之多。在海南，人工培育的 4 龄点带石斑鱼雌鱼平均个体产卵量为 535 万粒，相对产卵量为 810 粒/g。石斑鱼卵为浮性卵，在盐度为 30.0 ~ 33.0 的海水中，点带石斑鱼受精卵呈浮性，未受精卵和死去的卵呈沉性。人工孵化过程中，停止充气，未受精卵或死胚胎会沉于孵化器底部。赤点石斑鱼成熟的卵透明无色，圆球形，卵径（750 ± 30）μm，卵膜薄而光滑，无特殊结构，油球 1 个，居卵正中央，油球径（150 ± 10）μm。受精后约 5 min，卵膜吸水膨胀，形成狭窄的卵周隙，这时的卵径为（770 ± 20）μm。点带石斑鱼在水温 20.0 ~ 21.0℃ 时，孵化时间为 48 h 40 min，25.5 ~ 28.5℃ 时为 21 h 53 min，30.0 ~ 32.0℃ 时为 19 h 7 min。在 24.0 ~ 28.0℃ 条件下孵化的仔鱼，育苗的成活率较高。孵化用水的盐度为 33.0 时，孵化率为 48.7%，盐度 30.0 时为 33.0%，盐度 27.0 时为 21.3%，盐度 24.0 时为 23.0%。

2）选划品种的增养殖方式、区域布局

增养殖方式：海湾网箱养殖、池塘养殖、工厂化养殖，以海湾网箱养殖规模最大，池塘养殖和工厂化养殖近年发展也较快。

区域布局：在海南沿海地区均有布局，以陵水、三亚、万宁、文昌、琼海、儋州、临高、海口的规模较大。

3）增养殖技术要点

放养季节：石斑鱼的生长期，在海南一般在 3—12 月，从体重 150 g 生长到商品规格 500 ~ 750 g 需要 8 ~ 12 个月。通常在每年 3—5 月投放体重 150 ~ 200 g 的大规格鱼种到深水网箱进行养殖，到入冬前可长到 500 ~ 700 g 上市，或者养到第二年冬季前体重 1.5 kg 左右上市。

鱼种规格和放养要求：石斑鱼网箱养成，一般投放体重 150 g 以上的大规格鱼种。通常选择在小潮汛期间放养，网箱内水流缓慢，宜在早晚放入网箱。为预防病害传染，放养前用 100 ~ 200 μL/L 浓度的福尔马林溶液浸洗 3 ~ 5 min，或用 10 ~ 20 μL/L 的聚维酮碘溶液进行浸浴消毒 3 ~ 5 min。

211

放养密度：投放初期的放养密度，在水温 25.0℃时，以（6~7）×10^{-2}尾/L 的体重 150 g 以上的大规格鱼种为好。养殖到体重达到 400 g 左右，进行过筛分箱，放养密度为（2.0~3.0）×10^{-2}尾/L，直到养成个体体重 500~700 g 商品鱼。深水网箱养殖石斑鱼的放养密度与养殖海区环境、鱼种大小有关，在水流畅通的海区放养密度可以适当大一些。

饲料与投饲技术：石斑鱼属肉食性，目前海南网箱养殖以投喂鲜度较高的经过切鱼机切碎的下杂鱼为主。然而，以野杂鱼为饲料弊病多，随着石斑鱼近海抗风浪网箱养殖发展，推广人工配合饲料喂养石斑鱼势在必行。投饲次数，在水温 25.0℃左右时，一般早晚各 1 次，水温低于 18~20.0℃时，每日投喂 1 次即可。日投饲量一般为体重的 3%~5%。投饲量和投饲次数依鱼的生长情况、天气、水质等灵活掌握，一般遵循如下原则：刚放入网箱的鱼种最初 1~2 d 可不投喂；小潮水时多投，大潮水时少投；缓流时多投，急流时少投；水温适宜时多投，水温太高或太低时少投或不投；透明度大时多投，反之少投；天气晴朗时多投，阴雨天时少投；生长快时多投，反之少投。一般以鱼类吃到八成饱为宜，喂得过饱反而会影响食欲，降低摄食率。石斑鱼有不吃沉底饲料的习性，而鲷科鱼类见饲即抢食，食性也较杂。所以，在养殖石斑鱼时，混养少量鲷科鱼类和杂食性鱼类，如笛鲷和篮子鱼等，既可以带动石斑鱼摄食，又可起到"清道夫"的作用，将箱底的饲料吃掉并清理附着在网箱上的污损生物，以充分利用水体空间和饲料资源，避免残饵时水质的污染。

5.8.1.2　鞍带石斑鱼

鞍带石斑鱼（*E. lanceolatus*）（图 5.36），分类学上隶属于辐鳍鱼纲、鲈形目、鲈亚目、鮨科、石斑鱼属，俗称"龙趸"或"龙胆石斑鱼"，也有学者将其称为矛状宽额鲈（*Promicrops lanceolatus*）。它是石斑鱼类中体型最大的种类之一，有石斑王之称，是闻名遐迩的海鲜佳肴。

图 5.36　鞍带石斑鱼（*Epinephelus lanceolatus*）
（资料来源：http：//image. baidu. com/i？ct = 503316480&z）

1）增养殖品种选划的适宜性（养殖生物学）

生态习性：鞍带石斑鱼属暖水性中下层底栖鱼类，分布于热带亚热带海域，成鱼和幼鱼会出现在河口半咸水水域。个性凶猛，地域性强，成鱼不集群，宜分级养殖，以免自相残食。喜光线较暗区域，白天经常栖息于珊瑚丛、岩礁洞穴、沉船附近，有海底掘洞穴居的习性，夜间觅食。喜石砾底质，海水流畅的海区。在网箱养殖时喜沉底或在网片折皱处隐蔽，体色随光线强而变浅，弱而变深。适宜生长水温为 22.0 ~ 30.0℃，而当水温降至 20.0℃ 以下食欲减退，降至 15.0℃ 以下则停止摄食，不游动。广盐性，在 11.00 ~ 41.0 海水中都可以生存，最适生长盐度为 25.0 ~ 35.0，盐度低于 5.0 会死亡，在淡水中最长可耐受 15 min。对海水溶氧量的要求不高，25.0℃ 水温时，耗氧量为（1.99 ± 0.53）μg/（g·min）。鞍带石斑鱼的仔鱼、稚鱼、幼鱼以小型浮游动物为食，成长后肉食性，主食甲壳类、海胆、鱼类，摄食方式属偷袭型，一口吞下食物。

生长速度：鞍带石斑鱼生长快、个体大。在自然海域，成鱼体长 60 ~ 70 cm，体重 30 ~ 40 kg，最大体长可达 2 m，最大体重记录为 288 kg。从 6 cm 左右的鱼种养到体重 1 kg，只需 7 ~ 8 个月，体重达到 1 kg 之后生长速度更快。试验表明，鞍带石斑鱼经过 1 年的养殖，每尾可达 1.5 ~ 2 kg，第 2 年便可达到 12.5 ~ 15 kg。当年养殖，最小的个体为 750 g，最大的个体达到 2.5 kg，且 70% 的鱼体重均介于 1.5 ~ 2.0 kg 之间，规格较为整齐，所以龙胆石斑鱼养殖经济效益是相当可观的。

繁殖习性：鞍带石斑鱼为雌雄同体，雌性先熟型鱼类。在生殖腺发育中，卵巢部分先发育成熟，为雌性相，继而随着鱼体生长，部分鱼即发生性转化，雌性变为雄性。最初成熟时（野生鱼 3 龄，人工养殖 2 龄）为雌性，野生鱼生长到 4 ~ 5 龄、人工养殖鱼生长到 3 龄转变为雄性，故雄性亲鱼较难得到。为解决人工繁殖中雄性亲鱼不足，现采用埋植法将 17α—甲基睾丸酮植入鱼体，来诱导鞍带石斑鱼提早"性转变"，获取有生殖功能的雄性亲鱼。在非繁殖季节判定其雌雄较其他石斑鱼难，在繁殖季节雌性鱼腹部膨大，并有 3 个孔，从前至后依次为肛门、生殖孔和泌尿孔，生殖孔呈暗红色向外微张，自开口处有许多细纹向外辐射；而雄鱼只有肛门和泌尿生殖孔。鞍带石斑鱼在产卵前 1 个月，雄鱼体侧背部转变成黑褐色，腹部发白，呈深红色。鞍带石斑鱼为多次产卵型，其产卵量与亲鱼的年龄、大小、营养状况。环境因素及其他条件有密切关系，差距较大，每尾雌鱼的产卵量 10 ~ 600 万粒不等。受精卵为圆球型透明无色的浮性卵。一般产卵行为发生在傍晚 6 时至次日清晨 2 时，开始时雄鱼追逐雌鱼，以后两鱼靠近，并排游泳，然后头及前半身跃出水面再排卵、射精，行体外受精，正常情况下可连续产卵 3 d。受精卵孵化时间受温度、盐度影响甚大。水温 28.0 ~ 30.0℃ 下孵化约需 20 h，随温度升高，孵化时间缩短，但水温低于 16.0℃ 或高于 34.0℃，胚胎发育出现畸形或大量死亡。胚胎发育的适宜盐度为 25.0 ~ 33.5，受精卵于盐度 15.0 以下的孵化率为 0，盐度 30.0 时孵化率可高达 90%。

2）选划品种的增养殖方式、区域布局

养殖方式：以深水网箱养殖为主，也可采用海湾网箱养殖、池塘养殖等养殖方式。

区域布局：布局于海南岛沿海的近海、近岸等海域进行深水网箱养殖、海湾网箱养殖、池塘养殖。重点布局在陵水、三亚、万宁、文昌、儋州、临高。

3）增养殖技术要点

放养密度：鱼种规格达到 5 ~ 8 cm 时，可放入网箱或池塘中蓄养。鞍带石斑鱼因生长速度快，池塘放养密度以每公顷放养 4 500 ~ 7 500 尾为宜，网箱养殖放养密度可控制在（1.5 ~ 3.0）× 10^{-2} 尾/L。由于鞍带石斑鱼吞食饵料鱼的最大规格可相当于自身全长的 52% ~ 55%，所以，在养殖期间，若鞍带石斑鱼的规格大小相差 1/3 以上时，应及时筛分，进行分级饲养，以免互相残食。

与其他杂食性鱼类混养：为了激发鞍带石斑鱼食欲，并清除网箱附着物及残饵，常将鞍带石斑鱼与其他杂食性鱼类混养。

科学投饵：池塘养殖可设置"人工鱼礁"作为投饵台以利定点投饵。饲料颗粒的粒径一般为龙胆石斑鱼口径的 1/4 ~ 1/3 为宜，投喂次数每日 2 次，冬季水温降至 20.0℃以下时可每日投喂 1 次或二日投喂 1 次。每次投饵量约为鱼体重的 3% ~ 5%，分批缓缓遍洒，如食欲减弱则停止投喂。鞍带石斑鱼不吃沉底之食物。

病害防治：鞍带石斑鱼特别贪吃，常因过量摄食，导致肠胃病，胃容易胀气，为此，应注意控制食量，也可在饲料中定期添加大蒜素进行口服预防。在鞍带石斑鱼苗种培育阶段，应注意预防车轮虫、钟形虫等寄生虫病的暴发，要注重养殖水体的消毒。

5.8.1.3 卵形鲳鲹

卵形鲳鲹（*Trachinotus ovatus*）（图 5.37），分类学上隶属于鲈形目（Perciformes）、鲹科（Carangidae）、鲳鲹属（*Trachinotus*），俗称金鲳鱼、黄腊鲳、黄腊鲹、卵鲹等，是目前海南近深水网箱养殖的主要品种。另外还有一种与其外形相似的布氏鲳鲹（*T. blochii*），后者背鳍和臀鳍较长，所以通常称卵形鲳鲹为"短鳍金鲳"，称布氏鲳鲹为"长鳍金鲳"。由于卵形鲳鲹耐寒能力强于布氏鲳鲹，养殖较为普遍，以下着重介绍卵形鲳鲹养殖生物学特性和养殖技术。

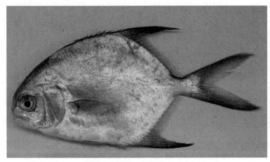

(a) 卵形鲳鲹 (*Trachinotus ovatus*) 　　　　　　 (b) 布氏鲳鲹 (T. blochii)
(资料来源：http://vanquishloong.com)　　　　　　　(资料来源：http://vanquishloong.com)

图 5.37　卵形鲳鲹（*Trachinotus ovatus*）和布氏鲳鲹（*T. blochii*）

1）增养殖品种选划的适宜性（养殖生物学）

生态习性：卵形鲳鲹是一种暖水性中上层洄游鱼类，在幼鱼阶段，每年春节后常栖息在河口海湾，群聚性较强，一般不结成大群，成鱼时向外海深水移动。其适温范围为 16.0 ~ 36.0℃，生长的最适水温为 22.0 ~ 28.0℃，水温下降至 16.0℃以下时，停止摄食，水温达 16.0 ~ 18.0℃时，少量摄食，存活的最低临界温度为 14.0℃。该鱼属广盐性鱼类，适盐范围 3.0 ~ 33.0，盐度 20.0 以下生长快速，在高盐度的海水中生长较慢。最低临界溶氧量为 2.5 mg/L。抗病害能力较强，养殖成活率达 95.09% ~ 98.56%，平均成活率 97.44%。卵形鲳鲹为肉食性鱼类，刚孵化的仔稚鱼取食各种浮游生物和底栖动物，以桡足类幼体为主；稚幼鱼取食水蚤、多毛类、小型双壳类和端足类；幼成鱼以端足类、双壳类、软体动物、蟹类幼体和小虾、鱼等为食，稚幼鱼不会自相残食。在人工饲养条件下，体长 2 cm 时能取食搅碎的鱼、虾糜，成鱼以鱼、虾块及专用干颗粒料为食。饲料系数为 1.6~2.4，平均为 2.0。

生长速度：卵形鲳鲹生长快，个体大，最大可达 5~10 kg。当年年底一般可长到 400~500 g。从第 2 年起，每年的绝对增重量约为 1 kg。由于食量大，消化快，在人工饲养条件下，喂食后停留不长的时间，若再投喂适口的食物，仍然凶猛争抢，生长速度很快，养殖半年体重可达 500 g 左右，养殖者可根据其生长速度非常快的特点，选择在生长最快的 6、7、8 月加大投饲量，促其迅速生长，尽快达到上市规格，压缩其生长周期，降低风险。各龄段的生长状况见表 5.5。

表 5.5　卵形鲳鲹各年龄的体长、体重

年龄组	体长/mm	体重/g	年绝对增长量/g
I	270（230~310）	643（400~950）	643
II	368（320~400）	1 520（950~2 000）	877
III	467（424~504）	2 756（2 250~3 300）	1 236
IV	500（480~520）	3 669（3 300~4 050）	913

繁殖习性：卵形鲳鲹属离岸大洋性产卵鱼类，人工繁殖于每年 4—5 月开始，一直持续到 8—9 月。卵形鲳鲹的性成熟年龄为 7~8 年，个体生殖力为 40 万~60 万粒。天然海区孵化后的仔稚鱼 1.2~2 cm 开始游向近岸，长至 13~15 cm 幼鱼后又游向离岸海区。卵形鲳鲹成熟卵呈圆形，受精卵为浮性、无色，卵径 950~1 010 μm，油球直径 220~240 μm，有少量为多油球。受精卵在水温 18.0~21.0℃、盐度 31.0 的条件下，胚胎发育历时 41 h 27 min 后孵出仔鱼。在水温 20.0~23.0℃、盐度 28.0 的条件下，胚胎经过 36~42 h 的发育，孵化出仔鱼。胚胎发育为盘状卵裂，胚体后期的发育速度较快；仔鱼脱膜孵化的速度非常快，基本上在 1 min 内就可以完成。初孵仔鱼平均全长为 1.548 mm，卵黄囊较大。

2）选划品种的增养殖方式、区域布局

增养殖方式：卵形鲳鲹的成鱼养殖，目前海南主要采用深水网箱养殖；苗种阶段主要采用池塘培育，中间阶段采用小网目的海湾网箱养殖。

区域布局：养殖区域主要分布在临高县后水湾、博铺湾，三亚东锣—西鼓岛，陵水陵水湾，儋州后水湾—邻昌礁，文昌淇水湾，海口金沙湾等处近海海域。

3）增养殖技术要点

放养规格与要求：放养的鱼种规格要求在体重 25 g 以上。选择在小潮汛期间放养，网箱内水流缓慢，宜在上午 10 时前或下午 4 时后放入深水网箱。放养前最好用淡水配成 10~20 mg/L 浓度的高锰酸钾溶液对鱼体进行浸浴消毒。

放养密度：放养密度为 50 尾/L 水体，可混养少量的篮子鱼、鲷科鱼类等鱼种。

饲料与投喂技术：① 饲料。网箱养殖卵形鲳鲹过程中，可全程使用人工配合饲料。卵形鲳鲹对饲料营养要求是：个体小于 250 g/尾时，饲料中蛋白质含量要求在 42%~45%；而大

于 250 g/尾时，蛋白质含量要求在 40% ~42%；而大于 600 g/尾的鱼，蛋白质含量要求在
39% ~40% 即可满足。② 饲料颗粒大小。卵形鲳鲹随着个体的生长，对食物的颗粒大小有较
强的选择性，一般先抢食大的适口的饲料，后食零散的饲料。个体体重小于 50 g 时，投喂饲
料的颗粒直径为 2 ~3 mm；体重 50 ~200 g，投喂饲料颗粒直径在 4 mm 左右；体重长到200 ~
400 g 时，饲料颗粒直径为 5 mm；个体达到 500 g 以上，饲料颗粒直径为 6 mm；体重 800 g
以上，饲料颗粒直径为 7 mm。③ 投喂次数。卵形鲳鲹属速长型鱼类，肠胃较短，抢食较猛，
消化速度快。个体体重小于 250 g，日投喂配合饲料次数为 4 ~5 次，间隔2.5 ~3 h 投饲 1 次；
体重大于 250 g，日投饲 3 ~4 次，间隔 3 ~3.5 h 投 1 次。这种投饲方法的饲料转换率高，投
饲效果好，鱼的生长速度快。④ 投饲量。一般控制在 7 ~8 成饱即可。春季水温低，个体小，
摄食量少，在晴天气温升高时，可投放少量的饲料。当水温逐渐上升时，投饲量可逐渐增加，
每天投饲量占鱼类体重的 1% 左右。夏初水温升高，每天投饲量占鱼体总重的 1% ~2%，但
这时也是多病季节，因此要注意适量投喂，并保证饲料适口、均匀。盛夏水温上升至 30.0℃
以上时，鱼类食欲旺盛，生长迅速，要加大投喂。日投饲量占鱼类总体重的 3% ~4%，但需
注意饲料质量并防止剩料，以免污染水质。秋季天气转凉，水温降低，鱼类继续生长，日投
饲量约占鱼类总体重的 2% ~3%。冬季水温持续下降，鱼类食量日渐减少，但当晴天时，仍
可少量少投，以保持鱼体肥满度。总之，投饲量应根据水温的季节变化和鱼体的具体状况，
灵活掌握。

注意观察，适时筛分：投喂时注意观察鱼群的活动与摄食情况。卵形鲳鲹平时在水的中
层顺网边快速游动，而发现在水面打转或沿网边慢慢游动等异常现象时，应及时把鱼捞起来
检查，寻找原因，及时采取措施。水温正常时，卵形鲳鲹投饲后，都迅速浮出水面抢食，如
投料时发现鱼群不浮出水面，就及时下水检查鱼群及网衣。一般在每年 5—6 月投放入深水网
箱养殖的鱼种，经 4 ~5 个月的养殖即可达到商品规格。当年放养当年养成上市的网箱，一般
不需要作筛选与分箱处理。在每年 8—9 月投放入网箱的鱼种，在冬季低水温来临前，应及时
进行筛选与分箱处理，合理养殖密度，以加快生长。

5.8.1.4 眼斑拟石首鱼（美国红姑鱼）

眼斑拟石首鱼（*Sciaenops ocellatus*）（图 5.38），隶属于鲈形目（Perciformes）、石首鱼科
（Sciaenidae）、拟石首鱼属（*Sciaenops*），俗名"美国红姑鱼"、"美国红鱼"、"红鼓"。眼斑
拟石首鱼原产墨西哥湾和美国西南部沿海，1991 年引入我国。

图 5.38　眼斑拟石首鱼（*Sciaenops ocellatus*）

（资料来源：http://image. baidu. com）

1）增养殖品种选划的适宜性（养殖生物学）

生态习性：眼斑拟石首鱼属暖水性近海溯河性鱼类。生存水温为 4 ~ 33.0℃，适宜生长水温为 10.0 ~ 30.0℃，最适宜生长水温为 25.0 ~ 30.0℃，繁殖最佳水温为 25.0℃左右。1 ~ 3 龄的野生鱼，当水温降至 3.0℃时，仅有少部分鱼死亡。广盐性，幼鱼和成鱼适盐性广，可以在淡水、半咸水及海水中很好地生长，最适盐度范围为 20.0 ~ 35.0；卵和仔鱼只能生活在盐度 25.0 ~ 32.0 的海水中。属以肉食性为主的杂食性鱼类，在自然水域中主要摄食甲壳类、头足类、小杂鱼等。在人工饲养的条件下，也摄食人工配合饲料，投喂浮性配合饲料效果最好。眼斑拟石首鱼的食量大，消化速度快。一般个体的最大摄食量可达体重的 40%。在人工饲养的条件下，稚、幼鱼有连续摄食的现象。如饲料不足，自相残杀的现象比较严重。但体长超过 3 cm 后，自残现象有所缓解。要求溶氧量在 3.0 mg/L 以上，最适溶氧量为 5.0 ~ 9.0 mg/L。因为拟红石首鱼生长所需要的钙主要是靠周围水体中钙离子的渗透，故其对生长水域的总硬度和总氯度有一定要求，钙离子浓度要大于 100 mg/L，氯离子浓度要大于 150 mg/L，这一点在海区选择上要加以考虑。

生长速度：眼斑拟石首鱼的生长速度很快，在美国自然海区，当年鱼可达 0.5 ~ 1 kg，最大个体可达 3 kg。在我国人工饲养条件下，1 周年可达 1 kg 以上，第二年可达 2 kg 以上，第三年达 4.5 kg。相同年龄的雌鱼比雄鱼大。水温对生长速度影响大，在水温 10.0℃以下停止生长，20.0℃以上生长快速，日增重量 3.4 g 以上。

繁殖习性：在自然水域中，雄性 3 龄性成熟，雌鱼 4 龄成熟。在养殖条件下，雄性 4 龄性成熟、雌性 5 龄性成熟。繁殖期为夏末至秋季，盛期 9—10 月，水温要高于 20.0℃。繁殖期雌鱼体色开始变深，呈黑褐色，胸鳍颜色变浅，雄鱼侧线上方变深而鲜艳，呈红棕色。眼斑拟石首鱼属分批产卵类型。性腺中卵的发育不同步，分批成熟、分批产卵，一般每次产卵量 5 万 ~ 200 万粒，多者可达 300 万粒以上，每次产卵间隔时间为 10 ~ 15 d。受精卵为浮性、圆形。卵无色透明，卵径 860 ~ 980 μm。在水温 25.0 ~ 27.0℃、盐度 28.0 ~ 30.0 的条件下，24 h 可孵出仔鱼，孵化率在 90% 以上。

2）选划品种的增养殖方式、区域布局

增养殖方式：眼斑拟石首鱼在海南主要用作网箱养殖和池塘养殖。

区域布局：在海南岛沿海区域推广网箱养殖和池塘养殖，布局可遍及海口、文昌、琼海、万宁、陵水、三亚、乐东、东方、昌江、儋州、临高、澄迈沿海海湾和池塘。

3）增养殖技术要点

以下重点介绍网箱养成技术要点。

养殖海区的选择：利用天然海区养殖眼斑拟石首鱼，可选择适当的养殖场所，其条件要求如下：① 水质清新，透明度在 1.5 m 以上，② 水流畅通，流速在 0.3 ~ 0.5 m/s；③ 养殖区水位应在大潮低潮线以下水深 5 m 以上，底质最好为砂质底；④ 避风条件好；⑤ 海陆交通方便，便于苗种和饲料及产品运输。在海区选择时，还应注意选择适合眼斑拟石首鱼的海水比重、水温、溶解氧等。

养成管理：① 筛选分箱。随着鱼体生长，应进行相应地筛选分箱，并适当降低养殖密

217

度，各生长阶段的养殖密度见表 5.6。② 投饲：在最佳条件下，鱼体每 30~60 d 体重增长 1 倍，因规格而异。因此，应每天增加投饲量或至少每周增加投饲量。可按鱼体重的百分比计算投饲量，但该方法不一定准确，为了保证所有的饲料均为鱼体所摄食，可以根据以下情况作适当调整：水温降至 15.0℃ 以下时鱼类少摄食或不摄食，应少投或不投；水温超过 32.0℃ 时，投饲量可减半；连续阴天 4 d 以上应停止投饲，除非有增氧设置，否则应等晴天后再开始投饲；高温天气和低气压期间应调整投饲量；早晨是投饲的最佳时间，分早晚 2 次投饲可得到最大生长率；投饲的位置应固定，以减少饵料浪费，缩短投喂时间；水温低于 15.0℃ 时眼斑拟石首鱼摄食不佳；天气较冷时，应待下午日照水温上升后再投喂；若鱼停止摄食，应立即查明原因，及时采取相应措施，待鱼能正常摄食后再投喂；夏季捕鱼前 24 h 停止投饲。③ 日常管理：在养殖过程中，含有各种附着藻类，原生动物以及贝类、藤壶、海鞘等着生在网箱网衣上，从而堵塞网目，增加了网箱的重量和网衣对水流的阻力，阻碍网箱内外水体的正常交换，导致网箱内水质恶化，溶氧量降低，影响鱼类的正常生长和生活。须定期更换网衣和清除附着物，清除方法有人工方法、水枪等机械方法以及混养草食性鱼类等生物方法。在网箱养殖条件下，鱼类被限制生活于 3 m 左右的水层，部分鱼因受到强光的照射，使眼斑拟石首鱼失去光泽，呈现白色，食欲减退；另外，眼斑拟石首鱼活动凶猛，易跳网而逃。因此，可在网箱上用网目小的网片遮盖，可遮阴也可防逃。加强水域环境监控，包括水温、比重、溶氧量、pH 值等，及时了解海区水质情况，以便及时采取应对措施。坚持早、午、晚 3 次检查鱼的动态，观察鱼情，尤其是闷热天气，特别注意凌晨的巡视工作，防止缺氧死鱼。要经常检查浮架是否移动，网箱的四角绳是否结牢，锚绳是否牢固，箱体是否有破损、网箱内有没有残饵或死鱼，应即时捞出处理。在台风季节，台风对海水网箱养鱼的威胁较大，因此要认真做好防台风工作。

表 5.6　各生长阶段养殖密度

生长阶段	全长/mm	养殖密度/（10^{-3} 尾/L）
幼苗阶段	30~60	150
中苗阶段	150~190	50
成鱼阶段	200 以上	30

5.8.1.5　紫红笛鲷

紫红笛鲷（*Lutjanus argentimaculatus*）（图 5.39），分类学隶属于鲈形目（Perciformes）、鲈形亚目（Percoidei）、笛鲷科（Lutianidae）、笛鲷属（*Lutjanus*），俗名"红鲉"、"红友"、银斑笛鲷、银纹笛鲷，是海南等南方沿海的主要海水养殖鱼类。

1）增养殖品种选划的适宜性（养殖生物学）

生态习性：紫红笛鲷属暖水性中下层鱼类。广温性鱼类，生存水温范围为 8.0~33.0℃，适宜生长水温为 15.0~30.0℃，最适摄食与生长水温 24.0~27.0℃。长期生活在低于 12.0℃ 的水温环境下，会出现冻死现象。广盐性，适应盐度范围为 5.0~40.0，养殖时正常盐度为 10.0~20.0。在自然条件下，多栖息于近海、河口半咸水及淡水里。不仅能在海水和咸淡水

图 5. 39　紫红笛鲷（*Lutjanus argentimaculatus*）

（资料来源：http://image. baidu. com）

中生活，而且也能在淡水中正常生长发育。肉食性为主，生活在自然海区中以小型甲壳类、鱼类为主要食物来源；在人工养殖条件下，经过驯化，可以投喂人工配合饲料。由于紫红笛鲷具备广温性、广盐性、食性较杂、抗病力强、肉质好等养殖生物学特性，是一种优良的海水养殖种类。

生长速度：紫红笛鲷还具有生长快，个体较大，养殖周期短的特点。体长一般为 20～30 cm，大者可达 60 cm，体重达 4 kg。养殖周期一般为 6～8 个月，体重可达 600～800 g。在养殖条件下，1 龄鱼体重为 410～550 g，2 龄鱼体重为 1.250～1.500 kg，3 龄鱼体重为 2.200～3.000 kg，4 龄鱼体重达到 3.000～4.000 kg。紫红笛鲷生长速度与水温和盐度关系密切。在咸淡水中（盐度 0.5～16.0）比在盐度较高（16.0～35.0）的海水中生长得快。

繁殖习性：雌雄同体，雄性先熟，到一定年龄及大小时，由雄性转化为雌性。1、2 龄鱼精巢呈浅灰色，雄鱼数量占 100%；3 龄亲鱼部分出现性别转化，雌、雄性比为 1∶4；4 龄亲鱼雌、雄性比约为 1∶2～3，即雌鱼占养殖群体数量的 30% 左右。所以，在养殖条件下，对 4 龄亲鱼进行诱导产卵，成功率较高。紫红笛鲷为多次产卵类型。繁殖季节为 4—7 月，通常在水温 20.0℃ 以上的春、夏季为主要产卵期。4 龄雌鱼怀卵量为 70 万～100 万粒。受精卵圆球形，透明，为浮性卵。卵径 780～830 μm，每千克卵约有 180 万粒。在水温 26.5～30.5℃、盐度 27.9～33.5 水中，经 15～17 h 仔鱼孵出。

2）选划品种的增养殖方式、区域布局

增养殖方式：在海南的主要增养殖方式为海水网箱养殖和池塘养殖；也可经过淡化驯化在咸淡水池塘，甚至淡水池塘中养成；也可采取混养方式与优质肉食鱼、杂食性鱼类混养殖。

区域布局：紫红笛鲷在海南岛沿海区域推广网箱养殖和池塘养殖，布局可遍及海口、文昌、琼海、万宁、陵水、三亚、乐东、东方、昌江、儋州、临高、澄迈沿海海湾和池塘。

3）增养殖技术要点

紫红笛鲷海水网箱和池塘养成技术与下面介绍的红鳍笛鲷养成技术很相近，可以参照进行。

因为紫红笛鲷在咸水和淡水池塘中生长速度快于海水环境，以下重点介绍淡化池塘养成技术。

219

淡化驯养的方法是，规格为 8～10 cm 的海水培育的鱼种，可放养到盐度为 18 左右的咸水池塘中，暂养 2～3 d，暂养密度为 5 尾/L，此后每天向暂养池塘中注入淡水，同时适量排水，10 d 后将池水盐度逐渐降至 0.0。淡化驯养后的鱼种，可移至淡水池塘中进行中间培育，培育密度为 4.5 万尾/hm²，饲料以鱼糜为主，辅投喂幼鳗饲料，投饲量每万尾鱼种投冰鲜下杂鱼鱼糜或幼鳗饲料 1.0～1.6 kg，每天投喂 2～4 次。经过约一个月的中间培育后，开始疏养，放养密度为 2 万尾/hm²，每天投喂 2 次。疏养后一个月，继续投喂鱼糜、小鱼块或成鳗饲料，待体长增至 15cm 以上，改喂切碎的下杂鱼，每天投喂 2 次，投饲量为鱼体体重的 8%～15%，但需要适时换水，保持水质清新。规格为 8～10 cm 的鱼种约经过 6～8 个月的饲养，个体重量平均可达 500 g 以上的成品鱼规格，就可起捕上市。

5.8.1.6 红鳍笛鲷

红鳍笛鲷（*Lutjanus erythopterus*）（图 5.40），分类学隶属于鲈形目（Perciformes）、鲈形亚目（Percoidei）、笛鲷科（Lutianidae）、笛鲷属（*Lutjanus*），地方名红鱼、红曹，横笛鲷。我国产于南海和东海南部，南海北部海区以北部湾水域为盛产区，是南海及北部湾重要经济鱼类，海南出产的"红鱼干"是著名的特色水产品。

图 5.40 红鳍笛鲷（*Lutjanus erythopterus*）

（资料来源：http：//www.fishingmacau.com）

1）增养殖品种选划的适宜性（养殖生物学）

生态习性：红鳍笛鲷属暖水性中下层鱼类。栖息于水深 30～100 m 泥沙、泥质或岩礁底质海区。红鳍笛鲷性喜垂直移动，黄昏和早晨多栖底层，白天和夜晚常游到中上层。广温性鱼类，生存水温范围为 8.0～33.0℃，最适宜生长水温为 25.0～30.0℃。在水温低于 12.0℃ 的环境下生活时间过长，会被冻死。喜栖息的水温范围为 17.6～27.2℃，盐度范围为 32.0～35.0。红鳍笛鲷为杂食性鱼类，其所摄食的饵料种类很多，鱼、虾、头足类等。仔鱼开口饵料主要是轮虫，10～20 日龄可以摄食轮虫、枝角类、桡足类，20 日龄以后，开始投喂鱼肉糜与配合饲料。

生长速度：红鳍笛鲷是生长快、个体大、养殖产量高的鱼类。体长一般都在 20～40 cm，体重 2～3 kg；最大个体体长可达 650 mm 以上，体重 6 kg。仔鱼生长较快，孵出后 1 个月可长达 20～30 mm。红鳍笛鲷体长生长速度见表 5.7。一般体长与体重的关系是：体长 330 mm，体重 1.500 kg；体长 400 mm，体重 2.000 kg；体长 470 mm，体重 3.000 kg。在人工养殖条件下，3 cm 的鱼种经 8～12 个月，体长可达 350～500 mm。生长速度与水温关系密切。从近年来养殖实践说明，水温在 20.0℃ 以下鱼生长缓慢，而 25.0～30.0℃ 的水温，对 250～350 g 的幼鱼，每个月平均可增长 100 g 以上，对 350 g 以上的幼鱼，每月平均可增长 150 g 以上（表 5.7）。

表 5.7　红鳍笛鲷生长速度

年龄	1	2	3	4	5	6	7	8	9
体长/mm	277	315	392	431	444	467	490	500	531

繁殖习性：红鳍笛鲷属分批产卵类型。在自然海区，每年 3—7 月集群繁殖。繁殖季节，由深海游向浅海产卵，产卵后又游返深海觅食生活。产卵期较长，由 3 月开始，延续到 7 月，4 月开始大量产卵，6 月达到产卵高峰。体长 300 mm 左右的亲鱼，平均怀卵 36 万粒，体长 400 mm 亲鱼怀卵 106 万粒，500 mm 亲鱼怀卵量可达 230 万粒。卵圆球形，浮性，卵膜稍厚，具弹性，光滑无色，卵径 860～920 mm。在水温 29.0～30.0℃、盐度 32.0 的水中，经 15～16 h，仔鱼孵出。

2）选划品种的增养殖方式、区域布局

增养殖方式：红鳍笛鲷制作的红鱼干品是海南特色水产品，增养殖的发展潜力较大。目前，主要有池塘养殖、海湾网箱养殖等养殖方式，放流增殖潜力较大，需要培育大规格苗种用于放流增殖。

区域布局：可布局在海南岛各沿海区域的网箱和池塘中养殖。

3）增养殖技术要点

水温控制：水温与红鳍笛鲷养殖成败的关系极为密切，是决定温水性红鳍笛鲷新陈代谢、生长速度及其摄食量的主要因素。红鳍笛鲷的适温范围为 8.0～33.0℃，最佳温度是 23.0～29.0℃，故每年 8—11 月是红鳍笛鲷生长速度最快的季节（当年生的幼鱼喜较高水温，而 3 龄以上鱼则喜略低水温）。越冬鱼的低水温极限为 8.0℃，为此，养殖海区的选择时要求当地最低水温绝对不能低于 8.0℃，否则无法越冬，不利养殖。近年来的养殖实践说明，25～30.0℃ 是红鳍笛鲷的最适生长温度，250 g 以上的幼鱼平均每月可增重 100 g 以上；水温在 20.0℃ 以下该鱼生长缓慢。

苗种培育：池塘和海湾网箱投放苗种规格应在全长 3.5～5 cm 为好。在正常生长情况下，精心饲养到当年春节前，尾重可达 350～400 g，可以在本地市场上市，销售较受欢迎；以养成到 500 g 以上的成品鱼，销路最佳。所以，精心培育大规格苗种，放养大规格苗种，是取得良好养殖效益的重要环节。

科学饲养管理：① 抓好浸洗鱼苗。凡是采购回的红鳍笛鱼苗，应首先暂养 1 周左右，待体力恢复正常后，使用淡水清洗 5～10 min，将鱼苗迅速捞起放置于预先加工好的帆布小网箱内，箱内应事先注入淡水 1～1.5 t，让鱼苗自由游动 10 min 左右，即可转移至新的网箱中饲养。对刚投入网箱中的鱼苗，要坚持每 5 d 用淡水洗澡 1 次；待鱼苗生长体重达 150～250 g 时，再改为半个月浸洗 1 次；当鱼体重达 300 g 以上时，1～2 个月浸洗一次就行。动作要迅

221

速，应轻拿轻放，务必细心，严禁机械损伤，以防病害发生。② 加强日常观察。应每天对鱼体进行动态的观察。一是观察鱼的游动情况。一般正常情况鱼是绕网箱周边作有规律游动的，若发现鱼狂游或乱冲，就应立即分析、了解原因，及时采取有效措施。二是观察鱼鳃黏液和颜色。如发现不正常的病害问题，应及时做好病害的治疗工作。③ 严把饲料关。投喂应以冰鲜下杂鱼为主，但必须经过饲料机砌碎，同时，应坚持量少次多，每天投喂 2 ~ 3 次（早晨、傍晚或夜间）。伏季休渔期缺少冰鲜下杂鱼，可投喂冰冻下杂鱼，用淡水或海水清洗干净，混合酵母片或葡萄糖粉饲喂，用量为 15 kg 饲料添加 30 ~ 50 g 酵母片（约 100 ~ 150 片），或 25 kg 饲料加 1 kg 葡萄糖粉。投饲量为鱼体重的 5% ~ 8%。

5.8.1.7 千年笛鲷

千年笛鲷（*Lutjanus sebae*）（图 5.41），分类学隶属于鲈形目（Perciformes）、鲈形亚目（Percoidei）、笛鲷科（Lutianidae）、笛鲷属（*Lutjanus*），俗名：川纹鲷、三刀鱼，也叫嗑头、白点赤海。我国主要产于南海海域，近年开发的具有食用和观赏价值的海水养殖新品种，人工育苗和养殖技术成熟，可推广养殖。

图 5.41　千年笛鲷（*Lutjanus sebae*）

（资料来源：http://image.baidu.com）

1）增养殖品种选划的适宜性（养殖生物学）

生态习性：千年笛鲷属于暖水性近底层鱼类，生存水温 9.0 ~ 33.0℃，最适生长水温为 25.0 ~ 30.0℃；当水温低于 12.0℃时会产生胁迫，开始出现冻死现象。其耐盐范围为 5.0 ~ 40.0，属于广盐性，养殖适宜盐度 12.0 ~ 28.0。栖息底质以泥、泥沙底为好。属于肉食性，喜食小鱼，兼食底栖性虾蟹类、虾蛄类和头足类，偶食浮游生物。

生长速度：生长较快，当年鱼可达 300 ~ 400 g，可上市。

繁殖习性：2 龄个体，体重 750 g 以上达性成熟。每年 3—4 月集群繁殖，盛期在 4 月，个体怀卵量可达 100 多万粒以上。

2）选划品种的增养殖方式、区域布局

增养殖方式：目前主要的养殖方式有池塘养殖和海湾网箱养殖等。

区域布局：可布局在海南岛沿海的网箱和池塘中养殖。

3）增养殖技术要点

千年笛鲷增养殖技术要点可参照红鳍笛鲷增养殖方法。

5.8.1.8　尖吻鲈

尖吻鲈（*Lates calcarifer*）（图 5.42），分类学上隶属于鲈形目（Perciformes）、鲈形亚目（Percoidei）、鮨科（Serranidae）、尖吻鲈属（*Lates*），俗称：盲曹、金目鲈、红目鲈等，为区别于尼罗尖吻鲈也有称"亚洲尖吻鲈"，是一种大型肉食性鱼类。分布热带和亚热带海区，我国华南和东南河口水域常可见到，是海南池塘养殖和网箱养殖的主要海水和咸淡水鱼类。

图 5.42　尖吻鲈（*Lates calcarifer*）

（资料来源：http：//www.nses.cyc.edu.tw）

1）增养殖品种选划的适宜性（养殖生物学）

生态习性：尖吻鲈属广盐性鱼类，栖息于与海相通的河流、湖泊、河口和近海等水域，尤喜栖息于流速低、多淤泥、浑浊度大的河流中。孵出不久的幼鱼分布于沿岸咸淡水水域中。体长 1 cm 以上的幼鱼则可在淡水中生活。1 龄鱼进入河流，2 龄时则遍布河流和河口。

尖吻鲈是肉食性凶猛鱼类，以鱼、虾、蟹为食。幼鱼摄食浮游动物及甲壳类，在养殖中个体差异大时，常出现同类相残。尖吻鲈属热带性鱼类，水温 25.0～30.0℃时，食欲旺盛，生长迅速；水温 18.0℃时停止摄食；水温降到 10.0～12.0℃时便出现死亡。

生长速度：尖吻鲈在自然条件下 2～3 龄可长成 3～5 kg。到 4 kg 左右时生长速度又渐减慢。在海南人工饲养条件下，当年鱼苗可长到 500g 以上。尖吻鲈由 3～5 cm 鱼种养成至 400～500 g 上市规格只需 4 个月左右，当年可养成商品鱼上市。

繁殖习性：尖吻鲈 3～4 龄性成熟，早期阶段（体重 1.5～2.5 kg）多数呈现雄性，到体重 4～6 kg 时多数转为雌性。尖吻鲈全年可产卵繁育，4—8 月为产卵盛期。产卵均在近河口盐度较高的水域中（盐度 30.0～32.0、水深 10～15 m），成熟亲鱼在产卵时集群在水的上层活动，产卵多发生在新月或满月，即大潮期的晚上 18～20 时。体重 12 kg 的亲鱼产卵量可达 750 万粒；19 kg 的亲鱼可产 850 万粒。尖吻鲈为多次产卵类型，卵浮性，卵径为 0.68～0.77 mm，平均 0.71 mm，卵内具一油球。水温 25～30.0℃时孵化时间为 15～20 h。

2）选划品种的增养殖方式、区域布局

养殖方式：尖吻鲈宜在池塘和网箱中进行养殖，池塘专养的放养密度为 1.2 万 ~ 1.5 万尾/hm²，为了改善水质，充分利用残饵，每公顷可以套养规格 250 g 的鳙 600 尾，50 g 的鲫 1 500 尾，鱼苗下塘前，最好在原塘围 200 ~ 300 m² 围网养 7 ~ 10 d 才撤去围网转入池塘养殖。网箱养殖 2.5 × 10⁻² 尾/L，有微流水的地方网箱可放（3 ~ 4）× 10⁻² 尾/L。

区域布局：可布局在海南岛沿海的池塘和网箱中养殖。

3）增养殖技术要点

养殖环境条件：尖吻鲈生长的适宜水温为 20.0 ~ 34.0℃，最适范围为 25.0 ~ 30.0℃，水温 20.0℃ 以下则停止摄食，水温 12.0℃ 以下会冻死，因此，海南地区养殖尖吻鲈最好在每年 4—11 月。另外，尖吻鲈养殖时，必须具有适宜的水质环境条件，推荐的水质环境条件为：pH 7.5 ~ 8.5，溶氧量 4 ~ 9 mg/L，盐度 0.0 ~ 10.0，水温 25.0 ~ 30.0℃，$NH_3 < 1$ mg/L，$H_2S < 0.3$ mg/L，混浊度 < 10 mg/L。

饲料投喂：鱼种放养后，应继续投喂鱼糜，待鱼种体长达到 15 cm 以上后再改为投喂切碎的鱼块。在成鱼养殖阶段，初、中期的投喂率为鱼体重的 10% ~ 15%，日投喂 3 次；后期投喂率为 8% ~ 10%，日投喂 2 次。在养殖过程中，应注意采取分级饲养方式，以避免同类相残现象的发生。经过 4 个月左右的饲养，体重达到 500 g 左右时即可收获。

养殖模式：目前尖吻鲈成鱼养殖主要有两种模式：池塘养殖和海湾网箱养殖。

池塘养殖模式：成鱼养殖可在原中间培育池中进行，也可在另一池塘中进行，养殖所要求的池塘条件与中间培育池相似。由于所投喂的冰鲜杂鱼极易污染水质，所以要注意观察水色，及时换水。养殖前期所需换水量不多，因此换水时间间隔可适当延长，而在养殖后期则需要勤换水，一般每隔 1 周换水 1 次，每次换水 30% ~ 50%，具体换水量应根据水色、水质、天气情况等决定。另外，在养殖阶段还应根据情况需要决定是否开启增氧机。

尖吻鲈池塘养殖一般采用两种方式：一种是单养，即单一品种养殖尖吻鲈，其放养密度为 1 ~ 2 尾/m²；一种是混养，即将尖吻鲈与其他鱼类，如和遮目鱼、罗非鱼等混养，尖吻鲈放养密度为 0.3 ~ 0.5 尾/m²。如果尖吻鲈、遮目鱼和罗非鱼在咸淡水中进行混养时，3 种鱼的最佳放养密度分别为 0.5 尾/m²、0.15 尾/m² 和 0.4 尾/m²，3 种鱼的放养规格分别为 10 ~ 20 g、20 ~ 30 g 和 30 ~ 50 g，且 3 种鱼混合饲养期不应超过 3 个月。

网箱养殖模式：尖吻鲈网箱养殖所选择的环境应满足下列条件：选择的内海、潟湖或内湾应有一定的潮流；应远离生活污水、工农业污染源等不利环境；养殖水域的盐度范围为 13.0 ~ 30.0。网箱形状通常为方形，网箱规格不宜过大，以 20 ~ 100 m² 为宜，便于管理和维修。网箱一般由聚乙烯网片制成，网目大小取决于鱼体规格，一般为 2 ~ 3 cm。养殖所用的网箱常分为浮式网箱和固定式网箱两种类型。浮式网箱规格一般为 3 m × 3 m × 3 m，这样的大小便于清除网箱中的污损物；固定式网箱的规格与浮式网箱相同，通常设置在浅水湾中。网箱养殖中，最初放养密度为 40 ~ 50 尾/m²，养殖过程中应逐步减少放养密度，在饲养 2 ~ 3 个月后，放养密度减少到 10 ~ 20 尾/m²。

5.8.1.9 鲻鱼

鲻鱼（*Mugil cephalus*）（图 5.43），属鲻形目（Mugiliformes）、鲻科（Mugilidae）、鲻属

（*Mugil*）。俗称：乌鲻、白眼、博头、乌仔鱼、乌头。还有一类外形相似的梭鱼（*Liza* sp.），如著名的后安鲻鱼（梭鲻 *Liza carinatus*），海南统称其为鲻鱼。鲻鱼和梭鱼为鲻科鱼类的最主要养殖经济代表种，形态差异主要在于前者的上颌骨完全被框前骨所掩盖，后端不急剧下弯，不外露；后者则上颌骨不完全被框前骨所掩盖，后端急剧下弯，外露。鲻鱼主要分布于热带和亚热带海域，特别是在沿海水域。鲻鱼肉质上等，含脂量高，养殖成本低，因此鲻鱼不仅为重要的天然海产捕捞对象，同时也是半咸水、淡水增养殖、海水养殖、传统养殖及海洋放牧的优良品种。

图 5.43　鲻鱼（*Mugil cephalus*）

（资料来源：http://meishi.quna.com）

1）增养殖品种选划的适宜性（养殖生物学）

生态习性：鲻鱼属河口性鱼类，具有广温性（0.0～35.0℃），广盐性，但最适宜生长的温度为 18.0～28.0℃，盐度 2.0～3.0，鲻科鱼类能从海区进入江河及内湾、半咸水和淡水生活，而且生长快。一般鲻鱼较能耐高温，而对低温反应敏感。它们在适温范围内能适应水温的逐渐变化，但水温骤变会造成不适，甚至死亡。鲻鱼对 pH 的适应范围为 7.6～8.5。

鲻鱼属偏植食性的杂食性鱼类，食物链短，以底栖硅藻、有机碎屑为主。对人工配合饲料有很强的摄食习性。鲻鱼的消化吸收能力很强，在砂囊状的肌胃，肉壁很厚，能磨碎、消化坚硬的食物和有机碎屑。在全长 14 mm 以前全为动物食性，主要摄食桡足类幼体、蚤类。全长 15～20 mm 时，开始具有滤食能力，食性转入动、植物的混合阶段。全长 20 mm 以上，以藻类、有机碎屑为主要食料，最后转换成以植物性食料为主。鲻鱼仔、稚鱼鳃耙短且稀疏，消化道直而短，主要以浮游动物为饵。到幼鱼期口扁，颌能自由伸缩，鳃耙细长致密，沙囊肌胃形成，胃肌发达且坚韧，肠道明显增长，达体长 5～10 倍，食性由动物性转为植物性。主要刮食泥表的腐殖质、沉积的有机碎屑、附生硅藻及小型动物。鲻鱼摄食活动有两个高峰：一个高峰在每天的拂晓，另一个高峰在正午。摄食强度在拂晓开始增加，到下午后，摄食强度下降。

生长速度：由于生长海区或水域的不同，鲻鱼的生长速度有较大的差别。体长 15～40 cm，一般体重 150～250 g，大者 500～1500 g。一般情况下，鲻鱼当年可以长到 250 g。两年可长达 500 g，3 年可达 1 000 g 以上，雌雄鲻鱼的生长在 3 龄前没有显著差异。

繁殖习性：鲻鱼性成熟年龄及产卵期随栖息地区不同有差异，一般雄鱼在 2~7 龄，雌鱼在 3~8 龄。鲻鱼在海中产卵，产卵多在暖流影响范围内及大潮汛期，卵均为浮性，中央有直径 0.3~0.4 mm 的油球。鲻鱼性成熟年龄一般为 2~3 龄，雄鱼比雌鱼早成熟 1 年，产卵季节为 11 月至翌年 1 月，产卵水温 20.0℃ 以上。性腺成熟卵巢成熟系数为 18%~20%，卵母细胞直径在 600 μm 以上，雄鱼成熟系数为 11% 左右。鲻鱼怀卵量随个体、年龄增长从几十万到 400 万~500 万粒。鲻鱼苗在海中生长到全长 20 mm 以上就有趋淡水习性，溯河进入河口和河流下游的咸淡水交汇区域，成群结队出没在港汊、闸口有内陆淡水流出的水域，此时即形成捕苗汛期。

2）选划品种的增养殖方式、区域布局

增养殖方式：池塘养殖是鲻鱼的主要养殖方式，可以开发作增殖放流鱼类。鲻鱼的池塘养殖可分海水、咸淡水、淡水 3 种方式，又分单养和混养。在海水、咸淡水养殖池塘，鲻鱼与罗非鱼、鲷类、对虾等混养；在淡水养殖池塘，鲻鱼与青鱼、草鱼、鲢、鳙、鲤、鲫、鲂、罗非鱼等混养。

区域布局：鲻鱼在海南沿海各地都分布，但以万宁市小海的后安鲻鱼（梭鲻 *Liza carinatus*）最为著名。可在海南岛沿海海水、咸淡水甚至淡水区域发展池塘养殖。

3）养殖技术要点

鲻鱼主要摄食底层植物性饲料，单养不能充分利用水体和饲料，较普遍采用的是鲻鱼与其他鱼虾类混养，这样能利用各种鱼虾的不同食性和栖息水层，充分发挥水体的生产潜力。在海水、半咸水养殖池塘，鲻鱼与罗非鱼、鲷类、对虾等混养；在淡水养殖池塘，鲻鱼与青鱼、草鱼、鲢、鳙、鲤、鲫、鲂、罗非鱼等混养。凡是混养的鱼塘、虾塘不需对鲻鱼有特殊的管理，通过投喂混养的其他鱼虾提高水体肥度，促进水体浮游生物生长，满足鲻鱼摄食之需，因此，在不增设投饲施肥的情况下，鲻鱼生长良好。

养殖管理：在港湾内养殖，养殖期港内的水质、水温、水量等必须调节适合鱼、虾生长，调节港内水质是港养的主要管理工作。常换水可保持良好的水质，同时换入新鲜水可带入活的生物饲料和增加水的肥力。港中磷酸盐的含量，是决定水肥瘦的主要条件之一。河水含有充足的磷酸盐类，在闭闸后，港内的含磷量逐日渐减，当下降到 3~4 mg/L 以下，就要影响到游泳生物的生长，因此要适当放入部分河水。施肥是增加港中磷、氮等物质使水质肥沃的措施，以发酵后的人畜粪肥堆积港内浅水处或盛入篮筐投放沟边，经数天后浮游生物即可大量繁殖，为鲻鱼生长提供充足饵料。在整个养殖期，港内水质保持清新、肥沃，pH 7.6~8.5，比重 1.008~1.010，溶解氧 4~5 mg/L，含磷量 0.4~0.8 mg/L，对鱼虾的生长是较理想的。在 4 个多月养殖期间，正值雨季，必须注意防汛，加固堤坝，以防意外损失。

5.8.1.10 军曹鱼

军曹鱼（*Rachycentron canadum*）（图 5.44），隶属鲈形目（Perciformes）、鲈形亚目（Percoidei）、军曹鱼科（Rachycentridae）、军曹鱼属（*Rachycentron*），地方名海鰤、海龙鱼、海鲤、海竺鱼。它是热带和亚热带海域的肉食性洄游鱼类，野生军曹鱼寿命可达 15 年，分布于我国沿海，但自然海区产量较低，是海南目前深水网箱养殖的主要种类。

图 5.44 军曹鱼 （*Rachycentron canadum*）

（资料来源：http：//tupian. baike. com）

1）增养殖品种选划的适宜性（养殖生物学）

生态习性：军曹鱼为热带暖水性海洋经济鱼类，水温 23 ~ 29.0℃ 时，生长最迅速；水温低至 20.0 ~ 21.0℃，摄食量明显降低，19.0℃ 不摄食，17.0 ~ 18.0℃ 活动减弱，静止于水底；16.0℃ 开始死亡，水温升至 36.0℃，虽有摄食行为，但已开始死亡。

军曹鱼为广盐性鱼类，盐度 10.0 ~ 35.0 有明显的摄食活动，盐度 40.0，摄食量减半，盐度 43.0 仅有微弱的摄食行为，盐度 47.0 开始死亡。从盐度 30.0 直接降至盐度 5.0，不会立即死亡，尚有摄食行为。盐度 5.00 时以每日降 1.0 的速度，降至盐度 3.0，无摄食行为，并开始死亡，48 h 内死亡 50%。其长时间在超高盐度或超低盐度生活，生长迟缓或抗病力低下。较大的军曹鱼对低盐度的忍受力较低，盐度低于 8.0，即没有摄食活动。作为食用鱼养殖，盐度保持在 10.0 ~ 35.0 为宜。

平均体重为 0.5 g 的鱼苗，水温 30.0℃ 时，耗氧率为 1.08 mg/（g·h），致死溶氧量为 1.7 mg/L；水温 28.0℃ 时，耗氧率为 0.86 mg/（g·h），致死溶氧量为 1.5 mg/L。成鱼的耗氧率明显低于鱼苗，体重为 16.0 ~ 18.4 kg 的成鱼，盐度 29.0 时，水温从 17.0℃ 上升至 32.0℃，耗氧率从 0.357 mg/（g·h）增加到 0.880 mg/（g·h）。

军曹鱼是凶猛性肉食性鱼类，在自然海区，幼鱼主要食物是枝角类、小型甲壳类、虾蟹类、虾姑、小鱼等。全长 1 m 以上的军曹鱼，则以食鱼为主，鱼占其食物总量的 80%。养殖仔稚鱼以枝角类、丰年虫等为食，体长 6 ~ 9 cm 幼鱼，可以将鱼肉绞成肉糜或碎鱼肉投喂，一个月以后则可摄食鱼块，3 个月后可喂整条小鱼。其食性贪婪、饱食不厌，故生长甚为迅速。在人工养殖条件下，军曹鱼经驯化后可摄食人工颗粒状浮性或沉性饲料。

生长速度：军曹鱼生长速度极快，当年鱼种养殖 6 ~ 7 个月，体重可达 3 ~ 4 kg，养殖一周年，体重可达 6 ~ 8 kg。当年鱼生长速度见表 5.8。

表 5.8 军曹鱼的生长速度

月龄	1	2	3	4	5	6	7	8
体长/cm	5 ~ 8	17	28	37	48	57	68	78
体重/g	2 ~ 3	55	420	960	1 800	2 600	3 500	4 200

繁殖习性：军曹鱼性成熟年龄为 2 龄，雄鱼体重 7 kg 以上，雌鱼体重 8 kg 以上。在人工养殖条件下可培育成亲鱼，南方网箱养殖的军曹鱼性成熟最小生物学年龄，雌性 1.5 龄，体重为 8 kg 的雌鱼可达性成熟，自然产卵；雄性 1 龄，体重为 7 kg 的雄鱼可产生有活力的精子。在生殖季节，军曹鱼雌鱼背部黑白相间的条纹会变得更为明显，腹部突出，而成熟雄鱼条纹不明显或消失，腹部较小。相对怀卵量为 16 万粒/kg 体重，即 8 kg 体重的亲鱼怀卵 128 万粒。在自然海区，军曹鱼为多次产卵鱼类，生殖期较长，产卵适宜温度为 24.0 ~ 29.0℃。亲鱼在产卵期游入近岸浅水区域或港湾产卵，大部分仔、稚鱼出现在水温 25.0 ~ 30.0℃，盐度大于 27.0，水深不超过 100 m 水域。产卵期，在海南为 2 月底—5 月为产卵高峰，往后有零星产卵，直至 10 月。受精卵透明略带淡黄色，圆形，浮性。受精卵膜吸水后略膨胀，卵径 1.35 ~ 1.41 mm，每千克卵约 50 万粒。质量较差的卵不透明，浮性不佳，卵膜腔不明显。孵化时间，当水温 24.0 ~ 26.0℃时，约 30 h 开始孵出；水温 28.0 ~ 30.0℃时，约 22 h 开始孵化出膜。

2）选划品种的增养殖方式、区域布局

养殖方式：军曹鱼在海南的主要养殖方式是深水浪网箱和海湾网箱养殖。

区域布局：在海南岛深水网箱和海湾网箱中养殖，重点布局在临高县后水湾、博铺湾，三亚东锣—西鼓岛，陵水陵水湾，儋州后水湾—邻昌礁，文昌淇水湾，铺前湾、海口金沙湾等处近海海域。

3）增养殖技术要点

放养规格：因为深水网箱养殖容量大，换网及分箱较困难，因此在军曹鱼养成过程中，应选择 0.500 ~ 1.000 kg 的大规格鱼种进行放养。

放养密度：根据鱼种大小、海区环境及养殖技术水平等，作出综合评价。一般来讲，深水网箱养殖军曹鱼的放养密度为：规格在 0.500 ~ 1.000 kg/尾，每立方米水体放 7 ~ 10 尾；规格在 1 ~ 2 kg/尾，每立方米放 5 ~ 7 尾；规格在 3 ~ 4 kg，每立方米放 3 ~ 5 尾；规格在 4 kg 以上，直到出售，每立方米控制在 1 ~ 2 尾。

饲料与投喂：军曹鱼养成饲料有冰鲜下杂鱼、人工配合饲料等。养殖前期，下杂鱼须绞成适口的肉块后投喂，生长旺季日投喂 2 次，冬季一般日投喂 1 次，投饲量以鱼抢食停止为止。同时，要根据水温和风浪情况适当增减，投喂下杂鱼的日投饲量一般控制在鱼体重的 6% ~ 10%，投喂配合饲料为 3% ~ 6%，开始投喂时要慢，量要少，待大部分鱼上来抢食后再四周扩散快投，投喂节律为慢—快—慢。使体弱的鱼也能吃到饲料，促进鱼群均匀生长。

筛选与分箱：军曹鱼生长速度比较快。正常情况下，每月净增重可高达 1 kg 左右，但容易出现个体大小不均匀，为避免互相残杀，一般每 2 ~ 3 个月按规格及适宜放养密度进行筛选与分箱养殖。

5.8.1.11 漠斑牙鲆

漠斑牙鲆（*Paralichthys lethostigma*）（图 5.45），隶属于鲽形目（Pleuronectiformes）、鲽亚目（Plenronectoides）、鲆科（Bothidae）、牙鲆亚科（Paralichthyidae）、牙鲆属（*Paralichthys*），因外形酷似海南产的花鲆，故也称"左口"。原产于美国大西洋沿海，主要分布于美

国北卡莱纳州至加州北部至佛罗里达北部、佛州坦帕湾以及南德克萨斯州墨西哥湾沿岸咸淡
水水域，是名贵的比目鱼类。其肉质鲜美、细腻滑爽，含有大量的不饱和脂肪酸和 DHA，具
有很高的经济价值和营养价值，由于目前国内的养殖量很少，市场价格昂贵，属名贵鱼类，
海水、咸淡水和淡水养殖都具有广阔的前景。该品种具有适盐范围广，抗病力强，耐高温，
对环境的适应能力强，耐低氧，生长速度快等特点。2008 年从外地引来海南养殖成功，已开
始规模化生产。

图 5.45　漠斑牙鲆（*Paralichthys lethostigma*）

（资料来源：http://image.baidu.com）

1）增养殖品种选划的适宜性（养殖生物学）

生态习性：漠斑牙鲆具有广温性，耐受水温为 2.0 ~ 36.0℃，正常生长温度为 17.0 ~
32.0℃，最适生长温度 18.0 ~ 30.0℃。在海水当中，漠斑牙鲆适温范围为 4.0 ~ 30.0℃，在
淡水中，它的适温范围为 6.0 ~ 32.0℃；漠斑牙鲆属于广盐性鱼类，可以在海水，半咸水和
淡水中养殖，对盐度的适应能力极强，其适盐范围为 0.0 ~ 60.0，最佳盐度为 5.0 ~ 35.0。因
此漠斑牙鲆在我国的南方地区、北方地区、沿海地区、内陆地区都可以养殖。

要求养殖光照强度要小于 2 000 Lx，适宜水面光照强度为 700 Lx 左右，最适宜的光照强
度为 500 Lx，池底光照强度要大于 40 Lx。

适宜溶氧量为 4 ~ 12 mg/L，最适溶氧量为 7 ~ 9 mg/L，当溶氧量降至 3 mg/L 仍能摄食，
但在 2.5 mg/L 时将停止摄食，当溶氧量低于 1.5 mg/L 时，开始出现浮头现象。pH 的适宜范
围为 5.5 ~ 9.5，最适为 7.0 ~ 8.2。抗逆性好，抗病能力强。

漠斑牙鲆为肉食性鱼类，在自然界多以小型鱼类为食，其次是甲壳动物、头足类等，白
天捕食量比夜间要大一些。漠斑牙鲆很容易摄食人工饲料，但要求新鲜，蛋白质含量较高。
通常人工配合饲料蛋白质要求为 40% ~ 50%；脂肪含量要求为 10% ~ 15%。人工养殖时可选
用冰鲜杂鱼虾，或鲆鲽类专用配合饲料。

生长速度：生长速度较快，其生长速度与所处环境（水温、饲料）等条件密切相关自然
界中漠斑牙鲆的生长速度，最快在 6—11 月；人工养殖环境条件适宜的情况下，6 ~ 10 cm 的
鱼种经 4 ~ 6 个月的养殖，体重可达到 500 g 以上，可养成上市。在自然界中捕获的漠斑牙鲆
最大个体，全长可达 90 cm 以上，体重达 11 kg 以上，最大个体寿命 10 年以上。

繁殖习性：雌性个体 2 龄可达性成熟。通常雄鱼的寿命期为 2 年。据报道，在美国南卡
莱罗莱纳州寿命最长的雄鱼可达到 3 年以上。雌性生长快于雄性，在鱼龄相同的情况下，雌

229

鱼的体重要明显大于雄鱼的体重。在自然海域，2 龄鱼达到性成熟时雄鱼体长可达到 20 ~ 25.5 cm，雌鱼体长可达到 30 ~ 35.6 cm。

2）选划品种的增养殖方式、区域布局

养殖方式：漠斑牙鲆可以采取工厂化养殖、池塘养殖、网箱养殖、海水养殖、咸淡水养殖和淡水养殖等多种养殖方式，可单养，也可混养。如混养养殖，可采用在南美白对虾养殖池套养漠斑牙鲆，每公顷放养漠斑牙鲆鱼种 225 ~ 300 尾，利用南美白对虾残饵、病虾、有机碎屑作为饲料。池塘单养，每公顷可放养 (7.500 ~ 12.000) ×10^3尾，成活率为 80%，养殖 5 ~ 10 个月平均达到 0.5 ~ 0.8 kg/尾，按现价 60 元/kg 计算，每公顷可收入 30 万元左右。

区域布局：可以在海南全岛推广养殖。

3）养殖技术要点

以池塘养殖为例说明漠斑牙鲆养殖技术要点。

由于漠斑牙鲆的抗逆性强，对环境的适应能力强，非常适合池塘养殖，养殖方式可进行单养或混养。

池塘的选择：可利用现有池塘经清淤改造即可，要求水深在 1.8 ~ 2.0 m 左右，进、排水系配套齐全，水质清新无污染。池塘面积以 0.1 ~ 0.3 hm^2 为佳，要清除池底淤泥，疏松底质，修整池埂。放苗前要进行彻底清塘消毒，最好用生石灰（或漂白粉）消毒，一般用量可在 3 000 kg/hm^2 左右，全池遍洒，不留死角。

苗种的选择：要选择体质健康、活动正常，个体均匀的苗种为养殖对象，体长一般在 5 ~ 10 cm 左右，规格在 10 cm 以上最好。选择的苗种要进行淡化处理，要求盐度与养殖池塘的盐度相等为好，淡化时可采取隔日降低盐度的方法，慢慢把盐度降下来。

放养密度及投苗时间：池塘养殖的放养密度一般为 1.200 0 万尾/hm^2 左右，池塘底质疏松和增氧条件好的情况下，放养密度可达到 (1.500 0 ~ 2.250 0) 万尾/hm^2。投苗时间，一般水温达到 18.0℃ 以上即可投放，水温达到 20.0℃ 以上时投放最佳。

投饲管理：池塘养殖可投喂新鲜的下杂鱼虾类，或投喂鲆鲽类专用人工配合饲料均可，每天投喂 2 ~ 3 次，鲜湿饲料日投喂量为鱼体重的 7% ~ 10%，人工配合饲料日投喂量为鱼体重的 3% ~ 5%，具体的投喂量要依据鱼的活动情况、摄食情况、天气情况、水质情况等因素灵活掌握。

水质调节：池塘的养殖用水不能进行大排大放，水源充足的情况下，最好每 10 d 左右换水一次，每次的换水量为池水的 1/4 ~ 1/3，保持池塘的水质清洁、水色清爽，透明度在 30 cm 左右，溶氧充足。在整个养殖过程中，要定时测量水温、溶氧量、pH 等，高温季节应加深水位，加大换水量。

日常管理：漠斑牙鲆的养殖过程中，应坚持每日巡塘，观察鱼的活动情况、摄食情况、注意鱼体有无异常变化，掌握合理的投喂量，减少残饵，定期进行生物药物消毒和药饵的投喂，预防疾病的发生。

5.8.1.12　海马

海马（*Hippocampus* sp.）属于刺鱼目（Gasterosteiformes）、海龙亚目（Syngnathoidei）、海

龙科（Syngnathidae）、海马属（Hippocampus）。海马是一种经济价值很高的药用鱼类和观赏鱼类，在海南早已开始养殖，但由于养殖技术，特别是活饵料培养技术尚未根本解决，影响了规模化发展进程。在海南常见的养殖种类有大海马（H. kuda）和三斑海马（H. trimaeutatus）（图 5.46）。大海马全长可达 30 cm，干重 31g，又称管海马。三斑海马个体小于大海马，全长可达 21cm，体呈微红、黄腊、黄褐、褐黑等色，第一、第四、第七体环的背侧各有一大圆形黑点，这是区别于其他品种的显著特征。

(a) 大海马 (Hippocampus kuda)　　　　　(b) 三斑海马 (H. trimaeutatus)

（资料来源：http://www.zhong-yao.net）

图 5.46　大海马（Hippocampus kuda）和三斑海马（H. trimaeutatus）

1）增养殖品种选划的适宜性（养殖生物学）

生态习性：海马生活于近陆浅海海藻、海草繁殖较多的海中，以其不同于其他鱼类构造的尾部，卷缠在海草或其他可以附着的物体上，有时亦缠附在漂浮物上随波逐流，漂浮到其他的海域。

海马是温水性鱼类，适温范围一般在 12.0～33.0℃，以 28.0℃ 左右为佳。育苗最适水温为 25.0～30.0℃，水温 12.0℃ 以下或 33.0℃ 以上，海马就停止摄食。昼夜水温差，成鱼不宜超过 4.0℃，幼苗为 2.0℃，不同种类间和个体发育的不同阶段有所差异。海马的适温范围存在种间差别，大海马生活温度不宜低于 8.0℃ 和高于 34.0℃；三斑海马为 8.0～33.0℃ 范围，水温过高容易灼伤海马身体，水温过低容易冻烂皮肤，引起疾病或死亡。海马在苗期对高温的适应比成鱼约低 1.0～2.0℃。三斑海马和大海马的雄鱼在水温 16.0℃ 左右开始发情，雌鱼则在 18.0℃ 左右发情，雌雄海马在 20.0℃ 左右交配。日本海马则能在 18.0℃ 左右繁殖。

海马是广盐性鱼类，对海水比重的要求一般为 1.006～1.027，极限为 1.003～1.029。在比重为 1.006～1.025 时，生长、发育、繁殖得较好，但在低于 1.004 的咸淡水中，会引起水肿，眼睛突出等病态或死亡。幼苗对比重适应力颇强，从比重为 1.022 的海水中移到 1.006 的咸淡水中，对其生长几乎没有影响。初生苗最好的海水比重为 1.009～1.025 之间，以 1.010 以上为适宜，在长时间较低比重海水中生活会导致亲海马不育。海马在淡水中的死亡时间：当水温 28.0℃，幼苗体长 1～2 cm，经 5～10 min 即休克或死亡；成鱼体长 11.5 cm，经 30～60 min 就会休克或死亡。

海马对水中溶氧量的要求量较高，最好不要低于 4 mg/L。当溶氧量为 3.5 mg/L 时，海马感到不适，出现伸吻发声、摇摆身体、食欲减少、浮头等现象；溶氧量降至 3 mg/L 时，海马烦燥不安，喘急、乱游；当溶氧量降至 2 mg/L 左右，海马体色发白，静居水底或窜游，失去平衡，可在短时间内死亡。

海马在晚上黑暗时看不见，分不清物体，通常静息不活动、不摄食。黎明，光照强度逐渐增强，海马开始觅食或发情求偶。白天光线过强时，海马会躲避于阴凉处，长期光线过弱不利于海马活动和摄食。三斑海马在光照 200 Lx 以下，很少活动，在光照 200 Lx 以上则活动能力增多。繁殖时期，控制光照在 500～10 000 Lx 之间，有刺激海马交配，促进胚胎发育、产苗的作用。养殖池的光照强度一般应控制在 500～10 000 Lx 之间，最适光照强度应在 3 000～6 000 Lx 之间。海马幼苗在晚上有趋光群集的习性，应防止因趋光群体集而致使局部缺氧窒息死亡。用玻璃箱或用内壁白色的水池培育幼苗，育苗效果差，应使用内壁褐黑色的水池育苗效果为好。

饲养海马的用水，透明度以 0.4～1.5 m 为好。养殖海马最适宜的 pH 值为 7.8～8.4。

海马具有保护色、拟态和发声的本能。海马体表的颜色能变成与栖息环境相似的颜色，以免被敌害发现。大海马在体环节棘上能长出树枝状丝体于水中摆动，起到迷惑敌害生物和诱惑饵料生物的拟态作用。海马在水质恶劣、氧气不足或受敌害侵袭时，常常因咽肌伸缩而发出咯咯声音；当受到刺激呈假死状态时，海马可发出吱吱声音。这些声音为海马饲养管理提供了危险信号，应加注意。但海马在摄食水面饵料时也会发声，要加以区别。

海马在清洁、透明度大的水中，视距达 1 m 以上，常以快速游动追捕食物。海马以尾巴附着物体时，眼睛机警地转动窥视各个方向，待饵料生物游近至约为其头部长度的距离时，海马突伸吻管吸允食物。海马是靠鳃和吻的伸张、收闭活动吞吸食物的，因其无牙齿，囫囵吞下食物，故人工饵料的大小以不超过吻径为度。否则，因吞食过大的饵料，食物停留在吻管内，吞不下又吐不出而导致海马被噎死。

海马在自然界的主要饵料是小型甲壳动物，如桡足类、枝角类、端足类、涟虫类、蔓足类和糠虾、毛虾、磷虾及各种虾类的幼体。在人工养殖中，淡水甲壳动物如桡足类、枝角类、虾类，也能代替海产饵料。不过淡水饵料在海水中容易死亡，如淡水枝角类在海水中经 10 min 左右即死亡会影响水质。故在人工养殖条件下投喂淡水浮游动物，应采取少量多次给食的方法。

生长速度：海马生长较快，初生苗经过几个月饲养，即可达到亲体大小，达到性成熟。但在同样条件下，海马的生长速度因种类也存在着差异（见表 5.9）。

表 5.9　不同海马生长速度表

品　种	规格	孵化日期	不同阶段的体长/cm			
			1 月龄	2 月龄	3 月龄	4 月龄
三斑海马	初生苗	5 月上旬	6	9	11	12
大海马	初生苗	5 月上旬	4.5	7	9	11.5

海马初生苗体长 8 ~ 9 mm，经过几个月的饲养可达到性成熟，即进入成鱼阶段，但生长速度与出生季节有关。5 月出生的三斑海马到 9 月，经 4 个月饲养，便有发情繁殖的；而 8 月后出生的海马，往往要到翌年 3—8 月才能发情繁殖。大海马也相似。海马开始繁殖后，仍可增大个体 0.5 ~ 1 倍以上，直至临近死亡。

海马在人工养殖的过程中，雄鱼成长较快，雄海马对外界变化抵抗力和抗病能力较强，成活率较高，雄 : 雌鱼之比为 4 : 1 ~ 3 : 2。

海马寿命，大海马可达 5 年以上，体长 18 ~ 21 cm，体重 20.5 ~ 21.5 g。三斑海马达 3 年以上，体长 17.5 ~ 20 cm，体重 19 g。

繁殖习性：海马是雌雄异体鱼类。雄海马在性成熟时，肛门后有个育儿袋。海马在发情前和发情期间育儿袋发生变化，育儿袋的壁变厚变软有伸缩性，促进了血管的大量供血或体液。海马交配后，受精卵则盛藏在轻软而有弹性的壁中，这种袋壁恰似胎盘。当育儿袋口关闭时，育儿袋壁中的血管网所起的作用就和高等动物的胎盘一样，受精卵需要的氧气和营养，排出去的废气废物，都通过血液或体液进行交换。

海马的繁殖期主要依水温而定，若水温在最佳范围内，其他条件又适宜，在海南一年四季均能繁殖。

海马是在升温的季度出生的，生长迅速，发育快，当年可长成亲鱼，开始繁殖。在降温的季节出生的海马，生长较慢，发育较迟，要到第二年才能繁殖。所以，在养殖生产上要求早培苗，养殖效果较好。不同种类的海马，性成熟时间也不相同，详见表 5.10。

表 5.10　不同海马的性成熟时间

品　种	达到性成熟所需时间/月数	体长/cm
三斑海马	4 ~ 10	12 ~ 14
大海马	9 ~ 12	12 ~ 14

雄海马发情较早，当水温升至 16.0℃ 左右，开始追逐雌海马，雌海马则在 18.0℃ 左右相应发情。海马多在早晨发情。雌雄海马至发情高峰时，体表黑色素减退，体色呈黄白色，雄海马尾部向腹部弯曲，突将胀大的育儿袋压缩，使育儿袋口张开，而雌海马则及时地将肛突插入雄海马的育儿袋口，把卵排入袋内，与此同时，雄海马将育儿袋缓缓胀大，把卵吸入袋中。一般将育儿装满卵粒后，雌海马的卵粒也已排完。交配时间一般不超过 1 min，卵子就在这短暂时间内受精。

受精卵在育儿袋里发育，在条件适宜时，约经 8 ~ 20 d 的孵化，便可产出幼苗。亲鱼将要产苗时，呼吸加快，情绪活泼紧张，寻找僻静处产苗。同时育儿袋口渐渐张开，袋口呈圆形时，亲鱼将身体伸直，尾巴急速向腹部压缩并左右摇摆，幼苗即被压出袋外。每次压出的苗数不一，初产时较多，可达几十尾，以后逐渐减少，有时压缩 6 ~ 7 次也未能压出 1 尾。海马产苗多在黎明时分，每次产苗约需 10 min，但也有受某种原因影响拖至 1 ~ 3 d。通常短时间内产完的苗体质良好，产苗时间长的体质差。亲鱼产完苗后，不疲乏，显得活泼兴奋，但经一段时间后便找寻安静处休息或觅食。产完幼苗的雄海马在水温、饵料、溶氧量等生活条件适宜情况下，又能迅速发情交配，有的当天就受卵怀胎。

三斑海马和大海马每次产苗数百尾至 1 000 多尾，最多 2 000 多尾，日本海马产苗数十尾至数百尾。1~3龄的亲鱼繁殖能力较强，一年产苗数胎至十多胎，但有少部分海马不育。海马因种类在其群体中存在生育力的个体差别。三斑海马和大海马一般具有生殖能力的个体约占20%~80%。

2）选划品种的增养殖方式、区域布局

增养殖方式：海马多采用工厂化养殖方式，人工规模化育苗技术解决后也可在海南岛近海岸的海藻丛中放流增殖。

区域布局：海南沿海海水质符合GB 3097—1997二类海水水质标准以上的海域，都有可以布局海马增养殖。

3）养殖技术要点

幼苗至成鱼的饲养管理技术要点如下。

① 饲养分期：为了饲养管理的方便，可将三斑海马和大海马各个发育阶段的个体分别称为：亲鱼或亲海马，即选为繁殖用的海马；初生苗，即刚出生的小苗；幼苗（海马苗、小海马），指初生苗至体长6 cm，即以桡足类和糠虾为主食者；幼鱼（海马仔、中海马），指体长6~10 cm，性成熟前并以糠虾及小虾幼体为主食者；成鱼，指体长10 cm以上，达到性成熟，以糠虾和小虾类为主食者。在饲养中应按个体大小和性别的不同，及时调整，分批分池饲养。初生苗放养于培苗池或幼鱼池，幼鱼放养于幼鱼池或成鱼池，成鱼放养于成鱼池或幼鱼池。成鱼宜雌雄分养，以减少发情追逐消耗营养和避免不必要的产苗。

② 放养密度：一般来说，放养密度宜疏不宜密。适当的疏养，生长快，病害少，成活率高。高温季节要适当疏养，低温季节可适当密养。密养，是在水中溶氧量4 mg/L以上，水质不至污染情况下的密养。海马每平方米放养密度：初生苗放养1 000尾左右，体长4 cm以上的放养500尾左右，体长6 cm以上的放养300尾，成鱼放养100尾。通常水温每升高4.0~5.0℃，放养密度减半，或增加用水量一倍。

③ 勤换水：换水是保证水质良好，促进海马健康成长的关键措施，是保证海水溶氧量不低于4 mg/L的主要办法。一般水温低，可数天换水1次；水温高时要2 d换1次或每天换水1次；遇到下雨盐度下降或特殊情况还要增加换水次数。如水质不好，海马食欲减退、浮头、喘急、发声、乱窜、沉卧或生气泡病、胀鳔病等，要及时换水或采取其他措施抢救（操作时要小心，不要损伤海马）。幼苗阶段多在早上换水并投饵，成鱼阶段多在下午饲喂后再换水。换水以全换为好，换水量多的比换水量少的好。每次全换水的比只换1/2或1/3的，在30 d内海马体重要增加30%~50%。常规换水的海马苗培育一个月，成活率14%~25%，平均体长6 cm；而每天中午进行3 h连续流水，流量为1.5 t/h，达到全换水的，培苗20 d，海马苗平均体长可达6 cm，成活率提高到60%~90%。换水时新旧水温差不宜超过2.0℃，盐度也不宜相差过大。

④ 精心投饵：饵料要鲜活，大小、数量要适宜。初生苗要用活的桡足类才能培育好。初生苗摄食1 mm以下的小桡足类及六肢幼体；体长4 cm的摄食1~3 mm的桡足类和六肢幼体；体长6 cm以上的海马摄食5~8 mm的糠虾、小虾苗、端足类、桡足类等；成鱼的主要饵料为1 cm左右的糠虾、虾苗、端足类等。饵料往往是病菌的携带者，可用合适浓度的高锰酸钾浸浴10~20 min后饲喂海马。

海马幼苗一般每天投饵 3~4 次，幼鱼、成鱼每天投饵 2~3 次。投饵要少量勤投。三斑海马在优良生活条件下，体长 6 cm 的日摄食量为 0.5 g，体长 12 cm 的为 2 g，在养成期遇活饵不足时，可投喂鲜虾，但不论是冻虾、浸渍虾或干虾，都应是体形完整、肉质透明的，而肉质变白变红及糜烂的不宜采用。新鲜的小鱼或鱼肉亦可用作饲料。在一般情况下，日投饵量可参照下表，但要根据摄食及天气情况等灵活掌握，以当天晚上基本食完为适量标准，来决定次日的投饵量（表 5.11）。

表 5.11　饲养海马的日投饵量表/（水温 20.0~28.0℃）

体　长 /cm	日投饵量 /（为海马体重的%）	体　长 /cm	日投饵量 /（为海马体重的%）
1	20	9	12
3	18	11	10
5	16	13	8
7	14	15	6

投饵方法　可用每英寸 20~60 目的筛绢或塑料胶丝布做成长方形食台，置海马所居水层中；或将饵料在全池遍洒，使其沉入水中。购买来的饵料要通过每英寸 100 目，80 目，60 目，40 目和 20 目的筛绢及胶丝布的网筛，分离出不同大小规格，按海马大小分别投喂。

⑤ 调节养殖池水温和光线：促进亲海马提前繁殖，在生产上有重要意义，而提高水温，控制水温可以促使其性腺发育，达到提前成熟产苗。海马幼鱼过冬水温应在 16.0℃ 以上，海马幼苗则应在 18.0℃ 以上。光照和性成熟的关系极为密切。黑暗能使海马脑垂体机能衰退，性腺萎缩。一旦恢复光照，其脑垂体机能很快恢复，并表现机能亢进，性腺发育加快。一般光照范围应在 200~600 Lx；当光照达 1 000~2 000 Lx 时，海马活动能力增强，食量增加；光照在 100 Lx 以下时，海马活动无力，食欲差，体质瘦弱。

海马养殖池要适当遮阴，避免烈日的曝晒。冬春季节水温较低，要做好防风、防冻、保温工作。还要注意勿使温差、光差变化太频繁、过大。

⑥ 清除污物：每天清除粪便及水面油膜等污物。

5.8.1.13　斑节对虾

斑节对虾（*Penaeus monodon*）（图 5.47），俗名：草虾、花虾、竹节虾、斑节虾、牛形对虾，联合国粮农组织通称为大虎虾。分类学上隶属于节肢动物门（Arthropoda）、甲壳纲（Crustacea）、十足目（Decapoda）、游泳亚目（Natantia）、对虾科（Penaeidae）、对虾属（*Penaeus*），是对虾属中最大型种。斑节对虾主要分布在菲律宾、越南、中国、泰国、马来西亚、印度尼西亚、孟加拉、印度、缅甸等国的沿海，我国主要分布在浙江南部以南沿海，以台湾、海南最多，在海南二亚和东方近海海域有斑节对虾的产卵场，1998 年以前曾一直是海南的主要海水养殖对虾，但由于白斑病等病害较为严重，自本世纪以来其养殖规模逐渐减少，目前其养殖面和产量均已不到 10%。

斑节对虾以其头胸甲无额胃脊；额角侧沟短，向后不超过头胸甲中部等特征有别于日本对虾。

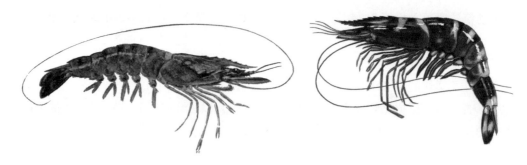

图 5.47　斑节对虾（*Penaeus monodon*）

（资料来源：http://tieba.baidu.com/p/468622598）

1）增养殖品种选划的适宜性（养殖生物学）

生态习性：斑节对虾生长于沿岸或海藻多的海域，为广盐性虾类，对盐度适应范围较广，能生活在盐度 5.0~45.0 的水域，最适盐度为 10.0~20.0，幼体和虾苗洄游到河口地区，在咸淡水域中生长，据报道泰国在盐度 2.0 的咸淡中的养殖效果也很好。生长适温范围 18.0~35.0℃，最佳为 25.0~33.0℃，对低温的抵抗力弱，水温 18.0℃ 以下停止摄食，减少活动，水温 12℃ 以下便会大量死亡。养殖安全的溶氧量为 3 mg/L 以上，降至 2 mg/L 开始影响摄食，1 mg/L 开始浮头。仔虾阶段生活在水层中，稚虾以后，喜欢栖息在泥沙底质，昼伏池底，夜间活动较频繁。斑节对虾食性杂，喜欢摄食贝类、小虾、昆虫、豆饼、花生粕等。通常夜间或清晨摄食强度较大，白天则潜伏在泥沙内不动，幼虾白天也有较大的摄食强度。与中国对虾和长毛对虾比较，斑节对虾耐温高、适盐较广，而且能耐低氧，对离水的抗耐力较强，是优质的养殖品种。

生长速度：斑节对虾生长很快，在正常情况下，虾苗第一个月可长至 4.5 cm、体重可达 1.2 g，2 个月后体长可达 7.9 cm、体重 6 g，半年体长可达 16 cm、体重 50 g，1 年后体长达 24 cm、体重 100 g 左右。

繁殖习性：斑节对虾在热带海区几乎全年均可自然繁殖，亲虾在数十米水深的海域产卵，但产卵高峰期 5—10 月。在人工强化培育条件下，产卵周期为 4~6 d。亲虾产卵量与个体大小、营养条件呈正相关，三亚亲虾平均产卵量多在 50 万~80 万粒，雌虾最大个体 400 g，最大产卵量可达 120 万粒左右。

2）选划品种的增养殖方式、区域布局

增养殖方式：斑节对虾可采取池塘养殖、高位池养殖和增殖放流等多种增养殖方式。

区域布局：斑节对虾在海南发展增养殖优势突出，潜力很大，斑节对虾病毒性病害防治技术突破后，可在海南岛沿海地区科学规划，合理布局。

3）养殖技术要点

斑节对虾是海南对虾海水养殖最具特色和优势的种类之一，但由于病害较为严重，影响了规模化可持续发展，所以规范养殖技术，提高养殖综合效益至关重要，其主要技术要点如下。

（1）严格清池消毒，消除病害的传染源

要通过养虾池塘冲洗、翻耕、晒池、石灰消毒，改善底泥的结构，药物消毒等措施，将虾池中的对虾病原及有害生物杀灭，切断病害传染源。

（2）生产用水须经过严格过滤或消毒处理

高位池多采用砂滤井，低位池多采用蓄水池消毒、沉淀处理，养殖中后期采取加入淡水调低盐度，促进生长等措施，预防养殖用水传染致病菌。

（3）养虾先养水，注重培养饵料生物

通过施肥培养浮游植物和浮游动物，并注意培养底生藻类和底栖小动物、猛水蚤等为对虾提供多种饵料生物。

（4）合理放养密度和投苗相关事项

合理放养密度：精养方式小于或等于（9～12）×10^{5}尾/hm^2，粗养方式（无增氧设施）小于或等于2.3×10^{5}尾/hm^2。放苗水温要大于或等于22.0℃，放苗时间要早上或傍晚（依季节而定）为好。放苗位置应在上风岸远离岸边的稍深处。放苗时应调节好水温、盐度，避免温差和盐差过大。选择优质虾苗和经检测不带致病菌的虾苗。

（5）优化养殖环境

首先要培育和保持良好的池水水色，要设法在养虾早期将藻类培养好，中、后期要保持藻类、水色的稳定。培育好对虾的饵料生物，既可作为虾苗直接或间接的饵料，又能增加水体中的溶氧量，还可净化水体，并为对虾营造安静隐蔽环境。

（6）调控水质、底质和定期使用有益微生物，改善和优化水体的微生态

调控水质和底质，合理养殖水体的溶氧量、透明度、pH、盐度、硬度、氨氮、硫化氢等指标。并通过强力增氧，提高养殖水体的溶氧量水平，促进虾池物质的良性循环，优化微生物类群结构。要提高虾池的排污效率，科学投饲方法，严格控制投喂量等措施，以维持藻类、微生物、浮游动物种群数量的相对稳定。

（7）科学投饲，保障饲料营养和卫生

斑节对虾喜食鲜活饵料，有利于促进生长，但高温季节鲜料不易保鲜，易腐败变质，投入池中容易污染底质和水质，导致对虾发生病害，所以要严格控制鲜料的投喂量。生产实践证明，使用优质人工配合饲料，对水质和底质污染较少，更有利于养殖生产。要保障饲料的营养，人工配合饲料粗蛋白含量要求在36%～42%，氨基酸配比要均衡，并做到原料研磨程度好，颗粒成形好，诱食性好，吸水性、耐水性好，消化率、吸收率高。要根据对虾生长情况调节好各个养殖阶段的投饲量。

（8）采取综合防治措施，预防对虾病害的发生

对虾病害防治要采取"防重于治"的方针。

预防措施主要有：一是消除传染源，切断水平和垂直传播的所有病原传播途径；二是改善养殖生态，保持养殖环境的相对稳定；三是科学投饲，健康养殖，提高对虾的自身免疫力；四是研究和推广使用具有抗对虾病毒能力的优质苗种。

虾病治疗措施主要有：一是严格水体和底质消毒；二是科学使用内服的安全高效疾病防控药物；三是改善水质和底质等养殖环境。

5.8.1.14 凡纳滨对虾

凡纳滨对虾（*Litopenaeus vannamei* Boone）（图5.48），俗名：南美白对虾、万氏对虾、凡纳对虾、白脚对虾等。分类学上隶属于节肢动物门（Arthropoda）、甲壳纲（Crustacea）、十足目（Decapoda）、游泳亚目（Natantia）、对虾科（Penaeidae）、滨对虾属（*Litopenaeus*），原产于南美洲沿岸海域，在厄瓜多尔、巴拿马、哥伦比亚、秘鲁、智利、尼加拉瓜等国沿海都有分布。其肉质细嫩，肉味鲜美，为南美洲主要养殖虾类。凡纳滨对虾在世界对虾养殖业中也占有重要位置，与中国对虾和斑节对虾并列为当前世界上养殖面积最大、产量最高的三大经济虾类。20世纪80年代末由南美洲引入我国，因其具有生长速度快，抗病力强、单位面积养殖产量高等明显优势，自本世纪以来其养殖在国内发展迅猛，目前已成为包括海南在内的我国最主要养殖虾类，具有广阔的发展前景。

图5.48　凡纳滨对虾（*Litopenaeus vannamei*）

（资料来源：http://image.baidu.com）

凡纳滨对虾额角尖端的长度不超出第1触角柄的第2节，其齿式为5—9/2—4；腹部分为7节。前5节较短，第6节最长，最后一节呈棱锥形，末端尖，称为尾节。尾节不着生附肢，故凡纳滨对虾腹部共有6对附肢，为主要的游泳器官。第六附肢宽大，与尾节合称尾扇。

1）增养殖品种选划的适宜性（养殖生物学）

生态习性：凡纳滨对虾为广盐性虾类，能生活在盐度1.0~40.0的水域，经淡化处理，能在纯淡水中养殖，并获取高产；生长最适盐度为10.0~20.0，盐度较高时生长稍慢，但盐度对其生长的影响不如斑节对虾明显。对水温的适温范围14.0~35.0℃，最适25.0~32.0℃。对水体溶氧量要求较高，安全浓度为3 mg/L以上，2 mg/L时食欲下降，1 mg/L时开始出现轻微的浮头，耗氧率高于斑节对虾。仔虾以后，喜底栖在池底，昼伏池底，夜间活动较频繁，但潜伏行为不如斑节对虾明显。食性较杂，以底生藻类、浮游动物、小型底栖动物、幼嫩的水生植物及人工饲料为食。肝胰脏发达，消化、吸收能力强，食量大，摄食快。

生长速度：凡纳滨对虾生长快（早期生长比斑节对虾快），最大个体体长达23 cm。在适温条件下，2个月即可由1 cm的虾苗养至体长10~12 cm、体重约15 g的商品虾。凡纳滨对虾终生都生长脱壳，只不过脱壳时间间隙随虾体的长大而延长。性成熟后每次繁殖产卵前凡纳滨对虾也要进行脱壳。一般来说，在水温 25.0~30.0℃时，凡纳滨对虾幼体发育期 2~3 d 脱一次壳，幼虾阶段 4~6 d 脱一次壳，成虾阶段 7~10 d 脱一次壳，性成熟后 20~30 d 脱一次。

繁殖习性：凡纳滨对虾在海南全人工繁殖条件下，养殖 8~10 个月即可性成熟，以 10~14 月龄的亲虾性腺发育的质量较好，产卵周期 3~5d。在人工强化培育下，可常年进行人工繁殖。雌虾具开放式的纳精囊，产卵前 4~12 h 进行交配，产卵后精荚将自行脱落。雌虾每次产卵前需要重新交配。

2）选划品种的增养殖方式、区域布局

养殖方式：在海南凡纳滨对虾多采用池塘养殖，包括低位池养殖和高位池养殖等方式，可以在海水、咸淡水和淡水中养殖，最适盐度为 10.0~20.0，盐度较高时生长稍慢，但肉质较高。

区域布局：养殖区域遍布海南岛各地，以沿海地区为主，但须注意科学规划，合理布局，注重产品质量安全，增强国内外市场竞争力。

3）养殖技术要点

凡纳滨对虾的养殖技术要点与斑节对虾大同小异，在管理方面与斑节对虾的不同之处：一是凡纳滨对虾虾苗的体型较粗短，全长 0.8~1.1 cm 即可出售，且活动能力较强。二是凡纳滨对虾的食量较大，投喂量比斑节对虾略大。三是摄食快，与同规格的斑节对虾相比，摄食时间应相应减少半小时。四是对饲料的蛋白质含量要求相对较低（35%）。五是凡纳滨对虾对养殖池水质要求高于斑节对虾，养成中后期阶段应适当加强冲注新水，刺激食欲、促进生长，避免沉底现象发生。六是凡纳滨对虾的相互蚕食现象不如斑节对虾明显，较有利于控制病毒病和细菌性疾病传染。七是凡纳滨对虾对环境变化的应激反应比斑节对虾更强。

5.8.1.15　日本对虾

日本对虾（*Penaeus japonicus*）（图 5.49），俗名：竹节虾、车虾，一般叫竹节虾为多。分类学上隶属于节肢动物门（Arthropoda）、甲壳纲（Crustacea）、十足目（Decapoda）、游泳亚目（Natantia）、对虾科（Penaeidae）、对虾属（*Penaeus*）。分布于我国江苏以南沿海，海南省拥有丰富的日本对虾资源，主要分布在临高、儋州、三亚等一带沿海。日本对虾肉质鲜嫩，具有耐低温和耐干力强的特点，市场售价高，是海南冬季重要养殖对虾。日本对虾在我国有 2 个不同的地理种群：汕头至福建一带沿海海域为一地理种群，北部湾海域为另一地理种群。

日本对虾一般以体表有蓝褐色横斑花纹，尾尖为蓝色，额角微呈正弯弓形，其头胸甲有额胃脊；额角侧沟长，延伸至头胸甲后缘附近，与斑节对虾不同。

1）增养殖品种选划的适宜性（养殖生物学）

生态习性：日本对虾在自然海区栖息的水深从几米到 100 m 的海域，喜欢栖息砂泥底，白天潜伏砂层内，夜间活动。一般潜伏在砂面以下 1~3 cm，深则可达 20 cm。日本对虾属于广盐性虾类，生活盐度范围为 15.0~34.0。但在养殖条件下对盐度要求较高，以 23.0~33.0

图 5.49 日本对虾（*Penaeus japonicus*）
（资料来源：http：//meda. ntou. edu. tw/aqua/）

为最适宜，17 以下会影响生长率和增重率，在盐度 13.0 以下时易染病死亡，特别是对盐度突变很敏感，会引起大量死亡。胚胎期的适应盐度是 27.0 ~ 39.0，蚤状幼体适盐范围较窄，仔虾适盐范围可达 23 ~ 47。适温范围为 17.0 ~ 29.0℃，当水温高于 32.0℃ 时生活不正常，当水温降至 8.0 ~ 10.0℃ 摄食减少，5.0℃ 以下死亡。日本对虾对水体中溶氧量变化的反应比较敏感，在养殖过程中要求溶氧量在 4 mg/L 以上，低于此值就会不安，上下串游，甚至窒息。由于日本对虾潜伏泥砂中，底部的氨氮及硫化氢对其危害较大，非离子态氨的允许最大浓度是 0.1 mg/L，H_2S 的浓度达到 0.1 ~ 0.2 mg/L 时就失去平衡，当浓度为 4.0 mg/L 时就立即死亡。食性较杂，以摄食底栖生物为主，兼食底层浮游生物。人工养殖条件下主要投喂小型底质双壳类、杂鱼及人工配合饲料，配合饲料的蛋白质含量要求在 50% ~ 60%。

生长速度：日本对虾的生长速度比斑节对虾和凡纳滨对虾慢，海南冬季经 130 ~ 150 d 养殖，平均体重可达 9 ~ 11 g/尾。

繁殖习性：日本对虾繁殖期较长，每年 2 月中旬—10 月中旬均可产卵，产卵盛期为 5—8 月，产卵适温为 20.0 ~ 28.0℃。性成熟个体的体长范围为 118 ~ 180 mm，以 130 ~ 160 mm 为主。日本对虾行软壳交配，雄虾成熟后即可在雌虾蜕壳后不久与之交尾，而雌虾外壳变硬后便不能再交尾，未交配的雌虾要到下次蜕壳后才有交尾的可能。

日本对虾有多次发育、多次产卵现象。产卵行为多发生在夜间，前期集中在 20：00 ~ 24：00，后期则集中在 0：00 ~ 4：00，其产卵量因个体大小及产卵时卵巢的成熟度不同而异，一般在 20 万 ~ 60 万粒，个别可达 100 万粒。雌虾的纳精囊为封闭式纳精囊，呈筒状。亲虾在蜕壳后交配。产卵时，雌虾在水中层游动，成熟卵子从雌性生殖孔排出体外的同时，储存在纳精囊里的精子也排出体外，精子和卵子在水中受精。产卵的同时雌虾划动游泳足，使卵子均匀分布于水中，并有助于受精。产卵过程一般在数分钟内完成，成熟度差的分几次完成，甚至延长到第二个夜间完成。

2）选划品种的增养殖方式、区域布局

增养殖方式：日本对虾在海南一般在冬季采用低位池养殖和高位池养殖，由于日本对虾有潜沙习性，池底以砂质为佳；此外，它也是增殖放流的好品种。

区域布局：在海南岛沿海都可布局发展养殖，须加强产品质量安全，增强市场竞争力。

3）增养殖技术要点

日本对虾的养殖技术要点与斑节对虾大同小异，需要注意：一是日本对虾养殖池塘底质要求泥砂底或砂底为好。二是养殖池池水盐度要求在 20 以上。三是养殖水温以 20.0~28.0℃最佳，海南的最佳养殖季节是 8 月中下旬至翌年 4 月上旬。四是放苗密度（精养方式）120万~150 万尾/hm²。五是配合饲料的蛋白含量要求在 45% 以上。六是饲料投喂最好在清晨、傍晚各一次。七是对水质要求比斑节对虾和凡纳滨对虾都高，要求水质清新，底质良好，溶氧量要保持在 4 mg/L 以上。八是日本对虾的收获最好在夜间进行。

5.8.1.16 新对虾

新对虾属的种类很多，我国记载 6~7 种，目前作为人工养殖的主要种类有：刀额新对虾（*Metapenaeus ensis*）（图 5.50）、近缘新对虾（*M. affinis*）（图 5.51）、周氏新对虾（*M. joyneri*）3 种，其中刀额新对虾和近缘新对虾的体形较大，在海南沿海已有人工养殖。新对虾属的种类都统称为：基围虾、麻虾、虎虾、花虎虾、泥虾、卢虾、砂虾、红爪虾等，民间叫基围虾的多一些。新对虾在分类学上隶属于节肢动物门（Arthropoda）、甲壳纲（Crustacea）、十足目（Decapoda）、游泳亚目（Natantia）、对虾科（Penaeidae）、新对虾属（*Metapenaeus*）。

(a) 刀额新对虾背面观

(b) 刀额新对虾侧面观

图 5.50 刀额新对虾（*Metapenaeus ensis*）

（资料来源：http://www.bdxx.net/webcai/haidi/daoexinduixia.htm）

刀额新对虾体淡棕色，第一对步足座节刺比基节刺小，额角上缘 6~9 齿，下缘无齿，无中央沟，第一触角鞭上鞭约为头胸甲长的 1/2，腹部第 1~6 节背面具纵脊，尾节无侧刺，末对步足不具外肢。

近缘新对虾体浅棕色，第一对步足无座节刺，额角平直，上缘 5~8 齿，下缘无齿，第一触角鞭上鞭短于头胸甲长的 1/2，腹部第 4~6 节背面具纵脊，尾节长于第 6 节。

(a) 近缘新对虾背面观

(b) 近缘新对虾侧面观

图 5.51　近缘新对虾（*Metapenaeus saffinis*）

（资料来源：http://tupian.baike.com/a4_ 06_ 92_ 0130000017471912136592645 5181_ jpg. html）

1）增养殖品种选划的适宜性（养殖生物学）

生态习性：新对虾是近岸浅海种类，它们对底质无严格的选择，多栖息于沙、沙泥底海区。其昼夜活动习性为昼伏夜出，适温期白昼也常潜于底质中，仅露出两眼和触须。黄昏时进行摄食，夜间活动较多。对低温的忍耐力较强，如刀额新对虾适应的水温为 10.0 ~ 37.0℃。当天气寒冷、水体透明度大时隐藏在底质中，深度可达 8 ~ 10 cm。对盐度适应范围很广，经淡化能在比重 1.000 5 的淡水中生长，也能在盐度为 35 以上的海水中生存。能忍耐较低溶氧量，对低溶氧量忍受力比对虾属的种类强，窒息点虾苗最低为 0.21 mg/L，幼虾安全溶氧量浓度为 1.63 mg/L，成虾窒息点为 0.61 mg/L。能在 pH 为 7.0 ~ 9.0 水中正常生活。

新对虾食性在幼体阶段类似对虾类，成虾以捕食底栖生物为主，兼食底层浮游动物植物。主要是摄食底栖介形类、桡足类、游泳虾类、小型短尾类、端足类、多毛类、双壳类以及底栖硅藻等。

生长速度：生长较快，如近缘新对虾在水温 20.0 ~ 29.0℃生长速度快，尤其是 30.0℃左右更佳。养殖 70 多天，体长可达到 8 ~ 9 cm。

繁殖习性：刀额新对虾是 1 ~ 2 年生虾类，1 龄的新对虾性腺便能发育成熟，性成熟个体最小体长为 8 cm，最小体重为 7 g。性成熟的体长范围为 8 ~ 16 cm，5 ~ 9 月，体长在 10 cm 以上的个体性腺大部分已成熟，9 月少数体长 8 cm 的个体，性腺也开始成熟。

刀额新对虾雌虾生长比雄虾快，因而成虾时性别差异较大，雌虾明显大于雄虾。雄性性腺发育成熟的外观特征是：在第 5 步足基部上方各有一个白色豆状的储精囊（或精荚囊），非常明显。新对虾为多次产卵型。

2）选划品种的增养殖方式、区域布局

养殖方式：新对虾养殖方式有港温养殖、池塘养殖和稻田养殖 3 种。池塘养殖有单养和混养，可与对虾混养，也可与鱼、蟹、藻混养。

区域布局：海南岛沿海地区池塘都有养殖，区域分布较广。

3）养殖技术要点

刀额新对虾的养殖技术管理要点主要有：

① 投饵管理：虾苗下塘的前 1 个月，主要依靠池中浮游生物为饵料或辅以少量细微颗粒饲料。虾苗下塘 1 个月后，投喂人工配合饲料。日投喂量为虾体重的 4% ~ 6%。在生长旺季，有条件的地方再辅投一些经捣碎的野杂鱼等。投饵量还要根据季节、水温、气候以及水质好坏灵活掌握，及时调整。如水温在 25.0 ~ 30.0℃时，刀额新对虾摄食旺盛，应抓住时机，多投喂饲料，并在饲料中添加 0.3% ~ 0.5% 复合维生素等添加剂，以保证虾生长的营养需要。白天投喂占日投饵量的 1/3，傍晚占 2/3，生长旺季半夜可增投一次。

② 加强水质管理：虾苗下池时，水深控制在 60 cm，并保持 10 d 左右。以后每隔 7 d 加水 1 次 ~2 次，每次加水深度 10 ~ 20 cm，最深水保持在 1.5 ~ 1.6 m。池水满后，定期放掉底层水。选择晴天上午放水最佳，放掉 50 ~ 60 cm 底层水，让阳光尽可能照射水体，使整个水体成为富氧状态，以加速虾的蜕壳，利于生长。要注意施肥培肥水质和机械增氧。施肥要根据水质肥瘦程度进行调控，控制水色为黄绿色或茶褐色，透明度掌握在 30 ~ 35 cm。刀额新对虾对于虾塘底质的要求高于其他虾类，因此，虾塘底质改良就显得十分重要。不定期泼洒生石灰对改良虾塘水质和底质有一定效果，每公顷水面用量 150 ~ 225 kg。

5.8.1.17　青蟹

青蟹（*Scylla sp.*），俗名：青蟹、蟳，各地俗名不同，海南称和乐蟹，广东称膏蟹，台湾、福建叫红蟳，浙南地区叫蝤蛑。在分类学上隶属于甲壳纲（Crustacea）、十足目（Decapoda）、梭子蟹科（Portunidae）、青蟹属（*Scylla*）。

据近年调查研究，青蟹属在我国大陆东南沿海有多个种类，通过形态比较，已确认有 4 个种：锯缘青蟹（*Scylla serrata*）、紫螯青蟹（*S. tranquebarica*）、榄绿青蟹（*S. olivacea*）、拟穴青蟹（*S. paramamosain*）（图 5.52）。这 4 个种类可以从头胸甲额缘 4 齿的长度（FMSH/DFMS）、形状、螯足腕节内刺的有无、螯足及步足斑纹来区分。锯缘青蟹、紫螯青蟹，甲壳背面有白色斑点，步足斑纹明显，螯足腕节外缘有 2 个大小相近的刺，螯足呈紫色者为紫螯青蟹；榄绿青蟹、拟穴青蟹，甲壳背面无白色斑点，步足斑纹不明显，螯足腕节外缘中部的刺退化，头胸甲额缘 4 齿的长度较长、且尖锐者为拟穴青蟹。拟穴青蟹在中国大陆东南沿海分布最广，数量最多，其他 3 个种仅在海南和北部湾被发现过。

1）增养殖品种选划的适宜性（养殖生物学）

生态习性：锯缘青蟹为滩栖游泳蟹类，生活在潮间带泥滩或泥沙质的滩涂上，喜停留在滩涂水洼及岩石缝等处。白天多穴居，夜间四处觅食。锯缘青蟹为广盐性动物，适应盐度范围 5.0 ~ 55.0，适宜盐度为 5.0 ~ 33.2，最适盐度为 13.7 ~ 16.9，盐度低于 5.0 或高于 33.2 时，青蟹的生长不良。盐度过低容易导致青蟹血液渗透压失去平衡而死亡。青蟹为广温性动物，最适水温范围 18.0 ~ 32.0℃。水温低于 18.0℃时，活动时间缩短，摄食量减少。低于 12.0℃时，只在晚间作短暂活动，并开始穴居。10.0℃时，行动迟缓。7.0℃时，完全停止摄

(a) 拟穴青蟹 (*Scylla paramamosain*)
(资料来源：http://www.haiyi360.com/news/bencandy-htm-fid-65-id-2525.html)

(b) 锯缘青蟹 (*Scylla serrata*)
(资料来源：http://gx.zwbk.org/zh-zh-cn/lemma_show/133211.aspx)

(c) 紫螯青蟹 (*Scylla tranquebarica*)
(资料来源：http://www.huway.com/news/2011/0826/6704.html)

(d) 榄绿青蟹 (*Scylla olivacea*)
(资料来源：http://www.haiyi360.com/news/bencandy-htm-fid-65-id-2525.html)

图 5.52　我国主要的青蟹种类

食及活动，进入休眠或穴居。水温高于35.0℃则出现明显不适。高于39.0℃，背甲便出现灰红色斑点，逐渐虚弱死亡。

对溶氧量适应能力较强，当水中溶氧量大于2 mg/L时摄食量大。溶氧量小于1 mg/L时，反应迟钝，不摄食，或出现浮头，爬向岸边。蜕壳时对溶氧量要求较高，否则影响蜕壳的顺利进行。

锯缘青蟹食性属于肉食性，主要食物为软体动物、小型甲壳类和动物尸体。在人工饲养条件下，喜欢摄食小贝类、下杂鱼及人工配合颗粒饲料。具有好斗，同类残食的习性。

生长速度：锯缘青蟹的生长是不连续的，脱壳是其生长的标志，只有在脱壳时才能生长，幼蟹平均约4 d脱1次壳，以后脱壳时间逐渐延长，2个月之后，要间隔1个多月才脱1次壳，从第一期幼蟹到第10期幼蟹的生长需百余天。青蟹一生共脱壳13次（其中，幼体变态蜕壳6次，生长蜕壳6次，生殖蜕壳1次），最后一次（第13次）脱壳，与青蟹的交配，生殖密切相关，称"生殖脱壳"。刚脱壳的蟹体呈柔软状态，称"软壳蟹"，横卧在水底大量吸收水分，使身体舒张开来，一般6~7 h开始变硬，在18~19 h内个体显著扩大，增重。脱壳后，壳长增加30%~40%，体重增加70%~100%。在正常情况下，经3~4 d，新壳才完全硬化。

繁殖习性：锯缘青蟹的繁殖季节为3—10月。青蟹1年达性成熟，交配在雌蟹蜕壳后进行，常持续达1~2 d之久。交配后，雌蟹的甲壳逐渐变硬，内部组织逐渐充实，生殖孔由输卵管的分泌物塞住，使贮藏在雌蟹纳精囊内的精子不会失散，并可以持续生存，直到与卵结合时为止。交配后的雌蟹经过30~40 d，卵巢逐渐发育成熟，在适宜的环境下即可进行排卵，成熟的卵经过输卵管至纳精囊与精子结合而受精，从生殖孔排出体外，附在腹肢的刚毛上，每只雌蟹抱卵量约为200万粒。雌蟹多在水面开阔、水清流急处产卵，沿岸河口生活的雌蟹，在繁殖季节要经过短距离洄游，到近海深处产卵。

锯缘青蟹的卵孵化后产生蚤状幼体。蚤状幼体经5次蜕皮后变态为大眼幼体，大眼幼体蜕皮后即为第一期幼蟹（稚蟹）。在25.7~29.2℃水温条件下，自蚤状幼体孵出到第一期幼蟹形成，历时约23~24 d。

2）选划品种的增养殖方式、区域布局

增养殖方式：池塘养殖、港湾围栏养殖、水泥池养殖、瓦缸养殖、木箱养殖、单养、混养等。苗种规模化繁育技术解决后，还可以进行放流增殖。

区域布局：在海南岛沿海区域，都可以布局池塘养殖。

3）养殖技术要点

青蟹养殖一般分为两个阶段：一是从幼蟹开始养至成蟹，将其中大部分雄蟹养肥后，捕捞上市，称为"菜蟹"养殖；二是将成蟹中的雌蟹按其性腺发育情况分类饲养，培育到卵巢充分成熟，称为"膏蟹"养殖。还有一种是从自然苗中选择个体较大、体质消瘦的雄蟹和已交配的雌蟹进行养殖，达到增肥、增重、提价的目的，故称为"育肥"。

锯缘青蟹的养成技术与管理要点：一是加强水质监测，每天早晚分别测一次水温和溶氧量。育肥期间，要通过水位和换水来调节水温，25~30℃是育肥的最佳水温，冬季应加深水位至1.5 m以上，以保温。溶氧量要控制在2 mg/L以上，海水比重在1.005~1.020之间。

二是注意养蟹池的换水，一般应每天换一次水，大池要 2～3 d 换一次水，以保持池水清新。三是要重视巡池，每天早、晚巡池一次。巡池时主要观察水质的变化及摄食情况，严防青蟹浮头并经常检查堤坝、竹篱笆、闸门是否坚固或有漏洞，防止青蟹逃跑。及时清除残饵，以防污染池水。四是预防互相打斗致残，提高养殖成活率，措施有投足饲料、在池中设置隐蔽物让青蟹有隐藏之处。五是定期检查卵巢发育情况，每 5 d 检查一次，当膏蟹占到青蟹总量的 80%～90% 时，即可收获。如果过分成熟，蟹很快就死亡，不利存放和运输。

5.8.1.18 鲍

鲍，俗称鲍鱼，贝壳称石决明。鲍隶属于软体动物门（Mollusca）、腹足纲（Gastropda）、前鳃亚纲（Prosobranchia）、原始腹足目（Archaeogastropoda）、鲍科（Haliotidae）、鲍属（*Haliotis*）。目前，海南主要养殖种类为九孔鲍（*Haliotis diversicolor suertexta*），有学者认为九孔鲍是杂色鲍的一亚种。海南除九孔鲍外，还分布有杂色鲍、羊鲍和耳鲍（图 5.53）。鲍的足部肌肉发达，细嫩可口，营养丰富，我国自古以来，就将其列为海产"八珍"之列。

杂色鲍（*Haliotis diversicolor*）贝壳坚厚呈耳形。螺旋部小，全螺层极大。壳面的左侧有一列突起，突起超过 20 个，前面的 7～9 个有开口为呼吸孔，其余皆闭塞。壳表绿褐色，生长纹细密。生长纹与放射肋交错使壳面呈布纹状。贝壳内面银白色，具珍珠光泽。壳口大。外唇薄，内唇向内形成片状遮缘。无厣，足发达。耳鲍贝壳较小而薄，呼吸孔 5～7 个开口，以 6 个开口的为普遍。羊鲍贝壳短宽、壳质坚实，呼吸孔小，其中 4 个开口，壳内顶部形似羊角。

1）增养殖品种选划的适宜性（养殖生物学）

生态习性：鲍常生活于有外洋海水涉及的海区，喜栖息于周围海藻丰富、水质清晰、水流通畅物岩礁裂缝、石棚穴洞等地方。鲍常群聚在不易被阳光直射和背风、背流的阴暗处隐匿，常腹足面向上吸附。岩礁洞穴的地形地势越复杂，栖息的鲍就越多。鲍有时生活在露天海底，杂藻丛中海藻根基处。杂色鲍栖息在 1～20 m 水深处，以 3～10 m 较多。耳鲍栖息在 1～5 m 水深处。

杂色鲍在 10.0～28.0℃ 条件下，生活正常。生活盐度为 28.0～35.0，25.0 以下生活不正常，20.0 便不能生活。成鲍为杂食性动物，食料种类中以褐藻为主，兼食绿藻、红藻、硅藻、种子植物及其他低等植物，并杂有少量动物，属于低碳海水养殖名贵贝类。

生长速度：九孔鲍对低温的适应能力较差，生长适温 20.0～28.0℃，水温低于 15.0℃ 则生长速度明显下降；长时间低于 10.0℃，则容易产生大量死亡。九孔鲍与本地杂色鲍相比，具有生长快、个体大和品质优良的特点（表 5.12）。

表 5.12 福建九孔鲍不同壳长的鲍生长速度比较

结果	组别	2～2.99 /cm	3～3.99 /cm	4～4.99 /cm	5～5.99 /cm	6～6.99 /cm	7～7.99 /cm
平均月增长	壳长/mm	1.478	1.435	2.321	0.294	0.262	0.152
	体重/mm	0.425	0.66	2.04	0.25	0.11	0.34

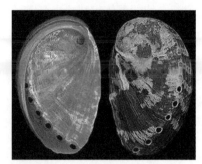

(a) 九孔鲍 (*Haliotis diversicolor suertext*)
(资料来源：http://www.baike.com/wiki/%E6%9D%82%E8%89%B2%E9%B2%8D)

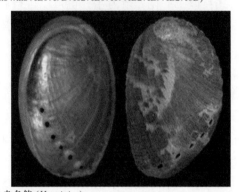

(b) 杂色鲍 (*H. asinina*)
(资料来源：http://www.baike.com/wiki/%E6%9D%82%E8%89%B2%E9%B2%8D)

(c) 耳鲍 (*H. asinina*)
(资料来源：http://image.baidu.com)

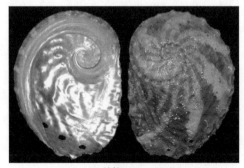

(d) 羊鲍 (*H. ovina*)
(资料来源：http://image.baidu.com)

图 5.53　海南主要的鲍类

繁殖习性：鲍的群体组成中，雌稍多于雄，3 龄左右开始生殖。杂色鲍 1 龄达到性成熟，产卵生物学最小型是 35 mm。雌鲍的产卵量与个体大小有关，8 cm 以上个体产卵量可达 120 万粒，6 cm 左右个体产卵量一般在 80 万粒左右，最大个体产卵量可达 200 万粒以上。杂色鲍在水温 24.0 ~ 28.0℃ 的 5—8 月间性腺发育相继成熟。25.0 ~ 26.0℃ 的 5 月中旬—6 月下旬为繁殖高峰期，7 月以后为繁殖后期的延续阶段。5 月份生殖腺平均成熟系数达到最高峰（47.13%），2 月的生殖腺平均成熟系数最低值（2.21%）。

2）选划品种的增养殖方式、区域布局

增养殖方式：以工厂化养殖为主，也可以进行底播增殖。
区域布局：海南岛沿海各县市都有工厂化养殖鲍鱼，需要科学规划，合理布局。

3）增养殖技术要点

工厂化养鲍有较为严格的日常技术管理要求，管理工作做得好坏，将直接影响到鲍的生长速度、成活率和生产效益。

（1）维持良好的水质。要实行全日值班制，控制适量的水、气进入养殖池，保持日换水量在 3 次以上，水中溶氧量在 5 mg/L 以上，防止因断水、断气而引起水质恶化。在高温期间，要增加换水量，以求降低池水温度及保证水质新鲜，使池水水温和水质标准恒定在适宜鲍生长的范围内。

（2）做好生产记录。要对养殖池的水质因子（水温、比重、溶氧量、pH 值和重金属含量等）和鲍的养殖情况（生长速度、摄食量、成活率等）进行测量及记录，发现异常情况，应及时采取相应的措施。生产记录要注意保存和统计分析，为今后改进生产工艺提供科学依据。

（3）定期清理养殖池。排水清理养殖池后，投饵前，要清除残饵和病鲍、死鲍，并用高速水流对养殖池及养殖笼进行冲洗，清除海绵动物、腔肠动物等的附着，防止这些生物堵塞笼孔，确保笼内外部水体充分交换。排水、清池、投饵的速度要快，尽量减少鲍的露空时间。

（4）适时调整放养密度。随着鲍的生长，由于各个养殖笼中鲍的存活情况不同，成活率高的过于拥挤，成活率低的过于稀少，这时应适当调整放养密度，使每个笼的放养量控制在：壳长 3 ~ 4 cm 的为 40 ~ 35 粒，4 ~ 5 cm 的为 35 ~ 30 粒，5 ~ 6 cm 的为 30 ~ 25 粒。

（5）做好病害防治工作。每年的 1—2 月和 6—7 月是鲍病的易发期，常出现死鲍现象，可能与冬春和夏秋的季节交换引起环境条件的变化有关，这时的水温适宜于革兰氏阳性和阴性细菌等病原体的大量繁殖，因此鲍很容易得脓胞病等病害。预防措施：① 适当加大充气量；② 加大新鲜海水的补充量，把日换水量由正常的 3 倍提高到 4 倍以上；③ 减少投饵量、缩短投饵时间；④ 增加抽检次数，一旦发现批量死鲍现象，应及时全池换水，清除残饵和病、死鲍，彻底冲洗养殖池和养殖笼。

5.8.1.19 近江牡蛎

近江牡蛎（*Crassostrea rivularis*）（图 5.54），俗名：蚝、白蚝、海蛎子、蛎黄。在分类学上隶属于软体动物门（Mollusca）、双壳纲（Bivalvia）、珍珠贝目（Pterioida）、牡蛎科（Ostreidae）、牡蛎属（*Crassostrea*）。

近江牡蛎是我国贝类养殖的主要对象，在华南沿海已有700多年的养殖历史。根据肉的颜色，近江牡蛎通常被分为"白蚝"和"赤蚝"。"白蚝"的软体部颜色为雪白色，"赤蚝"的颜色接近褐色。"白蚝"由于生长速度快、产量高、口味好、消费者喜爱，因而是当地渔民的主要养殖品种。按新近的分类学研究，"白蚝"应为香港巨牡蛎（*C. hongkongensis* Lam& Morton，2003），"赤蚝"应为近江牡蛎（*C. ariakensis* Wakiya，1929）。近江牡蛎以有淡水入海的河口生长最繁盛而得名，是暖水性双壳类软体动物，以滤食海水浮游生物为主，其肉质鲜美，营养丰富，素有"海底牛奶"之称，是重要的海水养殖品种。

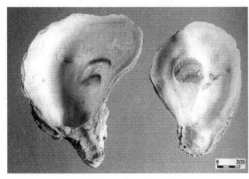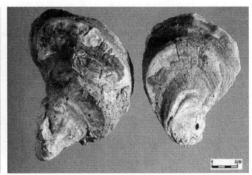

图 5.54　近江牡蛎（*Crassostrea rivularis*）

（资料来源：http：//www. sanqi. com. tw/Chinese_ pages/home. htm）

1）增养殖品种选划的适宜性（养殖生物学）

生态习性：近江牡蛎属适低盐至广盐性种，应选择在河口中上区建设采苗场。

采苗场环境条件：场址要求风浪较小，潮流畅通，有天然或人工养殖近江牡蛎的河口两侧滩涂或内湾，没有污染源。干潮水深10 m处至每月干露不超过15 d、每天干露不超过4 h的潮间带滩涂。采苗场周围海区水质符合 GB 11607—1989 的规定，采苗场水质符合 NY 5052—2001的规定。底质要求泥沙底、泥底、沙泥底和岩石底质。采苗季节盐度范围为 3.8~19.6；采苗季节水温范围为 24.0~31.0℃。

养成场环境条件：场址要求风浪小、潮流畅通、无污染的潮间带下区至浅海区水域。水质应符合 NY 5052—2001 的规定。要求泥沙底、泥底或沙泥底质。水温为 6.0~32.0℃。盐度为6.5~32.7。放养时机为蛎苗附着后在采苗场暂养3~6个月，长至壳长5 mm 以上时转移至养成场养成。

生长速度：初附着时约300 μm，附着半个月后生长到壳长0.7 cm，1个月后长到1 cm，半年后长达6 cm，1周年达7~8 cm，2周年可达15 cm，3周年可达20 cm。

繁殖习性：近江牡蛎属卵生型的繁殖方式，海南目前尚未形成苗场，繁殖季节在广西北海为7—8月，其亲体在繁殖季节时将成熟的精卵排出体外，并在盐度适中的海水中受精。产卵量很大，一个成熟的亲体一般的产卵量可达数千万至1亿个，但在自然界从受精卵发生、变态直至成长为一个成体的牡蛎的比例却很低。近江牡蛎的苗种生产方法主要是采用半人工采苗。采苗季节主要集中在牡蛎的繁殖盛期。南海区近江牡蛎的采苗季节主要在6—8月，采苗时的水温为20.0~30.0℃。采苗时往往集中在1~2个月的时间内，一旦失去时机,就会影响一个周期的生产。各地应掌握好历史资料,找出准确的采苗期,有条件的地区应推广采苗预报。

2) 选划品种的增养殖方式、区域布局

增养殖方式:近江牡蛎增养殖方式主要有栅架式采苗,垂下式(简易垂下式、栅架垂下式)、筏式(浮筏垂下式、竹筏式)、延绳式养殖和筏式育肥几种类型,均可获得良好成效。栅架式适用于潮间带下区至干潮水深小于 2 m 的水域。栅架结构大小因地而异,由水泥桩或木桩、圆木、竹等搭成。吊养,苗串间距 30~40 cm。浮筏式适用于干潮水深 4 m 以深,风浪小,较平静的内湾。浮筏结构大小因地而异,由圆木、毛竹、浮筒、缆绳、铁锚等构成。延绳式适用于干潮水深大于 4 m 的近海养殖区。台架由桩、橛缆、浮绠、中绳、横缆、浮子等构成。栅架垂下养殖、筏式垂下养殖是一种生长快而高产的养殖方法,经过多年的试验和生产实践,均获得良好效果。

区域布局:在有河流入口的海口东寨港、文昌八门湾、儋州新英湾、临高马袅湾、澄迈花场湾等处海岸曲折,滩涂广阔,咸淡水交汇,水质优良,浮游生物丰富的海域可布局近江牡蛎增养殖。

3) 增养殖技术要点

近江牡蛎养成技术管理工作要点:一是调节密度,附着器上近江牡蛎密度:水泥柱 25~50 粒/支、水泥片 15~29 粒/片、胶丝水泥绳 12~23 粒/条。二是合理养殖区布局,养殖场地每公顷为一个养殖单元,区间距离 10~25 m,养殖实际利用面积占水域面积的 15%~25%。三是注意清除敌害生物和附着生物,捕捉或清除肉食性腹足类、惊吓或诱捕肉食性鱼蟹类、洗刷或清除附着生物等。四是注意调节养殖水层,在附着生物大量附着季节,适当下降水层。五是防台风,台风来临前,做好加固、转移等工作,亦可将蛎串沉入海底,等台风过后再重新安置。六是加强应急处置,当毗连或养殖海区有赤潮或溢油等事件发生时,应及时转移,如果已受到污染,应就地销毁。

5.8.1.20 华贵栉孔扇贝

华贵栉孔扇贝 [Chlamys (Mimachlamys) nobilis](图 5.55),俗名干贝蛤、海扇,隶属于软体动物门(Mollusca)、双壳纲(Bivalvia)、珍珠贝目(Pterioida)、扇贝科(Pectinidae)、扇贝属(Chlamys)。自然分布于海南岛的新村和我国南部沿海、南海海区。

1) 增养殖品种选划的适宜性(养殖生物学)

生态习性:华贵栉孔扇贝多栖息在百米以内的浅海底,通常以水深 20 m 以内水域生长密度较大,且多发现于水深 2~4 m、有岩石及碎石块的砂质浅海底。属高温狭温性种类,适宜水温 18.0~30.0℃,最适 20.0~25.0℃,在温度年幅度为 18.0~30.0℃时,均可正常发育生长。盐度的适应范围为 23.0~34.0,属高盐种类。pH 值为 7.8~8.4。

营足丝附着生活,常附在水流通畅的岩石或珊瑚礁上。滤食海水中的单细胞藻类和有机碎屑以及其他小型微生物。若环境不适合,可自动切断足丝,急剧地伸缩闭壳肌,借贝壳张闭排水的力量和海流的力量作短距离的移动。

图 5.55　华贵栉孔扇贝（*Chlamys nobilis*）

（资料来源：http：//www.jshmly.com）

生长速度：生长速度较快，在饵料丰富的海区，满 1 龄可生长至壳高 7.4 cm，重 68.4 g；1.5 年可达壳高 8.8 cm，重 115.4 g。在海南沿海周年都可生长，以 4—11 月间生长最快。一般养殖 1～1.5 年其壳高可达 7.4～8.8 cm，体重达 68～115 g 的上市规格。

繁殖习性：华贵栉孔扇贝为雌雄异体，一年左右达性成熟，行体外受精，属多次性成熟产卵类型。其繁殖期在海南沿海为 4—9 月，以 4—5 月为繁殖高峰期。可产卵 300～1 500 万粒，卵子直径约 65 μm。水温在 26.0～29.5℃ 条件下，受精卵约经过 22 h，发育进入 D 型幼虫期；约经过 10 d 发育生长，成为壳顶后期幼虫；约 12 d 便达到眼点幼虫；第 14 d 附着，贝壳大小为 230 μm×190 μm。繁殖期在 4—9 月间。

2）选划品种的增养殖方式、区域布局

增养殖方式：目前主要以各类筏式养殖为主。

区域布局：华贵栉孔扇贝养殖场应选择风浪较小、潮流畅通、饵料丰富、周年盐度变化不大、远离河口、无工业污水排入的海区，同时应考虑到架设海上设施和管理操作的方便。由于筏式养殖为主，所以区域布局在不影响旅游景观的海南岛沿海海域。

3）增养殖技术要点

华贵栉孔扇贝养殖可划分为 2 个养殖阶段，第一阶段为贝苗养殖，第二阶段为成贝养成。

贝苗养殖是指从贝苗下海养至壳高 3 cm 的养殖阶段。养殖期约 4 个月，常采用笼养法。在贝苗附着器外套以长网笼或收苗后用各类锥形笼养殖。一般锥形笼底宽 33 cm。贝苗的放养密度是每笼 200～1 000 个。贝苗的壳高长至 1 cm 左右时，每笼放 100～200 个；壳高 2 cm 时，每笼放养 50～100 个。养苗期间管理工作要勤于检查、勤于分苗、勤于分笼、换笼和除害等。贝苗养殖常见的敌害生物有涡虫、蟹类、荔枝螺等。洗苗、分笼及换笼等操作要小心、轻快、避免曝晒或露空时间过长。贝苗的养殖水层宜尽量深吊，切莫露空。

成贝养殖是指从 3 cm 左右的贝苗养至 7 cm 以上成贝的养殖阶段，养殖期一般为 1.5 年左右，常用柱形多层网笼。成贝的养殖密度为每笼放养 25～50 个。养殖期日常管理工作主要

251

是调节养殖水层、清洗贝笼以及清除贝体附着物及换笼等。常见的附着生物种类有薮枝螅、海绵、藤壶、牡蛎、海鞘、珊瑚虫、石灰虫、多毛类等。防除敌害应立足于勤检查、及时发现及时清除。成贝宜尽量养殖于较深的水层，但应防止网笼沉底，以免磨损和敌害侵袭。人工养殖的华贵栉孔扇贝满 1~1.5 年，其壳高达到 7 cm 以上时便可收获。

5.8.1.21 文蛤

文蛤（*Meretrix meretrix*）（图 5.56），俗称"海白"、"车螺"，肉质鲜美，享有"天下第一鲜"的盛名，是一种经济价值很高的滩涂贝类。在分类学上隶属于软体动物门（Mollusca）、双壳纲（Bivalvia）、帘蛤目（Veneroida）、帘蛤科（Veneridae）、文蛤属（*Meretrix*）。文蛤为广温性贝类，在我国从渤海到南海沿岸的一些内湾和河口附近几乎都有分布。文蛤在海南岛沿海分布较广；丽文蛤（*Meretrix cusoria*）分布也较广，且味道更为鲜美。丽文蛤与文蛤外形相似，区别点是前者的贝壳后缘显著比前缘长，后侧缘末端尖。

图 5.56　文蛤（*Meretrix meretrix*）

（资料来源：http：//image. baidu. com）

1）增养殖品种选划的适宜性（养殖生物学）

生态习性：生活于砂质滩涂，营埋栖生活，栖息于潮间带及潮下带水深 5~6 m 处，埋栖深度几厘米至十几厘米。文蛤为广温性贝类，适宜水温是 24.9~31.4℃，最适水温 26.8℃，最高耐受水温为 35.0℃。文蛤幼苗的适温范围为 29.8~32.4℃，最高温度是 40.5℃。适宜海水比重为 1.014~1.024 之间。文蛤有"迁移"习性，能分泌黏液形成袋状胶质浮囊，借助水的浮力顺潮流迁移。迁移常发生在升温期及降温期。成贝也常借助斧足在海底缓慢爬行作短距离迁移。

生长速度：文蛤生长速度较慢，在海南 1 周龄达 2 cm 左右，2 周龄达 5 cm 左右，3 周龄达 6~8 cm。

繁殖习性：文蛤是雌雄异体，2 龄性成熟，外观上难以区分雌雄。性成熟时，雌性生殖腺呈奶黄色，雄性呈乳白色。繁殖季节随地区而异，海南为 4—7 月，繁殖水温为 20.0~30.0℃，以 22.0~26.0℃最适宜。精卵在海水中受精孵化，适宜条件下受精后 9d 左右可变态为稚贝。

2）选划品种的增养殖方式、区域布局

增养殖方式：提倡底播增殖，也可采取在砂质、沙泥底质的池塘单养或者与对虾混养。

区域布局：海南岛沿海海口、文昌、琼海、万宁、东方、儋州、临高、澄迈等市县的砂质滩涂和浅海的海域均可布局底播增殖，也可在池塘中与对虾、鱼类混养，且具有清洁底质和改善海域生态环境的作用。

3）增养殖技术要点

播种密度因苗种大小而定，苗种规格越小，密度越稀。2 cm 的蛤苗一般每公顷播 3.8 ~ 7.5 t。采用湿播方法，即在涨潮时播苗，这样经过潮水的作用，文蛤分布较均匀，利于文蛤尽快潜滩；播苗时应轻装轻放，避免机械损伤。为了提高播苗后的文蛤潜滩率，应尽量缩短苗种的露空时间，运回的苗种应及时播放。

养成管理主要工作是疏散成堆的文蛤，防治灾害等。由于文蛤有移动的习性，大潮或大风后，文蛤往往被风浪打成堆，若不及时疏散会造成文蛤死亡，尤其是夏季温度较高时，更易造成大批死亡。对于敌害生物，一定要及时防治，以减少损害。

5.8.1.22　泥蚶

泥蚶（*Tegillarca granosa*）（图 5.57），俗名：血螺、血蚶。在分类学上隶属于软体动物门（Mollusca）、双壳纲（Bivalvia）、蚶目（Arcoida）、蚶科（Arcidae）、蚶属（*Tegillarca*）。泥蚶属于热带和温带贝类，是中国传统的养殖贝类，河北、山东、浙江、福建、广东、海南均进行人工养殖，产量颇丰。泥蚶肉味鲜美，可鲜食或酒渍，亦可制成干品，为大众化的海鲜品。泥蚶广泛分布于印度洋—西太平洋，生活在内湾潮间带的软泥滩中。

图 5.57　泥蚶（*Tegillarca granosa*）

1）增养殖品种选划的适宜性（养殖生物学）

生态习性：泥蚶喜栖息在淡水注入的内湾及河口附近的软泥滩涂上，在中、低潮区的交界处数量最多，埋居其中。成蚶营埋栖生活，稚蚶用足丝营附着生活；随着泥蚶的生长发育逐渐失去分泌足丝的能力，转为半埋栖生活。稚蚶多栖息在表层下 1~2 mm 的泥中，成蚶在 1~3 cm 深的滩中。无水管，仅以壳后缘在滩涂表面形成水孔与外界相通。泥蚶是广盐性贝类，成蚶正常生存的盐度范围是 10.4~32.5，最适盐度范围 20.0~26.2。蚶苗的适盐范围 17~29，最适盐度范围是 21.0~25.5。泥蚶适应温度的能力较强，成蚶的生存温度范围为 0.0~35.0℃，生长适温是 13.0~30.0℃。但对底质要求较严格，喜生活于风平浪静，潮流通畅的内湾以及有适量淡水注入的泥多砂少、底质稳定的滩涂中。泥蚶为滤食性贝类，以硅藻类和有机碎屑为食，其饵料中以硅藻为主，约占 97.7%，另有少量的桡足类、海绵、放射虫和植物孢子及有机碎屑等。

生长速度：泥蚶属于高温贝类，生长有明显的季节差异，海南几乎全年都能生长，养殖周期为 2 年。泥蚶的生长与底质有关。一般内湾有软泥的海滩，有机物质多，底栖硅藻也多，泥蚶生长良好。

繁殖习性：泥蚶雌雄异体，2 龄性成熟。生殖腺成熟时，充满于足部，雌性呈橘红色，雄性为浅黄色。分批产卵，每次间隔半个月。当亲蚶性腺覆盖整个消化腺，卵粒、排放管清晰可见，肥满度达 65% 以上时，便面临着成熟排放。海南沿海繁殖期一般为 6—12 月，7—9 月为高峰期。泥蚶是卵生型贝类，怀卵量很大，壳长 3 cm 的亲蚶，一次产卵量可达 340 万粒。目前泥蚶工厂化育苗技术也较为成熟。养殖的泥蚶大多数为人工育苗厂培育的苗种。

2）选划品种的增养殖方式、区域布局

增养殖方式：在底栖藻类较丰富的泥质或泥沙质滩涂区，采取底播增殖方式为主，也可在对虾养殖池中与对虾混养。

区域布局：在海口东寨港、东方四更—墩头滩涂、文昌八门湾、万宁小海等泥质或泥沙质滩涂养殖区发展底播增殖。

3）增养殖技术要点

将蚶砂（48 000 个/kg）或蚶豆（1 600 个/kg）养至商品蚶的过程称为泥蚶的养成。养殖泥蚶 5 个要点如下。

（1）采集苗种。泥蚶产卵期往往为 6 月下旬至 8 月底，10 月是采苗的适宜季节。通常在退潮后的滩面上，用刮板刮取 0.5 cm 厚泥层，装入网袋内，洗去软泥后过筛，将筛下的砂粒和蚶苗计数，播入越冬保苗池中培育。为提高附苗量，可在自然产苗区留足亲蚶，平整滩面，筑堤蓄水及蓄水投砂等改良滩质。

土池人工育苗是目前值得推广的一种方法。土池可设在泥砂质的中潮区，池子可大可小，主要工程为筑堤坝、建闸门和平整埕地等。育苗前，可进行清池肥水，做好亲蚶的选优工作。育苗时，先将亲蚶经阴干刺激后投放靠闸门口处。开闸增大进排水量，造成流水刺激，可获得较好的精卵排放效果。同时采取施肥、投饵、疏松滩面等措施，有利于幼体发育和变态附着。

（2）越冬保苗。自然蚶苗采集后，冬季即将来临，为避免冰冻和敌害危害，可在大潮能漫水的泥质高潮区建蓄水越冬池。越冬池以 0.01~0.03 hm²，水深保持在 20~30 cm 为宜，每公顷放 7.5 亿粒左右，越冬成活率达 95% 以上。

（3）在海区底质适宜的条件下或经过改良后的滩涂均可移殖放养。移殖一般在夏秋两季进行，夏季 5—6 月，秋季 9—10 月，播种在退潮后向滩面均匀撒播，每公顷播二龄蚶7 500 kg左右。

（4）蚶田蓄水养殖。养蚶场选好后，根据地势可将滩面顺着潮流方向划成若干长方形或长条形蚶田，每块 0.2 ~ 1 hm²，蚶田之间挖小间隔，这是一种不蓄水的养殖方法。为缩短干露时间提高摄食率和生长率，目前一些地方采取蚶田筑堤蓄水养殖法，使退潮后仍能保持水深 20 ~ 30 cm，在每公顷放苗密度 7 500 左右情况下，增产幅度达 1.5 ~ 2 倍。

（5）高潮区蓄水越冬。为防止 2 龄蚶苗冬春发生冻伤所造成的死亡，采取高潮区蓄水越冬法。管理期间应特别注意防止跑水。越冬时期每公顷放成蚶密度以 1.500 ~ 3.750 t 为宜。

5.8.1.23 菲律宾蛤仔

菲律宾蛤仔（*Ruditapes philippinarum*）（图 5.58），俗名沙蚬子、蛤仔。在分类学上隶属于软体动物门（Mollusca）、双壳纲（Bivalvia）、帘蛤目（Veneroida）、帘蛤科（Veneridae）、蛤仔属（*Ruditapes*）。

图 5.58　菲律宾蛤仔（*Ruditapes philippinarum*）

（资料来源：http://tupian.baike.com/）

我国南自海南、广东，北自河北、辽宁沿海均有分布，以中、低潮区最多，在高潮区及数米深的浅海也有分布。

菲律宾蛤仔为蛤中上品，肉味鲜美，营养丰富，深受国内外人士喜爱。

1）增养殖品种选划的适宜性（养殖生物学）

生态习性：蛤仔喜栖息于内湾风浪平静、水流畅通并有淡水注入的中低潮区的泥砂滩涂上，最好在底质含砂量在 70% ~ 80% 的海区，适合在海南岛沿海砂质滩涂和浅海区增殖。水温在 0.0 ~ 36.0℃ 范围内，均能适应。当水温为 5.0 ~ 35.0℃ 时，生长正常，而其中以 18.0 ~ 30.0℃ 生长最快。适温上限为 43.0℃，当水温升至 44℃ 时，死亡率达 50%；当水温升至45.0℃ 时，则全部死亡。对海水比重的适应范围为 1.008 ~ 1.027，最适范围为 1.015 ~1.020。在溶氧量为 1 mg/L 的海水里，就能正常生活。为滤食性，对食物种类一般无选择性，只要颗粒大小适宜即可摄食。其饵料组成以底栖硅藻为主，常见有舟形藻、菱形藻、圆筛藻等。此外，还有大量的底栖硅藻。

菲律宾蛤仔的生物敌害种类很多，肉食性的鱼类（如蛇鳗、虾虎鱼、鳐鲼、海鲶、黑鲷、鲨鱼等）、肉食性的贝类、蟹类、海星及海鸟等都能直接捕食蛤仔；藤壶、沙蚕等能与蛤仔争夺生存空间及食物，影响其生活。

生长速度：1~2龄的个体生长快，年龄越大生长越慢；从季节来看，温度较高、饵料丰富的4—9月生长最快。一般1龄个体壳长12 mm左右，2龄个体壳长23 mm左右。壳长1 cm以下的贝苗经18个月、壳长2 cm以下的贝苗经6个月的管养，壳长可超过3 cm，达商品规格。

繁殖习性：菲律宾蛤仔为雌雄异体，一龄性成熟，从外观上难以区别雌雄。成熟时，精巢为乳白色，卵巢为乳黄色。繁殖期在9月下旬至11月，10月为繁殖高峰期。繁殖水温一般在20.0℃。精卵分批成熟，分批排放，整个繁殖季节可排放3~4次，多在夜间大潮期排放。怀卵量约在200万~600万粒。卵子属于半沉性卵，成熟卵呈圆形，卵径74~78 μm。精子由头、颈、尾3部分组成，头部钝圆，头颈之间界限不明显，尾部较长。精卵在海水中受精发育，在水温24.0~26.0℃条件下，经10~12 d可附着变态，20 d后形成出水管，50 d左右入水管形成，开始进入埋栖生活。

2）选划品种的增养殖方式、区域布局

增养殖方式：以沙泥质底的滩涂和浅海底播增殖为主。

区域布局：菲律宾蛤仔可布局在海南岛沿海风浪较小的内湾的沙泥质滩涂和浅海区发展底播增殖，如海口、三亚、文昌、琼海、乐东、儋州、临高等地沿海海域。

3）增养殖技术要点

加强"五防"、"五勤"的管理措施。"五防"是：防洪、防暑、防冻、防人践踏、防敌害。"五勤"是：勤巡逻、勤查苗、勤修堤、勤清沟、勤除害。

具体做法是：投苗后，要加强巡管，检查放养密度，当发现贝苗流失时应及时补苗；要调整养殖密度，养殖6~7个月后，注意保持底播养殖基本密度；退潮时如有贝苗露出滩面，最好要借助于潮水将其转移到潮下带养殖；要预防自然灾害和敌害。

5.8.1.24 东风螺

东风螺（图5.59），俗称"花螺"、"海猪螺"和"南风螺"，海南主要种类有方斑东风螺（*Babylonia areolata*）和泥东风螺（*B. lutosa*），分类学上隶属于腹足纲（Gastropoda）、新腹足目（Neogastropoda）、蛾螺科（Buccinidae）、东风螺属（*Babylonia*）。其肉质鲜美、酥脆爽口，是近年国内外市场十分畅销的优质海产贝类。

泥东风螺与方斑东风螺外形相似，但壳表面没有象方斑东风螺那样的长方形紫褐色或红褐色小斑块。

1）增养殖品种选划的适宜性（养殖生物学）

生态习性：东风螺分布于潮下带5~10 m水深的沙泥底质的热带、亚热带海区。方斑东风螺栖息底质以砂质为主，泥东风螺栖息于泥沙底质中。东风螺水温适应范围14.0~33.0℃，最适水温23.0~30.0℃；适应海水盐度为20.0以上，当海水盐度下降至20以下生活不正常，盐度低于12则大量死亡；pH适应范围8.0~8.4。东风螺的活动具有日伏夜出的

(a) 方斑东风螺 (*Babylonia areolata*)

(b) 泥东风螺 (*B. lutosa*)

图 5.59 东风螺（冯永勤 拍摄）

习性，白天潜伏在沙泥中并露出水管，夜间四处觅食。成螺主食鱼、虾、蟹、贝等动物性饲料。在流水状态下，东风螺的嗅觉可达 7~8 m；在静水状态下嗅觉只有 1 m 左右。

生长速度：水温 24.0~27.0℃，方斑东风螺孵化出的幼体一般经 13 d 培育即变态为稚螺，日平均增长速度为 32.0 μm；水温 25.1~27.2℃，方斑东风螺稚螺经 20 d 培育，个体壳高从 1.5 mm 长至 5.7 mm，壳高日平均增长为 0.21 mm。水温 22.0~25.5℃，方斑东风螺苗种经 44 d 的浅海沉笼养殖，个体平均壳高从 8.5 mm 长至 12.5 mm，壳高月均增长为 2.7 mm；经 44 d 的水泥池方式养殖，个体平均壳高从 8.5 mm 长至 10.3 mm，壳高月均增长为 1.2 mm。壳高 1~1.5 cm 的大规格的苗种经养殖 8~10 个月，东风螺体重可达 8~10 g 的上市规格。

繁殖习性：东风螺为雌雄异体。从外表一般较难区分其性别，通过解剖检查其生殖腺颜色，雌性生殖腺呈黑灰色，而雄性生殖腺呈橘黄色或浅黄褐色。东风螺行雌雄交配，体内受精，受精卵在卵囊内自雌体排至水中继续发育。东风螺性成熟年龄为 1 龄。其成熟期和繁殖期各地有异，海南省方斑东风螺产卵季节为 3—9 月，产卵高峰期为 4—6 月。每年海区水温逐渐升到 25.0℃时，东风螺便陆续进入成熟期和繁殖期；一般雄性的成熟期较雌性稍长。在繁殖季节，雌雄性可多次交配繁殖，雌螺个体年均产卵量几十万粒。

2）选划品种的增养殖方式、区域布局

养殖方式：采用水泥池工厂化养殖或土池养殖。可单养或与虾、鱼、其他贝类混养。

区域布局：海南岛沿海地区都可采用水泥池工厂化养殖或土池养殖。

3）增养殖技术要点

土池养殖放养前应提前进行消毒、晒池。进水应通过闸网过滤，减少鱼、蟹、螺类等敌害生物进入养殖池。东风螺投苗数量为 75 万~90 万只/hm²，规格以 0.5~1.5 cm 的稚螺为宜。放养后保持水质相对稳定，潮间带土池应尽可能利用海洋每月两次的大潮期进行大换水改善水质；水泥池养殖日换水量约是养殖水体 2~4 倍。养殖中要保持良好的水质，要求除投饲时停水、停气 1 h 之外，其他时间应连续流水和充气，日流水量为养殖水体的 2 倍以上。

对不摄食的残饵要及时进行清除，避免影响水质和底质。在台风和暴雨季节要特别注意盐度变化，如盐度偏低应及时采取措施提高海水盐度，避免养成贝发生大量死亡。每天早、晚投喂杂鱼肉、贝肉或虾肉等。日投饲量为东风螺总重的 5% ~ 10% ，当天实际投饲量应视残饵量而定。养殖水深在 60 ~ 100 cm。可单养或与虾、鱼、其他贝类混养。

5.8.1.25　珍珠贝类

海南岛沿海分布的适宜养殖的珍珠贝类主要有 4 种：马氏珠母贝（*Pinctada martensii*）、大珠母贝（*P. maxima*）、珠母贝（*P. margaritifera*）和企鹅珍珠贝（*Pteria（Magnavicula）penguin*）（图 5.60），是我国珍珠贝种类分布最多的省份，发展海水珍珠养殖业自然条件得天独厚。

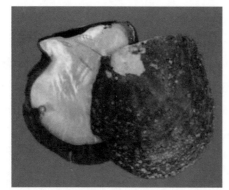

(a) 大珠母贝（*Pinctada maxima*）

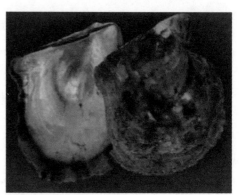

(b) 马氏珠母贝（*P. mrtensii*）

(c) 珠母贝（*P. margartifera*）

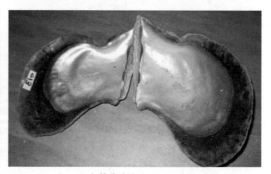

(d) 企鹅珍珠贝（*Pteria penguin*）

图 5.60　海南主要的珍珠贝类（冯永勤 拍摄）

（1）马氏珠母贝：又称合浦珠母贝。两壳显著隆起，左壳略比右壳膨大，后耳突较前耳突大。同心生长线细密，腹缘鳞片伸出呈钝棘状。壳内面为银白色带彩虹的珍珠层，为当前养殖珍珠的主要母贝。

（2）大珠母贝：又称白碟贝。为本属中最大型者，壳高可达 30 cm 以上。壳坚厚，扁平呈圆形，后耳突消失成圆钝状，前耳突较明显。成体没有足丝。壳面较平滑，黄褐色。壳内面珍珠层为银白色，边缘金黄色或银白色。

（3）珠母贝：又称黑碟贝。贝壳体型似大珠母贝。但较小。壳面鳞片覆瓦状排列，暗绿色或黑褐色，间有白色斑点或放射带。壳内面珍珠光泽强，银白色，周缘暗绿色或银灰色。

（4）企鹅珍珠贝：小贝体呈斜方形，后耳突出成翼状，左壳自壳顶向后腹缘隆起。壳面黑色，被细绒毛。壳内面珍珠层银白色，具彩虹光泽。

1）增养殖品种选划的适宜性（养殖生物学）

生态习性：珠母贝科的种类均分布于热带和亚热带海洋中，利用足丝附着在岩礁、珊瑚、砂或砂泥及石砾的混合物上生活。马氏珠母贝一般分布于低潮线附近至水深 20 多米处，以水深 5 ~ 7 m 为多；大珠母贝栖息于低潮线至水深 100 m 或更深处，以水深 20 ~ 50 m 为多；企鹅珠母贝一般在潮下带浅水区或港湾里大量栖息。珠母贝科为暖水性贝类。马氏珠母贝正常生活适温范围为 15.0 ~ 27.0℃，最适水温为 23.0 ~ 25.0℃；大珠母贝的适温范围为 20.0 ~ 35.0℃，最适水温为 25.0 ~ 30.0℃，15.0℃的低温和 40.0℃的高温是其致死温度。珠母贝是外海性贝类。马氏珠母贝生活的适宜海水比重范围为 1.015 ~ 1.028，最适 1.020 ~ 1.025；大珠母贝正常生活的海水比重为 1.022 7 ~ 1.023 2。珍珠贝为滤食性贝类，海水中没有特别化学刺激、大小适宜的悬浮物质都可作为它们的食料。常见的有较小型的浮游植物，如圆筛藻属、菱形藻属、针杆藻属等硅藻和甲藻以及一些小型浮游动物，如甲壳动物的无节幼体和其他贝类的担轮幼虫、面盘幼虫，还有一些有机碎屑和浮泥等。食物的种类往往随海区的自然分布和季节变化而不同。

珍珠贝类的敌害生物很多。肉食性的鱼类、蟹类及贝类等能直接捕食它；石蛏、肠蛤、海笋、开腹蛤及多毛类的才女虫等能穿透贝壳及软体部分，间接地危害珠母贝的生命。另外，藤壶、海鞘、牡蛎、苔藓虫等附着生物大量地附着在贝笼及珠母贝上，堵塞水流，争夺食物，严重影响珠母贝的生长发育。

生长速度：珍珠贝类的生长随着年龄、季节和环境条件的变化而变化。第 1 年生长最快，第 2 ~ 3 年较快，第 4 ~ 5 年生长迅速下降，第 6 年以后生长几乎停止。分布在海南的珍珠贝类，由于水温较高，生长速度较快，其中每年的 3—5 月和 9—11 月，是珍珠贝类生长的最快时间。马氏珠母贝最大个体可达 12.9 cm×11.5 cm，寿命一般是 11 ~ 12 年。

繁殖习性：珍珠贝类一龄性成熟。一般为雌雄异体，也有雌雄同体及性转变现象。性转变现象多见于幼龄个体，生殖方式为异体体外受精。海南岛沿海的大珠母贝繁殖期为 4—11 月，5—8 月为繁殖盛期。马氏珠母贝的繁殖季节一般在 5—10 月，并以 5—6 月和 9—10 月为 2 个产卵高峰期，繁殖水温在 25.0 ~ 30.0℃之间。

2）选划品种的增养殖方式、区域布局

增养殖方式：为了充分利用海南热带海区的自然环境条件并补充其不足之处，中国科学院海南热带海洋生物实验站在鹿回头海区，创造了海上吊养和潮水养殖吊养相结合的大珠母贝养殖方式，取得了理想的养殖效果。由于应用了海上吊养和潮水养殖池吊养相结合的养殖方式，每年养殖大珠母贝都能避免台风袭击带来的损失。风后海上水质比较肥沃，波浪的冲击已经过去，又可以从池中把大珠母贝搬回海上吊养。大珠母贝的养成方式包括海底放养和垂下吊养，现在主要用吊养的方式。

区域布局：各种珍珠贝的养殖布局可选择在海口金沙湾、文昌淇水湾、万宁大花角、陵水湾近海、三亚梅山附近和东锣—西鼓岛、儋州龙门激浪和后水湾—邻昌礁、临高调楼—临高角等近海海域和西沙群岛海域。

3）增养殖技术要点

根据大珠母贝自然栖息的习性，养殖场地应选择在风浪比较平静，潮流通畅但流速一般不超过 0.75 m/s，台风影响少，食料丰富的开阔的海湾或湾口处；水深要求 3～5 m，底质多沙、砾石但少泥，日平均海水温度在全年内都不低于 16.0℃，最低海水比重不低于 1.015，没有污染，少有赤潮，交通比较方便和社会秩序安定。

垂下吊养是一种立体养殖的方式。采用这种方式可以利用不同的水层，为了达到各种养殖的目的，必要时进行水深的调节。通过调节吊养的水层深度，能灵活地防避底栖敌害，或减少表层波浪的冲击，也可以充分利用海洋初级生产力，使大珠母贝能够迅速生长，缩短养殖周期，提高成活率，从而达到增产的目的。

5.8.1.26 江蓠

江蓠是红藻门（Rhodophyta）、真红藻纲（Florideae）、杉藻目（Gigartinales）、江蓠科（Gracilariaceae）、江蓠属（Gracilaria）的统称。海南主要分布有细基江蓠（*G. tenuistipitata*）、细基江蓠繁枝变种（*G. tenuistipitata* var. *liui*）（图 5.61）、芋根江蓠（*G. blodgettii*）、脆江蓠（*G. paruaspora*）、真江蓠（*G. asiatica*）和绳江蓠（*G. chorda*）等种，以细基江蓠繁枝变种的养殖最为普遍，它们是提取琼胶的主要原料（图 5.61）。细基江蓠繁枝变种统称细江蓠，经济价值高，在食品工业和医药卫生领域有着广泛的用途。江蓠还是鲍鱼养殖的饵料，因而在鲍鱼养殖高峰期细江蓠供不应求，价格一度走俏，养殖经济效益显著。

图 5.61 细基江蓠繁枝变种（*Gracilaria tenuistipitata varliui*）

1）增养殖品种选划的适宜性（养殖生物学）

生态习性：江蓠一般都生长在风浪较小、潮流畅通、地势平坦、水质肥沃的内湾。藻体附着在石头、沙砾和贝壳上，多生长在高、中潮带。江蓠对海水盐度的适应性较强，在盐度6.5～34.0 的范围内均能生长，最适为 13～30。江蓠的生长适温范围在 5.0～30.0℃，水温在10.0～25.0℃时生长较迅速；水温过高，藻体会发生白烂现象。江蓠对光照强度的要求较高，最适水层为水深 0.5 ~ 1.0 m，一般水质较清、透明度大，则藻体生长较快。

生长速度：海水盐度对细基江蓠生长影响较大，最适生长盐度为 15.0 ~ 20.0。盐度 20 时，5 月中旬藻体重量为 350 g，7 月中旬增重至 600 g，9 月增至 700 g，11 月增至 900 g，翌年 1 月增至 1400 g。

繁殖习性：江蓠的繁殖季节，海南沿海一般在 2—5 月。

在江蓠的生活史中，具有配子体世代、果孢子体世代和孢子体世代，它们可在同一时期内出现。

2）选划品种的增养殖方式、区域布局

增养殖方式：可采取池塘撒苗养殖、筏式养殖与海区自然增殖的增养殖方式。池塘养殖时可单养，也可以与对虾、鱼、鸭混合养殖。

区域布局：江蓠一般都生长在风浪较小、潮流畅通、地势平坦、水质肥沃的内湾。自然条件下，生长在潮间带及大干潮线附近或以下 1 ~ 3 m 的岩礁、石砾或贝壳上。在有淡水流入的平静内湾中生长更盛。区域布局上主要分布在海口市西秀区荣山海水池塘养殖区，还有澄迈、东方和临高沿海。

3）增养殖技术要点

（1）浅滩养殖

养殖场地的选择：① 地势比较平坦，退潮后能露出广阔的潮间带，而且干露的滩面上要有些积水。② 底质较硬，以沙底、沙泥底为好。③ 风浪较小，水质澄清、潮流畅通。④ 要有一定的淡水流入，营养盐丰富。⑤ 海水比重变化在 1.005 ~ 1.025 范围内。⑥ 海水温度变化只要冬天不结冰，夏季不超过 35.0℃ 即可。

养殖方法：① 撒苗养殖：当江蓠苗长达 5 ~ 6 cm 以上时，将浅滩加以适当的整理，清除杂藻，然后将江蓠幼苗连同生长基整齐地撒放在浅滩上进行养殖。撒苗后的密度，以两两生长基之间的距离为 30 cm 左右为宜。在南方经过 3 个月的养殖，藻体长度一般可达 1 m 左右，而在北方要到六七月份才能达到收获标准。这种养殖方法虽然比较简单，但只要管理得当，海区肥沃，其产干品可达 1.500 t/hm² 以上。② 插签养殖：竹签是用竹子做成，长 15 cm，宽 0.5 ~ 0.7 cm 左右，在签的顶端 1 cm 处劈成沟形夹口，以夹江蓠的幼苗。操作时将长约 10 cm 的江蓠从原生长基上拔下，经过整理后打竹签夹口，将幼苗夹上，退潮按行距 50 cm，株距 20 cm 的规格进行插植。一般插（9 ~ 10）万棵/hm²，经 2 ~ 3 个月的养殖，藻体长度可达 1 m 以上。③ 网帘夹苗养殖：在潮间带浅滩上选择较为平坦而又稍有积水的场所，隔一定距离打入小木桩，用以固定网帘，每个网目夹一簇江蓠苗，进行江蓠养成。

养成管理：① 补苗和护苗：由于风浪的冲击，种苗夹得不牢或苗签木桩插得不深，往往流失或倒伏。因此夹苗后要经常检查，发现掉苗或倒伏要及时进行补苗或扶正。② 清除敌害生物：在养殖期间，水云、浒苔等杂藻争夺营养，妨碍江蓠生长，螺类、水禽、鱼类等常以江蓠为食，这些都应及时设法排除。③ 洗刷浮泥：藻体表面有浮泥时，要及时加以清洗，否则对生长不利。

（2）筏式养殖

养殖海区的选择：① 潮流畅通，风浪较小，以避免风浪过大破坏养殖器材和打断江蓠藻体。② 水质肥沃，有淡水流入。③ 水质澄清，透明度较大，退潮后水深在 2～5 m 以上海区。

养殖方法：养殖水深一般 2～3 m，浮筏每台装设浮缆 6～8 条，浮缆每条长约 30 m，用长 2 m 的竹筒浮子 7 个，浮缆两端有缆绳分别用桩固定，浮缆与浮缆平行，间距 3 m，顺流方向设置。夹苗绳野生芒苗制成（也可用聚乙烯）直径 1～1.5 cm，平养的夹苗绳长 3.6 m，垂养的夹苗绳长 1.8 m，绳距 25 cm，苗绳上每距 16 cm 夹苗一簇，每簇 1～3 株。

养殖管理：① 水层调节，水层浅光线过强，可导致江蓠变白死亡；水层深光线弱，江蓠生长缓慢。一般养成筏的水层调到 20～40 cm 为宜。② 施肥，海区营养盐的差距较大，在贫瘠海区应考虑施肥。如以 0.1% 的硝酸铵溶液对江蓠藻体每周浸泡 2 次，每次 1 h。③ 安全护理，筏式养殖生产，不安全的因素较多，特别是季节风危害较大，往往给生产造成极大的损失。因此对筏架要经常进行安全护理。

5.8.1.27 麒麟菜

麒麟菜，俗称石花菜、龙须菜，是一种经济价值较高的热带海藻。在分类学上隶属红藻门（Rhodopyta）、真红藻纲（Florideae）、杉藻目（Gigartinales）、红翎菜科（Solieriaceae），美国藻类学家 Doty（1996）根据麒麟菜中所含有的卡拉胶胶型不同，将麒麟菜分为琼枝藻属（*Betaphycus*）、麒麟菜属（*Eucheuma*）和卡帕藻属（*Kappaphycus*）共 3 个属。其中，琼枝藻属的麒麟菜以产 β–型卡拉胶为主，麒麟菜属的麒麟菜是以产 ι–型卡拉胶为主，卡帕藻属的麒麟菜是以产 κ–型卡拉胶为主；琼枝藻属麒麟菜与麒麟菜属、卡帕藻属麒麟菜形态区别在于前者的藻体由典型的扁平状分枝组成，后两者藻体是圆柱状或稍扁平。麒麟菜属与卡帕藻属麒麟菜形态区别在于前者藻体分枝及刺常对生或轮生；后者藻体分枝无刺，或非对生或轮生的刺。海南岛自然分布的麒麟菜有琼枝麒麟菜（*Betaphycus gelatinum* Doty，1996）和异枝麒麟菜（*Eucheuma striatum*）等。目前，海南岛主要的养殖麒麟菜是从东南亚引进的种类，为长心卡帕藻（*Kappaphycus alvarezii*）（图 5.62）；此外，在琼海和昌江等地还养殖有少量的琼枝麒麟菜，特别是昌江，近年来在琼枝麒麟菜养殖方面有较大的发展，成为当地沿海地区的特色养殖品种之一。麒麟菜中含有大量的卡拉胶、多糖及黏液质。卡拉胶是一种用途很广的硫酸酯化半乳聚糖，它可以作为优良的黏稠剂、凝固剂、悬浮剂、稳定剂和澄清剂，广泛应用于食品工业、日用化工、医药、纺织、造纸、印刷等方面。麒麟菜不光为我们提供了一种工业原料，它还可以祛除海水中的富营养化，对海水的净化很有帮助。目前在海南岛的琼海、文昌已设有专门的卡拉胶制造厂，年产约 20 t。

1）增养殖品种选划的适宜性（养殖生物学）

生态习性：麒麟菜适宜于海水的透明度大、水质清澄、水流通畅、营养盐丰富、盐度在 30.0 以上、周年水温不低于 20.0℃ 的外海海区；其次是珊瑚礁群连绵、海底平坦、退潮后藻体不会露空干燥、且敌害生物较少的海区。海南岛麒麟菜的养殖水温在 20.0～30.0℃ 时，藻体生长最快；冬春二季水温较低，藻体生长慢；20.0℃ 以下停止增长，甚至出现萎缩现象，若寒潮低温时间较长，藻体含胶量明显下降。夏季水温超过 35.0℃ 时，麒麟菜的生长受到抑制，藻体呈现黄褐色，分枝瘦弱，甚至末端卷曲。长心卡帕藻是好光性海藻，光强在 7 000 Lx 时，藻体生长速度最快；光强在 3 000 Lx 时，藻体生长速度明显下降。长心卡帕藻是海洋狭盐生物，盐度比较高且相对稳定才适于它的生长，其适宜盐度一般在海水比重 1.020 以上。

图 5.62　长心卡帕藻（*Kappaphycus alvarezii*）

生长的水层一般在 50 cm 左右为宜，大于 90 cm 则生长速度减慢。长心卡帕藻对海区透明度的要求一般在 10 m 左右。

生长速度：长心卡帕藻生长速度快，产量高，从种苗养殖开始到收获大约需 2 个月的时间，鲜重增长 20 倍左右。一株重 150～200 g 的菜苗经过近 3 个月的生长，藻体重量可达 4～5 kg，日增长速度要比琼枝麒麟菜快 4～5 倍；干品产量可达 6 000 kg/hm² 以上，如果适时采收，尤其在夏季采收，其含胶量可达 53% 以上。

繁殖习性：麒麟菜为多年生，生活史由孢子体和配子体两个外形相似的世代组成。成藻藻体即孢子体成熟时，部分皮层细胞形成四分孢子囊，囊内的四分孢子呈目字形排列，成熟后排放出体外，附着在珊瑚礁上，萌发成雌雄两种配子体。雄配子体成熟时，在小枝的两侧形成精子囊群；雌配子体成熟时，由皮层细胞内侧形成果胞，上面生出受精丝，突出于藻体表面。当雄配子体的精子放出水中后，果胞受精并发育成囊果，内含果孢子，突出于藻体侧面，单生或群生。果孢子放散后，附着在珊瑚枝上，萌发后长成新的藻体——孢子体。

2）选划品种的增养殖方式、区域布局

增养殖方式：麒麟菜人工养殖的方法有种苗移殖法、分苗插植法、绑苗播植法和水泥框网片养殖法，以绑苗播植法最为普遍，琼枝麒麟菜也可以开展底播增殖。

区域布局：自然增殖区分布在琼海、文昌、儋州等地海区。养殖布局可选择在陵水、三亚、琼海、文昌、昌江、儋州等沿海海域。

3）增养殖技术要点

养殖场地的选择：养殖场地环境的好坏，是决定养殖成败的主要因素，它关系到麒麟菜的生长与繁殖，因此，对场地的选择应考虑周到。场地选择应注意以下几个方面。① 场地的底质：根据多年来的实践，底质最好是鹿角珊瑚礁，因为这种珊瑚礁呈分枝状，枝与枝之间有一定的空隙，适合麒麟菜附着和向四周伸，其次是蔷薇珊瑚、杯珊瑚以及其他珊瑚礁，都可作为养殖场地。② 场地的位置：应选择潮流畅通，波浪又比较平静的地方，一般以珊瑚礁和外海接近的外缘地带，和低洼海沟的两旁及近邻之处为最好，水的深浅以大干潮时 0～2 m

深为宜。③ 水质：水质澄清，透明度大，正常天气能清澈见底，水温在 20 ~ 30℃，海水比重 1.020 以上。④ 杂藻少：在珊瑚礁上，往往生长着各种海藻，其中对麒麟菜危害较大的有珊瑚藻、多管藻、沙菜、喇叭藻、蕨藻等。这些杂藻占地盘，遮阳光，对麒麟菜的生长影响很大。因此，如果杂藻过多，必须清除后才能使用。在珊瑚虫活着的珊瑚礁上，敌害藻很少，而珊瑚虫死亡较长时间的珊瑚礁上，往往杂藻极多，选择场地时，应选前者，但也要注意不能破坏活珊瑚。

养殖管理：① 选择优质良种，做好种苗播植后的检查工作：选择优质良种，长心卡帕藻印度尼西亚株系是优良的养殖品系，选择该株系进行养殖是增产的关键，种苗播植后，要进行一次检查工作，发现种苗集中在一起或掉进海沟、沙地的，要拣起来种于珊瑚礁上，如有漏种的要补种。② 保证养殖海区水质标准，近年发生冰样白化病害并造成大规模死亡的直接原因是养殖海区盐度过低，养殖海区要求海水盐度不宜长时间低于 30.0。③ 台风过后养殖场地的检查工作：沿海一带台风多，对麒麟菜生产带来不同程度的破坏，尤其是当年养殖的藻苗容易被打离生长基，发现种苗掉失严重的地方要补种。养殖场地的标志，如木桩、水泥柱等，被台风打坏了的要重新树立。④ 清除杂藻，在麒麟菜生长的海区，同时长着很多种杂藻，其中危害性较大的有珊瑚藻、蕨藻、网胰藻、毛抱藻、喇叭藻等大型藻，和沙菜、多管藻等小型杂藻。大型杂藻要及时清除，防止蔓延发展，霸占场地和遮盖阳光。清除大型杂藻的方法是用手清除。对于那些小型杂藻，目前还没有理想的清除办法。

5.8.2 第二类重点增养殖品种

5.8.2.1 遮目鱼

遮目鱼（*Chanos chanos*）（图 5.63），又名虱目鱼，海南地方名：细鳞仔鱼、细鳞鲻、白鳞鲻。分类学上属于鼠𫚉目（Gonorhynchiformes）、遮目鱼科（Chanidae）、遮目鱼属（*Chanos*）。分布于我国南海海域。遮目鱼食性较杂，以食底栖硅藻和有机碎屑为主，食物链短。并具生长迅速，肉味鲜美，广盐性，病害较少，容易养殖等优点，成为热带和亚热带水域低碳水产养殖的首选种类之一。

图 5.63　遮目鱼（*Chanos chanos*）

（资料来源：http://www.39kf.com/cooperate/tu/Food – Gallery/2007 – 02 – 08 – 324503.shtml）

1）增养殖品种选划的适宜性（养殖生物学）

生态习性：遮目鱼平时栖息在外海，繁殖时向近岸洄游。属暖水性鱼类，生长的适宜水温为 24～35℃，当水温降至 15℃ 活动减缓，12℃ 以下停止摄食，10℃ 以下一般不能生存，耐受的极限温度是 42.7℃ 和 8.5℃。属广盐性鱼类，成鱼既可以生活在高盐度的海水中，直至可忍耐 125 的高盐度，也可长期生活在咸淡水中甚至纯淡水中；但在仔鱼阶段盐度不能低于 16.2。具有耐低氧的能力，当水中溶氧量缓缓地降低到 0.1 mg/L 时，它能继续浮头挣扎，但未见死亡。然而，它对水质突然变化的适应能力较差，有时当溶氧量骤然降至 0.6 mg/L 时就出现大量死亡。有跳跃的习性，能跃出水面数米高。食性较杂，以植物食性为主，喜欢摄食底栖硅藻和有机碎屑，也食浮游动物、小型软体动物和米糠、饼粕类等人工饲料。

生长速度：遮目鱼生长迅速。如条件适宜，饲料充足，鱼苗饲养 1 个月，体长可达 50～70 mm，2 个月便达 120～150 mm，8～10 个月 400 mm。放养 6～9 个月体重 450 g 左右，即可上市。最大个体可达长 1.5 m，体重 15 kg。

繁殖习性：遮目鱼性成熟年龄为 6～9 龄，以 8～9 龄居多数。性成熟时，一般雄鱼体长达 940 mm，雌鱼约 1 000 mm。雌雄的鉴别，未成熟时从外部形态特征较难区别，唯雌鱼在臀部有 3 个孔（由前往后依次为肛门、生殖孔、泌尿孔），雄鱼仅有 2 个孔（肛门和泌尿生殖孔），但因孔细小而密集，再加鱼体挣扎，实际操作时难以判别；一般可用海胆的体腔液来进行鉴别，它可引起雌鱼红细胞的凝集反应，而对雄鱼红细胞无反应或凝集程度很低。在自然状况下，遮目鱼的雌雄性比接近 1∶1。产卵时水温 26～31℃，一般一年有 2 个产卵期，分别为 4—6 月和 8—10 月。体长 1 m 的雌鱼的怀卵量约 300 万～600 万粒，有的高达 1 000 万粒。遮目鱼能在咸淡水或淡水中生长，但在咸淡水或淡水中性腺一般不能发育成熟，必须在高盐度的环境中才能发育到性成熟。在天然海区，在繁殖季节里，凡是性腺成熟的亲鱼，必须洄游到近岸浅海环境条件适宜的场所才能产卵、受精，繁衍后代。

遮目鱼人工繁殖经多年研究，于 20 世纪 70 年代末在台湾获得成功。

2）选划品种的增养殖方式、区域布局

养殖方式：遮目鱼成鱼养殖的主要方式有池塘养殖、围网养殖和网箱养殖等 3 种。根据台湾的养殖经验，池塘养殖又分为传统式池塘养殖和深水式池塘养殖 2 种。

区域布局：海南岛沿海地区都可以发展池塘养殖，布局可遍及海口、文昌、琼海、万宁、陵水、三亚、乐东、东方、昌江、儋州、临高、澄迈沿海。

3）养殖技术要点

根据台湾的养殖经验，介绍深水式池塘养殖技术要点。深水式池塘养殖遮目鱼，就是将传统式养鱼池加深，鱼苗放养密度是传统方法的 2～3 倍，用投饵机投喂人工配合饲料，采用增氧机增氧的集约化养殖方法。从而使单位面积鱼产量和经济效益大大提高，是传统方法的 3～6 倍。

深水池面积一般 1～6 hm^2，水深 2～3 m。放养方法可分为一年养一次和一年养两次两种。前者放养较小型苗（体长 6～10 cm），后者则放养大型苗（约 20 cm），放养量每次 1 万～1.5 万尾/hm^2。饲养过程中投饵不施肥，投饵系数为 1.3～1.5，可按此计算日投喂量。

265

因采用人工投饵，所以饲养成本较高。为了降低饲料成本，根据遮目鱼杂食性偏植物性的特点，摄食方式上除吃食性之外还有滤食性，所以早期应适当培育底栖硅藻供食，同时可培养水质生产浮游生物作为它们的饵料。实验表明，蛋白质含量为40%的人工配合饲料，可以用33%黄豆粉和67%鱼粉作为蛋白质源，以降低配合饲料成本。高密度及投饵养殖，容易引发池水变肥，水中溶氧量下降，如不注意易出现池鱼浮头，甚至泛池。因此，深水式池塘养殖必须进行人工增氧，可采用水车式充氧机。遮目鱼养殖中主要病害有：敌害生物是草蚊幼虫——红筋虫、罗非鱼和螺类，它们争夺食料和破坏底栖藻类的藻床，可用杀虫剂杀灭之。细菌性疾病是红斑病，其致病菌是鳗弧菌（*Vibrio angullarum*）。主要症状是病鱼腹部表皮出血，出现红斑，有时肛门处出现红肿，挤压腹部肛门处会流出流质肠黏液，解剖腹腔，胃部严重水肿，充气或发炎。用 $(0.5 \sim 1) \times 10^{-3}$ μg/L 的杀菌液（40%十二烷基甲基氯化铵，10%三甲基氯化铵）全池泼洒，可很快控制此病的蔓延。此药还有改良水质的作用，使水转为淡绿色。寄生性桡足类、鱼虱冬季大量寄生鱼体表面，吸吮鱼血液，促使鱼体表面黏液异常分泌，鱼体消瘦，抵抗力下降，造成二次细菌感染。可用安全高效抗寄生虫药防治。

5.8.2.2　黄鳍鲷

黄鳍鲷（*Sparus latus*）（图5.64），俗名黄脚立、黄墙等。属于鲈形目（Perciformes）、鲈形亚目（Percoidei）、鲷科（Sparidae）、鲷属（*Sparus*），是海南和华南沿海重要的经济鱼类之一，属于浅海底层鱼类，多生活于岩礁海区。黄鳍鲷营养丰富，肉质佳美，经济价值高，是颇受消费者喜爱的食用鱼类，在海水及咸淡水养殖业中占有一定的地位。

图5.64　黄鳍鲷（*Sparus latus*）

（资料来源：http：//www. zgny. com. cn/eproduct/2012 - 5 - 4/31123340. shtml）

1）增养殖品种选划的适宜性（养殖生物学）

生态习性：黄鳍鲷为浅海暖水性底层鱼类，喜栖于岩礁海区，幼鱼生活水温范围较成鱼狭窄，生存适温为9.5~29.5℃，生长最适温度为17.0~27.0℃；成鱼可抵抗8.0℃的低温和35.0℃的高温。黄鳍鲷能适应盐度的剧烈变化，可由海水直接投入淡水，在适应一星期以后，可重返海水，仍然生活正常，而在咸淡水中生长最好。一般不做远距离洄游。杂食性，水中的底栖藻类，底栖甲壳类，浮游动植物和有机碎屑等都是其适口饵料。仔鱼期以动物性饵料为主，成鱼以植物性饲料为主。每当初夏，水温回升到17.0℃时，摄食量开始增加，20.0℃时，摄食活动最频繁。一般在黄昏前摄食活动最强烈，下半夜很少或暂停摄食。

生长速度：黄鳍鲷在天然水域中的生长速度为：1 龄鱼体长 17.0 cm，体重 150.0 g；2 龄鱼 22.0 cm，330.0 g；3 龄鱼 26.0 cm，560 g，最大个体体长可达 35.0 cm，体重 3.350 kg。

繁殖习性：黄鳍鲷为雌雄同体，雄性先熟的鱼类，1~2 龄雄性性腺发育成熟，2~3 龄转变成雌性。每年产卵期为 10 月上旬，属一次分批产卵类型。产卵水温为 16~23℃，盐度 25.0~33.0。

2）选划品种的增养殖方式、区域布局

增养殖方式：黄鳍鲷可采取网箱和池塘养殖，也可进行增殖放流。池塘养殖可分为单品种的纯养，多品种的混养和以单养为主的搭配养殖 3 种方式，如黄鳍鲷、鲻鱼、篮子鱼混养。

区域布局：在海南岛海湾和近海均可增养殖，布局可遍及海口、文昌、琼海、万宁、陵水、三亚、乐东、东方、昌江、儋州、临高、澄迈沿海海湾和池塘。

3）养殖技术要点

网箱养殖技术要点为如下。

放养密度：放养鱼苗规格要整齐，以避免相互残杀，一般在标粗阶段，每个网箱可放养 2 000 尾，经过 1~2 个月后，放养密度减至 1 000 尾，当体长长到 3~5 cm 时，调整密度为 200~500 尾，在养成阶段，保持 8~10 g/L；在海区环境较好，管理水平较高的条件下，最大放养密度可达 20 g/L。

网箱养殖的饲养管理工作主要有：一是定时投喂饲料。饲料主要投喂低价新鲜小杂鱼，除此之外还可搭配植物性饲料混合使用。刚进网箱的鱼苗，若鱼体健壮活泼，第二天便可投喂饲料。若鱼苗因机械损伤或感染疾病，则需采取治疗措施，经 2~3 d 后才投喂饲料，饲料块状，大小因鱼体而定。投喂次数：3—10 月每天投喂 2 次，11 月至翌年 2 月，每 2~3 d 投喂 1 次，宜在早晚进行，投喂量为鱼体重的 5%~10%。二是勤检查。要经常检查网箱有无损坏、破裂，注意防止网破鱼逃。在台风季节里，要加固缆绳，覆盖网箱，必要时将鱼排拖到避风的海区。三是定期更换网箱。一般从幼鱼养至成鱼，需更换 3 次网箱：在鱼种阶段，体重 30~50 g 时，网目为 1 cm；体重达 51~150 g 时，网目为 2.5 cm；150 g 以上时，网目为 3.75 cm。四是清理网箱上污损生物。网箱和浮子在海水中浸泡时间长了，会不断附着贝类、藻类等生物，堵塞网目，影响水流，应定期更换清洗。一般 2 个月清理一次，宜在风平浪静的天气进行。可混养少量篮子鱼，以使摄食部分藻类等污损生物。

5.8.2.3　褐篮子鱼

篮子鱼，俗称象耳鱼，海南地方名：泥蜢，隶属于鲈形目（Perciformes）、篮子鱼亚目（Siganoidei）、篮子鱼科（Siganidae）、篮子鱼属（Siganus）。海南常见种类有：褐篮子鱼（Siganus fuscescens）和黄斑蓝子鱼（S. oramin）等（图 5.65），篮子鱼养殖已在印度—太平洋及地中海地区普遍开展起来，已引起国内外海水养殖专家的兴趣和关注。篮子鱼是以草食性为主的杂食性鱼类，有海中"清道夫"之称。属于低碳食性鱼类，肉味鲜美而富有营养，近几年来专家们把它推荐为海水养殖的一种经济鱼类，是有发展前景的海水鱼养殖对象。褐篮子鱼是暖水性近海小型鱼类，常栖息于内湾、长有海藻的沿岸岩礁区域，有时会大群出现，分布于我国东海南部和南海；海南省沿海水域中均有篮子鱼分布，也有天然苗种，人工繁殖和养殖技术成熟，可推广。

(a) 褐篮子鱼 (*Siganus fuscescens*)

(b) 黄斑篮子鱼 (*S. oramin*)

图 5.65　两种增养殖篮子鱼品种

(资料来源：http://image. baidu. com)

　　篮子鱼可采取网箱和池塘养殖，也可作为增殖放流。网箱养殖主要利用它食性较杂的特点，清除附着在网箱上的污损生物，从而成为网箱养鱼的混养的搭配品种，如与石斑鱼、卵形鲳鲹、眼斑拟石首鱼（美国红姑鱼）、紫红笛鲷、红鳍笛鲷等混养。池塘养殖可分为单品种的纯养，多品种的混养和以单养为主的搭配养殖 3 种方式，如与黄鳍鲷、鲻鱼混养等。在海南岛沿海，凡是有网箱和池塘养鱼的县市都可布局。布局可遍及海口、文昌、琼海、万宁、陵水、三亚、乐东、东方、昌江、儋州、临高、澄迈沿海海湾和池塘。

5.8.2.4　豹纹鳃棘鲈

　　豹纹鳃棘鲈（*Plectropomus leoparatus*）（图 5.66），俗名：东星斑、七星斑，又称花斑刺鳃鲉。分类学上隶属于辐鳍鱼纲（Actinopterygii）、鲈形目（Perciformes）、鲈亚目（Percoidei）、鲉科（Serranidae）、鳃棘鲈属（*Plectropomus*）。分布于西太平洋区，包括日本南部、澳大利亚、斐济等海域，海南管辖的南海海域有一定资源量。主要栖息在珊瑚礁碎屑区或珊瑚繁生的潟湖及面海的礁区，水深 4 ~ 100 m 海域。养殖适宜性：水温 24 ~ 27℃，pH 8.1 ~ 8.4，海水比重 1.020 ~ 1.025。喜欢安静环境，生性凶猛贪食，肉食性，食物以其他鱼类为主，偶捕食甲壳类及其他小型底栖无脊椎动物。生长速度较快，最大体长可达 120 cm。繁殖习性具性转变现象，为先雌性后雄性。到繁殖期时会洄游短距离而聚集于礁区产卵，产浮性卵。幼鱼底栖性，警觉性高，主要栖息于珊瑚碎屑堆。

图 5.66　豹纹鳃棘鲈（*Plectropomus leoparatus*）

豹纹鳃棘鲈是一种美味的食用鱼，鱼肉可作生鱼片，近年开始网箱养殖，经济价值较高。可采取网箱和池塘养殖，可单品种的养殖，也可多品种地混养和以单养为主的搭配其他种类养殖等 3 种方式。经过近年的研究，已经建立了一套切实可行的豹纹鳃棘鲈人工育苗技术工艺，但成鱼养殖技术正在摸索和完善之中。可在海南三亚、陵水、琼海、文昌、儋州、临高等沿海有网箱、池塘养殖以及工厂化养殖的地区均可布局。

5.8.2.5　虾蛄

虾蛄，别名"濑尿虾"（因被抓时腹部会射出象尿液一样的无色液体而被称为濑尿虾）、"螳螂虾"（因头胸部有一对像螳螂一样的镰刀状的前脚而称之为螳螂虾）、"琵琶虾"（因形似琵琶而称之为琵琶虾）、"爬虾"、"口虾蛄"，又称"富贵虾"等。在分类学上隶属于节肢动物门（Arthropoda）、甲壳亚门（Crustacea）、软甲纲（Malacostraca）、掠虾亚纲（Hoplocarida）、口足目（Stomatopoda）、虾蛄总科（Squilloidea）、虾蛄科（Squillidae）、虾蛄属（*Squilla*）和口虾蛄属（*Oratosquilla*）。我国主要有口虾蛄（*Oratosquilla oratoria*）（图 5.67）、黑斑口虾蛄（*O. kempi*）、尖刺口虾蛄（*O. mikado*）等种。海南岛沿海资源丰富。因肉质鲜美，营养丰富，备受人们喜爱，是餐桌上的美味佳肴，食用和商业价值较高。喜栖于浅水泥沙或礁石缝内，具有耐干性，在相对湿度为 94%，气温 20℃以下，其干露时间可达 14 h，围栏养殖和人工繁殖育苗已取得成功，具有广阔的养殖前景。

图 5.67　口虾蛄（*Oratosquilla oratoria*）

（资料来源：http://www.hk‒fish.net/）

1）增养殖品种选划的适宜性（养殖生物学）

生态习性：口虾蛄属广温性种类，其生活区域水温 6.0～30.0℃，最适水温 20.0～27.0℃，耐温范围为 5.0～33.0℃。属广盐种类，适盐范围 12.0～35.0，最适范围为 23.0～27.0，盐度直接下降到 10.0 时，背部迅速弓起，几分钟后死亡。是凶猛的甲壳动物，杂食性，具有较广的食谱，其食物组成包括小型甲壳类、双壳类、多毛类、小型鱼类、桡足类及藻类等。

生长速度：生长较快。虾蛄的生长是不连续的，成体的长度生长随着蜕皮呈阶梯形生长。生长具明显的季节变化，夏末到秋末生长速度最快，分析性腺及身体的生长与食物摄食的关系，虾蛄的生活周期可划分为四个阶段：① 蜕皮生长阶段（6—12 月），② 越冬阶段（1—2 月），③ 性腺生长与成熟阶段（2—3 月）；④ 产卵与排精阶段。一般认为虾蛄的寿命大多数为 2 年。

繁殖习性：口虾蛄一周年可达性成熟，生物学最小型有 80 mm 左右；口虾蛄一年中有 2 个繁殖期，即春季繁殖和秋季繁殖，而繁殖高峰期是 5—7 月份，各地略有差异。水温是影响口虾蛄繁殖期的一个重要因素。

2）选划品种的增养殖方式、区域布局

增养殖方式：可进行池塘养殖和近海增殖。现有增养殖方式有：在中潮区上段至高潮区下段浅海区进行围栏养殖；池塘养殖面积 0.3 hm² 左右，最大不要超过 0.7 hm²，池水深度不限，可干塘养殖，也可蓄水养殖，蓄水水深最好为 0.5 m 以上，底质以松软泥沙质为主，便于虾蛄打洞和潜伏。

区域布局：可布局在泥沙质底质的海口东寨港，文昌铺前湾、八门湾、冯家湾，琼海沙老—青葛，东方四更—墩头等浅海海域。

3）增养殖技术要点

在放养虾蛄前，养殖池塘必须清塘。

苗种放养的合理密度是养殖成功的因素之一。虾蛄的放养密度应视池塘条件、苗种质量与规格、饵料供应情况、养殖管理水平等而定。一般海捕自然苗种个体较大，体长在 3～6 cm 以上，可放 7.5 万～10 万尾/hm²；若放养 2 cm 左右的人工苗，其放养密度可适当高些，为 12 万尾/hm² 左右；若以虾蛄的第 Ⅲ 相假蚤状幼体放养，放苗量为 22.5 万～45.0 万尾/hm²。

投饵对养成效果影响很大，合理投饵量是重要措施。投饵量以其摄食率为依据，并随其个体大小及其生理状况、水温高低、天气情况、饲料种类及新鲜程度、水质好坏等适当调整。体长在 7 cm 以前，投饵量为虾蛄总重量的 21%～40%；体长为 8～11 cm，投饵量为其总重量的 11%～20%；体长在 12 cm 以上，投饵量为其总重量的 10% 左右。

5.8.2.6 远海梭子蟹

远海梭子蟹（*Portunus pelagicus*）（图 5.68），又名远洋梭子蟹，俗称花蟹、梭子蟹。隶属于节肢动物门（Arthropoda）、软甲纲（Malacostraca）、十足目（Decapoda）、梭子蟹科

（Portunidae）、梭子蟹属（*Portunus*）。头胸甲宽约为长的 2 倍，梭形，表面具粗糙的颗粒，雌性的颗粒较雄性显著；前额具 4 齿，中间 1 对额齿较短小，成体的较尖锐，幼体的较圆钝；前侧缘具 9 尖齿，末齿比前面各齿大得多，向两侧突出。左右螯脚大小不同，瘦长，雄性螯脚长度约等于头胸甲长的 4 倍，表面具花纹。雌雄体色有明显差异。雄性除在螯脚的可动指与不可动指及各步脚的前节、指节为深蓝色外，其余部位大都呈蓝绿色并布有浅蓝或白色斑驳。雌性头胸甲前部为深绿色，后部布有黄棕色斑驳；螯脚前节腹面淡橙色、延伸至可动指及不可动指基部，二指前端为深红色；步脚前节和指节淡橙色。属暖水蟹类，主要分布于我国的浙江、福建、台湾、广东、广西、海南等各省（区）沿海，生活环境为海水，栖息于水深 10～30 m 的沙泥质海底或岩礁，可在河口或沿岸捕获。远海梭子蟹生存的海水盐度为 10.0～50.0，能正常摄饵的海水盐度为 15.0～45.0，最佳摄饵海水盐度为 25.0～35.0。远海梭子蟹是海南、粤西、北部湾一带海域的主要经济蟹类，在这一带产量大。远海梭子蟹体型大（体宽最大达 18.7 cm），肉味鲜美，营养丰富，食用价值高，为重要食用蟹之一，也是重要的出口创汇水产品。

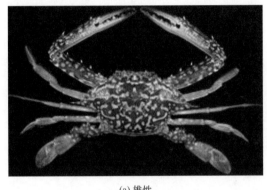

(a) 雄性　　　　　　　　　　　　　　　　(b) 雌性

图 5.68　远海梭子蟹（*Portunus pelagicus*）

（资料来源：http://image.baidu.com）

远海梭子蟹苗种规模化培育已在浙江海门和广西北海取得成功，远海梭子蟹整个幼体发育过程共蜕皮 6 次，即蚤状幼体阶段蜕皮 5 次；大眼幼体阶段蜕皮 1 次。在 27.4～28.2℃ 的培养条件下，远海梭子蟹从破膜孵出到变态为第一期幼蟹，需经 14～15 d。规模化人工繁育的成功为其人工增养殖开拓了前景。

5.8.2.7　翡翠贻贝

翡翠贻贝（*Perna viridis*）（图 5.69），又称翡翠股贻贝，俗称"青口螺"、青匙、菜恋。分类学上隶属于软体动物门（Mollusca）、双壳纲（Bivalvia）、翼形亚纲（Pterimorp hia）、贻贝目（Mytiloida）、贻贝科（Mytilidae）、股贻贝属（*Perna*）（图 5.69）。属暖水性海洋贝类，在我国分布于南海、东海南部和海南岛沿岸。分布在低潮线至水深 20 m 左右处，但以水深 5～6 m 分布较多。营附着生活，多以足丝附着在水流通畅的岩石上。生存适温范围 11.0～33.0℃，以 20.0～30.0℃ 生长较好，1 年左右壳长可达 5～6 cm。雌雄异体，1 年有两个产卵期，3—5 月和 10—12 月，繁殖适温范围 18.0～25.0℃，孵出后 17～25 d 开始附着。翡翠贻贝为食用贝类，贝体较大，肉质鲜美，营养价值较高，是旅游主要餐用食品；也常作海洋环境污染的生物监测对象。

图 5.69　翡翠贻贝（*Perna viridis*）

（资料来源：http：//zhongyibaodian.com/bencaogangmu/dancai.html）

翡翠贻贝是我国东南沿海地区重要的海水养殖对象，养殖技术成熟，生长快，产量高，在海南沿海推广前景广阔。近年的分子标记研究认为翡翠贻贝种群具有较高的遗传多样性，南方可能存在不同的区域性种群。

1）增养殖品种选划的适宜性（养殖生物学）

生态习性：翡翠贻贝生活在低潮线至水深 20 m 海区，以水深 1.5 ~ 8.0 m 处的分布密度较大，喜群居。幼体阶段浮游，幼贝和成贝以足丝固定在岩礁、贝壳、渔具、水泥构件、木材、塑料制品等物体上生活。适宜生长水温 10.0 ~ 35.0℃，最适水温为 20.0 ~ 30.0℃；适宜生长盐度 15 ~ 29。杂食性，主要摄食圆筛藻、海链藻、直链藻、舟形藻、菱形藻、斜纹藻、小环藻、双壁藻、半管藻等浮游硅藻，也摄食甲藻、桡足类及其附肢、甲壳类幼虫和有机碎屑等。以鳃过滤的方式取食，壳长 5 ~ 6 cm 的个体，1 昼夜可滤水 45 L。

生长速度：生长较快，自然海区 1 龄贝壳长 5 ~ 7 cm，2 龄 8 ~ 10 cm，3 龄 11 ~ 13 cm，4 龄 14 ~ 15 cm，5 龄 16 ~ 17 cm。在浮筏采苗与挂吊养殖条件下，壳长 1 cm 的贝苗，放养 20 个月后可收获，这时壳长达 10 cm 左右（壳长超过 8 cm、出肉率超过 20% 时达商品规格），体重 80 ~ 85 g。

繁殖习性：多数雄雌异体（壳长 5 cm 以下的雄性居多，6 cm 以上的雌性居多，9 cm 以上的雄雌几乎相等），少数雄雌同体；8 月龄达性成熟，最小成熟个体壳长 1.8 cm，壳长 5 ~ 12 cm 的个体，绝对生殖力 300 万 ~ 3 000 万粒。在海南生殖期为 4—6 月和 9—12 月，适宜生殖水温 25.0 ~ 29.0℃，最适水温为 25.0 ~ 28.0℃。在水温 22.0 ~ 28.5℃的环境下，从受精时计起，15 min 后卵里的胚体出现第一极体；16 ~ 18h 后变态为 D 形幼体；5 ~ 9 d 后发育为壳顶幼体；16 ~ 24 d 后发育为变态幼体；20 ~ 27 d 后发育为幼贝，这时开始分泌足丝附着在其他物体上，营固着生活。

2）选划品种的增养殖方式、区域布局

增养殖方式：多采用插柱（水泥柱、石柱等）养殖、栅架（固定架）挂吊养殖、浮筏挂吊养殖和浅海底播增殖。

区域布局：在海南岛沿海都有分布，具有发展养殖的优越自然条件，但要注意合理布局和控制增养殖密度。

3）增养殖技术要点

浮筏采苗与挂吊养殖技术要点如下。

（1）海区采苗。选择往返流通畅、水质肥沃、饵料生物丰富、敌害生物较少、亲贝资源充足的海湾为采苗场（以半圆形海湾为佳），并设采苗浮筏（多用单式筏）；在该贝的繁殖季节采苗（南海区为 5—6 月和 9—10 月，以前者为佳）；采苗前，使用浮游生物网取样检测，当壳顶后期幼体（即将附着的幼体）达 0.1 个/L 水体时，可开始采苗；采苗时，用棕绳、草绳、篾绳、聚乙烯绳等（以棕绳为佳）作为采苗绳，采苗绳长 1~2 m、直径约 1 cm，每根浮缆（长 60 m）挂吊 200~250 条采苗绳，采苗绳在吊挂前如用海水浸泡一段时间，让其附上硅藻，可提高采苗率；采苗后，附在采苗绳上的贝苗仍留在采苗区管养，待壳长超过 1 cm 时再剥下来，提供养成。

（2）浮筏养成。选择风浪不大、流速 25~40 cm/s、盐度在 13.0~39.0 之间、水质肥沃、水深 5~10 m、泥或泥沙底质的海区为养成场；以聚乙烯绳（140~180 股）为吊绳，吊绳长 80~100 cm，用于连结浮缆和养成绳，以棕绳或篾绳、聚乙烯绳为养成绳（常用 3~4 根直径 1.2 cm 的棕绳绞合成 1 根使用），养成绳长 1.5~3.0 m，用于附苗养成；挂苗前，在养成区设置浮筏（方框筏），养成浮筏的浮缆间距 3~5 m、浮子间距 3 m；挂苗时，先用网片把贝苗包于生长绳上，直径 2~5 cm 的养成绳，包苗密度为 400~700 粒/m 绳长，再把养成绳挂吊于浮缆上，绳间距约 1 m，约 4~5 d 贝苗附着后，可拆除网片。

（3）养成管理。台风来临时，要加固浮筏，并采取减浮、压石等方法，将浮筏下沉到水面下 0.5~1.5 m 处；贝苗个体增大后，要保持浮筏平衡、稳定，防止养成绳贴底；平时要加强巡查，发现吊绳磨损断股时应及时更换，发现敌害生物侵食或污损生物附着时应及时清理。

5.8.2.8　巴非蛤

巴非蛤（*Paphia* sp.），海南俗称：芒果螺。在分类学上隶属于软体动物门（Mollusca）、双壳纲（Bivalvia）、帘蛤目（Veneroida）、帘蛤科（Veneridae）、巴非蛤属（*Paphia*）。分布于我国浙江南部以南沿海，分布在低潮线 0.5 m 以下水深的泥沙底质或软泥底质中，营埋栖生活。海南岛沿海分布较多，种类有：波纹巴非蛤（*Paphia undulata*）和沟纹巴非蛤（*Paphia exarata*）（图 5.70），是食用价值较高的双壳类软体动物，也是深受国内外客户所喜爱的海鲜品。

1）增养殖品种选划的适宜性（养殖生物学）

生态习性：波纹巴非蛤栖息于风平浪静，潮流畅通的潮下带浅海区，分布于水深 8.0 m 以内，营埋栖生活，其垂直栖息深度与个体大小有关。开始营底栖生活的稚贝多分布于浅水区底表，以滤取有机碎屑和微型单细胞藻类为食；壳长在 2.0 cm 以内的贝苗埋栖深度均在 10 cm 以内；壳长在 5 cm 以上的个体则埋栖深度大多在 20 cm 以内；少数个体栖息深度达 30 cm。在波纹巴非蛤高密度分布区，其重叠栖息达 4~5 个层次。海水比重在 1.016~1.023

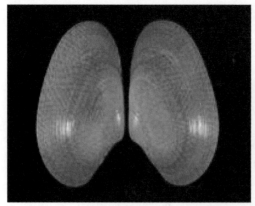

(a) 波纹巴非蛤 (*Paphia undulata*)

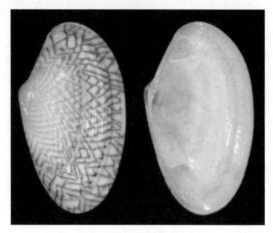

(b) 沟纹巴非蛤 (*P. exarata*)

图 5.70　两种巴非蛤

（资料来源：http：//a2. att. hudong. com）

之间（海水比重突降至 1. 008 以下易发生死亡），pH 保持在 8. 2 左右。

　　生长速度：波纹巴非蛤经过 1 年的生长，壳长可达 4. 3 ~ 4. 8 cm，平均体重 12. 5 g；2 龄的贝体平均壳长 5. 6 cm，平均体重 19. 8 g。波纹巴非蛤的生长速度与其栖息密度相关。

　　繁殖习性：波纹巴非蛤繁殖季节为 3—10 月下旬，水温在 23. 0 ~ 26. 0℃。

　　2）选划品种的增养殖方式、区域布局

　　增养殖方式：在低潮区滩涂和浅海开展增养殖生产。

　　区域布局：自然分布于陵水、三亚、乐东、东方沿海，可在海南各沿海地区泥沙底质或软泥底质的滩涂和浅海海域开展增养殖生产。

5. 8. 2. 9　黄边糙鸟蛤

　　黄边糙鸟蛤（*Trachycardium flauum*）（图 5. 71），海南地方俗名：鸡腿螺。在分类学上隶属于软体动物门（Mollusca）、双壳纲（Bivalvia）、帘蛤目（Veneroida）、鸟蛤科（Cardiidae）、鸟蛤属（*Trachycardium*）。主要分布于我国海南、台湾、广东、广西沿海，常栖息在低潮线附近的砂质底的滩涂和浅海，栖息很浅，足部肌肉发达，能在沙滩上做跳跃式运动。由于肉质鲜美，营养丰富，深受民众欢迎。海南已取得人工繁殖的成功，可作为浅海区砂质底放流增殖的主要种类。可布局在海南岛陵水、三亚、儋州、临高、澄迈、琼海、文昌等沿海滩涂和近海砂质底海区放流增殖。

图 5.71　黄边糙鸟蛤（*Trachycardium flauum*）

（资料来源：http：//image.baidu.com）

5.8.2.10　长肋日月贝

长肋日月贝（*Amussium pleuronectes*）（图 5.72），其在海域中利用闭壳肌的收缩，迅速开合双壳在海水中能快速游泳，因而海南俗称"飞贝"、"飞螺"。在分类学上隶属于软体动物门（Mollusca）、双壳纲（Bivalvia）、珍珠贝目（Pterioida）、扇贝科（Pectinidae）、日月贝属（*Amussium*）。日月贝壳大，近圆形，左壳表面为红色，右壳两面白色，故称日月贝。左壳表面有光泽，内面微紫而带银灰色；右壳两面白色，放射肋较长，共约21～29条。由于放射肋较长，光泽诱人，具有观赏价值。长肋日月贝属于暖水性种类，栖息于潮下带5～90 m泥沙质或软泥质海底，产卵季节为5—7月，生长较快。长肋日月贝在海南、广东、广西沿海分布很广，尤以海南儋州白马井等地海域产量较多。其闭壳肌发达，肉质部较肥满，味极鲜美，营养丰富，是上等食用贝类。

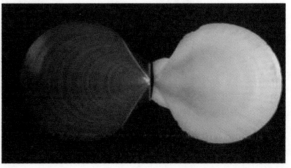

图 5.72　长肋日月贝（*Amussium pleuronectes*）

（资料来源：http：//image.baidu.com）

近年位于三亚的中国水产科学研究院南海水产研究所热带水产研究开发中心开展了"日月贝生物学及人工育苗研究",首次突破了长肋日月贝亲贝培育、人工催产和苗种培苗等关键技术,国内率先取得人工育苗成功,目前已培育出大批量稚贝,为下一步开展规模化苗种繁育和养殖生产应用奠定了重要技术基础。也可作为浅海区增养殖放流的主要贝类种类。可布局在海南岛近海低潮线以下 5~20 m 以上水深的泥沙底质海区放流增殖,在儋州、三亚、陵水、临高等地沿海有自然分布。

5.8.2.11 砗磲

砗磲是砗磲科动物的统称,俗称大蚵、蚵筋,为海产双壳贝类。在分类学上隶属于软体动物门(Mollusca),双壳纲(Bivalvia),帘蛤目(Veneroida),砗磲科(Tridacnidae)。砗磲是双壳类中最大的种类,库氏砗磲(*Tridacna gigas*)的外壳直径可达 1.8 m,厚 6~9 cm,两片贝壳约重 200~500 kg。较小的如鳞砗磲(*Tridacna squamosa*)、砗蚝(*Hippopus hippopus*)直径一般也有 0.5 m,堪称贝类之王。砗磲栖息于有珊瑚礁生态环境的热带海域,我国的海南岛、东沙群岛、西沙群岛和南沙群岛均有分布。我国已记录的砗磲属(*Tridacna*)有 5 种,砗蚝属(*Hippopus*)的 1 种,它们是:

(1)库氏砗磲(*Tridacna gigas*)(图 5.73)又名大砗磲,属于国家一级保护动物,属于《濒危野生动植物种国际贸易公约》附录Ⅱ中的物种。最大的壳可达 1.8 m,重可达 500 kg,是最大的贝类。寿命可达百年左右。壳表面白色,十分粗糙,具有 5 条粗大的覆瓦状放射肋,生长轮脉明显,在贝壳表面形成弯曲重叠的皱褶。这个数量是固定的,肋上没有鳞片只是细细的纹路,这是区别于鳞砗磲和长砗磲外壳最明显的特征之一。贝壳内面也为白色,但富有光泽,有与放射肋相应的肋间沟,铰合部狭长,两壳都有主齿和后齿各一个。主齿短,后侧齿弱。

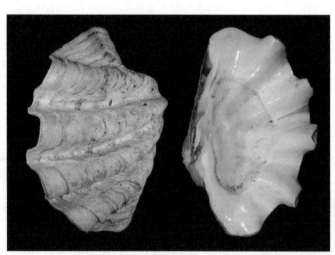

图 5.73 库氏砗磲(*Tridacna gigas*)

(资料来源:http://image.baidu.com)

(2)鳞砗磲(*T. squamosa*)(图 5.74),壳表有 4~12 条肥圆而突出的放射肋,其宽度从壳顶到壳缘迅速膨大。肋上有凹槽状鳞,自上至下逐渐变大。壳缘的形状与肋与其间隔沟槽的轮廓相对应。壳表白色,常染有橙色及黄色,内面白色。突起的鳞片是鳞砗磲的标记。

图 5.74　鳞砗磲（*Tridacna squamosa*）

（资料来源：http：//www.idscaro.net/sci/01_coll/plates/bival/pl_tridacnidae_1.htm）

（3）长砗磲（*T. maxima*）（图 5.75），贝壳的高与宽相比较长，贝壳外面的肋有 5～6 条，但是肋上的鳞片比鳞砗磲要小的多。铰合部长达末端，左壳有主齿及后侧齿各 1 枚；右壳有主齿 1 枚及并列的后侧齿 2 枚。在水中生活的环境与鳞砗磲相同，不同的是长砗磲在水下时其外套膜的颜色是蓝色的。

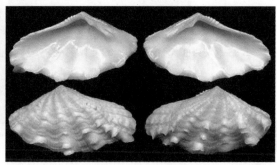

图 5.75　长砗磲（*Tridacna maxima*）

（资料来源：http：//image.baidu.com 和 http：//www.idscaro.net/）

（4）无鳞砗磲（*T. derasa*）（图 5.76），贝壳略呈扇形，又名扇砗磲。左右壳各具主齿 1 个，侧齿左壳 1 个，右壳 2 个。后闭壳肌和后收足肌往壳中央移动，前闭壳肌退化。筒状韧带发达。

（5）番红砗磲（*T. crocea*）（图 5.77），又名圆砗磲、红番砗磲、红袍砗磲，是砗磲中外套膜颜色最鲜艳美丽的种类，它的最大长度在 15～20 cm，我国的台湾、东沙群岛有分布。

（6）砗蚝（*Hippopus hippopus*）（图 5.78），外壳曲起成弓状，表面有方射性花纹，有红色的小斑点。砗蚝属于《濒危野生动植物种国际贸易公约》附录 II 中的物种。

砗磲贝壳略呈三角形，壳顶弯曲，壳缘呈波形屈曲。表面灰色，外壳上有数条如车轮外圈的深沟纹，因而古代将其命名为"车渠"，后来才在"车渠"二字左侧分别加上了石字旁。如：元代《古今韵会举要》说它背垄纹如车轮所辗之渠，故称"车渠"。《本草纲目》："案韵会云，车渠，海中大贝，背上垄文，如车之渠。味甘咸，大寒，无毒。入肾经。"砗磲的

图 5.76　无鳞砗磲（*Tridacna derasa*）

（资料来源：http：//www. nmr – pics. nl）

图 5.77　番红砗磲（*Tridacna crocea*）

（资料来源：http：//www. nmr – pics. nl/Cardiidae＿ new/album/slides/
Tridacna％20gigas％20（2）. html）

贝壳大而厚，壳面很粗糙，具有隆起的放射肋纹和肋间沟，有的种类肋上长有粗大的鳞片。砗磲外套膜大，颜色鲜艳，在海里生活的砗磲，当潮水涨满将其淹没后，便张开贝壳，伸出肥厚的外套膜边缘进行活动。砗磲的外套膜极为绚丽多彩，不仅有孔雀蓝、粉红、翠绿、棕红等鲜艳的颜色，而且还常有各色的花纹。

　　砗磲的经济价值很高，不但活体珍贵，其贝壳也很珍贵。砗磲的闭壳肌很大，且味道鲜美，营养丰富，可鲜食、熟食，可作为宾馆、酒楼等食肆高档海鲜菜肴的烹饪原料，更是名贵干贝之一，商品名叫"蚵肉"、"蚵筋"、"蚝筋"。砗磲贝壳壳面具有强大的肋，通常为白色，美观亮丽，壳厚，为工艺装饰品的上好原料，制作成贝雕制品为上品。砗磲体内有时还生有许多质量较好的珍珠甚至是大珍珠。据记载，1934 年在菲律宾巴拉岛捕获的一个大砗磲中，砗磲壳内有一颗目前世界最大的天然海洋珍珠，长 241 mm、宽 136 mm，重达 6. 350 kg，后被命名为"真主之珠"。另据药书记载，砗磲贝壳还有药用价值，可镇静、安神、解毒和

图 5.78　砗蚝（*Hippopus hippopus*）

（资料来源：http：//stu. baidu. com）

治虫蜇等疾。小型贝壳可烧制石灰或供观赏。

砗磲常与腰鞭毛藻目的虫黄藻（*Symbiodinium microadriaticum*）共生。这种单胞藻可在砗磲体内循环，并可进行光合作用，为砗磲提供丰富的营养。砗磲的外套膜边缘有一种叫玻璃体的结构，能聚合光线，可使虫黄藻大量繁殖。这种贝藻的特殊关系，成为互惠共生。此外，砗磲也食浮游生物。砗磲很适合养殖，目前，澳大利亚、泰国等国家已成功开展了鳞砗磲和无鳞砗磲的人工养殖。

从砗磲自然生活环境来看，砗磲生活于珊瑚礁海域，是珊瑚礁生态系统的重要成员之一，要求水质清洁，透明度 10 m 以上。温度介于 25.0～30.0℃，盐度在 32.0～35.0，pH 在 8.1～8.5 间。由于砗磲外套膜有虫黄藻共生，而藻类需要进行光合作用，因此，阳光对于砗磲的成活和生长相当重要。进行人工繁育时，更要求洁净的水质。

砗磲和其他双壳类一样，也是靠通过流经体内的海水带来食物。此外，它们还有在自己的组织里种植食物的本领。它们同虫黄藻共生，并以这种藻类作补充食物，特殊情况下，虫黄藻甚至可以成为砗磲的主要食物。虫黄藻也借砗磲外套膜提供的方便条件，如空间、光线和代谢产物中的磷、氮和二氧化碳，进行充分繁殖。砗磲之所以长得如此巨大，与它可以从两方面获得食物有关。

砗磲属于雄性先熟型的雌雄同体的动物，在成熟后的 2～3 年间为雄性，之后生殖腺再发育为雌雄同体，能同时释放精子与卵。在释放生殖细胞时，先释放出精子，之后才排放卵子，以避免自体受精。成熟个体大小及年龄因种类及地理分布不同而异（长砗磲壳长约 20 cm 即

279

成熟）。

砗磲的早期发育与一般的双壳类相同，卵径接近100 μm。受精12 h 内变为有纤毛泳动的担轮幼体，受精2 d 后发育成有纤毛滤食性的双壳面盘幼体，此时其壳长达约160 μm。面盘幼体接着长出足部，成为具足面盘幼体后，沉降并附着于底质上，不再游泳。

在受精后8～10 d，变态为200 μm 的稚贝。成为稚贝后，即开始同虫黄藻共生生活。砗磲成长速率呈S形曲线，稚贝成长极缓慢，约一年后快速增长，到了性成熟期后生长又变缓。

砗磲不仅是双壳贝类之王，也是贝类中的老寿星。据估计，长50 cm 的个体需要12 年才能长成，每年约增长5 cm。它年幼时生长快，以后逐渐减慢，生命周期达80～100 年，甚至可达数百年。

在砗磲的人工繁殖与人工养殖中，稚贝的培育十分关键，由于稚贝生长缓慢，人工培育的砗磲苗种在达到适合外海养殖或增殖放流的规格前，需在附苗池和陆域养殖池培育较长时间。一般情况下，砗磲幼体变态为稚贝后，需先在附苗池中持续培育5个月左右，之后转移至陆域养殖池内以较低的密度再培育至少12个月，直至体长达到2～3 cm 才适合在开放性水域养殖，若外海养殖或增殖放流投放砗磲的规格太小，其成活率将显著下降。为了保证砗磲的健康成长，在砗磲苗种培育和养殖的各个阶段都要求环境清洁、水质优良，需要定期监测砗磲生活水域的水质状况。

在养殖中要做到：

① 每天换水2～2.5 倍的池水容量，保障良好水质，提供砗磲必需的营养和矿物质。

② 进水时以25 μm 的滤袋过滤，避免敌害生物和污染物进入养殖池。

③ 砗磲的外套膜要与水面保持20～30 cm 的间距。

④ 充气促进水体循环，避免水体中溶解氧过低，同时以确保水体中有充足的营养成分。

⑤ 使用遮光网覆盖养殖池，覆盖率要大于50%，以避免阳光过强对砗磲的伤害。

⑥ 在陆域养殖池中，要施以含氮的肥料来补充养分，以加快砗磲的成长。

5.8.2.12 马蹄螺

马蹄螺，俗名：公螺。隶属于腹足纲（Gastropoda）、前鳃亚纲（Prosobranchia）、马蹄螺科（Trochidae），为马蹄螺科动物的统称。马蹄螺贝壳大而坚，呈圆锥形，壳顶尖，壳口一端平截，内部均有珍珠层。暖水性种类，生活在低潮线至水深十余米岩石和珊瑚礁基质的海底。多为植食性，取食岩石表面的藻类或孢子层。雌雄异体，体外受精，多数有自由游泳的幼虫。主要分布在我国南海、三亚、陵水等海域，以西沙群岛各岛礁最丰富。海南分布的马蹄螺属（Trochus）种类包括大马蹄螺（Trochus niloticus）（图 5.79）、马蹄螺（T. maculatus）和塔形马蹄螺（T. pyramis）（图 5.80）。以大马蹄螺体形最大、最重，壳高十余厘米，有螺层9层，外形几乎呈等边三角形。大多数成贝的螺层除一些细斜纹外，大致光滑；中贝及所有幼贝螺层都有管状小结节，有的在浅缝合线处形成凹槽。螺轴上有脊状齿，壳表浅粉红白色，有深红色宽斜条纹。西沙群岛珊瑚礁分布的数量较多，但因大量捕捞，用其有光泽的珍珠层制钮扣，导致目前数量锐减。塔形马蹄螺壳高约6 cm，有螺层约12层，每层具粒状突起组成的螺肋4条，缝合线上方的一条突起发达而颗粒较少。壳面青灰色或黄灰色，有紫色或绿色斑纹。壳底平，灰白色，密布以壳轴为中心的螺旋纹，外唇薄，内唇厚，屉角质。

海南大学海洋学院和广东海洋大学珍珠研究所都先后取得了塔形马蹄螺人工繁殖的成功。

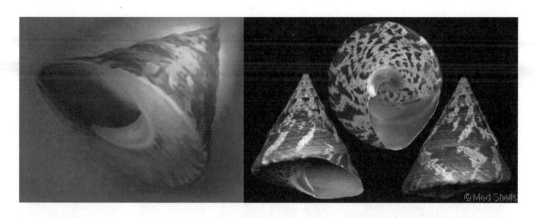

图 5.79   大马蹄螺（*Trochus niloticus*）

（资料来源：http：//stu. baidu. com）

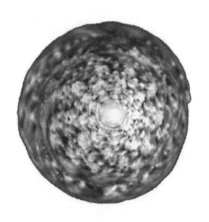

(a) 塔形马蹄螺侧面观   (b) 塔形马蹄螺顶面观

图 5.80   塔形马蹄螺（*T. pyramis*）

（资料来源：http：//image. baidu. com）

人工促熟的适宜温度为 26. 0 ~ 28. 0℃，用叉珊藻（*Jania arborescens* Yendo）为饵料促熟塔形马蹄螺的效果较好，人工催产实验表明，采用降温阴干的方法进行催产效果较好，实验贝的催产率最高可达 95% 左右，为今后开展马蹄螺规模化苗种繁育和养殖生产奠定了重要技术基础。马蹄螺是浅海区增养殖放流的主要贝类，可布局在三亚、陵水等海南岛沿海海域和西沙群岛各岛礁。

5. 8. 2. 13   角螺

角螺，俗名：香螺。隶属于软体动物门（Mollusca）、腹足纲（Gastropda）、前鳃亚纲（Prosobranchia）、新腹足目（Neogastropoda）、盔螺科（Melongenidae）、角螺属（*Hemifusus*）。暖水种，主要分布在我国东南沿海，如海南临高、澄边、丿宁沿海海区。生活在潮下带水深十余米至 70 m 软泥、泥沙质海底，通常要采用拖网才能捕获。成体螺体大、肉肥、味道鲜美独特、是高档海珍品，市场价格一向居高不下，为具有良好发展前景的养殖新品种，经济价值高。海南岛主要种类有细角螺（*Hemifusus ternatanus*），这 2 种螺的开发价值都很高，并以细角螺经济价值更高。在水产增养殖方面，细角螺和管角螺的人工批量育苗已取得成功，是

281

开发前景很好的高档贝类。细角螺贝壳去顶后可作号角，故也称之为"响螺"。

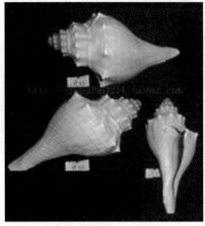
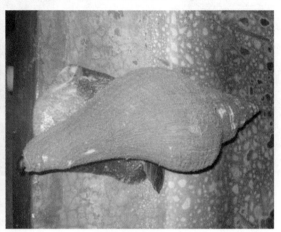

(a) 管角螺 (资料来源：www.huitao.net)　　　　(b) 细角螺 (冯永勤 拍摄)

图5.81　管角螺（*Hemifusus tuba*）和细角螺（*H. ternatanus*）

（a）管角螺；（b）细角螺

5.8.2.14　金口蝾螺

　　金口蝾螺（*Turbo chrysostomus*）（图5.82），隶属于腹足纲（Gastropoda）、前鳃亚纲（Prosobranchia）、原始腹足目（Archaeogastropoda）、蝾螺科（Turbinidae）、蝾螺属（*Turbo*）。贝壳中等大小，重厚结实。螺层约6层，壳顶较高，体螺层较膨大，缝合线较深。壳口圆，内面金黄色，具有珍珠光泽。暖海种，生活在低潮线附近的岩礁间。我国主要分布在台湾、海南岛和西沙群岛海域，陵水、三亚沿海的潮间带低潮线以下海区也有分布。由于珍珠层厚，可供观赏和制作贝雕的原料；螺厣可入药，肉可食，是价值较高的食用贝类，具有良好的增养殖开发前景。

图5.82　金口蝾螺（*Turbo chrysostomus*）

（资料来源：http：//www. nmr - pics. nl/Turbinidae/album/slides/Turbo%20fluctuosus. html）

海南海域还有一种与金口蝾螺外形和栖息环境十分相似的种类——银口蝾螺（*T. argyrostoma*）（图5.83），但其壳口为银白色。

图 5.83　银口蝾螺（*Turbo argyrostoma*）

（资料来源：http：//tieba. baidu. com/p/1252688786）

5.8.2.15　海参

海参为"海产八珍"之首。海参是棘皮动物门（Echinodermata）、海参纲（Holothuroidea 或 Holothurioidea）中所有无脊椎动物的统称，共有 1 000 余种。食用海参有海参属（*Holothuria*）、刺参属（*Stichopus*）和梅花参属（*Thelonota*）等。西沙群岛有海参 40 余种，可供食用的有 20 余种，主要有梅花参（*Thelenota anans*）（图5.84）、绿刺参（*Stichopus chloronotus*）、花刺参（*S. variegatus*）、糙刺参（*S. horrens*）（图5.85）、白底辐肛参（*Actinopyga mauritianu*）、子安辐肛参（*A. lecanora*）、糙海参（*Holothuria scaera*）、白尼参（*Bohadschia argus*）、巨梅花参（*Thelenota anax*），其中尤以梅花参为最珍贵。

图 5.84　梅花参（*Thelenota anans*）

（资料来源：http：//www. baike. com/wiki/% E6% A2% 85% E8% 8A% B1% E5% 8F% 82）

图 5.85　糙海参（*Holothuria scaera*）

1）增养殖品种选划的适宜性（养殖生物学）

梅花参背面肉刺很大，每 3～11 个肉刺基部相连呈花瓣状，故名"梅花参"，又因体形很像凤梨，也称"凤梨参"。梅花参常栖息于水深 3～10 m 且有少数海草的珊瑚砂底，是海南省特有的海珍品。最长可达 1.2 m，重 12～13 kg，故称"海参之王"。海参体壁含有丰富的胶原成分和蛋白聚糖，并含有钙、镁盐及铁、锰等多种微量元素，自古以来，我国人民就把海参作为一种滋补食品和中医药膳的原料，现代医学证明，海参含有的酸性黏多糖对人体的生长、愈创、成骨和预防组织老化、动脉硬化等有着特殊功能，营养和药用价值极高。梅花参个体大，品质佳，口感也好，为我国南海食用海参中最好的一种。

海南岛沿岸海域盛产糙海参，体长 30～40 cm，最大者可达 70 cm，体宽约为体长的 1/4。体色变化很大，背面为暗绿褐色，并杂有少数黑色斑纹；沿背中线颜色较深，两侧较浅，腹面白色。口小偏于腹面，触手 20 个，小形。肛门端位，其周围有 5 组成放射状排列的小疣。体背面有少数小疣足；各疣足的基部常围有白斑，顶端黑色。腹面的管足成细疣状，散生于整个腹面，腹中央线有 1 条明显的纵沟。皮肤内的骨片很发达，分深层和浅层，浅层的为桌状体，深层的为扣体。生活于岸礁边缘、潮流强、海草多的沙底。分布于我国南海。

经过多年的研究，我国北方已建立了比较规范的刺参人工育苗技术，生产规模逐年扩大；海南大学海洋学院已取得糙海参等多种南方海参批量育苗的成功，为增殖放流提供了良好的品种，人工增养殖前景广阔。

2）选划品种的增养殖方式、区域布局

增养殖方式：国内刺参养殖规模不断扩大，方式多种多样，形成了海上沉笼养殖、池塘养殖、围堰养殖、浅海围网养殖、海底网箱养殖、人工控温工厂化养殖，参、鲍混养，虾、参混养，人工鱼礁增殖等多种增养殖模式。以上增养殖模式对水环境要求都较高，要求水质清澈，潮流畅通，盐度 25.0 以上。为海南发展海参增养殖提供了良好的借鉴。

区域布局：海南岛沿海水质符合 GB 3097—1997 二类海水水质标准以上的海域，都可布局海参增养殖，但有待根据不同海参的特点科学规划，合理布局。

5.8.2.16　海胆

海胆，又名"海刺猬"，是棘皮动物门（Echinodermata）、游在亚门（Eleutherozea）、海胆纲（Echinoidea）无脊椎动物的总称。全世界现存的海胆全部为海产，大约有 850 种，但可食用种类较少，迄今已被较好的开发利用并能形成规模性渔获量的经济种类不超过 30 种。目前，我国已发现的海胆有 100 种左右，但成为重要经济种类的还不到 10 种。

1）增养殖品种选划的适宜性（养殖生物学）

海胆多生活于海底，喜欢栖息在海藻丰富的潮间带以下的海区礁林间或石缝中，以及坚硬沙泥质浅海地带，具有避光和昼伏夜出的特性。海南海域海胆的主要经济种类有：白棘三列海胆（*Tripneutes gratilla*）（图 5.86）和紫海胆（*Anthocidaris erassispina*）（图 5.87），分布于海南岛和西沙群岛等海域。白棘三列海胆又名马粪海胆，体型较大，成体黑紫色，棘短而尖锐，分布于浅海，繁殖季节为春、夏季，资源较多。它是分布于海南岛沿海的食用海胆中个体最大，生长最快的种类，大者壳径可达 15 cm，体重达 1 kg，1 周龄壳径可达 7~8 cm。紫海胆体型属大中型，成体黑紫色，棘长而尖锐，分布在潮间带至深水区，繁殖季节为 5~7月，质量较好，是我国东南沿海海胆类中最常见和最重要的经济种类，是我国南方加工海胆制品的最主要种类。海胆生殖腺（俗称海胆黄）含丰富的蛋白质和对人体有益的生物活性物质，是国内外旅游爱好者喜爱的高档保健营养食品。

图 5.86　白棘三列海胆（*Tripneutes gratilla*）

（资料来源：http://images.google.com.hk）

图 5.87　紫海胆（*Anthocidaris erassispina*）

（资料来源：http://ecology.hku.hk/jupas/rocky.htm）

白棘三列海胆和紫海胆人工育苗及养殖技术已比较成熟，有利于海胆人工增养殖的推广。

2）选划品种的增养殖方式、区域布局

增养殖方式：海胆一般都采用底播增殖的方式，也可在岛礁周围的浅水区进行围网养殖，还可利用网箱、吊养浮筏、陆上工厂化养鲍设施等进行海胆养殖。

区域布局：选择水环境优良，盐度 27.0 以上，水深 10 m 以内，海底为岩礁或有块石分布的砾石，藻类等饵料生物丰富的海域底播增殖。可布局在三亚、陵水、万宁、琼海、文昌、儋州等地以基岩型海岸线为主的海域发展增养殖生产。

5.8.2.17　沙蚕

双齿围沙蚕（*Nereis succinea*）（图5.88）是一种分布广泛的多毛纲动物，俗称海蜈蚣、海虫、海蛆、青虫，人称"万能钓饵"。在分类学上隶属于环节动物门（Annelida）、多毛纲（Polychaeta）、叶须虫目（Phyllodocida）、沙蚕科（Nereidae）、沙蚕属（*Nereis*）。双齿围沙蚕体长达15 cm，广泛分布在我国沿海滩涂。尾部呈褐色，其余的部分呈红褐色。头部有4只眼睛，一对触须及8只触手。双齿围沙蚕能够游泳，在水底寻找食物，摄食其他蠕虫及藻类，会用其口器上的2只钩来捕捉猎物。双齿围沙蚕是其他水底鱼类及甲壳类的重要食物。它们可以分泌黏液状物质使自己变硬，以保护自己免受其敌害捕食。在春天及初夏的月相会繁殖。它们的疣足会扩大，并产卵及排精。在产卵及排精后便会死亡。幼虫浮游生存，当成长至环节动物后会沉回水底。

(a) 双齿围沙蚕　　　　　　　　　　　　　　　(b) 双齿围沙蚕的头部

图5.88　双齿围沙蚕（*Nereis succinea*）

（资料来源：http：//zh. wikipedia. org/wiki/%E5%A4%9A%E6%9B%9B%E7%BA%B2）

1）增养殖品种选划的适宜性（养殖生物学）

沙蚕科动物的成虫和幼虫均为经济鱼类和虾类的饵料。中国南方沿海以及东南亚一带居民有食沙蚕的习惯。疣吻沙蚕和多齿围沙蚕常栖于稻田，咬食稻根并对水稻造成危害。沙蚕还是旅游业垂钓用的优良钓饵，随着海南旅游业的发展，需求量也逐年增加，是目前出口创汇较多的水产品之一。此外，我国福建、两广及日本东南亚一带自古就喜食沙蚕，特别是繁殖期的沙蚕味道鲜美、营养丰富，含有较多的不饱和脂肪酸，即二十碳五烯酸（EPA），具有调节血脂、预防心脑血管疾病等药用价值，日本利用沙蚕提取物治疗恶性肿瘤，在临床上已有所突破。

沙蚕以动植物尸体碎片和腐屑为食，能有效利用污泥中的营养成分，有助于改善底质，属低碳海水养殖经济动物。沙蚕的苗种繁育和养殖技术成熟，养殖经济价值较高，是投资成本少、见效快的养殖新品种，可为水产养殖业带来巨大的经济效益和社会效益。

2）选划品种的增养殖方式、区域布局

增养殖方式：沙蚕增养殖方式主要有 3 种：室内水泥池养殖、室外土池养殖、滩涂放养增殖。沙蚕适合在潮流畅通，富含有机质的泥沙底质的滩涂和废浅池塘养殖。

区域布局：可以布局在海口东寨港、儋州新英港、文昌八门港、临高马袅等处滩涂和浅海区域发展沙蚕增养殖。沙蚕多为海洋底栖种类，广盐性，从潮间带上部至深海底部都有分布，以潮间带泥沙底质中居多，常掘成 U 字形穴藏匿其中。活动受潮水涨落的影响，昼伏夜出。沙蚕对农药等污染物质有很强的敏感性，如在自然环境中会有迁移他处的现象，可作为底质和水质污染的指示生物。

5.8.2.18　方格星虫

方格星虫（*Sipunculus nudus*）（图 5.89），又名光裸方格星虫或光裸星虫，俗称"沙虫"、"海肠子"。分类学上隶属于星虫动物门（Sipucunla）、方格星虫纲（Sipunculida）、方格星虫目（Sipunculiformes）、方格星虫科（Sipunculidae）、方格星虫属（*Sipunculus*）。

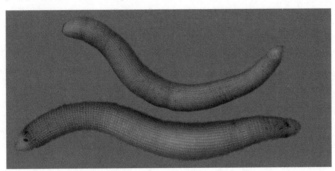

图 5.89　方格星虫（*Sipunculus nudus*）

（资料来源：http：//study. nmmba. gov. tw/ErrorPage. aspx？aspxerrorpath
=/modules/biology/BioResult. aspx）

1）增养殖品种选划的适宜性（养殖生物学）

生活于沿海潮间带，以低潮线最多，营穴居生活，涨潮时钻出滩涂，退潮时钻伏在滩涂泥沙里。主要栖息于潮间带至浅海的沙、泥沙底质及岩礁、珊瑚礁、藻场的沉积沙泥环境中，营埋栖生活，温带至热带海域均有分布。海南岛红树林区滩涂上资源量较大。穴呈圆形而细长，靠吻部及肌肉的收缩在泥沙中钻穴，也能在水中做蛇形游泳。绝大多数星虫种类具有经济价值，不少种类还是海珍食品。如方格星虫加工成干品，是名贵的海产珍品。其饵料主要是底栖藻类和有机碎屑，所以称其为"吃的是草，挤出来的是奶"。

广西已取得方格星虫规模化育苗的成功，由于其营养丰富，味道鲜美，有着广阔的人工养殖开发前景，且人工养殖不会对环境造成污染，在海南具有良好的养殖发展潜力。

2）选划品种的增养殖方式、区域布局

增养殖方式：方格星虫可采用池塘养殖和滩涂人工增殖的方式。据统计，广西北海市进行方格星虫人工池塘养殖试验已获成功。每公顷投苗 750 kg，平均产量为 3 t/hm²，产值为 13 万元/hm²，效益显著。

区域布局：在海南岛沿海红树林区滩涂发育良好、硅藻类的海域，可以布局在海口东寨港、儋州新英港、文昌八门港、临高马袅等处滩涂和浅海区域。

第6章　海南省海水增养殖业可持续发展对策措施

6.1　贯彻执行国家有关法规和海洋功能区划，促进海水增养殖业可持续发展

为了促进海水增养殖业的可持续发展和维护海洋生态与环境的平衡，国家先后出台了诸如《中华人民共和国海域使用管理法》、《中华人民共和国海洋环境保护法》、《中华人民共和国渔业法》和《海水水质标准》（GB 3097—1997）、《渔业水质标准》（GB 11607—1989）、《全国海洋功能区划》、《海洋功能区划管理规定》（国海发〔2007〕18号）等相关法规和标准，海南省也先后颁布了《海南省实施〈中华人民共和国海域使用管理法〉办法》、《海南省沿海防护林保护管理办法》、《海南省自然保护区管理条例》、《海南省红树林保护规定》、《海南省珊瑚礁保护规定》、《海南省海洋功能区划》等相关法规。所以，在规划和发展海水增养殖生产中，必须严格执行所有相关的法规和区划，科学规划，合理布局。采用先进的增养殖技术，选划出既符合国家和海南省海域管理的相关法规和政策，又能满足海南省海洋渔业产业结构调整、产业发展需求、与产业发展现状相适应的，并能取得可持续发展的经济效益、生态效益和社会效益的潜在海水增养殖区、增养殖方式和增养殖对象，实现海水增养殖业的可持续发展。

6.2　顺应海南国际旅游岛和生态省建设需要，转变海水增养殖发展方式

最近颁发的《国务院关于推进海南国际旅游岛建设发展的若干意见》（国发〔2009〕44号）中，特别强调"坚持生态立省、环境优先，在保护中发展，在发展中保护，推进资源节约型和环境友好型社会建设"，"综合生态环境质量保持全国领先水平"，并提出要加大南海渔业等资源的开发力度，大力发展热带水产品等现代特色农业，加强渔业生产安全服务体系建设，大力发展深海养殖业和远洋捕捞业，丰富热带滨海海洋旅游产品等。2005年5月27日海南省第三届人民代表大会常务委员会第十七次会议通过的《海南生态省建设规划纲要（2005年修编）》提出：提倡"绿色养殖"新理念，大力推行生态化养殖模式，采取人工鱼礁等措施，增加渔业资源量，引进和采用"深水网箱养殖"、高密度精养等先进实用技术，发展高科技集约化养殖，重点发展藻类、贝类生态水产品养殖，提高近海区的水域生产力。所以，要根据"国际旅游岛"和"生态省"建设的需要，在《潜在海水增养殖区评价与选划》专题项目研究中，要深入研究多种多样的海水增养殖新方式，为休闲旅游和生态省建设提供科技支撑，要加强海洋牧场、人工鱼礁、放流增殖、底播增殖、工厂化养殖、生态养殖等增养殖方式的研究，在保护海洋生态与环境，不影响滨海旅游景观的前提下，进行新的增

养殖方式及其特色品种的研究。它们既是生态养殖、健康养殖的重要增养殖方式，又是游钓运动渔业和休闲渔业的主要内容，还为旅游者提供美味的海鲜佳肴和名贵的南珠等旅游产品，又可以加工生产质量安全的水产品，提高国际市场竞争能力，增加出口创汇，加快海洋经济发展。

遵循以上基本原则和思路，在进行增养殖区域和优良品种选划中，要多从转变增养殖方式方面探索和研究，处理好资源和环境保护与发展海水养殖的关系，处理好旅游度假区规划建设与海水养殖的关系，处理好保护旅游景观和旅游秩序与海水养殖的关系，处理好发展休闲渔业与海水养殖的关系，处理好发展旅游产品与海水养殖的关系，处理好港口、交通、通讯、锚地、自然保护区、军事等海上设施建设与海水养殖的关系，处理好水产品质量安全与海水养殖的关系，促进海水养殖业的可持续发展。

为了保护海水增养殖区的环境良好，建议采取以下措施：一是加强重点海水增养殖区海域海洋环境全过程监管，对主要养殖污染环境指标实行总量控制，控制主要污染物增量；二是将海水增养殖区的生态与环境保护列入地方政府及其主管部门的政绩考核内容，加强监管，责任到人；三是逐步完善海水增养殖区海洋环境监测网络和能力，提高海洋环境质量状况、海洋环境监管、海洋环境突发事件和专项服务4大海洋环境监测能力；四是建立海水增养殖区海洋生态损害赔偿和生态补偿等方面的规章制度、标准体系及实施程序，海域使用金要有一定比例投入到海洋环境保护。

6.3 调整渔业产业结构，提高水产品市场占有率

海南岛岛内水产养殖产品市场十分有限，开拓国内外2个市场，是扩大海南海水养殖产品市场的根本出路，所以重点选划海水养殖产品的冷藏加工和高附加值的水产品加工格外值得重视。然而，海南水产品的总体加工程度低，缺少产地品牌；水产品加工企业装备和技术落后，缺乏规模效益和竞争优势；水产品精深加工程度较低，综合开发利用更加落后，整体效益较低。所以，海南在提高海水养殖产品市场占有率的激烈竞争中，要突出"名、特、优、新、早"的优势，定位国内外2个市场，调整结构，突出特色，保优品质，创名品牌，提高效益，促进水产养殖业的产业升级，实现优势水产品产业化生产。水产品流通、加工环节的效益显著高于水产养殖环节，因此发展水产品流通和加工，蕴含着很大的潜力。特别是以市场为导向发展科技含量高的高附加值的水产品加工业是渔业结构调整的重点。海南省渔业与水产品工业的产值比为1:0.3左右，而发达国家已达到1:4，中等发展国家为1:3或1:2，结构调整的潜力还很大。

所以，对渔业产业结构进行战略性调整，加强渔业基础设施建设，加快科技进步，提高水产品的产业化综合生产能力，是当前海南省提高海水养殖产品竞争力的主题。在渔业结构调整中，要根据市场导向和比较优势的原则，增大特色水产品水产养殖业的比重，加速发展水产品加工业，是提高海南特色水产品国内外市场竞争能力的重要保障。增强水产品在国内外市场的竞争能力，加快水产品加工生产，对于加速发展海水养殖业、渔业经济和海洋经济，乃至全省经济意义重大。

6.4　加强市场体系建设，促进重点选划海水养殖产品的产销衔接

以市场为导向，以效益为目标，是提高重点选划海水养殖产品市场竞争力的最基本原则。完善市场体系是扶持和壮大渔业产业化链条的重要一环，是水产品流通的基础，优质海水养殖产品的价值也是在加工和流通中得到表现。任何与水产相关的商品均可以在水产品交易市场中设置和流通，以货币的形式兑现。市场体系的建设应依据市场需求和海水养殖产品的产量进行规划，从大市场、大流通、大管理的观点出发，在大力实施名牌战略的同时，坚持"政府搭台、企业唱戏"，积极组织开拓国内外市场，真正做到产、供、销一条龙服务，使国家、生产者和经营者最终从市场中获益，使海水养殖生产和产区建设从市场中发展壮大。为此要重点做好以下工作：一是政府要加大力度支持重点海水养殖产区和集散地水产品批发市场、集贸市场等流通基础设施建设。海南（国家级）水产物流交易中心项目已经在桂林洋开发区开工建设，该项目一期设计年水产品交易量 20×10^4 t，最终将打造成一个综合性、专业化、大规模的水产品综合交易平台，将对海水养殖的产、供、销一条龙服务有重要促进作用。二是要加快建设市场信息服务体系建设，促进产销衔接。目前，海南水产品市场信息体系还比较薄弱，亟待加强建设，特别是政府要狠抓市场体系建设服务。正在建设的"海南海洋渔业 CDMA 安全生产通信保障及监管监测系统"就是良好的开端。市场信息是重要的市场资源，健全信息服务体系在优势水产品市场竞争中的作用越来越重要。三是加快高附加值水产品的科技信息化建设，开拓国内外市场。高附加值水产品的科技信息是调整水产品的产品结构，开拓市场，增产增效的重要措施，加速渔业科技信息化建设，有利于拓展渔业空间，延伸渔业产业链条，提升产品科技含量和产业化水平。要以水产品养殖和加工生产基地、集散地批发市场为突破口，以连接销—供—产为纽带，建立水产市场和信息网络，促进流通业的快速发展。四是通过多层次的水产品流通渠道，建立国内国际两大市场网络，规范市场秩序，开展市场预警、储备调节，防范风险，加快产品市场流通速度，不断提高产品市场占有率。五是要充分利用农业部和全国供销社等的水产品市场网络和市场信息平台系统，密切跟踪国内外海水养殖产品市场变化，促进大中城市水产品批发市场和大型连锁超市与水产品流通企业和加工企业的有效对接。

6.5　加快实施水产品产业化生产，推进海南海水养殖业乃至渔业经济的发展

2002—2008 年海南水产养殖产品的出口量和出口额年均增长率高达29.8%和31.8%，呈强劲增长势头。按出口金额排序，水产品已位居海南各产业的出口商品之首，已成为海南外贸出口的最大亮点。然而，在当前国际金融危机仍在扩散和蔓延，国际水产品市场动荡多变；党中央提出扩大内需，拉动消费，促进经济发展的形势下，如何加快实现海南渔业产业化步伐，持续做大做强重点选划水产养殖产品这个增长点，对推进海南海洋经济，乃至全省经济的发展意义重大。

据本项目组成员 2008 年年底完成的《海南水产品竞争力研究报告》显示，目前在国内外市场上海南有竞争力的水产品是对虾、罗非鱼、深水网箱养殖鱼类、琼脂和海藻、适沙性

贝类和珍珠等，显然它们是海南特色鲜明的水产养殖产品，特别是重点选划的海水养殖产品，加速海水养殖优势水产品产业化对推进海南渔业经济发展作用最大。如 2007 年海南制作或保藏的小虾及对虾出口额在全省水产品总出口额中的比例高达 37.38%，制作或保藏的罗非鱼、整条或切块占 36.05%，未列名制作或保藏的鱼、整条或切块占 5.26%。上述水产养殖优势水产品的出口总额占了 2007 年全省出口总额的 85.31%，对全省产品出口创汇作出了重要贡献。又如 2007 年海南海水养殖石斑鱼产量在全国产量中的比重高达 42.8%。

做大做强重点选划海水养殖产品的重要举措，是有计划有步骤地实施优势水产品产业化行动计划。水产品产业化行动计划就是根据某种水产品市场需求和效益目标，将渔业设施、苗种繁育、成鱼养殖、病害防治、饲料营养、捕捞、储藏保鲜、原料配送、精深加工、质量监控、运输销售、科技支撑、环境保护、市场信息、投资金融等各个渔业生产环节进行系统规划设计，统一运筹，环环扣紧，组成一个较为完整的产业链，推进其良种化、标准化、专业化、区域化、生态化和产供销一体化生产。从 2006 年开始海南省政府批准实施的《海南省罗非鱼产业化行动计划（2006—2010 年)》，大大推进了海南省罗非鱼产业化生产，取得了可喜成绩。2007 年全省出口罗非鱼 5.66×10^4 t、出口额 1.54 亿美元，分别占全省水产品出口总量和货值的 57.8% 和 43.7%。2008 年 1—10 月全省出口罗非鱼 7.50×10^4 t，出口额 2.38 亿美元，同比增长 60% 和 95%，其出口量占海南省水产品出口总量的 65.4%，出口额创下同期历史新高。实践证明，扎扎实实地组织实施水产养殖产品的产业化行动计划是促进海南省渔业发展的行之有效的方法。为此，建议政府相关部门对对虾、近海抗风浪网箱鱼、琼脂和海藻、适沙性贝类和珍珠等海南省重点选划的海水养殖产品，根据其国内外市场需求和综合效益，轻重缓急，逐个组织实施产业化行动计划，采取对应的对策措施，解决这些重点选划养殖水产品在实施产业化中每个产业链环节的实际问题。着重在创新市场经济观念，发展以国际和国内 2 个市场为导向，以产品加工出口创汇为突破口，建立龙头企业＋基地＋渔户＋科技支撑的生产机制，形成销—产—供一条龙的产业链，在促进实现优势水产品养殖品种良种化、生产标准化、质量监管全程化、生态环境友好型和市场经营产业化等方面下功夫，真正把各个优势水产品做成一个较为完整的产业。各个击破，整体推进，全面实现海南省渔业的产业化。

6.6　培育龙头企业，扩大海水养殖优势水产品出口

培育壮大水产品龙头企业是推进渔业产业化经营、扩大重点选划海水养殖产品市场，提升水产品竞争力，加快海水养殖优势水产品发展的关键。要按照"扶优、扶强、扶大"的原则，从财政、税收、金融等方面扶持培育一批骨干出口龙头企业。目前，海南省水产品龙头企业规模较小，如水产品加工企业出口值超亿元的企业全省仅仅 10 家，产值 1 亿~1.78 亿元企业 7 家，产值 2.21 亿~2.71 亿元企业 3 家。且这 10 家出口值超亿元的出口企业年出口量占全省年水产品出口总量的 55.2%，出口值占 65.4%。培育大型水产品龙头企业是当务之急。力争在 2~3 年内，要形成 4~7 个水产品年加工销售额 3 亿元以上的龙头企业。各市县也要结合地方经济特色和县域经济规划，重点扶持 2~3 个带动力强的出口龙头企业。通过培育壮大出口龙头企业，增强海水养殖、加工水产品的竞争力，带动渔业经济的发展。

省、市、县财政要增加农业产业化专项资金规模，重点支持对农户带动力强的龙头企业

开展技术研发、水产养殖基地建设、质量检测体系建设。鼓励龙头企业在财政支持下参与贷款担保体系建设。采取有效措施帮助龙头企业解决贷款难问题。省、市、县都要调整、完善相关政策，尽可能安排支持渔业产业化发展的专项资金，增加对骨干出口龙头企业的投入，主要用于龙头企业技改贷款贴息和龙头企业为水产养殖业者提供培训、营销服务，研发引进新品种新技术、开展原料基地建设和污染治理的财政补助，以及水产品加工出口奖励。设立渔业发展资金，主要用于扶持水产品出口龙头企业。建议参照国家农业部等八部委《关于扶持农业产业化经营重点龙头企业的意见》（农经发〔2000〕8号），对省级渔业产业化经营重点龙头企业实行相关的税收优惠政策。此外，省级水产品出口龙头企业配制的相应的生产原料——苗种、饲料、渔药等，供与其结成联合体的水产养殖业者和养殖生产基地使用，免征增值税；其原料生产基地免征农业税。对出口龙头企业的加工原料生产基地用电，免收高可靠性供电费用和临时接电费用，水产养殖用电按农业用电价格计收。建议商业银行每年安排一定的渔业产业化发展专项信贷资金，用于扶持水产品出口龙头企业。同时通过资质评估，对实力强、资信好、出口量大的骨干龙头企业核定一定的授信额度，简化贷款审批手续，并给予适当的利率优惠。和水产品出口龙头企业相联结的养殖业者申请小额信贷，可由骨干龙头企业提供担保，农村信用社应给予支持。

各级政府对水产品生产骨干龙头企业的资金支持，要引入市场经济理念，采取多种方式。用于基础设施建设、环境污染治理、水产养殖业者培训和新技术开发、推广等方面的，可无偿投入；用于经营性方面的，可作为资本金注入，或作为无息、低息借款。要建立省级水产品骨干龙头企业监测考核指标体系，每两年对骨干龙头企业进行一次全面考核，考核不合格的取消其骨干龙头企业资格。

6.7 加强重点选划水产品养殖与加工标准化体系建设，增强重点选划海水养殖产品的市场竞争力

逐步建设重点选划养殖水产品的养殖、加工、流通的标准化体系，是突破国际绿色壁垒和技术壁垒，提高优势水产品市场竞争力的关键性措施，也是发展现代渔业的一项基础性工程。中央政府十分重视食品的质量安全，提出要严格农产品质量安全全程监控。根据我国政府新颁布的食品安全法，海南省要制定和完善农产品质量安全法配套规章制度，健全部门分工合作的监管工作机制，进一步探索更有效的食品安全监管体制，实行严格的食品质量安全追溯制度、召回制度、市场准入和退出制度。加快农产品质量安全检验检测体系建设，完善农产品质量安全标准，加强检验检测机构资质认证。扩大农产品和食品例行监测范围。健全饲料安全监管体系，促进饲料产业健康发展。强化企业质量安全责任，对上市产品实行批批自检。建立农产品和食品生产经营质量安全征信体系。开展专项整治，坚决制止违法使用农药、兽（渔）药行为。为了更好地贯彻落实中央精神和法规，提高海南水产品的竞争力，提出如下对策和措施。

首先是要建立和健全水产品质量监管的技术支撑、法律保障和行政执法三大体系。技术支撑体系包括水产品质量安全标准体系、质量检测监测体系、质量认证体系。为了使水产品质量安全有标准可依，渔业主管和技术监督部门要抓紧完善和制定各种水产品，特别是海水养殖优势水产品的产品质量安全标准、原料质量安全标准和生产环境质量安全标准，对国内

外公认的违禁物质的检控量提出严格要求。海南要针对国内外市场对水产品质量安全要求，参考国家标准制定有海南自己特色的地方标准和企业标准，逐步形成比较完善的无公害水产品标准化体系。大力推进标准在渔业各领域的推广、应用，在水产品养殖生产和加工、流通等行业全面树立质量安全观念和品牌意识，培育一批水产品标准化生产基地、知名企业和品牌产品，实现"按标生产、按标上市、按标流通"，推进水产品质量安全水平的提高。符合标准的优质产品有赖于水产品质量检测体系的精确检验和监控。所以，要按照统一规划、合理分工、整体设计、分步到位、突出重点、覆盖全面、整合资源、逐步完善的建设原则建立和健全水产品质量检测体系，以全面提升水产品检验检测的能力和水平。海南省已建立有农业部农产品质量检测机构，并已建设省级水产品质量检测机构。由于水产品质量安全检测对检测仪器设备精度要求较高，投资较大，对检测技术人员的技能素质要求也较高，所以不宜搞低水平的重复建设，建议要充分利用中国热带农业科学院、海南大学等单位现有仪器设备和技术人才相对集中的特点，并以此为基础建设高质量的检测中心。高起点和高水平有利于建设与国际接轨的有效运行的水产品质量检测机构和体系。要全面引进、推广和应用 HACCP（危害分析和关键控制点）质量管理体系，以此为基础，大力培植和推进无公害水产品养殖生产、加工和运销，实现从养殖基地到餐桌的全程质量监控。为了确保水产品质量标准的实施和各级质量检测监测机构的准确性，要建立和健全水产品质量认证体系，规范认证行为，严格标识管理，构建完善的名牌水产品的培育、认定、监控、质量跟踪和预警机制。对水产品养殖生产的环境、投入品（如原料、饲料、病害控制和药物等）、产品、产品生产全过程等进行全面的检验和认证，生产具有较强竞争力的水产品，让消费者吃上放心的水产品。

法律保障体系是贯彻执行水产品质量安全的法规保证。海南省要根据新颁布的《中华人民共和国食品安全法》等相关法规，在调查研究的基础上，对现有的涉及水产品质量安全管理方面的法律、法规、政策和文件进行一次全面的清理，加快制定和完善适合于海南省地方特点的有关地方性法律、法规及其实施细则，为水产品质量安全生产、贸易提供具有约束力的法律支撑，在法制角度为水产品质量安全提供监管有机构、行动有队伍、处罚有依据等保障措施。

行政执法体系是构建渔业主管部门实现对水产品质量安全有效管理的重要机制。水产品质量安全监管行政执法体系和技术支撑体系一起构成了农业主管部门实现对农产品质量安全有效管理的两翼，两者缺一不可。海南省的当务之急是要依据有关法律，进一步健全行政执法体系，着力提高执法人员的素质，以有关法律法规、技术标准、检验检测结果为依据，以无公害水产品、养殖基地、加工产品、病害控制、养殖环境、种苗、饲料、药物和水产品专业批发市场为现阶段的工作重点，切实履行水产品质量安全执法职能，加大水产品质量安全行政执法检查的工作力度，确保民众水产品安全。

其次是要进一步明确水产品质量安全的管理主体，加强行政执法的行业指导。具体要做好以下工作：一是针对目前海南省水产品质量安全管理涉及农业、渔业、商务、食品工业、卫生、技术监督、商检和工商管理等多个部门的现状，省市县各级政府部门要明确水产品安全质量检查和监督管理的主体，使之切实担当起相应的责任，切实抓紧抓实这项工作，要抓出成效来，并采取行政问责制，以便追究负责人的责任。二是各级政府要建立有效的协调机制，加强对水产品质量安全管理的行业指导，合理划分和明确相关部门的职责和权限，做到职权分明，各负其责、紧密配合、齐抓共管、抓出成效。三是不仅对出口水产品进行严格检测和监控，而且对国内销售水产品同样地进行严格检测和监控，纠正过去水产品质量检测中重出口检测轻内销检测的双重标准。

第三是全面建立和推进生产、市场准入制度，建立水产品质量安全信息监管系统。要以国家和省级原良种场、示范园区、龙头企业、加工企业、贸易企业等单位为突破口，强制实行生产准入制度。在水产品流通环节，特别是大型集贸市场和批发市场、配送中心、超市、出口贸易，要加强质量检测和监控，实施市场准入制度和产品质量安全追溯制度，积极推行水产品的标识制度，以标明产品的产地、生产单位、生产日期和保质期限。与此同时，还要健全渔业投入品的市场准入制度，严格渔业投入品的生产、经营许可和登记，引导渔业投入品的结构调整和优化。建立水产品质量安全管理数据库和信息管理系统，承担水产品质量安全管理各级各类资料和信息的收集、审核、汇总、数据处理、信息传递和发送等工作，并以此为依据，开展水产品质量的评价、分析，及其公报、年报和通报的编写工作，通过法定程序、手续和途径予以发布。

第四是要加强宣传和引导，提高全民的水产品质量安全意识。通过报刊、电视和广播等，大力宣传水产品质量安全科学知识和法制观念，提高其重要性和紧迫性认识，树立全民的水产品质量安全意识和责任感。使生产者、经销商、消费者对存在质量安全隐患的水产品有这样的充分认识：生产者会血本无归，销售者会失去国内外市场，购买者的健康甚至生命将受到威胁和侵害，从而使抵制生产、经销和消费有质量安全隐患的水产品成为全民性自觉行为。

6.8　依靠科技进步，加强对重点选划海水养殖产品的科技支撑

推进重点选划的海水养殖产品的可持续发展，提高水产养殖优势产品的国内外市场竞争力，归根结底还是要依靠科技进步，加强现代水产科技研究和科技成果的推广力度，增强对海水养殖优势水产品产区、水产养殖业者和水产品加工企业的科技支撑。一要完善科技服务体系，加快渔业科技成果转化和技术推广；二要大幅度增强对出口水产品的科学研究和科技攻关能力，加强渔业科技创新能力的建设，加大水产养殖和水产品加工科研和技术推广体制创新力度，加大有竞争力的特色鲜明的出口水产品和新产品的研究开发力度，并可按优势产区组建区域性专业技术推广站；三要按照出口水产品生产布局，有针对性地进行不同区域的科技开发；四要组建海水养殖优势水产品产业化基地，加快渔业科技产业化；五要建立多元化渔业科技推广服务与中介机制；六要大力发展渔业科技文化教育，加强对水产养殖和水产品加工生产职工的职业技能培训，提高素质；七要加强渔业科技投入，建立多元化的水产养殖和水产品加工的科技投入体系，加大科学研究和新产品、新技术的开发力度。

本书将海南重点选划的海水养殖品种划分为两大类：第一类是在海南已经用于水产增养殖规模化持续生产的，但需要通过科技支撑进一步提高其增养殖效果的；第二类是目前在海南还没有用于水产增养殖规模化生产的，但根据自然条件、该增养殖品种的适宜性（养殖生物学）和技术水平等因素，在未来不太长时间内可以实现规模化生产的品种。要加速发展这两大类水产品，增强其出口竞争力，最重要的还是加大科技支撑，提高科技水平，加快科技进步。当前重点选划的水产品的科技进步主要制约因子是科技投入不足，包括科技人员、科研经费、科研基础等的投入不足。各级政府要尽可能地加大加速水产养殖科技进步所需要的基本工作经费，大幅度增加对水产科研的投入，特别要支持龙头企业承担国家科技计划项

目。省相关行政主管部门要调整资金安排结构，设立海水养殖水产品出口研发科技基金，加大水产科技推广工作的资金投入，增加预算内水产科研经费投入，增加水产科技成果转化资金。此外，要以市场为导向，建立多元化资金投入机制，采取优惠措施，多渠道、多形式引导、鼓励企业参与水产科技成果转化和推广工作。与此同时，要改革创新水产科技推广服务体制和机制，逐步建立起一个体系完善、机构健全、队伍稳定、功能增强，与优势水产品精细化、集约化、市场化、产业化、区域化生产相适应的水产科技推广服务新体系。出口养殖水产品已经形成优势产区的，要打破行政区划界限，按因地制宜，突出专业，充分运用市场机制，强化区域服务，并与创办水产养殖科技服务实体、出口水产品产业化基地等科技示范场相结合，走产业化路子等基本原则，组建区域性专业技术推广站。主要可采用三种形式：一是把部分专业优势明显、基础较好的市县水产技术推广站通过充实、完善、提高的步骤，直接改建成区域性水产技术推广站。二是根据出口水产品生产的优势区域发展的特点，新建专业性区域性水产技术推广站。三是依托出口水产品生产龙头企业、行业协会或民间专业科技推广机构，创建区域性水产技术推广专业站。并应鼓励专业水产技术推广站与出口水产品产业化基地联合兴办科技示范基地，实行示范与推广相结合，产业发展与自我发展相结合，增强推广站的职能作用。允许科技人员以技术或资金入股，把示范基地与技术人员利益紧密结合起来。通过示范基地这个载体，为水产品出口生产基地及附近生产区的产业发展提供优质水产苗种、健康安全的养殖技术、领先的加工技术、先进的经营管理、稳定的营销渠道等产前、产中、产后系列化服务，形成水产技术服务产业。

为了加快形成省和市县科技、渔业行政主管部门、高等院校、科研院所、水产技术推广机构和其他所有制的水产科技成果转化和推广组织共同发展、优势互补的水产技术推广体系，积极发挥国家水产良种繁育基地、出口水产品产业化科技示范基地、龙头企业和水产养殖专业合作组织等多元化水产科技推广服务与中介组织在水产科技成果转化和推广中的作用，要进一步加强覆盖全省的水产科技服务 110 机构及网络，开通水产科技服务 110 电话，开展面向广大渔业生产者的水产技术服务。

6.9 努力增加投入，加强基础设施建设，改善重点选划水产品出口生产基地的生产条件

完善海水养殖投资管理体系，增加国家财政对海水养殖产业和水产企业发展的投入，实行对重点选划出口水产品和海水养殖优势产区的财政扶持政策，特别是要加强出口水产品产业流通、检验检测、综合配套等设施建设的投入。政府要增加渔业投资总量，调整投资结构，增加支持渔业结构调整和出口水产品产区的水产基础设施建设的投入。在抓好国家拉动内需、增加对出口养殖水产品优势产区投入的机遇，做强做大海南省养殖水产业的同时，省、市、县要根据财力状况进一步增加水产养殖产品出口基地的投入，加强优势水产品和优势产区的重点项目建设，重点用于建设苗种繁育基地、水产品标准化检测项目、产业化生产示范基地、水产品专业化码头和加工项目的投资和补贴。按照统一规划、明确分工、统筹安排的要求，整合现有各项支渔投资，集中财力，突出重点，提高资金使用效率。对支渔投资涉及的重要领域，必须按出口养殖水产品生产的相关重点建设项目安排投资，完善和规范投资管理，避免事权交叉，把管理项目与管理资金区分开来，形成各部门间分工明确、责权统一、相互协

作与制衡的机制。并积极运用税收、贴息、补助等多种经济杠杆，鼓励和引导各种社会资本投向出口水产品产业和优势产区。渔业综合开发、扶贫、以工代赈、养殖水产品建设项目资金，要按照"渠道不变、目标统一、合理分工"的原则，根据各项资金的性质和用途，确定重点投资环节，进一步向出口养殖水产品和优势产区倾斜。对部分发展潜力大的出口养殖水产品，采取财政补贴的方式鼓励养殖业者和水产品加工企业扩大生产，近两年主要补贴罗非鱼养殖、对虾养殖、抗风浪网箱养鱼、水产品加工高附加值和综合利用技术项目等。对于提高水产品竞争力的财政补贴，要防止以池塘面积、网箱口数等计算的形式补贴方式，要以实施新技术、新设施、新产品后的生产和出口实绩为依据的实质性补贴方式。

要加大招商引资力度。加强项目库的建设，根据重点选划出口养殖水产品发展需要，精心选择、储备一批有前景、有潜力、有效益、有后劲的招商引资项目，利用各种招商会，加大项目的推介力度。通过多种渠道和多元化投资方式，大力引进国内外的资金开发海南省的出口水产品和优势产区，建立优势水产品产业化生产基地和兴办加工企业，特别要鼓励发展"两头在外"的出口养殖水产品生产基地和加工企业。同时，要结合海南省优势养殖水产品区域布局和产业结构优化，引导社会资金投向区位、产业优势的领域，提高投资的质量和档次。

6.10 实行政策性扶持措施，健全防风险机制，促进重点选划海水养殖产品可持续发展和出口

为了促进海南省海水养殖业的可持续发展和出口，建议进一步完善政策性扶持措施，特别是对重点选划海水养殖出口水产品要采取政策性信用保险制度，健全防风险投入机制，促进海南省水产养殖优势水产品出口的发展。

一是外贸发展基金要向具有国际贸易技术壁垒风险的养殖水产品生产倾斜，主要用于支持企业研发新产品和新技术、建立产品标准化及其监测体系、加强市场信息服务、开拓国际市场、参与国际认证等，扶持壮大优势水产养殖产区的市场经营主体，扶持出口水产养殖生产基地建设。具体做法有：① 鼓励和引导水产品出口加工企业进入出口加工贸易区，进一步建设优势养殖水产品出口基地。② 省政府有关部门要密切跟踪水产品市场动态，监测和及时通报国内外市场供需、政策法规和疫病疫情、检验检疫标准等，为优势养殖水产品出口企业提供信息服务。③ 加强对外谈判交涉，签订海南与欧盟、美国、日本、韩国和东盟等重点市场国家和地区的双边检验、检疫和优惠贸易协定，为海南优势养殖水产品出口创造有利环境。④ 适应优势养殖水产品国际贸易的新形势，加快建立和健全重点出口养殖水产品的行业和商品协会。

二是完善优势养殖水产品出口政策性信用保险制度。海南岛是台风等自然灾害多发区，水产养殖生产风险大，赔付率高，渔业保险商业化经营困难。在国际上，发达国家和许多发展中国家，都把发展政策性农业保险作为保护农业的重要手段。优化出口养殖水产品区域布局，发展规模化生产，政府必须通过财政补贴以保证保险供给，有效地化解水产养殖业者和水产品加工企业的生产经营风险，保护其生产积极性。渔业保险要从海南省省情出发，近期以补偿自然灾害损失，提高恢复生产能力为主，重点是保障出口养殖水产品生产。各级政府、保险监管部门和保险公司要加大对渔业保险的宣传，让更多的水产养殖业者和水产品加工企

业认识和了解渔业保险。

三是出口养殖水产品的渔业保险要采用政府补贴的方式，由保险公司进行经营，鼓励渔业生产者参保。保险监管部门与商业银行还可协商将保险和信贷结合起来，将水产养殖业者参保作为获得信贷的基本条件之一，水产养殖业者在获得信贷支持后投入生产。如果因保险事故发生损失，由保险公司归还一定额度的贷款，从而改善水产养殖业者获得信贷的条件，减少银行的贷款风险，也使水产养殖业者的生产经营行为得到更有效的指导。渔业保险的政府补贴列入各级财政预算。出口养殖水产品保险可先选择优势产区已经形成的几个市县作为试点，试点成功后，在全省逐步推开。

6.11 大力发展水产养殖专业合作组织和专业协会，提高生产经营者的素质和生产经营的组织化程度

重点选划的出口养殖水产品生产和优势水产养殖区域布局多以规模化、专业化、市场化、产业化、区域化为其基本特征，所以大力发展多种形式的专业合作组织是必然发展趋势，也是推进出口养殖水产品区域布局重要保障措施。2009年中央一号文件提出，要加快发展农民专业合作社、专业协会，开展示范社建设行动。加强合作社人员培训，各级财政给予经费支持。将合作社纳入税务登记系统，免收税务登记工本费。尽快制定金融支持合作社、有条件的合作社承担国家涉农项目的具体办法。

从世界各国经验看，在农业现代化进程中各类专业合作社组织是世界各国农民最普遍、最受欢迎的组织方式。在欧美等发达国家，大体是两类组织：一类是专业合作社；另一类是专业协会。从海南海水养殖专业合作经济组织的组织形式看，目前主要有三种类型：一是由渔民自己组织兴办的；二是由大型水产品加工龙头企业组织引导水产养殖业者兴办的；三是依托政府有关经济技术部门，例如水产技术推广部门组织引导渔民兴办或者联合兴办的。其特点是渔民联合起来办专业合作社，再由若干合作社联合起来办龙头加工企业，形成"水产养殖户+合作社+公司"的格局，具体形式有"专业合作社+水产养殖户"、"公司+合作社+水产养殖户"和"专业协会+公司+水产养殖户"等。渔民专业合作组织的形式可多样化，既有生产领域的合作，也有营销或加工领域的合作；既有经济上的合作，也有技术方面的合作；既有本社区范围内的渔民之间的合作，也有跨社区的组织之间的合作。结合海南省具体情况，政府应从以下几个方面引导和拓展专业合作制：一是以水产养殖优势产业为纽带，建立区域性的专业生产合作社。如养鱼合作社、养虾合作社等组织。各合作成员统一品种、统一养殖、统一养殖技术指导，形成区域化、规模化的大宗产品，进而形成一个产地市场，以此吸引客商前来收购。二是以技术能人为核心，建立无公害、绿色、有机水产品生产技术服务队，对水产养殖基地或水产养殖户养殖出口水产品实行技术承包，解决千家万户难于按标准化生产的矛盾，确保水产养殖户的产品符合质量安全要求。三是以运销企业（大户）为依托，建立产销合作社。水产养殖户与运销企业或大户进行产销挂钩，采取合同订购或代理销售等形式进行合作，确保养殖水产品顺利实现销售。四是逐步建立水产养殖合作金融组织。按照中央的部署，有条件的地方，可采取资金入股方式改革农村信用社，改官办为民办，使其真正成为渔民的资金合作组织，还原取之于民用于民的本质，使农村资金回归农业。只有这样，才能真正做到渔民专业合作组织是一种有活力和凝聚力的组织，才能不断提高生产经

营者的综合素质和生产经营的组织化程度。

推动水产养殖专业合作经济组织发展，需要进一步研究解决的几个问题：一是加快推动合作社立法问题；二是如何借鉴国际合作社发展的有益经验，坚持"民办、民管、民受益"的原则问题；三是探索建立科学合理的运行机制问题，重点解决合作组织内部的利益互补机制和利益分配机制。要解决好利益调节关系，做到风险共担、利益共享，使渔民在生产经营活动当中，不仅能得到养殖水产品原料的收益，还能得到加工和销售环节中返还的一部分利润，从而真正实现通过渔民合作组织来提高水产养殖的组织化程度，解决对水产养殖业者的利益保护问题。

6.12　加强对重点选划海水养殖产品产业化生产的组织领导，提高市场竞争力

海南热带水产养殖水产品优势突出，发展较快，出口额已位居全省各产业产品之首，对促进海南外贸可持续发展意义重大。建议省政府要将加快养殖水产品特别是出口产品的生产健康、稳定发展列入议事日程，纳入农业和农村经济的工作计划，研究出台重大的渔业和商业政策措施，并将影响出口养殖水产品发展的重大建设项目列为全省国民经济发展计划内容，加大投入，加速发展。由于水产品养殖、饲料、加工、出口涉及全省海洋与渔业、商务、国土环境资源、建设、交通、科技、工业经济信息、食品医药、商检、安全生产等多个相关厅局和部门，涉及面较广，要加强综合协调和领导，才能见效。与此同时，还要加强养殖水产品进出口调控，健全高效灵活的养殖水产品进出口调控机制，协调内外贸易，密切政府、协会、企业之间的沟通磋商。

最近颁发的《国务院关于推进海南国际旅游岛建设发展的若干意见》中，特别提出要加大南海渔业等资源的开发力度，大力发展热带水产品等现代特色农业，加强渔业生产安全服务体系建设。所以，要切实加强对重点选划海水养殖产品产业化生产的组织领导，提高国内外市场的竞争力；要积极探索市场经济条件下加快发展出口养殖水产品生产的政策和机制，加强政府的宏观调控和指导，加速出口养殖水产品生产的产业化步伐。要深化改革，促进出口养殖水产品优势产区生产要素的合理流动。海洋与渔业、商务等部门要积极开展工作，加快推进优势养殖水产品发展的管理体制改革，进一步转变职能，加强产业协调，探索建立出口养殖水产品产供销、科工贸一体化的管理体制。计划、财政、金融、外贸等有关部门要积极配合，全力支持和促进重点选划的出口养殖水产品发展，提高其国内外市场的竞争力。

6.13　引进新兴养殖技术，稳步提高水产养殖科技水平，促进热带水产养殖的可持续健康发展

海南管辖海洋面积占全国的 2/3，地处热带，近年来，传统水产养殖技术促使热带优势水产品出口量居全省总出口量之首，水产养殖在海南国民经济中处于重要地位。不过，传统的海南热带水产养殖技术也存在诸多不可回避的缺陷：第一，基础设施还相对简陋，养殖技术无法实现标准化，养殖操作无法实现自动化，"靠天吃饭"仍是热带水产养殖最主要的瓶颈，高强度劳动也是热带水产养殖面临的主要问题之一；第二，无法充分利用热带生物物种

多样性丰富的优势，养殖品种单一化和常规化，缺乏明显的市场竞争力；第三，养殖水域环境条件不断恶化，养殖水域的二次污染严重，病害防治难度日益加大；第四，水产资源遭到严重破坏，诸多热带养殖水域生态失衡，"退渔还海"势在必行。

近年来，基于保护生态环境的池塘生态养殖技术、立体工厂化养殖技术、循环水养殖技术、设施工程养殖技术以及高效益的休闲渔业配套技术等多种先进水产养殖技术已在全世界诸多地区开展了相关研究与推广示范。尽管目前这些技术需要较大投资，甚至增加了单产生产成本，但在综合考虑生态效应的前提下，这些技术仍具有广阔的应用前景，它们可有效克服传统水产养殖技术的诸多固有缺点，实现良好的生态效益与经济效益的统一。其中，池塘生态养殖技术和循环水养殖技术可以明显减轻水产养殖对周边环境的污染，实现水产养殖的减排或零排放；立体工厂化养殖技术和设施工程养殖技术可以实现水产养殖的标准化和自动化生产，大幅减轻水产养殖的劳动强度，休闲渔业配套技术可以成倍增加单位水体的经济效益。因此，结合国家和海南省当前的相关政策和热带水产面临的实际问题，建议加大力度不断引进国内外水产养殖的新兴养殖技术，加强池塘生态养殖技术的研究与推广，尝试立体工厂化养殖技术和循环水养殖技术的开发，探寻热带海洋底播品种和技术、热带海洋牧场构建技术和休闲渔业配套技术的研究，稳步提高海南热带水产养殖科技水平，充分利用热带海域自然环境条件优越和可养殖品种丰富的优势，促进现有传统养殖模式的转型，推动热带水产养殖的可持续健康发展和海南省国际旅游岛的建设。

参考文献

曹朝清.2007.渔业资源衰退原因和可持续发展对策［J］.河北渔业,(2):4-6.

常弘,毕肖峰,陈桂珠,等.1999.海南岛东寨港国家级自然保护鸟类组成和区系的研究［J］.生态科学,18(2):53-60.

常抗美,吴常文,王日昕,等.2002.大型深水抗风浪网箱的发展现状和鱼类养殖技术［J］.浙江海洋学院学报,(4):369.

车轩,刘晃,吴娟,等.2010.我国主要水产养殖模式能耗调查研究［J］.渔业现代化,37(2):9-13.

陈春福.2002.海南省海岸带和海洋资源与环境问题及对策研究［J］.海洋通报,21(2):62-68.

陈刚.1995.西沙群岛的资源特征与开发策略［J］.海洋开发与管理,(4):7-10.

陈国宝,李永振,陈新军.2007.南海主要珊瑚礁水域的鱼类物种多样性研究［J］.生物多样性,15(4):373-381.

陈清潮,蔡永贞.1994.珊瑚礁鱼类——南沙群岛及热带观赏鱼类［M］.北京:科学出版社.

陈史坚.1987.南海诸岛自古以来就是中国的领土［M］.广东省地名委员会.南海诸岛地名资料汇编.广州:广东省地图出版社:153-163.

陈勇,于长青,张国胜.2002.人工鱼礁的环境功能与集鱼效果［J］.大连水产学院学报,17(1):64-68.

陈再超,刘继兴.1982.南海经济鱼类［M］.广州:广东科学技术出版社.

陈宗镛,古定发.1990.海洋科学概论［M］.青岛:中国海洋大学出版社.213-216.

成庆泰,郑葆珊.1987.中国鱼类系统检索(上、下册)［M］.北京:科学出版社.

戴明,李纯厚,张汉华,等.2007.海南岛以南海域浮游植物群落特征研究［J］.生物多样性,15(1):23-30.

董双林,李德尚,潘克厚.1998.论海水养殖的养殖容量［J］.青岛海洋大学学报,28(2):253-258.

董双林,潘克厚.2000.海水养殖对沿岸生态环境影响的研究进展［J］.青岛海洋大学学报,30(4):575-582.

方建光,孙慧玲,匡世焕,等.1996.桑沟湾海带养殖容量的研究［J］.海洋水产研究,17:7-17.

符国瑷,黎军.2000.海南三亚市红树林植被调查初报［J］.海南大学学报自然科学版,18(3):287-291.

符国瑷.1995.海南东寨港红树林自然保护区的红树林［J］.广西植物,15(4):340-346.

符帅,邓宏武,唐晋强.1995.海南岛海藻资源开发现状及建议［J］.海南大学学报自然科学版,13(3):232-237.

付卓,朱守维.锦州浅海毛蚶底播增养殖成效调查［J］,河北渔业,2008,2:39-42.

高爱根,杨俊毅,陈全霞.2003.达山岛、平岛、车牛山岛附近海域大型底栖生物分布特征［J］.海洋学报,25(6):135-138.

关贯勋,邓巨燮.1990.华南红树林潮滩带的鸟类［J］.中山大学学报:自然科学版,9(2):66-73.

国家环境保护局.1989.GB11607—1989渔业水质标准［S］.北京:中国标准出版社.

国家环境保护局.1997.GB3097—1997海水水质标准［S］.北京:中国标准出版社.

国家统计局.2008.中国统计年鉴2008［M］.北京:中国统计出版社.

海口市海洋与渔业局 . 2008. 2007 年海口市海洋环境状况公报 .

海口市海洋与渔业局 . 2009. 2008 年海口市海洋环境状况公报 .

海口市海洋与渔业局 . 海口市渔业发展规划（2006—2010 年）

海南省 908 专项 HN－01－08 夏、冬航次海洋生物生态与化学调查 . 资料和成果，2009.

海南省 908 专项 HN908－01－01 "海南省 908 专项水体调查" 资料和成果，2007.

海南省 908 专项 HN908－01－03 "海南省海岛（岛礁）综合调查" 资料和成果，2009.

海南省 908 专项 HN908－01－03－2005 "万宁市海岛（岛礁）综合调查" 资料和成果，2007.

海南省 908 专项 HN908－01－04 "海南省海岸带综合调查"，资料和成果，2008.

海南省 908 专项 HN908－01－05 "海南省海域使用现状综合调查" 资料和成果，2009.

海南省 908 专项 HN908－01－06 "海南省沿海地区社会经济基本情况调查" 资料和成果，2008.

海南省 908 专项 "万宁市海岸带综合调查" 资料和成果，2006.

海南省 908 专项 "重点港湾潟湖水体调查冬季航次调查" . 资料和成果，2007.

海南省 908 专项 HN908－01－01－02 "海南近岸水体环境调查" . 资料和成果，2007.

海南省 908 专项 HN908－01－02 "海南省热带典型海洋生态系统调查报告"，第一分册 海草床生态系
　　统 . 2009.

海南省 908 专项 HN908－01－02 "海南省热带典型海洋生态系统评价综合研究报告" . 资料和成果，2009.

海南省 908 专项 HN908－01－02 "海南省热带典型海洋生态系统调查报告"，第二分册 珊瑚礁生态系
　　统 . 2009.

海南省 908 专项 HN908－01－02 "海南省热带典型海洋生态系统调查报告"，第一分册 红树林生态系
　　统 . 2009.

海南省国土环境资源厅 . 2005. 海南省生态功能区划［R］.

海南省国土环境资源厅 . 2006. 2005 年海南省环境状况公报 .

海南省海洋厅、海南省海岛资源综合调查领导小组办公室 . 1996. 海南省海岛资源综合调查研究报告［M］.
　　北京：海洋出版社 .

海南省海洋厅、海南省海岛资源综合调查领导小组办公室 . 1999. 海南省海岛资源综合调查研究专业报告集
　　［M］. 北京：海洋出版社 .

海南省海洋与渔业厅 . 2007. 2006 年海南省环境状况公报 .

海南省海洋与渔业厅 . 2008. 2007 年海南省环境状况公报 .

海南省海洋与渔业厅 . 2008. 海南省沿海市县海岸线修测报告 .

海南省海洋与渔业厅 . 2009. 2008 年海南省环境状况公报 .

海南省海洋与渔业厅 . 2010. 海南海情 .

海南省渔业环境监测站 . 2008. 2008 年海南省渔业生态环境监测技术报告 .

韩维栋，高秀梅，卢昌义，等 . 2000. 中国红树林生态系统生态价值评估 . 生态科学，19（1）：40－45.

韩新，曾传智 . 2009. 清澜港（八门湾）自然保护区红树林调查［J］. 热带林业，37（2）：50－51.

何斌源，范航清，王瑁，等 . 2007. 中国红树林湿地物种多样性及其形成［J］. 生态学报，27（11）：
　　4859－4870

何国民，曾嘉，梁小云 . 2001. 人工鱼礁建设的三大效益分析［J］. 中国水产，(5)：65－66.

何国民，曾嘉 . 2001. 人工鱼礁建设的三大效益分析［J］. 中国水产，(5)：65－66.

贺先钦，薛真福，王有君，等 . 1997. 虾夷扇贝底播增殖的试验［J］. 水产科学，16（2）：7－10.

胡敦欣，李永祥 . 2001. 海洋环流研究［J］. 海洋学报，22（22）：130－132.

胡辉，胡方西，汪思明，等 . 1997. 海南岛东海岸小海潟湖水文基本特征［J］. 热带海洋，16
　　（4）：54－61.

黄邦钦, 洪华生, 林学举. 2003. 台湾海峡微型浮游植物的生态研究 [J]. 海洋学报, 25 (4): 70 – 79.

黄滨, 关长涛, 林德芳, 等. 2004. 我国深海抗风浪网箱发展中存在的问题 [J]. 渔业现代化, (4): 34 – 35.

黄勃, 张本, 陆健健. 2002. 东寨港红树林区大型底栖动物生态与滩涂养殖容量的研究 I. 潮间带表层底栖动物数量的初步研究 [J]. 海洋科学, 26 (3): 65 – 68.

黄道建, 黄小平, 黄良民. 2007. 海南岛新村湾营养负荷对海菖蒲的影响研究 [J]. 海洋科学进展, 25 (2): 200 – 207.

黄道建, 黄小平. 2009. 网箱养殖对海南新村潟湖海菖蒲生物学与生态学特征的影响 [J]. 台湾海峡, 28 (2): 199 – 205.

黄海, 尹绍武, 杨宁, 等. 2006. 我国近海杭风浪网箱养殖现状与发展对策 [J]. 齐鲁渔业, 23 (2): 17 – 19.

黄洪辉, 林钦, 贾晓平, 等. 2003. 海水鱼类网箱养殖场有机污染季节动态与养殖容量限制关系 [J]. 集美大学学报, 8 (2): 101 – 105.

黄晖, 董志军, 练健生. 2008. 论西沙群岛珊瑚礁生态系统自然保护区的建立 [J]. 热带地理, 28 (6): 540 – 544.

黄翔鹄, 王庆恒. 2002. 对虾高位池优势浮游植物种群与成因研究 [J]. 热带海洋学报, 21 (4): 36 – 44.

黄梓荣, 梁小芸. 2006. 曾嘉. 人工鱼礁材料生物附着效果的初步研究 [J]. 南方水产, 2 (1): 34 – 38.

计新丽, 林小涛, 许忠能, 等. 2000. 海水养殖自身污染机制及其对环境的影响 [J]. 海洋环境科学, 19 (4): 66 – 71.

贾后磊, 舒廷飞, 温琰茂. 2003. 水产养殖容量的研究 [J]. 水产科技情报, 30 (1): 16 – 21.

贾晓平, 李纯厚, 林昭进, 等. 2003. 北部湾渔业生态环境与渔业资源 [J]. 北京: 科学出版社, 111 – 116.

贾晓平, 李永振, 李纯厚. 2004. 南海专属经济区和大陆架渔业生态环境与渔业资源. 北京: 科学出版社.

雷宗友. 1988. 中国海环境手册 [M]. 上海: 上海交通大学出版社: 17 – 36.

李春强, 陈宏, 朱白婢, 等. 2006. 三亚红沙港环境质量评价 [J]. 安徽农业科学, 34 (23): 6286 – 6288, 6291.

李大海, 潘克厚, 陈玲玲. 2008. 改革开放以来我国海水养殖政策的演变与发展 [J]. 中国渔业经济, 26 (3): 56 – 60.

李洪旺, 王旭, 余雪标, 等. 2008. 海南东寨港秋茄 + 桐花天然红树林群落林分结构特征研究 [J]. 热带林业, 36 (1): 30 – 34.

李玫, 廖宝文, 郑松发, 等. 2004. 无瓣海桑的直接引入对次生桐花树群落的扰动 [J]. 广东林业科技, 20 (3): 19 – 21.

李思忠. 1962. 南海鱼类志 [M]. 北京: 科学出版社.

李向民, 谭围, 陈傅晓。等. 2010. 点带石斑鱼不同养殖方式试验 [J]. 科学养鱼, 2: 38 – 40.

李颖虹, 黄小平, 岳维忠, 等. 2004. 西沙永兴岛珊瑚礁与礁坪生物生态学研究 [J]. 海洋与湖沼, 5 (2): 176 – 182.

李珠江, 钱宏林. 2001. 建设海洋经济强省 [J]. 中国水产, (7): 9 – 11.

廖宝文, 郑德璋, 郑松发, 等. 2000. 海南岛清澜港红树林群落演替系列的物种多样性特征 [J]. 生态科学, 19 (3): 17 – 22.

廖庆玉, 章金鸿, 李玫, 等. 2008. 海南东寨港红树林土壤原生动物的群落结构特征 [J]. 生态环境, 17 (3): 1077 – 1081.

廖玉麟. 1997. 中国动物志 棘皮动物门 海参纲 [M]. 北京: 科学出版社.

林德芳, 关长涛, 黄滨, 等. 2005. 海水养殖网箱抗风浪措施的探讨 [J]. 海洋水产研究, 26: 55 – 60.

林德芳，黄文强，关长涛.2002.我国海水网箱养殖的现状、存在的问题及今后课题［J］.齐鲁渔业，19：21－24.

林培振.2007.池塘编织布造礁海参殖技术［J］.中国水产，49.

林鹏.1997.中国红树林生态系［M］.北京：科学出版社.

林星，林金忠.2000.海水网箱水性防附涂料技术试验［J］.中国水产，(10)：45.

刘惠非.1980.环境［J］.水产土木，17（1）：55－58.

刘家寿，崔弈波，刘健康.1997.网箱养鱼对环境影响的研究进展［J］.水生生物学报，21（2）：174－184.

刘晋，郭根喜.2006.国内外深水网箱养殖的现状［J］.渔业现代化，8－9.

刘静，田明诚.1995.海南岛珊瑚礁鱼类的初步研究及前景探讨［J］.海洋科学，(5)：28－32.

刘珂珂.2009.笋壳鱼池塘养殖技术［J］.广东饲料.18（1）：42－43.

刘同渝.2003.国内外人工鱼礁建设状况［J］.渔业现代化，46（2）：36－38.

吕炳全，王国忠，全松青.1984.海南岛珊瑚岸礁的特征.地理研究，8（8）：1－19.

吕佳，李俊清.2008.海南东寨港红树林湿地生态恢复模式研究［J］.山东林业科技，176（3）：70－72.

吕振明.2002.海水养殖网具污损生物的防除技术［J］.中国水产，(7)：67－68.

罗琳，舒廷飞，温琰茂.2002.水产养殖对近岸生态环境的影响［J］.水产学报，21（3）：28－30.

马驹如，陈克林.1999.海南东寨港国家级自然保护区［J］.生物学通报，34（4）：24.

马绣同.1977.我国西沙群岛一些常见的海产贝类［J］.海洋科学，1（1）：4－13.

麦贤杰.2007.中国南海海洋渔业［M］.广州：广东经济出版社.

麦有攀，王弗良，张光烂，等.1999.中沙、南沙群群岛礁盘深水域中下层鱼类资源开发利用技术研究［J］.中国水产，3：48249.

闽严.2006.三种大型抗风浪网箱配套设施已通过省级专家鉴定［J］.现代渔业信息，21：32.

莫燕妮，庚志忠，苏文拔.1999.海南岛红树林调查报告［J］.热带农业，27（1）：19－22.

莫燕妮，庚志忠，王春晓.2002.海南岛红树林资源现状及保护对策［J］.热带林业，30（1）：46－50.

农业部渔业局.2008.中国渔业年鉴2008［M］.北京：中国农业出版社.

欧阳统，李清贵.1995.西沙群岛建立自然保护区探索［J］.海洋开发与管理，(2)：40－46.

欧阳统，张阁卿，陈盛.1992.西沙群岛生物资源面临的困扰及保护建议［J］.海洋与海岸带开发，2（2）：39－43.

欧宗东，符泽雄，李长生.2005.浅谈龙胆石斑鱼池塘养殖技术［J］.科学养鱼，9：37.

潘华璋.1998.西沙群岛软体动物［J］.古生物学报，37（1）：121－132.

彭建，王仰麟.2000.我国沿海滩涂的研究［J］.北京大学学报（自然科学版），36（6）：832－8391

彭友贵，陈桂珠，佘忠明，等.2004.红树林滩涂海水种植－养殖生态耦合系统初步研究［J］.中山大学学报：自然科学版，43（6）：150－154.

齐雪娟，龚云，湛波，等.2003.华南地区对虾养殖现状及发展展望（上）［J］.科学养鱼，4：24－25.

齐雪娟，龚云，湛波，等.2003.华南地区对虾养殖现状及发展展望（下）［J］.科学养鱼，6：24.

乔延龙，林昭进，邱永松.2008.北部湾秋、冬季渔业生物群落结构特征的变化［J］.广西师范大学学报（自然科学版），26（1）：100－104.

琼海市海洋与渔业局.2009.2008年琼海市海洋环境状况公报.

邱名毅.2002.港北小海网箱养石斑鱼发生鱼病的调查报告［J］.科学养鱼，9：42.

邱永松.1988.南海北部大陆架鱼类群落的区域性变化［J］.水产学报，12（4）：303－313.

裘江海.2006.我国近代滩涂开发利用综述［J］.水利发展研究，(3)：26－281.

申玉春，叶富良，梁国潘，等.2004.虾—鱼—贝—藻多池循环水生态养殖模式的研究［J］.湛江海洋大学学报，24（4）：10－16.

沈豹.2004.合理发展养殖实现滩涂利用的可持续发展［J］.中国渔业经济，（3）：43－441

沈春宁，蒋增杰，崔毅，等.2007.唐岛湾网箱养殖区水体氮、磷含量特征及潜在性富营养化评价［J］.海洋水产研究，28（3）：89－104.

沈世杰.1993.台湾鱼类志［M］.台湾：国立台湾大学动物系.

施福生，吉红九.2001.池塘循环海水高效养殖技术探索［J］.水产养殖，1：25－28.

舒廷飞，罗琳，温琰茂.2002.海水养殖对近岸生态环境的影响［J］.海洋环境科学，21（2）：74－79.

舒廷飞，温琰茂，贾后磊，等.2004.哑铃湾网箱养殖对水环境的影响［J］.环境科学，25（5）：97－101.

苏纪兰.1998.海洋科学和海洋工程技术［M］.济南：山东教育出版社，40－91.

孙典荣，李渊，林昭进，等.2011.海南岛近岸海域鱼类群落结构研究.中国海洋大学学报，41（4）：33－38.

孙典荣，林昭进，邱永松.2005.西沙群岛重要岛礁鱼类资源调查［J］.中国海洋大学学报：自然科学版，35（2）：225－231.

孙典荣，林昭进.2004.北部湾主要经济鱼类资源变动分析及保护对策探讨［J］.热带海洋学报，23（2）：62－68.

唐启升.1996.关于容纳量的研究［J］.海洋水产研究，17（2）：1－5.

藤井泰司.2002.日本人工鱼礁研究开发的最新动向［J］.渔业现代化，（1）：25－27.

王宝灿，陈沈良，等.2006.海南岛港湾海岸的形成与演变.北京：海洋出版社.

王波，武建平，高峻.2004.关于青岛建设人工鱼礁改善近海生态和渔业环境的探讨［J］.海岸工程，23（4）：66－73.

王飞，张硕，丁天明.2008.舟山海域人工鱼礁选址基于AHP的权重因子评价.海洋学研究［J］，26：65－71.

王凌.2008.高位池养殖环境经济及模式分析［J］.环境保护科学，34（4）：54－57.

王文卿，王瑁.2007.中国红树林［M］.北京：科学出版社.

王雪辉，邱永松，杜飞雁，等.2010.北部湾鱼类群落格局及其与环境因子的关系.水产学报，34（10）：1579－1586.

王岩.2004.海水池塘养殖模式优化：概念、原理与方法［J］.水产学报，28：568－572.

王义荣，冯月群.2002.皱纹盘鲍底播增养殖技术［J］.齐鲁渔业，19：11.

王远隆，兰锡禄，杨晓岩，等.1992.栉孔扇贝地播增殖扩大试验研究.齐鲁渔业，2：3－6.

韦金胜.2000.北部湾海洋渔业资源衰退深层问题及可持续发展对策［J］.广西水产科技，（2）：9－14.

吴荔生，杨圣云.2002.试论养殖水域生态系统结构优化与管理［J］.海洋科学，26（7）：15－17.

吴启泉，吴宝玲.1987.海南岛鹿回头潮间带多毛类的生态.台湾海峡，6（1）：78－81.

吴日升，李立.2003.南海上升流研究概述［J］.台湾海峡，22（2）：269－277.

伍汉霖，庄棣华，陈永豪，等.2000.中国珊瑚礁毒鱼类的研究［J］.上海水产大学学报，9（4）：298－307.

西、南、中沙渔业资源调查组.1978.西、中沙、南沙北部海域大洋性鱼类资源调查报告［R］.广州：国家水产总局南海水产研究所.

夏华永，李树华，侍茂崇.2001.北部湾三维风生流及密度流模拟［J］.海洋学报，23（6）：11－23.

谢跟踪，邱彭华，谌永生.2009.海南岛生态功能区划研究［J］.海南师范大学学报（自然科学版），22（3）：320－325.

谢瑞红，周兆德.2008.海南岛红树植物群系类型及其特征［J］.海南大学学报（自然科学版），26（1）：81－85.

邢福武，吴德邻，李泽贤，等.1993.西沙群岛植物资源调查［J］.植物资源与环境学报，2（3）：1－6.

305

徐广远，朱淑琴．2002．对虾与海参混养技术研究［J］．中国水产，6：

徐皓，刘晃，张建华，等．2007．我国渔业能源消耗测算［J］．中国水产，（11）：75－76．

徐君卓．2002．我国深水网箱的发展动向及重点［J］．科学养鱼，3－4．

徐利生，孙慧君，吴国文，等．1992．海南岛澄迈角沙滩潮间带底栖动物生态初步研究．热带海洋，11（1）：15－21．

徐姗楠，陈作志，郑杏雯，等．2010．红树林种植－养殖耦合系统的养殖生态容量［J］．中国水产科学，17（3）：293－402．

严国强，李仕平，王东．2009．海口市水产养殖业现状及发展对策．现代渔业信息，24（9）：14－15．

严文侠，董钰，王华接，等．1994．近海污损生物的调查方法［J］．热带海洋，13（4）：81－86．

杨红生，张福绥．1999．浅海筏式养殖系统贝类养殖容量研究进展［J］．水产学报，23（1）：84－90．

杨蕾，舒廷飞，温琰茂．2003．我国海水养殖及其可持续发展的对策［J］．水产科学，22（4）：63－66．

杨吝，刘同渝，黄汝堪．2005．人工鱼礁建设实绩考察［J］．现代渔业信息，20（11）：6－9．

杨吝，刘同渝，黄汝堪．2005．中国人工鱼礁的理论与实践［M］．广州：广东科学技术出版社，17，28，39，132．

杨吝．2007．我国人工鱼礁的发展和建议［J］．水产科技，（3）：1－5．

杨庆霄，蒋岳文，张昕阳，等．1999．虾塘残饵腐解对养殖环境影响的研究（Ⅰ）虾塘底层残饵腐解对水质环境的影响［J］．海洋环境科学，18（2）：11－15．

杨士瑛，鲍献义．2003．夏季粤系沿岸流特征及其产生机制［J］．海洋学报，25（6）：2－6．

杨文鹤．2000．中国海岛［M］，北京：海洋出版社．

杨宗岱．1979．中国海草植物地理学的研究［J］．海洋湖沼通报，（2）：41－46．

叶锦昭．1996．西沙群岛环境水文特征［J］．中山大学学报：自然科学版，35（2）：15－21．

尹健强，陈清潮，谭烨辉，等．2003．南沙群岛渚碧礁春季浮游动物群落特征［J］．热带海洋学报，22（6）：1－8．

于广成，张杰东，王波．2006．人工鱼礁在我国开发建设的现状及发展战略［J］．齐鲁渔业，23（1）：38－41．

于沛民，张秀梅．2006．日本美国人工鱼礁建设对我国的启示［J］．渔业现代化，6－7，20．

袁蔚文．1995．北部湾底层渔业资源的数量变动和种类更替［J］．中国水产科学，2（2）：57－65．

袁秀堂，杨红生，周毅，等．2008．刺参对浅海筏式贝类养殖系统的修复潜力．应用生态学报，19（4）：866－872．

张本．2004．近海网箱渔业产业化浅抓渔业现代化．渔业现代化，（4）：31－33．

张春云，王印庚，荣小军，等．2004．国内外海参自然资源、养殖状况及存在问题［J］．海洋水产研究，25：89－96．

张东峰．2000．利用产业废物在海洋增产食物［J］．国外科技动态，374（9）：36－37．

张福绥．2003．近现代中国水产养殖业发展回顾与展望．世界科技研究与发展，25（3）：5－13．

张国钢，梁伟，刘冬平，等．2006．海南岛越冬水鸟多样性和优先保护地区分析［J］．林业科学，42（2）：78－82．

张国钢，梁伟，刘冬平．2005．海南岛越冬水鸟资源情况调查［J］．动物学杂志，40（2）：80－85．

张国胜，陈勇，张沛东，等．2003．中国海域建设海洋牧场的意义及可行性［J］．大连水产学院学报，18：141－144．

张皓，杜琦，黄邦钦，等．2007．海水网箱养殖容量研究综述［J］．渔业现代化，34（3）：54－57．

张怀慧，孙龙．2001．利用人工鱼礁工程增殖海洋水产资源的研究［J］．资源科学，23（5）：6－10．

张起信．1991．魁蚶的人工底播增殖［J］．海洋科学，6：3－4．

张雅芝，苏永全．2001．论我国海水鱼类网箱养殖的可持续发展［J］．海洋科学，25（7）：52－56．

章守宇，张焕君，焦俊鹏，等．2006．海州湾人工鱼礁海域生态环境的变化［J］．水产学报，30

（4）：475 – 480.

赵广苗 . 2006. 当前我国的海水池塘养殖模式及其发展趋势 ［J］. 水产科技情报, 33（5）：206 – 211.

赵海涛, 张亦飞, 郝春玲 . 2006. 人工鱼礁的投放区选址和礁体设计 ［J］. 海洋学研究, 24（4）：69 – 76.

赵焕庭, 宋朝景, 余克服 . 1994. 西沙群岛永兴岛和石岛的自然与开发 ［J］. 海洋通报, 13（5）：50 – 51.

赵焕庭 . 1996. 西沙群岛考察史 ［J］. 地理研究, 15（4）：55 – 65.

赵一阳, 鄢明才 . 1994. 中国浅海沉积物地球化学 ［M］. 北京：科学出版社：6 – 8.

郑德璋, 郑松发, 廖宝文 . 1995. 海南岛清澜港红树林发展动态研究 ［M］. 广州：广东科学技术出版社.

郑冠雄 . 2008. 海南省麒麟菜 Eucheuma murioatum（Gmel）Weber van Bosse 养殖模式与效益分析 ［J］. 现代渔业信息, 23：19 – 21.

郑冠雄 . 2008. 海南省渔业资源增殖放流技术 ［J］. 齐鲁渔业, 25（8）：42 – 43.

郑光美 . 2006. 中国鸟类分类与分布名录 ［M］. 北京：科学出版社.

郑杰民, 叶乐, 朱小明 . 2006. 对虾池塘养殖生态系的研究进展 ［J］. 福建水产,（3）：73 – 79.

中国海湾志编纂委员会 . 1999. 中国海湾志—第十一分册（海南省海湾）. 北京：海洋出版社.

中国科学院动物研究所 . 1962. 南海鱼类志 ［M］. 北京：科学出版社, 1 – 1127.

中国科学院南海海洋研究所 . 1978. 我国西沙、中沙群岛海域海洋生物资源调查研究报告集 ［R］. 北京：科学出版社.

周玮, 孙俭, 王俊杰, 等 . 2008. 我国海胆养殖现状及存在问题 ［J］. 水产科学, 27：151 – 153.

周永灿 . 2000. 海南海水养殖病害及其防治对策 ［J］. 科学养鱼, 4：30 – 31.

朱华贤, 李伟新, 丁镇芬 . 1989. 海南省三亚海藻资源调查 ［J］. 湛江水产学院学报, 9（1 – 2）：116 – 120.

邹发生, 宋晓军, 陈康, 等 . 2000. 海南清澜港红树林湿地鸟类初步研究 ［J］. 生物多样性, 8（3）：307 – 311.

邹发生, 宋晓军, 陈康, 等 . 2001. 海南东寨港红树林湿地鸟类多样性研究 ［J］. 生态学杂志, 20（3）：21 – 23.

邹发生, 宋晓军, 陈伟, 等 . 1998. 海南东寨港红树林滩涂大型底栖动物多样性的初步调查 . 生物学多样性, 8（3）：175 – 180.

邹仁林 . 1984. 西沙群岛珊瑚类的研究Ⅴ：深水的鹿角珊瑚及其一新种 ［J］. 热带海洋学报, 3（2）：52 – 55.

邹仁林 . 1995. 中国珊瑚礁的现状与保护对策 ［M］. 北京：中国科学技术出版社, 281 – 290.

邹仁林 . 2001. 中国动物志—造礁石珊瑚 ［M］. 北京：科学出版社.

其他参考资料

全国海洋功能区划 . 2002.

海南省渔业统计年鉴, 2000—2008；

海南省海洋功能区划（国务院的批复, 国函〔2004〕37 号）（2002）；

海口市海洋功能区划（报批稿）；

海口市养殖水域滩涂规划（2006—2015）（送审稿）；

文昌市海洋功能区划（报批稿）；

文昌市水域滩涂规划（2006—2015）（评审稿）；

琼海市海洋功能区划（报批稿）；

琼海市养殖水域滩涂规划（2006—2015）（征求意见稿）；

万宁市海洋功能区划（报批稿）；

万宁市养殖水域滩涂规划（2006—2015）（送审稿）；

陵水黎族自治县海洋功能区划（报批稿）；

陵水黎族自治县养殖水域滩涂规划（2008—2015）（征求意见稿）；

三亚市海洋功能区划（报批稿）；

三亚市养殖水域滩涂规划（2006—2015）（评审稿）；

乐东市海洋功能区划（报批稿）；

乐东市养殖水域滩涂规划（2007—2015）（评审稿）；

东方市海洋功能区划（报批稿）；

东方市养殖水域滩涂规划（2007—2015）（评审稿）；

昌江黎族自治县海洋功能区划（报批稿）；

昌江黎族自治县养殖水域滩涂规划（2007—2015）（评审稿）；

儋州市海洋功能区划（报批稿）；

儋州市养殖水域滩涂规划（2006—2015）（评审稿）；

临高县海洋功能区划（报批稿）；

临高县养殖水域滩涂规划（2006—2015）（评审稿）；

澄迈县海洋功能区划（报批稿）；

澄迈县养殖水域滩涂规划（2007—2015）（内部征求意见稿）；

编委会．海水水质标准（GB 3097—1997）；

渔业水质标准（GB 11607—89）；

海洋监测规范（GB 17378—1998）；

海南省"908专项"调查与评价项目最新资料

海南省潜在海水增养殖区评价与选划（HN908 - 02 - 02）实施方案（2008）；

《中华人民共和国渔业法》（2004年中华人民共和国主席令第25号）；

《中华人民共和国海域使用管理法》（2001年中华人民共和国主席令第61号）；

《中华人民共和国海洋环境保护法》（1999年中华人民共和国主席令第26号）；

《农产品质量安全法》（2006年中华人民共和国主席令第49号）；

《海域使用管理技术规范》（国家海洋局2001年2月，试行）；

《海洋功能区划技术导则》（GB 17108—1997）；

《海洋监测规范》（GB 17378—1998）；

《关于推进海南国际旅游岛建设发展的若干意见》（国发〔2009〕44号）；

《海南省实施〈中华人民共和国海域使用管理法〉办法》（2008年7月31日海南省第四届人民代表大会常务委员会第四次会议通过）；

《海南省实施〈中华人民共和国渔业法〉办法》（1993年5月31日海南省第一届人民代表大会常务委员会第二次会议通过 根据2008年7月31日海南省第四届人民代表大会常务委员会第四次会议《关于修改〈海南省实施〈中华人民共和国渔业法〉办法〉的决定》修正）；

《海南省海洋环境保护规定》（2008年7月31日海南省第四届人民代表大会常务委员会第四次会议通过）；

《海南省珊瑚礁保护规定》（2009年5月27日海南省第四届人民代表大会常务委员会第九次会议通过）；

《海南省红树林保护规定》（1998年9月24日海南省第二届人常委会第三次会议通过，2004年8月6日海南省第三届人大常委会第十一次会议《关于修改〈海南省红树林保护规定〉的决定》修正）；

《海南省沿海防护林建设与保护规定》（2007年11月29日海南省第三届人民代表大会常务委员会第三十四次会议通过）。

附　录
海南省近岸海域主要海洋生物名录

附表 A　海南省主要海水增养殖生物名录

类型	序号	中文种名	拉丁名
鱼类	1	鞍带石斑鱼	*Epinephelus lanceolatus*
	2	豹纹鳃棘鲈	*Plectropomus leoparatu*
	3	布氏鲳鲹	*Trachinotus blochii*
	4	长鳍金枪鱼	*Thunnus alalunga*
	5	大海马	*Hippocampus kuda*
	6	点带石斑鱼	*Epinephelus malabaricus*
	7	褐篮子鱼	*Siganus fuscescens*
	8	黑鲷	*Acanthopagrus schlegelii*
	9	红鳍笛鲷	*Lutjanus erythopterus*
	10	黄斑蓝子鱼	*Siganus oramin*
	11	黄鳍鲷	*Sparus latus*
	12	黄鳍金枪鱼	*Thunnus albacares*
	13	尖吻鲈	*Lates calcarifer*
	14	军曹鱼	*Rachycentron canadum*
	15	蓝点圆鲹	*Decapterus marauds* (Temminck et Schlegel)
	16	篮子鱼	*Amphacanthus Vulpinus*
	17	卵形鲳鲹	*Trachinotus falcatus*
	18	漠斑牙鲆	*Paralichthys lethostigma*
	19	欧洲鳗鲡	*Anguilla anguilla*
	20	千年笛鲷	*Lutjanus sebae*
	21	青石斑鱼	*Ep. coioides*
	22	日本鳗鲡	*Anguilla Japonica*
	23	鳃棘鲈	*Plectropomus leopardus*
	24	三斑海马	*Hippocampus trimaeutatus*
	25	蛇鲻	*Synodus elongata*
	26	梭鲻	*Liza carinatus*
	27	斜带石斑鱼	*Epinephelus coioides*
	28	眼斑拟石首鱼	*Sciaenops ocellatus*
	29	遮目鱼	*Chanos chanos*
	30	真鲷	*Pagrus major*
	31	鲻鱼	*Mugil cephalus*
	32	紫红笛鲷	*Lutjanus argentimaculatus*
	33	棕点石斑鱼	*Epinephelus fuscoguttatus*
甲壳类	1	斑节对虾	*Penaeus monodon*
	2	长叉口虾蛄	*Miyakea nepa*
	3	刀额新对虾	*Metapenaeus ensis*
	4	多脊虾蛄	*Carinosquilla multicarinata*
	5	凡纳滨对虾	*Litopenaeus vannamei*

续表附 A

类型	序号	中文种名	拉丁名
甲壳类	6	锦秀龙虾	*Panulirus ornatus*
	7	近缘新对虾	*Metapenaeus affinis*
	8	榄绿青蟹	*Scylla olivacea*
	9	猛虾蛄	*Harpiosquilla harpax*
	10	墨吉对虾	*Penaeus orientails Kishinanye*
	11	拟穴青蟹	*Scylla paramamosain*
	12	日本囊对虾	*Penaeus japonicus（Marsupen aeus）*
	13	远海梭子蟹	*Portunus pelagicu*
	14	杂色龙虾	*Panutirus versicolor*
	15	周氏新对虾	*Metapenaeus joyneri*
	16	紫螯青蟹	*Scylla tranquebarica*
贝类	1	波纹巴非蛤	*Paphia undulata*
	2	长肋日月贝	*Amussium pleuronectes*
	3	大珠母贝	*Pinctada maxima*
	4	耳鲍	*Haliotins asinina*
	5	方斑东风螺	*Babylonia areolata*
	6	菲律宾蛤仔	*Ruditapes philippinarum*
	7	翡翠贻贝	*Perna viridis*
	8	沟纹巴非蛤	*Paphia exarata*
	9	管角螺	*Hemifusus tuba*
	10	华贵栉孔扇贝	*Chlamys nobilis*
	11	黄边糙鸟蛤	*Trachycardium flauum*
	12	金口蝾螺	*Turbo chrysostomus*
	13	近江牡蛎	*Crassostrea ariakensis*
	14	九孔鲍	*Haliotis diversicolor suertexta*
	15	丽文蛤	*Meretrix cusoria*
	16	马氏珠母贝	*Pinctada martensii*
	17	泥东风螺	*Babylonia lutosa*
	18	泥蚶	*Tegillarca granosa*
	19	企鹅珍珠贝	*Pteria（Magnavicula）penguin*
	20	文蛤	*Meretrix meretrix*
	21	细角螺	*Hemifusus termatamus*
	22	香港巨牡蛎	*Crassostrea hongkongensis*
	23	羊鲍	*Haliotis ovina*
	24	杂色鲍	*Haliotis diversicolor*
	25	珠母贝	*Pinctada margaritifera*

续表附 A

类型	序号	中文种名	拉丁名
藻类	1	长心卡帕藻（异枝麒麟菜）	*Kappaphycus alvarezii（Eucheuma striatum）*
	2	脆江蓠	*Gracilaria paruaspora*
	3	江蓠	*Gracilaria greville*
	4	麒麟菜	*Eucheuma murioatum*
	5	琼枝麒麟菜	*Eucheuma gelatinae*
	6	绳江蓠	*Gracilaria chord*
	7	细基江蓠	*Gracilaria tenuistipitata*
	8	细基江蓠繁枝变种	*Gracilaria tunuisti - pitata*
	9	芋根江蓠	*Gracilaria blodgettii*
	10	真江蓠	*Gracilaria asiatica*
棘皮动物	1	白底辐肛参	*Actinopyga mauritianu*
	2	白棘三列海胆	*Tripneutes gratilla*
	3	白尼参	*Bohadschia argus*
	4	糙刺参	*Stichopus horrens*
	5	糙海参	*Holothuria scaera*
	6	花刺参	*Stichopus variegatus*
	7	巨梅花参	*Thelenota anax*
	8	绿刺参	*Stichopus chloronotus*
	9	梅花参	*Thelenota anans*
	10	子安辐肛参	*Actinopyga lecanora*
	11	紫海胆	*Anthocidaris erassispina*
环节动物	1	方格星虫	*Sipunculus nudus*
	2	双齿围沙蚕	*Perinereis aibuhitensis*

附表 B　海南省近岸海域主要浮游植物名录

门类	序号	中文种名	拉丁名
	1	翼茧形藻	*Amphiprora alata*
	2	艾希斜纹藻	*Pleurosigma aestuarii*
	3	笔尖根管藻长刺变种	*Rhizosolenia styliformis* v. *longispina*
	4	笔尖根管藻粗径变种	*Rhizosolenia styliformis* v. *latissima*
	5	笔尖形根管藻	*Rhizosolenia styliformis*
	6	扁面角毛藻	*Chaetoceros compressus*
	7	变异辐杆藻	*Bacteriastrum varians*
	8	并基角毛藻	*Chaetoceros decipiens* f. *decipiens*
	9	伯氏根管藻	*Rhizosolenia bergonii peragallo*
	10	布氏双尾藻	*Ditylum brightwelli*
	11	长耳盒形藻	*Biddulphia aurita*
	12	长海毛藻	*Thalassiothrix longissima*
	13	长菱形藻	*Nitzschia longissima*
	14	锤状中鼓藻	*Bellerochea malleus*
	15	丛毛辐杆藻	*Bacteriastrum comosum*
	16	粗根管藻	*Rhizosolenia robusta*
	17	粗纹藻	*Trachyneis aspera*
	18	簇生菱形藻	*Nitzschia fasciculata*
	19	大西洋角毛藻那不勒斯变种	*Chaetoceros atlanticus* var. *neapolitana*
	20	丹麦细柱藻	*Leptocylindrus danicus*
	21	短孢角毛藻	*Chaetoceros brevis*
	22	短叉角毛藻	*Chaetoceros messanensis*
	23	短角弯角藻	*Eucampia zoodiacus*
	24	范氏角毛藻	*Chaetoceros van heurcki*
	25	蜂窝三角藻	*Triceratium favus*
	26	蜂腰双壁藻	*Diploneis bombus*
	27	佛氏海毛藻	*Thalassiothrix frauenfeldii*
	28	辐射圆筛藻	*Coscinodiscus radiatus*
	29	复瓦根管藻	*Rhizosolenia imbricata*
	30	刚毛根管藻	*Rhizosolenia setigera*
	31	高盒形藻	*Biddulphia regia*
	32	高圆筛藻	*Coscinodiscus nobilis*
	33	格氏圆筛藻	*Coscinodiscus granii*
	34	骨条藻	*Skeletonema* spp.
	35	哈氏半盘藻	*Hemidiscus hardmannianus*
	36	海链藻	*Thalassiosira* spp.
	37	海洋斜纹藻	*Pleurosigma pelagicum*
	38	横滨盒形藻	*Biddulphia gründleri*

续表附 B

门类	序号	中文种名	拉丁名
硅藻门	39	虹彩圆筛藻	*Coscinodiscus oculus – iridis*
	40	厚刺根管藻	*Rhizosolenia crassispina*
	41	黄蜂双壁藻	*Diploneis crabro* var. *crabro*
	42	活动盒形藻	*Biddulphia mobiliensis*
	43	霍氏半管藻	*Hemiaulus hauckii*
	44	畸形圆筛藻	*Coscinodiscus deformatus*
	45	尖刺拟菱形藻	*Pseudo – nitzschia pungens*
	46	紧挤角毛藻	*Chaetoceros coarctatus*
	47	居间弯菱形藻	*Nitzschia sigma* var. *intercedens*
	48	巨圆筛藻	*Coscinodiscus gigas* var. *gigas*
	49	具槽直链藻	*Melosira sulcata*
	50	距端根管藻	*Rhizosolenia calcar – avis*
	51	卡氏根管藻	*Rhizosolenia castracanei*
	52	卡氏角毛藻	*Chaetoceros castracanei*
	53	颗粒盒形藻	*Biddulphia granulata*
	54	可疑盒形藻	*Biddulphia dubia*
	55	宽梯形藻	*Climacodium frauenfeldianum*
	56	镰刀斜纹藻	*Pleurosigma falx*
	57	菱形海线藻	*Thalassionema nitzschioides*
	58	菱形藻	*Nitzschia* sp.
	59	螺端根管藻	*Rhizosolenia cochlea*
	60	洛氏角毛藻	*Chaetoceros lorenzianus*
	61	洛氏菱形藻	*Nitzschia lorenziana*
	62	美丽盒形藻	*Biddulphia pulchella*
	63	美丽三角藻	*Triceratium formosum*
	64	美丽星脐藻	*Asteromphalus elegans*
	65	秘鲁角毛藻	*Chaetoceros peruvianus*
	66	密连角毛藻	*Chaetoceros densus*
	67	膜质半管藻	*Hemiaulua membranacus*
	68	拟菱形藻	*Pseudo – nitzschia* spp.
	69	拟旋链角毛藻	*Chaetoceros pseudocurvisetus*
	70	念珠直链藻	*Melosira moniliformis*
	71	扭链角毛藻	*Chaetoceros tortissimus*
	72	扭鞘藻	*Streptothece* sp.
	73	偏心圆筛藻	*Coscinodiscus excentricus*
	74	平滑角毛藻	*Chaetoceros laevis*
	75	奇异棍形藻	*Bacillaria paradoxa*
	76	强氏圆筛藻	*Coscinodiscus janischii*

续表附 B

门类	序号	中文种名	拉丁名
硅藻门	77	琼氏圆筛藻	*Coscinodiscus jonesianus*
	78	热带骨条藻	*Skeletonema tropicum*
	79	日本星杆藻	*Asterionella japonica*
	80	柔弱根管藻	*Rhizosolenia delicatula*
	81	柔弱拟菱形藻	*Pseudo – nitzschia delicatissima*
	82	筛链藻	*Coscinosira polychorda*
	83	蛇目圆筛藻	*Coscinodiscus argus*
	84	双蛋白核角毛藻	*Chaetoceros dipyrenops*
	85	双菱藻	*Surirella* spp.
	86	斯氏根管藻	*Rhizosolenia stollerfothii*
	87	碎片菱形藻	*Nitzschia frustulum*
	88	塔形冠盖藻	*Stephanopyxis turris*
	89	太阳漂流藻	*Planktoniella sol*
	90	泰晤士扭鞘藻	*Streptothece thamesis*
	91	透明辐杆藻	*Bacteriastrum hyalinum*
	92	透明根管藻	*Rhizosolenia hyaline*
	93	弯端长菱形藻	*Nitzschia longissima* f. *reversa*
	94	弯菱形藻	*Nitzschia sigma*
	95	网状盒形藻	*Biddulphia reticulata*
	96	威氏圆筛藻	*Coscinodiscus wailesii*
	97	菱软几内亚藻	*Guinardia flaccida*
	98	细长翼根管藻	*Rhizosolenia alata* f. *gracillima*
	99	细弱海链藻	*Thalassiosira subtilis*
	100	线形圆筛藻	*Coscinodiscus lineatus*
	108	印度角毛藻	*Chaetoceros indicum*
	101	相似斜纹藻	*Pleurosigma affine*
	102	小眼圆筛藻	*Coscinodiscus oculats*
	103	斜纹藻	*Pleurosigma* spp.
	104	星脐圆筛藻	*Coscinodiscus asteromphalus*
	105	旋链角毛藻	*Chaetoceros curvisetus*
	106	异角盒形藻	*Biddulphia heteroceros*
	107	翼根管藻	*Rhizosolenia alata*
	109	印度翼根管藻	*Rhizosolenia alata* f. *indica*
	110	优美辐杆藻	*Bacteriastrum delicatulum*
	111	优美旭氏藻	*Schroederella delicuulu*
	112	有棘圆筛藻	*Coscinodiscus spinosus*
	113	有翼圆筛藻	*Coscinodiscus bipartitus*
	114	圆筛藻	*Coscinodiscus* sp.

门类	序号	中文种名	拉丁名
硅藻门	115	窄隙角毛藻	*Chaetoceros affinis*
	116	掌状冠盖藻	*Stephanopyxis palmeriana*
	117	针杆藻	*Synedra* spp.
	118	中华半管藻	*Hemiaulus sinensis*
	119	中华根管藻	*Rhizosolenia sinensis*
	120	中华盒形藻	*Biddulphia sinensis*
	121	中心圆筛藻	*Coscinodiscus centralis*
	122	中型斜纹藻	*Pleurosigma intermedium*
	123	钟状中鼓藻	*Bellerochea horologicalis*
	124	舟形藻	*Navicula* spp.
甲藻门	1	二齿双管藻	*Amphisolenia bidentata*
	2	扁平原多甲藻	*Protoperidinium depressum*
	3	叉状角藻	*Ceratium furca*
	4	长刺角甲藻	*Ceratocorys horrida*
	5	大角角藻	*Ceratium macroceros*
	6	倒卵形鳍藻	*Dinophysis fortii*
	7	短角角藻原变种	*Ceratium breve* var. *breve*
	8	多边异沟藻	*Heleraulacus polydericus*
	9	反曲原甲藻	*Prorocentrum sigmoides*
	10	戈氏角甲藻	*Ceratocorys gourretii*
	11	海洋原多甲藻	*Peridinium oceanicum*
	12	具尾鳍藻	*Dinophysis caudata*
	13	蜡台角藻	*Ceratium candelabrum*
	14	里昂原多甲藻	*Protoperidinium leonis*
	15	菱形梨甲藻	*Pyrocystis rhomboides*
	16	马西里斯角藻	*Ceratium massiliense*
	17	帽状鳍藻	*Dinophysis mitra*
	18	曲肘角藻	*Ceratium geniculatum*
	19	三角角藻	*Ceratium tripos*
	20	斯氏扁甲藻	*Pyrophacus steinii*
	21	四叶鸟尾藻	*Ornithocercus steinii*
	22	梭角藻	*Ceratium fusus*
	23	透明原多甲藻	*Protoperidinium pellucidum*
	24	五角原多甲藻	*Protoperidinum pentagonum*
	25	夜光藻	*Noctiluca scintillans*
	26	勇士鳍藻	*Dinophysis miles*
	27	优美原多甲藻	*Protoperidinium elegans*

续表附 B

门类	序号	中文种名	拉丁名
蓝藻门	1	颤藻	*Oscillatoria* spp.
	2	红海束毛藻	*Trichodesmium erythraeum*
	3	束毛藻	*Trichodemium* spp.
金藻门	1	小等刺硅鞭藻	*Dictyocha fibula*

附表 C　海南省近岸海域主要浮游动物名录

类型	序号	中文种名	拉丁名
	1	八囊摇篮水母	*Cunina octonaria*
	2	巴斯水母	*Bassia bassensis*
	3	半口壮丽水母	*Aglaura hemistoma*
	4	不定帕腊水母	*Praya dubia*
	5	长管水母	*Sarsia sp*
	6	长囊无棱水母	*Sulculeolaria chuni*
	7	刺胞真囊水母	*Euphysora knides*
	8	大真光水母	*Eudoxia macra*
	9	单囊美螅水母	*Clytia folleata*
	10	顶大多面水母	*Abyla schmidti*
	11	顶突潜水母	*Merga tergestina*
	12	顶突瓮水母	*Amphogona apicata*
	13	端粗范氏水母	*Vannuccia forbesii*
	14	短柄灯塔水母	*Turritopsis lata*
	15	短柄和平水母	*Eirene brevistyla*
	16	短腺和平水母	*Eirene brevigona*
	17	多丝真唇水母	*Eucheilota multicirrs*
腔	18	粉红百合水母	*Lilyopsis rosea*
肠	19	隔膜水母属	*Leuckartiara sp.*
动	20	海冠水母	*Halistemma rubrum*
物	21	红斑游船水母	*Nausithoe punctata*
门	22	华丽盛装水母	*Agalma elegans*
	23	尖角水母	*Eudoxoides mitra*
	24	晶莹九角水母	*Enneagonum hyalinum*
	25	镰螅水母	*Zanclea sp.*
	26	两手筐水母	*Solmundella bitentaculata*
	27	六辐和平水母	*Eirene hexanemalis*
	28	马来侧丝水母	*Helgicirrha malayensis*
	29	美螅属	*Clytia sp.*
	30	拟细浅室水母	*Lensia subtiloides*
	31	扭歪爪室水母	*Chelophyes contorta*
	32	气囊水母	*Physophora hydrostatica*
	33	双生水母	*Diphyes chamissonis*
	34	双手水母	*Amphinema dinema*
	35	双手水母属	*Amphinema sp.*
	36	双小水母	*Nanomia bijuga*
	37	双翼多面水母	*Abyla bicarinata*
	38	四齿无棱水母	*Sulculeolaria quadrivalvis*

续表附 C

类型	序号	中文种名	拉丁名
腔肠动物门	39	四叶小舌水母	*Liriope tetraphylla*
	40	似杯水母属	*Phialella* sp.
	41	塔形和平水母	*Eirene pyramidalis*
	42	外肋水母属	*Ectopleura* sp.
	43	五角水母	*Muggiaea atlantica*
	44	锡兰和平水母	*Eirene ceylonensis*
	45	细颈和平水母	*Eirene menoni*
	46	细球水母	*Sphaeronectes gracilis*
	47	细小多管水母	*Aequorea parva*
	48	小方拟多面水母	*Abylopsis eschscholtzi*
	49	芽体镰螅水母	*Teissiera medusifera*
	50	夜光游水母	*Pelagia noctiluca*
	51	异摇篮水母	*Cunina peregrina*
	52	印度八拟杯水母	*Octophialucium indicum*
	53	印度感棒水母	*Laodicea indica*
	54	疣真囊水母	*Euphysora verrucosa*
	55	真囊水母属	*Euphysora* sp.
	56	枝管水母属	*Proboscidactyla* sp.
	57	爪室水母	*Chelophyes appendiculata*
栉水母动物门	1	瓜水母	*Beroe cucumis*
	2	球型侧腕水母	*Pleurobrachia globosa*
软体动物门	1	箭蚕属	*Sagitella* sp.
	2	玫腺浮蚕	*Tomopteris nationalis*
	1	棒笔帽螺	*Creseis clava*
	2	扁明螺	*Atlanta depressa*
	3	长吻龟螺	*Cavolinia longirostris*
	4	大口明螺	*Atlanta lesueuri*
	5	褐明螺	*Atlanta fusca*
	6	蝴蝶螺	*Desmopterus papilio*
	7	蝴蝶螺属	*Desmopterus* sp.
	8	尖笔帽螺	*Creseis acicula*
	9	马蹄蜠螺	*Limacina trochiformis*
	10	冕螺	*Corolla ovata*
	11	拟翼管螺	*Firoloida desmaresti*
	12	蜗牛明螺	*Atlanta helcinoides*
	13	翼管螺属	*Pterotracchea* sp.
	14	酢艍螺	*Cymbulia peroni*

类型	序号	中文种名	拉丁名
节肢动物门	1	蛾亚目	*Hyperiidea*
	2	奥氏胸刺水蚤	*Centropages orsinii*
	3	斑拟毛蛾	*Paratyphis maculatus*
	4	伯氏平头水蚤	*Candacia bradyi*
	5	叉胸刺水蚤	*Centropages furcatus*
	6	长腹剑水蚤属	*Oithona* sp.
	7	齿形海萤	*Cypridina dentata*
	8	刺节糠虾	*Siriella dubia*
	9	达氏波水蚤	*Undinula darwinii*
	10	大眼蛮蛾	*Lestrigonus macrophalmus*
	11	丹氏厚壳水蚤	*Scolecithrix danae*
	12	短腿蛾属	*Brachyscelus* sp.
	13	非对称拟海萤	*Cypridinodes asymmetrica*
	14	钩虾	*Gammaridea*
	15	海洋真刺水蚤	*Euchaeta marina*
	16	汉森莹虾	*Lucifer hanseni*
	17	黑点叶剑水蚤	*Sapphirina nigromaculata*
	18	红纺锤水蚤	*Acartia erythraea*
	19	后圆真浮萤	*Euconchoecia maimai*
	20	尖额唇角水蚤	*Labidocera acuta*
	21	尖头巾蛾	*Tullbergella cuspidata*
	22	尖尾海萤	*Cypridina acuminata*
	23	简长腹剑水蚤	*Oithona simplex*
	24	角锚哲水蚤	*Rhincalanus cornutus*
	25	截拟平头水蚤	*Paracandacia truncata*
	26	近糠虾	*Anchialina* sp.
	27	近缘大眼剑水蚤	*Corycaeus affinis*
	28	精致真刺水蚤	*Euchaeta concinna*
	29	宽额假磷虾	*Pseudeuphausia latifrons*
	30	宽尾刺糠虾	*Acanthomysis laticauda*
	31	丽蛾	*Lycaea bajensis*
	32	亮大眼剑水蚤	*Corycaeus andrewsi*
	33	裂颏蛮蛾	*Lestrigonus schizogeneios*
	34	灵巧大眼剑水蚤	*Corycaeus catus*
	35	芦氏拟真刺水蚤	*Pareuchaeta russelli*
	36	卵形光水蚤	*Lucicutia ovalis*
	37	马氏钳蛾	*Hyperoche martinezi*
	38	美丽拟节糠虾	*Hemisirella pulchra*

续表附 C

类型	序号	中文种名	拉丁名
	39	孟加拉蛮蛾	*Lestrigonus bengalensis*
	40	鸟喙尖头溞	*Penilia avirostris*
	41	漂浮小井伊糠虾	*Iiella pelagica*
	42	平头水蚤属	*Candacia* sp.
	43	普通波水蚤	*Undinula vulgaris*
	44	奇桨剑水蚤	*Copilia mirabilis*
	45	钳形歪水蚤	*Tortanus forcipatus*
	46	强额孔雀哲水蚤	*Pavocalanus crassirostris*
	47	强真哲水蚤	*Eucalanus crassus*
	48	日本毛虾	*Acetes japonicus*
	49	瘦拟哲水蚤	*Paracalanus gracilis*
	50	双刺唇角水蚤	*Labidocera bipinnata*
	51	台湾小井伊糠虾	*Iiella formosensis*
	52	太平洋纺锤水蚤	*Acartia pacifica*
	53	贪短腿蛾	*Brachyscelus rapax*
节肢动物门	54	汤氏长足水蚤	*Calanopia thompsoni*
	55	驼背隆哲水蚤	*Acrocalanus gibber*
	56	椭形长足水蚤	*Calanopia elliptica*
	57	弯尾叶剑水蚤	*Sapphirina sinuicauda*
	58	微刺哲水蚤	*Canthocalanus pauper*
	59	微驼隆哲水蚤	*Acrocalanus gracilis*
	60	细齿浮萤	*Conchoecia parvidentata*
	61	细胸刺水蚤	*Centropages gracilis*
	62	细真哲水蚤	*Eucalanus attemuatus*
	63	狭额真哲水蚤	*Eucalanus subtenuis*
	64	小唇角水蚤	*Labidocera minuta*
	65	小纺锤水蚤	*Acartia negligens*
	66	小寄虱	*Microniscus* sp.
	67	亚强次真哲水蚤	*Subeucalanus subcrassus*
	68	异尾宽水蚤	*Temora discaudata*
	69	幼平头水蚤	*Candacia catula*
	70	羽长腹剑水蚤	*Oithona plumifera*
	71	羽刺似蛮蛾	*Hyperioides sibaginis*
	72	缘齿厚壳水蚤	*Scolecithrix nicobarica*
	73	针刺真浮萤	*Euconchoecia aculeata*
	74	针简巧蛾	*Phronimopsis spinifera*
	75	真哲水蚤属	*Eucalanus* sp.

类型	序号	中文种名	拉丁名
节肢动物门	76	中型莹虾	*Lucifer intermedius*
	77	锥形宽水蚤	*Temora turbinata*
毛颚动物门	1	百陶箭虫	*Sagitta bedoti*
	2	飞龙翼箭虫	*Pterosagitta draco*
	3	肥胖箭虫	*Sagitta enflata*
	4	规则箭虫	*Sagitta regularis*
	5	美丽箭虫	*Sagitta pulchra*
	6	太平洋箭虫	*Sagitta pacifica*
	7	太平洋撬虫	*Krohnitta pacifica*
	8	小箭虫	*Sagitta neglecta*
	9	凶形箭虫	*Sagitta ferox*
尾索动物门	1	长尾住囊虫	*Oikopleura longicauda*
	2	长吻纽鳃樽	*Brooksia rostrata*
	3	大住囊虫	*Oikopleura megastoma*
	4	单胃褶海鞘	*Fritillaria haplostoma*
	5	赫氏住囊虫	*Megalocercus huxleyi*
	6	红住囊虫	*Oikopleura rufescens*
	7	隆起住囊虫	*Althoffia tumida*
	8	软拟海樽	*Dolioletta gegenbauri*
	9	双尾纽鳃樽	*Thalia democratica*
	10	韦氏纽鳃樽	*Weelia cylindrica*
	11	小齿海樽	*Doliolum denticulatum*
	12	褶海鞘属	*Fritillaria* sp.
	13	中型住囊虫	*Oikopleura interrmedia*
	14	住囊虫属	*Oikopleura* sp.

附表 D　海南省近岸海域主要浮游幼虫名录

类型	序号	中文种名	拉丁名
棘皮动物门	1	海参纲耳状幼虫	*Auricularia larvae*
	2	蛇尾纲长腕幼虫	*Ophiopluteus larvae*
	3	蛇尾类幼体	*Ophiuroidea larvae*
节肢动物门	1	长尾类溞状幼体	*Macrura zoea*
	2	长尾类无节幼虫	*Nauplius larvae*（Macrura）
	3	长尾类幼体	*Macrura larvae*
	4	短尾类大眼幼体	*Brachyura megalopa*
	5	短尾类溞状幼体	*Brachyura zoea*
	6	糠虾的幼体	*Mysidacea larve*
	7	口足类阿利玛幼体	*Alima larvae*（Squilla）
	8	口足类伊雷奇幼虫	*Erichthus larvae*
	9	磷虾节胸幼虫	*Calyptopis larvae*
	10	龙虾叶状幼体	*Phyllosoma larvae*
	11	蔓足类无节幼体	*Cirripedia nauplius*
	12	蔓足类腺介幼虫	*Cypris larvae*
	13	桡足类桡足幼体	*Copepoda copepodite*
	14	桡足类无节幼虫	*Nauplius larvae*（Copepoda）
	15	歪尾类磁蟹溞状幼体	*Porcellana zoea*
	16	莹虾糠虾幼体	*Lucifer acanthosoma*
软体动物门	1	腹足类幼体	*Gastropoda larvae*
	2	双壳类幼体	*Bivalve larvae*
	3	翼足类幼体	*Pteropoda larvae*
腔肠动物门	1	海葵幼体	*Aracnactis larvae*
	2	筒螅辐射幼虫	*Actinula larvae*
环节动物门	1	多毛类担轮幼虫	*Polychaeta trochophore larvae*
	2	多毛类幼体	*Polychaeta larvae*
纽形动物门	1	帽状幼虫	*Pilidum larvae*
苔藓动物门	1	双壳幼虫	*Cyphonautes larvae*
帚虫动物门	1	辐轮幼虫	*Actinotrocha larvae*
腕足动物门	1	舌贝幼虫	*Lingula larvae*
扁形动物门	1	牟勒氏幼虫	*Müller's larvae*
半索动物门	1	柱头幼虫	*Tornaria larvae*

附表 E　海南省近岸海域主要大型底栖生物名录

序号	中文种名	拉丁名
1	巴氏无齿蟹	*Acmaeopleura balssi*
2	巴特虾属	*Batella* sp.
3	白合甲虫	*Synelmis albini*
4	白色吻沙蚕	*Glycera alba*
5	斑纹紫云蛤	*Gari maculosa*
6	半凸楔樱蛤	*Cadella semitorta*
7	贝氏岩虫	*Marphysa belli*
8	背鳞虫属	*Lepidonotus* sp.
9	背蚓虫	*Notomastus latericeus*
10	背蚓虫属	*Notomastus* sp.
11	背褶沙蚕	*Tambalagamia fauveli*
12	倍棘蛇尾属	*Amphioplus* sp.
13	博氏双眼钩虾	*Ampelisca bocki*
14	不倒翁虫	*Sternaspis sculata*
15	才女虫属	*Polydora* sp.
16	苍鹰团结蛤	*Abra soyoae*
17	侧花海葵属	*Anthopleura* sp.
18	叉毛豆维虫属	*Schistomeringos* sp.
19	叉毛矛毛虫	*Phylo ornatus*
20	长颈麦秆虫	*Caprella eguilibra*
21	长鳃麦秆虫	*Caprellidae equilibra*
22	长尾类幼体	*Macrura larva*
23	长吻沙蚕	*Glycera chirori*
24	刺缨虫属	*Potamilla* sp.
25	大鳞辐蛇尾	*Ophiactis macrolepidota*
26	雕刻帘蛤	*Venus toreuma*
27	丁香珊瑚	*Caryophyllia* sp.
28	东方长眼虾	*Ogyrides orientalis*
29	豆形胡桃蛤	*Nucula faba*
30	豆形凯利蛤	*Kellia porculus*
31	独毛虫属	*Tharyx* sp.
32	独指虫	*Aricidea fragilis*
33	独指虫属	*Aricidea* sp.

续表附 E

序号	中文种名	拉丁名
34	短脊鼓虾	*Alpheus brevicristatus*
35	短桨虾属	*Thalamita* sp.
36	短角双眼钩虾	*Ampelisca brevicornis*
37	短体盲鰕虎鱼	*Brachyamblyopus brachysoma*
38	短吻铲荚螠	*Listrioeobus brevirostris*
39	短叶索沙蚕	*Lumbrineris latreilli*
40	对虾科	*Penaeidae* und.
41	多齿全刺沙蚕	*Nectoneanthes multignatha*
42	多鳞虫科	*Polynoidae* und.
43	非对称海萤	*Cypridina asymmetrica*
44	菲律宾偏顶蛤	*Modiolus philippinarus*
45	分歧阳遂足	*Amphiura divaricata*
46	腹沟虫属	*Scolelepis* sp.
47	刚鳃虫属	*Chaetozone* sp.
48	格鳞虫属	*Gattyana* sp.
49	沟纹拟盲蟹	*Typhlocarcinops canaliculata*
50	沟栉虫属	*Anobothrus* sp.
51	沟竹蛏	*Solen canaliculatus*
52	钩毛虫属	*Sigambra* sp.
53	古涟虫	*Eocuma lata*
54	骨螺科	*Muricidae* spp.
55	鼓虾科	*Alpheidae* und.
56	鼓虾属	*Alpheus* sp.
57	寡节甘吻沙蚕	*Glycinde gurjanovae*
58	光亮倍棘蛇尾	*Amphioplus lucidus*
59	光亮拟涟虫	*Cumella arguta*
60	光突齿沙蚕	*Leonnates persica*
61	光稚虫属	*Spiophanes* sp.
62	哈鳞虫属	*Harmothoe* sp.
63	海葵	*Actiniaria*
64	海南双眼钩虾	*Ampelisca hainannensis*
65	海扇虫属	*Pherusa* sp.
66	海稚虫属	*Spio* sp.

序号	中文种名	拉丁名
67	好斗蜚	*Ericthonius pugnax*
68	横切拟盲蟹	*Typhlocarcinops transversa*
69	红刺尖锥虫	*Scoloplos rubra*
70	红双眼钩虾	*Ampelisca orops*
71	后指虫	*Laonice cirrata*
72	花岗钩毛虫	*Sigambra hanaokai*
73	华贵白樱蛤	*Macoma nobilis*
74	华丽角海蛹	*Ophelina grandis*
75	滑指矶沙蚕	*Eunice indica*
76	矶沙蚕属	*Eunoe sp.*
77	畸形锤肢虫	*Sphyrapu anomalus*
78	极地蚤钩虾	*Pontoctates altamanmus*
79	棘刺锚参	*Protankyra bidentata*
80	尖尾海萤	*Cypridina acuminata*
81	尖尾细螯虾	*Leptochela aculeocaudata*
82	尖叶长手沙蚕	*Magelona cincta*
83	尖直似对虾	*Penaeopsis rectacutus*
84	尖指拟甲钩虾	*Parapleustes filialis*
85	尖锥虫属	*Scoloplos sp.*
86	简单缺节虫	*Anarthrura simplex*
87	简毛拟节虫	*Praxillella gracilis*
88	角海蛹	*Ophelina acuminata*
89	角樱蛤属	*Angulus sp.*
90	颈栉虫属	*Auchenoplax sp.*
91	锯齿巨颚水虱	*Gnathia dentata*
92	卷虫属	*Bhawania sp.*
93	凯利蛤属	*Kellia sp.*
94	颗粒六足蟹	*Hexapus granuliferus*
95	克氏三齿蛇尾	*Amphiodia clarki*
96	宽甲古涟虫	*Eucoma lata*
97	宽腿巴豆蟹	*Pinnixa penultipedalis*
98	粒帽蚶	*Cucullaea labiosa granulosa*
99	粒致纹螺	*Cucullaea granulosa*

续表附 E

序号	中文种名	拉丁名
100	涟虫科	*Bodotriidae und.*
101	裂虫科	*Syllidae und.*
102	鳞蛇尾属	*Ophiopsila* sp.
103	薩氏异涟虫	*Heterocuma sarsi*
104	马尔他钩虾科	*Melitidae und.*
105	毛盲蟹	*Typhlocarcinus villosus*
106	毛鳃虫科	*Terebellidae und.*
107	毛束圆星萤	*Cydasterope fascigera*
108	毛头梨体星虫	*Apionsoma trichocephala*
109	美女白樱蛤	*Macoma candida*
110	美人虾属	*Calliactitis* sp.
111	明樱蛤属	*Moeralla* sp.
112	模糊新短眼蟹	*Neoxenophthalmus obscurus*
113	内卷齿蚕属	*Aglaophamus* sp.
114	纳加索沙蚕	*Lumbrineris nagae*
115	拟刺虫属	*Linopherus* sp.
116	拟刺沙蚕属	*Linopherus* sp.
117	拟特须虫	*Paralacydonia paradoxa*
118	纽虫	*Nemertinea*
119	女神蛇尾	*Ophionephthys difficilis*
120	欧努菲虫属	*Onuphis* sp.
121	胖匙形蛤	*Offadesma nokamigawai*
122	披发异毛蟹	*Heteropilumnus ciliatus*
123	偏顶蛤亚科	*Modiolinae und.*
124	奇异稚齿虫	*Paraprionospio pinnata*
125	清晰双鳞蛇尾	*Amphipholis sobrina*
126	曲纽虫	*Emplectonema* sp.
127	日本长尾虫	*Aspeudes nipponicus*
128	日本大螯蜚	*Grandidierella japonica*
129	日本海蜘蛛	*Nymphon japonicus*
130	日本胡桃蛤	*Nucula nipponica*
131	日本邻钩虾	*Gitanopsis japonicus*
132	日本美人虾	*Callianassa japonica*

序号	中文种名	拉丁名
133	日本强鳞虫	*Sthenolepis japonica*
134	日本沙钩虾	*Byblis japonicus*
135	日本异指虾	*Processa japonica*
136	乳突半突虫	*Phyllodoce papillosa*
137	乳蛰虫属	*Thelepus* sp.
138	软须阿曼吉虫	*Armandia leptocirris*
139	软疣沙蚕	*Tylonerenis bogoyawleskyi*
140	瑞氏螂斗蛤	*Myadora reeveana*
141	塞切泥钩虾	*Esechellensis sechellensis*
142	色斑角吻沙蚕	*Goniada maculata*
143	沙蚕属	*Nereis* sp.
144	扇毛虫科	*Flabelligeridae* und.
145	扇栉虫属	*Amphicteis* sp.
146	蛇潜虫属	*Ophiodromus* sp.
147	蛇头女针涟虫	*Gynodiastylis anguicephala*
148	蛇杂毛虫	*Poecilochaetus serpens*
149	深沟蓝蛤	*Corbula fortisulcata*
150	石花虫	*Telesto rubra*
151	梳鳃虫	*Terebellides stroemii*
152	树蛰虫属	*Pista* sp.
153	双唇索沙蚕	*Lumbrineris cruzensis*
154	双鳃内卷齿蚕	*Aglaophamus dibranchis*
155	双形拟单指虫	*Cossurella dimorpha*
156	双须虫属	*Eteone* sp.
157	双眼钩虾属	*Ampeliscidae* sp.
158	双栉虫属	*Ampharete* sp.
159	丝鳃稚齿虫	*Prionospio malmgreni*
160	丝异须虫属	*Heteromastus* sp.
161	四角蛤蜊	*Mactra veneriformis*
162	似蛰虫	*Amaeana trilobata*
163	似蛰虫属	*Amaeana* sp.
164	似帚毛虫属	*Lygdamis* sp.
165	薮枝螅	*Obelia* sp.

续表附 E

序号	中文种名	拉丁名
166	穗鳞虫属	*Halosydnopsis* sp.
167	索沙蚕属	*Lumbrineris* sp.
168	滩拟猛钩虾	*Harpiniopsis vadiculus*
169	梯额虫	*Scalibregma inflatum*
170	条尾近虾蛄	*Anchisquilla fasciata*
171	头吻沙蚕	*Glycera capitata*
172	突头杯尾水虱	*Cyathura carinata*
173	椭圆长足水蚤	*Calanopia elliptica*
174	洼颚倍棘蛇尾	*Amphioplus depressus*
175	歪刺锚参	*Protankyra asymmetrica*
176	歪刺锚参	*Protankyra asymmetrica*
177	弯指甲尹氏钩虾	*Idunella curidactyla Nagata*
178	微蚕属	*Nematonereis* sp.
179	微齿吻沙蚕	*Micronephtys* sp.
180	微刺哲水蚤	*Canthocalanus pauper*
181	文昌鱼属	*Branchiostoma* sp.
182	纹藤壶	*Balanus amphitrite*
183	纹尾长眼虾	*Ogyrides striaticauda*
184	吻沙蚕属	*Glycera* sp.
185	西奈索沙蚕	*Lumbrineris shiinoi*
186	细鳌虾	*Leptochela gracilis*
187	细板三齿蛇尾	*Amphiodia microplax*
188	细长涟虫	*Iphinoe tenera*
189	细毛异毛虫	*Paraonis gracilis*
190	鰕虎鱼属	*Gobius* sp.
191	狭细蛇潜虫	*Ophiodromus angustifrons*
192	夏威夷亮钩虾	*Photis hawaiensis*
193	仙虫	*Amphinome rostrata*
194	仙居虫	*Naineris laevigata*
195	鲜明鼓虾	*Alpheus distinguendus*
196	弦毛内卷齿蚕	*Aglaophamus lyrochaeta*
197	小白樱蛤	*Macoma murrayi*
198	小齿真喜萤	*Euphilomedes interpuncta*

续表附 E

序号	中文种名	拉丁名
199	小头虫科	*Capitellidae und*
200	楔异蓝蛤	*Anisocorbula cuneata*
201	新三齿巢沙蚕	*Diopatra neotridens*
202	星虫	*Sipuncula*
203	须丝鳃虫	*Cirratulus filiformis*
204	亚洲异针涟虫	*Dimorphostylis asiatica*
205	叶须虫科	*Phyllodocidae und.*
206	叶须虫属	*Phyllodoce sp.*
207	叶须内卷齿蚕	*Aglaophamus lobatus*
208	伊予双眼钩虾	*Ampelisca iyoensis*
209	贻贝亚科	*Mytilinae und.*
210	异毛虫科	*Paraonidae und.*
211	螠虫	*Echiura*
212	缨鳃虫属	*Sabella sp.*
213	鼬眼蛤亚科	*Galeommatidae und.*
214	圆凹小井伊糠虾	*Iiella hibii*
215	越南甲虫	*Synelmis annmita*
216	越南锥头虫	*Orbinia vietnamensis*
217	杂毛虫属	*Poecilochaetus sp.*
218	窄掌亮钩虾	*Photis angustimanus*
219	毡毛岩虫	*Marphysa stragulum*
220	蛰龙介科	*Terebllidae und.*
221	真节虫属	*Euclymene sp.*
222	真蛰虫属	*Eupolymnia sp.*
223	正型莹虾	*Lucifer typus*
224	直线竹蛏	*Solen linearis*
225	栉状长手沙蚕	*Magelona crenulifrons*
226	智利巢沙蚕	*Diopatra chiliensis*
227	稚齿虫属	*Prionospio sp.*
228	中华假磷虾	*Pseudeuphausia sinica*
229	中间倍棘蛇尾	*Amphioplus intermedius*
230	中蚓虫属	*Mediomastus sp.*
231	舟异蓝蛤	*Anisocorbula scaphoides*

续表附 E

序号	中文种名	拉丁名
232	竹节虫科	*Maldanidae und.*
233	锥头钩虾科	*Platyischnopidae und.*
234	紫斑海毛虫	*Chloeia violacea*
235	紫角樱蛤	*Angulus psammotellus*

附表 F　海南省近岸海域主要游泳动物名录

序号	中文种名	拉丁名
1	凹鳍鲬	*Kumococius detrusus*
2	白鲳	*Ephippus orbis*
3	白点宽吻鲀	*Amblyrhynchotus honckenii*
4	白姑鱼	*Argyrosomus argentatus*
5	斑点鸡笼鲳	*Drepane punctata*
6	斑节对虾	*Penaeus monodon*
7	斑鳍白姑鱼	*Argyrosomus pawak*
8	斑鳍天竺鱼	*Apogonichthys carinatus*
9	斑条舒	*Sphyraena jello*
10	斑头舌鳎	*Cynoglossus puncticeps*
11	斑竹花蛇鳗	*Myrichthys colubrinus*
12	半线天竺鲷	*Apogon semilineatus*
13	变态蟳	*Charybdis variegata*
14	长鲾	*Leiognathus elongatus*
15	长棘银鲈	*Gerres filamentosus*
16	长蛇鲻	*Saurida elongata*
17	长体银鲈	*Gerres macrosoma Bleeker*
18	长吻裸胸鲹	*Caranx（Citula）chrysophrys*
19	长吻丝鲹	*Alectis indica*
20	长足鹰爪虾	*Trachypenaeus longipes*
21	橙点石斑鱼	*Epinephelus bleekeri*
22	赤鼻棱鳀	*Thrissa kammalensis*
23	刺鲳	*Psenopsis anomala*
24	大斑石鲈	*Pomadasys maculatus*
25	大甲鲹	*Megalapis cordyla*
26	大鳞鲬	*Onigocia macrolepis*
27	大鳞舌鳎	*Cynoglossus macrolepidotus*
28	大头白姑鱼	*Argyrosomus macrocephalus*
29	大头狗母鱼	*Trachinocephalus myops*
30	带鱼	*Trichiurus haumela*
31	单角革鲀	*Alutera monoceros*
32	刀指蝉虾	*Scyllarus cultrifer*
33	丁氏双鳍电鳐	*Narcine timlei*

续表附 F

序号	中文种名	拉丁名
34	东方异腕虾	*Heterocarpus sibogae*
35	杜氏叫姑鱼	*Johnius dussumieri*
36	杜氏棱鳀	*Thrissa dussumieri*
37	杜氏枪乌贼	*Loligo duvaucelii*
38	短带鱼	*Trichiurus brevis*
39	短棘鲾	*Leiognathus equulus*
40	短棘银鲈	*Gerres lucidus*
41	短蛸	*Octopus ocellatus*
42	短尾大眼鲷	*Priacanthus macracanthus*
43	短吻丝鲹	*Alectis ciliaris*
44	钝魣	*Sphyraena obtusata*
45	多齿蛇鲻	*Saurida tumbil*
46	多鳞鱚	*Sillago sihama*
47	蛾眉条鳎	*Zebrias quagga*
48	颚形短体鳗	*Brachysomophis crocodilinus*
49	鳄鲬	*Cociella crocodilus*
50	二长棘鲷	*Parargyrops edita*
51	发光鲷	*Acropoma japonicum*
52	伏氏眶棘鲈	*Scolopsis vosmeri*
53	高体若鲹	*Caranx（Carangoides）equula*
54	古氏虹	*Dasyatis kuhli*
55	鲑点石斑鱼	*Epinephelus fario*
56	哈氏仿对虾	*Parapenaeopsis hardwickii*
57	海兰德若鲹	*Caranx hedlandensis*
58	海鳗	*Muraenesox cinereus*
59	海南栉鰕虎鱼	*Ctenogobius hainanensis*
60	汉氏棱鳀	*Thrissa hamiltonii*
61	黑斑绯鲤	*Upeneus tragula*
62	黑鳃兔头鲀	*Lagocephalus inermis*
63	横斑金线鱼	*Nemipterus oveni*
64	横带髭鲷	*Hapalogenys mucronatus*
65	红斑斗蟹	*Liagore rubromaculata*
66	红笛鲷	*Lutjanus sanguineus*

序号	中文种名	拉丁名
67	红星梭子蟹	*Portunus sanguinolentus*
68	虎斑乌贼	*Sepia pharaonis*
69	花斑蛇鲻	*Saurida undosquamis*
70	花尾燕魟	*Gymnura poecilura*
71	黄斑鰏	*Leiognathus bindus*
72	黄斑篮子鱼	*Siganus oramin*
73	黄带绯鲤	*Upeneus sulphureus*
74	黄姑鱼	*Nibea albiflora*
75	黄魟	*Dasyatis bennetti*
76	黄鲫	*Setipinna taty*
77	黄鳍马面鲀	*Navodon xanthopterus*
78	灰鲳	*Pampus nozawae*
79	及达叶鲹	*Caranx djeddaba*
80	棘茄鱼	*Halieutaea stellata*
81	尖刺糙虾蛄	*Kempina mikado*
82	尖头斜齿鲨	*Scoliodon sorrakowah*
83	尖嘴魟	*Dasyatis zugei*
84	剑尖枪乌贼	*Loligo edulis*
85	角木叶鲽	*Pleuronichthys cornutus*
86	角箱鲀	*Lactoria cornutus*
87	截尾白姑鱼	*Argyrosomus aneus*
88	金带拟羊鱼	*Mulloidichthys suriflamma*
89	金带细鲹	*Selaroides leptolepis*
90	金色小沙丁鱼	*Sardinella aurita*
91	金乌贼	*Sepia esculenta*
92	金焰笛鲷	*Lutjanus fulviflamma*
93	近缘新对虾	*Metapenaeus affinis*
94	静鰏	*Leiognathus insidiator*
95	居氏鬼鲉	*Inimicus cuvieri*
96	康氏马鲛	*Scombermorus commersoni*
97	口虾蛄	*Oratosquilla oratoria*
98	宽条天竺鱼	*Apogonichthys striatus*
99	宽突赤虾	*Metapenaeopsis palmensis*

续表附 F

序号	中文种名	拉丁名
100	鯻	*Therapon theraps*
101	莱氏拟乌贼	*Sepioteuthis lessoniana*
102	蓝圆鲹	*Decapterus maruadsi*
103	鳓鱼	*Ilisha elongata*
104	李氏（鱼衔）	*Callionymus richardsoni*
105	丽叶鲹	*Caranx kalla*
106	鳞烟管鱼	*Fistularia petimba*
107	六斑刺鲀	*Diodon holacanthus*
108	六带拟鲈	*Parapercis sexfasciata*
109	六带石斑鱼	*Epinephelus sexfasciatus*
110	六指马鲅	*Polynemus sextarius*
111	鹿斑鲾	*Leiognathus ruconius*
112	绿布氏筋鱼	*Bleekeria anguilliviridis*
113	马拉巴裸胸鲹	*Caranx malabaricus*
114	麦氏犀鳕	*Bregmaceros macclellandi*
115	曼氏无针乌贼	*Sepiella maindroni*
116	毛烟管鱼	*Fistularia villosa*
117	矛尾鰕虎鱼	*Chaeturichthys stigmatias*
118	矛形梭子蟹	*Portunus hastatoides*
119	门司赤虾	*Metapenaeopsis mogiensis*
120	绵蟹	*Dromia dehaani*
121	摩鹿加绯鲤	*Upeneus moluccensis*
122	墨吉对虾	*Penaeus merguiensis*
123	南海带鱼	*Trichiurus nanhaiensis*
124	澎湖鹰爪虾	*Trachypenaeus pescadoreensis*
125	皮氏叫姑鱼	*Johnius belengeri*
126	平鲷	*Rhabdosargus sarba*
127	朴蝴蝶鱼	*Chaetodon modestus*
128	齐氏魟	*Dasyatis gerrardi*
129	齐氏魟	*Dasyatus gerrardi*
130	日本金线鱼	*Nemipterus japonicus*
131	日本十棘银鲈	*Gerreomorpha japonica*
132	日本蟳	*Charybdis japonica*

335

序号	中文种名	拉丁名
133	乳突天竺鲷	*Papillapogon auritus*
134	乳香鱼	*Lactarius lactarius*
135	三疣梭子蟹	*Portunus trituberculatus*
136	沙栖新对虾	*Metapenaeus moyebi*
137	少鳞鳝	*Sillago japonica*
138	双斑蟳	*Charybdis bimaculata*
139	双棘石斑鱼	*Epinephelus diacanthus*
140	丝棘裸颊鲷	*Lethrinus nematacanthus*
141	丝鳍鲬	*Elates ransonneti*
142	四线天竺鲷	*Apogon quadrifasciatus*
143	条尾绯鲤	*Upeneus bensasi*
144	条尾鹞鲼	*Aetoplatea zonura*
145	条纹眶棘鲈	*Scolopsis taeniopterus*
146	吐露赤虾	*Metapenaeopsis toloensis*
147	网纹裸胸鳝	*Gymnothorax reticularis*
148	网纹石斑鱼	*Epinephelus chlorostigma*
149	乌鲳	*Formio niger*
150	无备虎鲉	*Minous inermis*
151	五点斑鲆	*Pseudorhombus quinquocellatus*
152	武士蟳	*Charybdis miles*
153	细鳞鯻	*Therapon jarbua*
154	细巧仿对虾	*Parapenaeopsis tenella*
155	细纹鲾	*Leiognathus berbis*
156	仙鼬鳚	*Sirembo imberbis*
157	纤手梭子蟹	*Portunus gracilimanus*
158	逍遥馒头蟹	*Calappa philargius*
159	锈斑蟳	*Charybdis feriatus*
160	须鲀	*Psilocephalus barbatus*
161	眼镜鱼	*Mene maculata*
162	异叶小公鱼	*Stolephorus heteroloba*
163	翼红娘鱼	*Lepidotrigla alata*
164	银鲳	*Pampus argenteus*
165	银光梭子蟹	*Portunus argentatus*

序号	中文种名	拉丁名
166	银牙（鱼或）	*Otolithes argenteus*
167	印度舌鳎	*Cynoglossus arel*
168	印度无齿鲳	*Ariomma indica*
169	鲬	*Platycephalus indicus*
170	油䲁	*Sphyraena pinguis*
171	疣面关公蟹	*Dorippe frascone*
172	游鳍叶鲹	*Caranx mate*
173	月腹刺鲀	*Gastrophysus lunaris*
174	杂色裸颊鲷	*Lethrinus variegatus*
175	针鳞鲦鲹	*Chorinemus moadetta*
176	真鲷	*Pagrosomus major*
177	脂眼凹肩鲹	*Selar crumenophthalmus*
178	直额蟳	*Charybdis truncata*
179	中国枪乌贼	*Loligo chinensis*
180	中国团扇鳐	*Platyrhina sinensis*
181	中线天竺鲷	*Apogon kiensis*
182	竹筴鱼	*Trachurus japonicus*
183	紫红笛鲷	*Lutjanus argentimaculatus*
184	棕腹刺鲀	*Gastrophysus spadiceus*
185	纵带绯鲤	*Upeneus subvittatus*
186	纵带裸颊鲷	*Lethrinus leutjanus*